高等教育工业机器人课程实操推荐教材

工业机器人
工程应用虚拟仿真教程

第3版

叶　晖　编著

机械工业出版社

本书通过项目式教学的方法，对 ABB 公司的 RobotStudio 2024 软件的操作、建模、Smart 组件的使用、轨迹离线编程、动画效果的制作、模拟工作站的构建、仿真验证，以及在线操作进行了全面的讲解。中心内容包括做好学习使用工业数字虚拟仿真软件 RobotStudio 的准备、RobotStudio 基本版实战应用入门、RobotStudio 高级版应用入门、运用提升虚拟仿真效率的工具、RobotStudio 建模功能入门、工业机器人离线轨迹编程、工业机器人与外部设备的协同应用、工业机器人工作站物理特性与 Smart 组件的应用、RobotStudio 在线调试真实工业机器人、工业机器人工作站数字孪生应用和工业机器人小程序二次开发实战 11 个项目。各个项目通过数字化手段高度还原工业机器人在各类工程场景中的应用，涵盖从基本操作到复杂任务规划的全方位内容。为便于读者学习，本书配有讲解视频，读者可用手机微信扫描文中相应二维码观看。书中涉及的工业机器人工作站文件及相关资源请扫描前言中的二维码下载获取。同时可联系 QQ296447532 获取 PPT 课件。

本书适合普通本科及高等职业院校自动化相关专业学生使用，也适合从事工业机器人应用开发、调试与现场维护的工程师，特别是使用 ABB 工业机器人的工程技术人员阅读。

图书在版编目（CIP）数据

工业机器人工程应用虚拟仿真教程 / 叶晖编著. 3版. -- 北京 : 机械工业出版社, 2025. 6. -- (高等教育工业机器人课程实操推荐教材). -- ISBN 978-7-111-78460-9

I. TP242.2

中国国家版本馆 CIP 数据核字第 2025UE6284 号

机械工业出版社（北京市百万庄大街 22 号　邮政编码 100037）

策划编辑：周国萍　　责任编辑：周国萍　刘本明

责任校对：郑　婕　李　杉　　封面设计：陈　沛

责任印制：邓　博

北京中科印刷有限公司印刷

2025 年 6 月第 3 版第 1 次印刷

184mm×260mm • 16.75 印张 • 346 千字

标准书号：ISBN 978-7-111-78460-9

定价：59.00 元

电话服务
客服电话：010-88361066
010-88379833
010-68326294

网络服务
机　工　官　网：www.cmpbook.com
机　工　官　博：weibo.com/cmp1952
金　　书　　网：www.golden-book.com
机工教育服务网：www.cmpedu.com

前言

生产力的不断进步推动了科技的进步与革新，建立了更加合理的生产关系。自工业革命以来，部分人力劳动已经逐渐被机械所取代，而这种变革为人类社会创造出巨大的财富，极大地推动了人类社会的进步。时至今日，机电一体化、机械智能化等技术已得到广泛应用。人类充分发挥主观能动性，进一步增强了对机械的利用效率，使之为我们创造出更加巨大的生产力，并在一定程度上维护了社会的和谐。工业机器人的出现是人类在利用机械进行社会生产史上的一个里程碑。在发达国家，工业机器人自动化生产线成套设备已成为自动化装备的主流及未来的发展方向。国外汽车行业、电子电器行业、工程机械等行业已经大量使用工业机器人自动化生产线，以保证产品质量，提高生产率，同时避免了大量的工伤事故。全球诸多国家近半个世纪的工业机器人的使用实践表明，工业机器人的普及是实现自动化生产、提高社会生产率、推动企业和社会生产力发展的有效手段。

本书通过项目式教学的方法，对 ABB 公司的 RobotStudio 2024 软件的操作、建模、Smart 组件的使用、轨迹离线编程、动画效果的制作、模拟工作站的构建、仿真验证，以及在线操作进行了全面的讲解。本书还加入了智能制造数字化虚拟仿真最新的技术内容，包括模型的真实物理特性、工作站与 PLC 联合调试、机器人小程序二次开发等内容。为便于读者学习，本书配有讲解视频，读者可用手机微信扫描文中相应二维码观看。联系 QQ296447532 可获取 PPT 课件。

本书内容以实践操作过程为主线，采用以图为主的编写形式，通俗易懂，适合作为普通本科和高等职业院校工业机器人工程应用仿真课程的教材。同时，本书也适合从事工业机器人应用开发、调试、现场维护的工程技术人员学习和参考，特别适合已掌握 ABB 工业机器人基本操作，需要进一步掌握工业机器人工程应用模拟仿真的工程技术人员参考。

本书由 ABB（中国）有限公司的叶晖编著。

对本书中的疏漏之处，我们热忱欢迎读者提出宝贵的意见和建议。在这里，要特别感谢 ABB 机器人软件和数字化部、市场部给予本书编写的大力支持，为本书的撰写提供了许多宝贵意见。

本书中使用到的工业机器人工作站文件及相关资料可用手机微信扫一扫扫描下面的二维码下载获取，或关注微信公众号“叶晖 yehui”进行下载。

配套软件

RobotStudio 2024 仿真软件

工作站任务文件

RobotWare 7.14.2

RobotWare 6.15.5

在阅读本书的过程中，如有任何问题，可以用手机微信扫一扫扫描以下二维码，输入问题直接进行提问。

作者叶晖的数字分身，扫一扫精准回答你的提问！

读者可以试一试问下面这些问题：

1）《工业机器人工程应用虚拟仿真教程》第 3 版的数字资源在哪里下载？

2）《工业机器人工程应用虚拟仿真教程》第 3 版的教学视频哪里可以看？

3）如何在 RobotStudio 中操作机器人无碰撞路径功能？

4）RobotStudio 如何与 PLC 进行连接进行数字化调试？

作　者

目录

项目 1　做好学习使用工业数字虚拟仿真软件 RobotStudio 的准备

项目目标

- 理解什么是工业数字虚拟仿真应用技术。
- 了解工业数字虚拟仿真软件 RobotStudio 的十大关键功能。
- 掌握 RobotStudio 的下载与安装。
- 熟悉 RobotStudio 软件的操作界面。

项目描述

本项目将通过 ABB 公司的 RobotStudio 软件帮助读者全面了解什么是工业数字虚拟仿真应用技术。本项目首先由浅入深地理解工业数字虚拟仿真技术的基本概念，包括其定义、应用场景以及带来的潜在价值；接着将引导读者探索 RobotStudio 软件的十大关键功能，这些功能共同构成了其在工业自动化领域的核心竞争力；为了确保读者能够充分利用这些功能，将指导读者完成 RobotStudio 的下载、安装和授权过程，并提供详细的操作指南；最后读者将熟悉 RobotStudio 的操作界面，了解各主要功能区的布局和用途，从而能够自信地开始读者的 RobotStudio 应用学习之旅。

通过完成本项目，读者将具备在工业自动化项目中有效应用 RobotStudio 软件的能力，为推动智能制造的发展做出贡献。

现状把握

吴　工：叶老师，感谢您之前教我使用 C# 开发工业机器人的控制程序 App（详情可参阅机械工业出版社出版的叶晖编著的《图解 C# 语言智能制造与工业机器人工业软件开发入门教程》ISBN 978-7-111-73137-5），极大地简化了生产线上工业机器人的操作难度，使误操作所造成的设备停机事件下降了 90%，获得用户的一致好评。我也从助理工程师成为工程师。

叶老师：吴工，你这么努力，肯定会得到回报的。职级提升工资也涨了吧？

吴　工：嗯！领导还让我加入到生产线改造小组，我可以从中学习和积累更多有用的知识和经验。我的第一个任务是：生产线上有一套由焊接工业机器人 + 旋转托盘变位机组成的焊接设备，为了提升产能，希望多加入一台焊接工业机器人，组成两台焊接工业机器人 + 旋转托盘变位机的焊接设备。现在需要我初步验证这个改造的可行性，这方面我没有经验。叶老师，您能帮帮我吗？

叶老师： 在工程项目实施前，可使用数字化虚拟仿真软件进行项目可行性的验证。这样做的好处是成本低、效率高。在智能制造工业机器人应用领域方面，我推荐使用 RobotStudio 这个软件来做你这个项目（图 1-1）最合适不过了。你将设备的三维模型发给我，我帮你试试看。

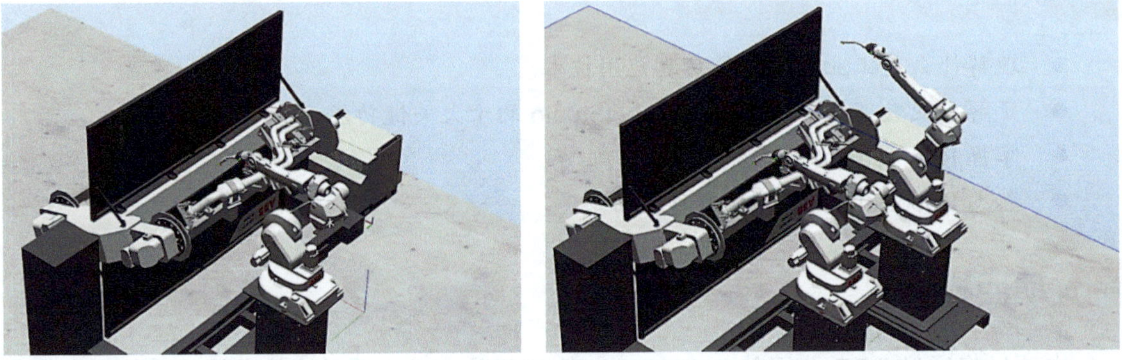

现状　　　　改造方案

图 1-1　项目改造前后

吴　工： 叶老师，好棒啊，就是我想要的效果。我现在是零基础，需要多长时间能达到独立做这个虚拟仿真的水平？

叶老师： 以你的聪明才智和勤奋努力，最多两周时间肯定可以！

吴　工： 叶老师，那我们马上开始吧！

任务 1-1　了解什么是工业机器人数字虚拟仿真应用技术

工作任务

- 了解工业机器人数字虚拟仿真应用技术的背景与发展。
- 了解工业机器人数字虚拟仿真应用技术的核心技术组成。
- 了解工业机器人数字虚拟仿真应用技术的应用领域。
- 了解工业机器人数字虚拟仿真应用技术的优势与挑战。

扫一扫，看视频

数字虚拟仿真应用技术是智能制造领域中最热的话题，其细分领域众多，涉及机械、力学、电气、气动、液压、逻辑控制等。而工业机器人数字虚拟仿真应用技术是其重要的分支。下面就针对工业机器人数字虚拟仿真应用技术，给读者做一个详细的讲解，使读者能清楚了解，使用 RobotStudio 所带来的好处与收益。

工业机器人数字虚拟仿真应用技术是一种结合计算机技术、工业机器人技术和仿真技术的先进应用技术，它允许工程师在虚拟环境中模拟、测试和优化工业机器人的轨迹和性能，从而在实际生产之前预测和避免潜在的问题，提高工业机器人的工作效率和安全性。

一、技术背景与发展

随着智能制造技术的加速发展，工业机器人在生产线上扮演着越来越重要的角色。然而，工业机器人的研发、部署和维护都涉及大量的技术挑战和成本投入。数字虚拟仿真技术为这一领域带来了革命性的变革，它允许工程师在虚拟环境中模拟工业机器人的运动、感知和决策过程，从而在实际生产之前对工业机器人进行全面的测试和优化，如图 1-2 所示。

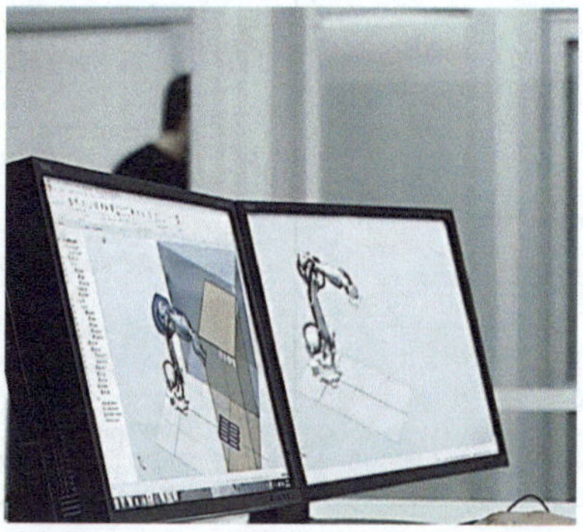

图 1-2　工程师在虚拟仿真软件 RobotStudio 中模拟工业机器人运动

二、核心技术组成

（1）工业机器人建模技术　通过建立精确的工业机器人模型，包括其机械结构、运动学、动力学等方面，来模拟工业机器人在实际工作环境中的行为，如图 1-3 所示。

（2）环境仿真技术　创建一个与真实环境高度一致的虚拟环境，包括生产线布局、设备交互、物料搬运等，以便在模拟中测试工业机器人的性能，如图 1-4 所示。

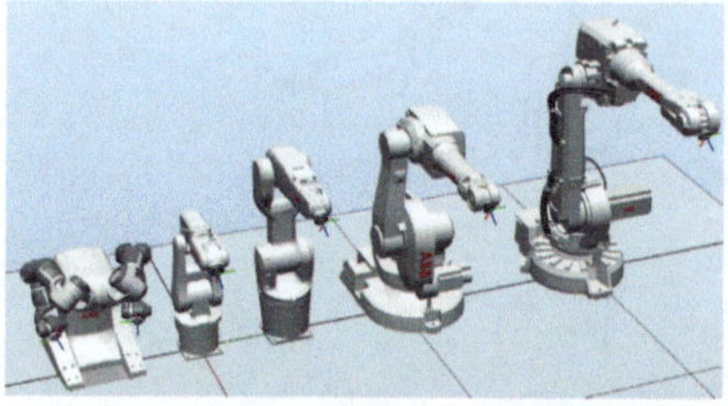

图 1-3　工业机器人建模技术

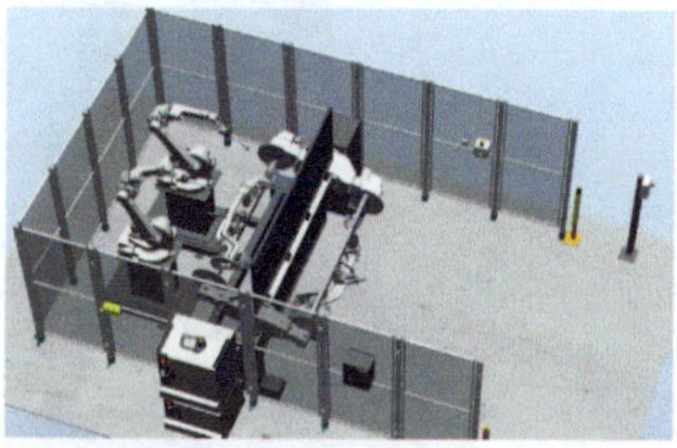

图 1-4　环境仿真技术

（3）传感器模拟技术　模拟工业机器人上的各种传感器，如视觉传感器、力觉传感器等，以测试工业机器人在感知和决策方面的能力，如图 1-5 所示。

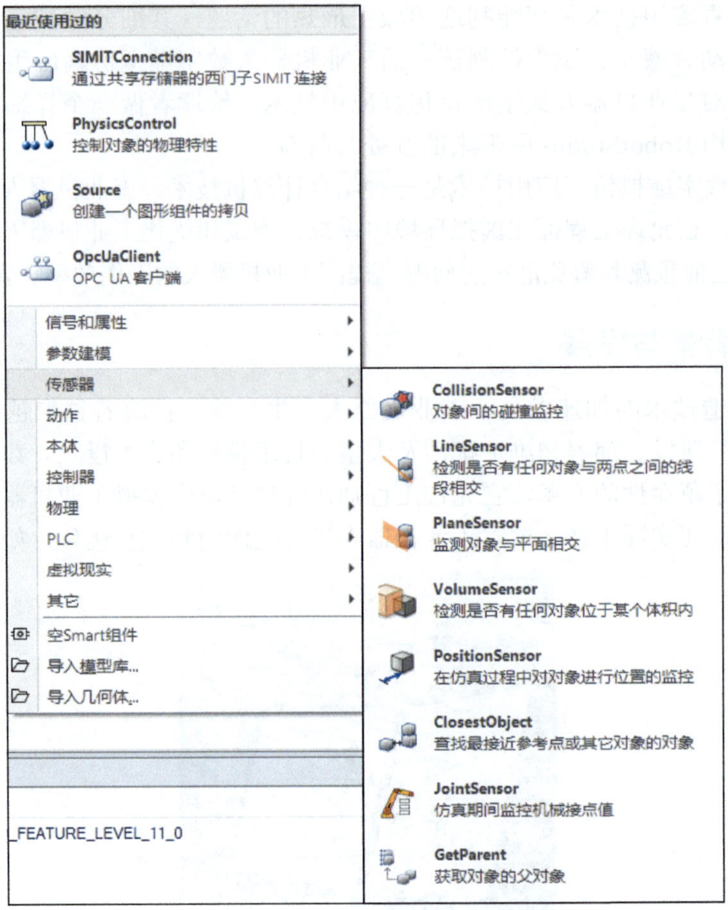

图 1-5　RobotStudio 中的模拟传感器功能

（4）控制算法仿真技术　模拟工业机器人的控制算法，包括路径规划、轨迹跟踪、运动控制等，以评估算法在实际应用中的性能，如图 1-6 所示。

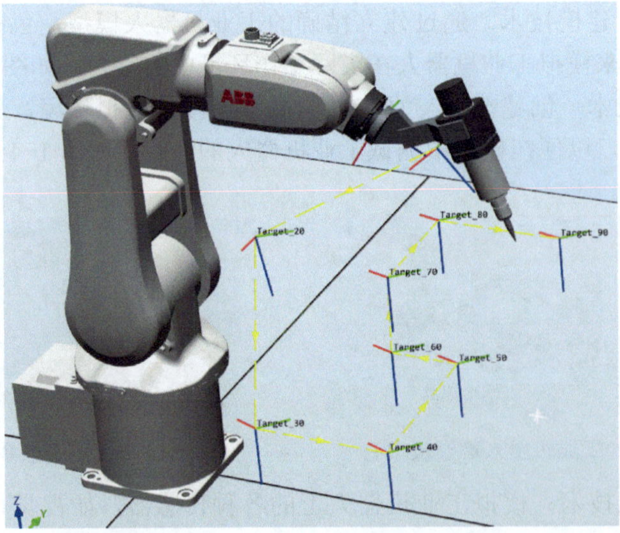

图 1-6　工业机器人路径轨迹规划

三、应用领域

（1）工业机器人研发阶段　在工业机器人研发的早期阶段，通过数字虚拟仿真技术，工程师可以在虚拟环境中模拟和测试工业机器人的各种功能，从而提前发现和修正潜在的设计缺陷，如图 1-7 所示。

（2）生产线规划与优化　通过模拟工业机器人的运动轨迹和作业流程，可以优化生产线的布局和设备配置，提高生产率，如图 1-8 所示。

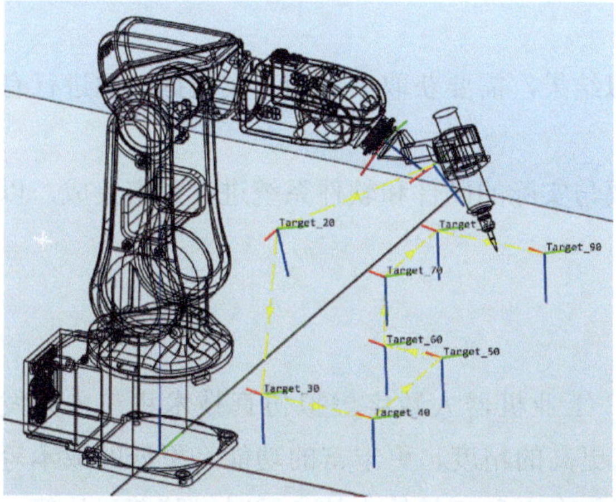

图 1-7　RobotStudio 中工业机器人本体的外形轮廓

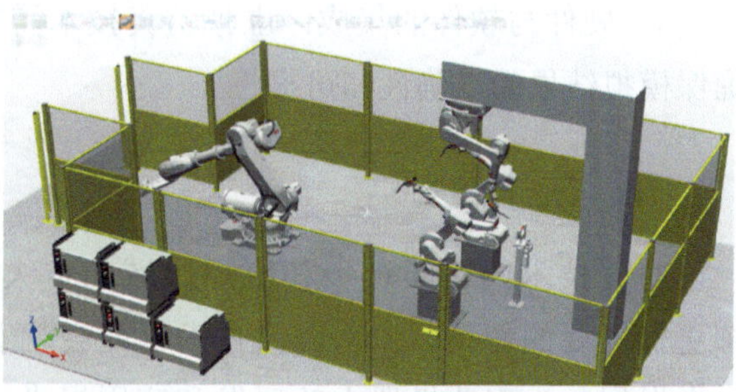

图 1-8　在 RobotStudio 中模拟与优化生产线的布局

（3）工业机器人操作员培训　利用虚拟仿真技术，可以为工业机器人操作员提供安全、高效、低成本的培训环境，帮助他们熟悉和掌握工业机器人的操作技能，如图 1-9 所示。

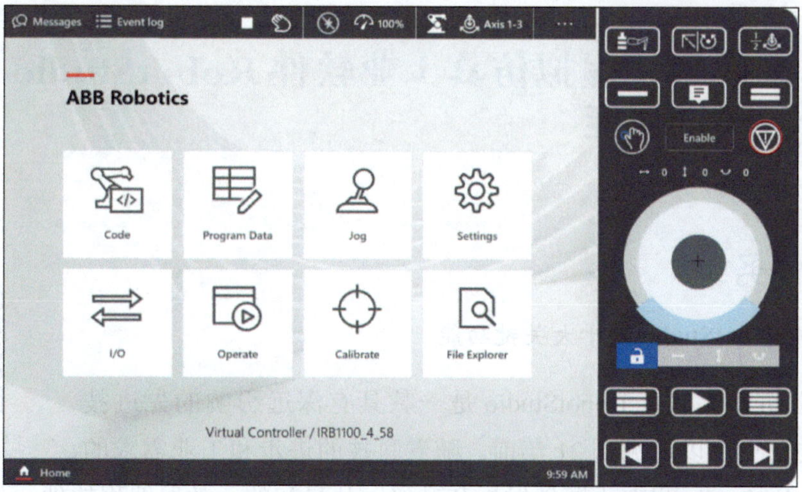

图 1-9　在 RobotStudio 中进行工业机器人示教器操作的实操

四、优势与挑战

1. 优势

1）降低研发成本：通过虚拟仿真，可以减少对实际硬件的需求，从而降低研发成本。

2）提高研发效率：虚拟仿真允许工程师在短时间内进行多次模拟测试，从而加快研发进度。

3）降低风险：通过虚拟仿真，可以在实际生产之前预测和避免潜在的问题，降低实际生产中的风险。

2. 挑战

1）技术难度：数字虚拟仿真技术涉及多个领域的知识和技术，需要高素质的研发团队。

2）数据获取与处理：为了获得准确的模拟结果，需要获取大量的真实数据，并进行有效的处理和分析。

3）硬件与软件的集成：虚拟仿真技术需要与实际的硬件和软件系统进行紧密集成，以确保模拟结果的准确性和可靠性。

五、未来展望

随着技术的不断进步和应用领域的扩大，工业机器人数字虚拟仿真技术将在未来发挥更加重要的作用。未来，该技术可能会朝着更高的精度、更丰富的功能、更低的成本等方向发展，为工业机器人的研发和应用提供更加全面和高效的支持。同时，随着云计算、大数据、人工智能等技术的不断发展，数字虚拟仿真应用技术也将实现更加智能化和自动化的数据处理和分析，进一步提高其在工业机器人领域的应用效果和价值。

任务 1-2　数字化虚拟仿真工业软件 RobotStudio 的十大关键功能

工作任务

- 理解 RobotStudio 的十大关键功能。

扫一扫，看视频

ABB 工业机器人软件 RobotStudio 是一款具有深远影响的先进技术产品，它的历史可以追溯到 21 年前。随着科技的进步和工业需求的不断变化，RobotStudio 也在不断地发展和升级。从最初的示教器编程软件，到现在的全功能工业机器人仿真和编程平台，RobotStudio 已经涵盖了工业机器人的设计、仿真、编程、测试和优化等多个环节。此外，RobotStudio 还提供了多种高级功能，如碰撞检测、运动学仿真、自动路径规划等，这些功能大大提高了工业机器人编程的效率和准确性。通过模拟真实的工作环境和场景，RobotStudio 使工程师能够在没有风险的情况下进行实验和优化，从而减少了停机时间和成本。

RobotStudio 的应用场景非常广泛，涵盖了汽车、电子、食品、饮料、制药、塑料等众多行业。在这些行业，RobotStudio 帮助企业实现了工业机器人的高效编程和优化配置，提高了生产线的自动化水平和生产率。

下面就 RobotStudio 的十大关键功能进行详细介绍，以帮助读者用好 RobotStudio。

一、100% 仿真的虚拟工业机器人控制器

RobotStudio 中的虚拟控制器是其最为核心的工具功能，它允许用户在没有实际硬件的情况下进行工业机器人的编程和仿真。通过虚拟控制器，用户可以创建一个与实际控制器完全相同的虚拟环境，从而可以在 RobotStudio 中模拟工业机器人的所有动作和功能，如图 1-10 所示。

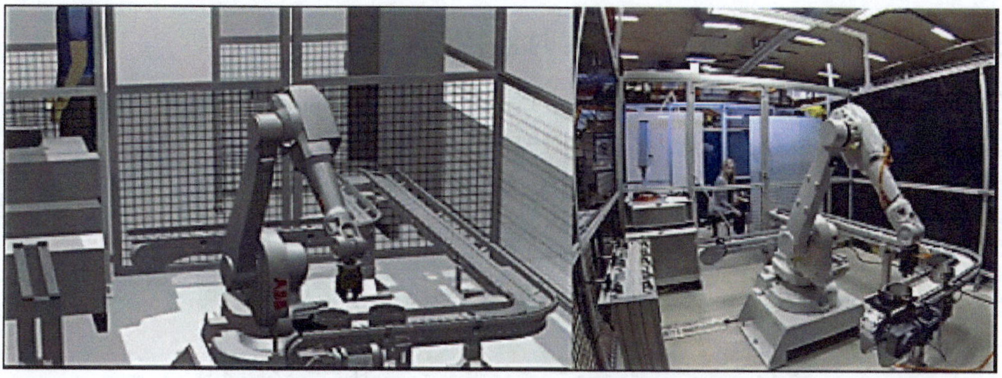

图 1-10　左侧运行的虚拟控制器与右侧真实工业机器人控制器完全相同

虚拟控制器的核心作用在于提供一种高度逼真的仿真环境，使得用户能够在投入实际生产之前对工业机器人程序进行全面的测试和验证。这不仅可以显著减少调试时间，降低成本，还可以提高系统的稳定性和可靠性。此外，虚拟控制器还支持离线编程，这意味着用户可以在不干扰生产过程的情况下进行工业机器人程序的更新和优化，进一步提高生产率。

二、工业机器人的自动路径规划

RobotStudio 中的自动路径规划功能极大地简化了工业机器人运动的规划和执行过程。这个功能允许用户只需指定起点和终点，或根据对象模型的特征，软件就能自动计算出最佳的运动轨迹，无须手动编写烦琐的代码，如图 1-11 所示。

通过先进的算法，自动路径规划功能能够考虑各种因素，如工业机器人的物理限制、工作环境中的障碍物以及所需的精度和速度。它能够生成一条既安全又高效的路径，确保工业机器人以最优的方式到达目标位置。通过给出最终位置，在几秒钟内自动定义开始到结束之间的无碰撞路径。

此外，该功能还提供了可视化的路径编辑和调整工具，使用户能够直观地查看和修改工业机器人的运动轨迹。这使得路径规划变得简单直观，即使是没有编程经验的用户也能轻松上手。

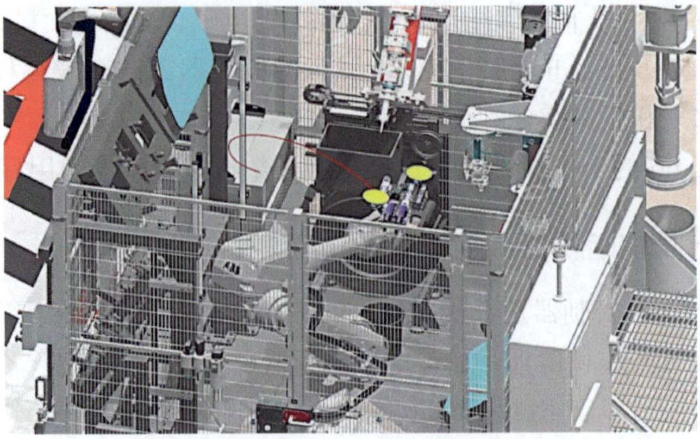

图 1-11 在 RobotStudio 中实现工业机器人在紧凑空间中的自动路径规划

三、便捷的工业机器人在线实时监控与管理

在线功能是 RobotStudio 的一大亮点，它实现了与工业机器人实时的紧密连接，为用户提供了强大的实时监控和操作能力，如图 1-12 所示。

图 1-12 RobotStudio 可对联网的工业机器人进行群控管理

1）在线监控功能允许用户实时观察工业机器人的工作状态，包括位置、速度、加速度等关键指标。这种实时数据反馈使用户能够及时了解工业机器人的运行情况，从而进行必要的调整和优化。

2）程序编辑功能让用户可以直接在软件中对工业机器人的程序进行修改和调试。这意味着用户可对工业机器人实时快速地进行程序更新和改进，大大提高了工作效率。

3）参数设置功能允许用户对工业机器人的各项性能参数进行可视化的调整。无论是改变工业机器人的通信参数，还是调整工业机器人的工作范围，用户都可以根据实际需求进行灵活配置。

四、最完备的工业机器人程序开发 IDE 和可视化轨迹优化功能

RobotStudio 提供的工业机器人程序开发 IDE 功能为工业机器人工程师提供了一站式的解决方案，无论是编写、调试还是优化工业机器人程序，都能在这里得到满足。IDE 界面友好，功能齐全，使得工程师能够高效、便捷地进行工业机器人程序的开发。同时，IDE 还提供了丰富的库函数和工具箱的开发支持，帮助开发者快速实现复杂的功能和算法。工业机器

人程序开发 IDE 界面如图 1-13 所示。

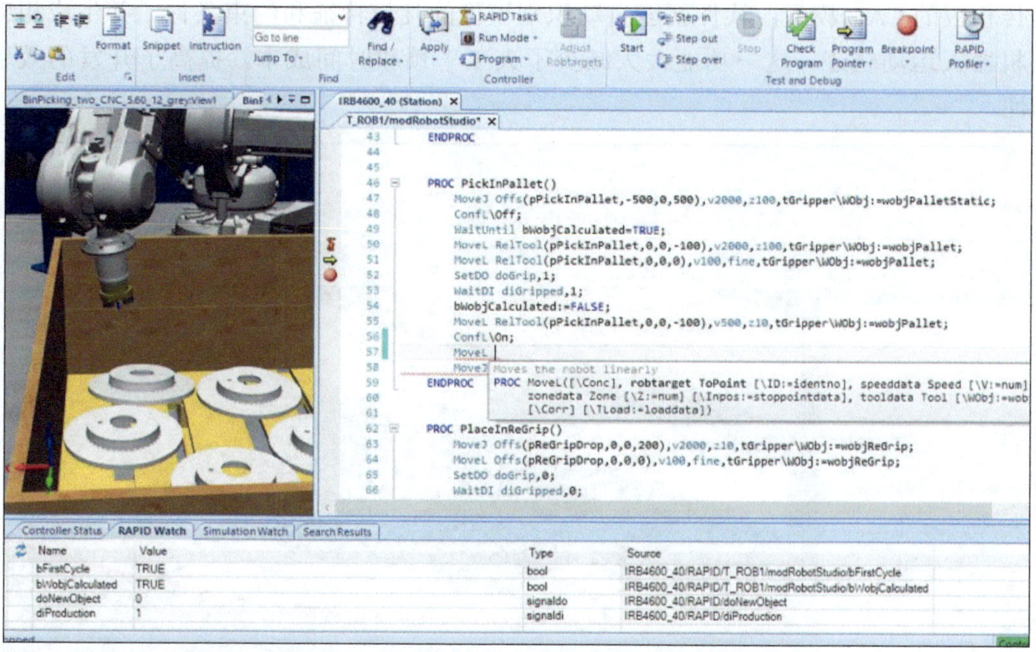

图 1-13　工业机器人程序开发 IDE 界面

RobotStudio 的可视化轨迹优化功能通过 3D 显示的方式，直观地展示了工业机器人的运动轨迹、坐标系和目标点数据，如图 1-14 所示。工程师可以方便地对轨迹进行调整和优化，确保工业机器人按照预定的路径进行运动。这种可视化的方式不仅提升了用户的操作体验，还有助于发现和解决潜在的问题。

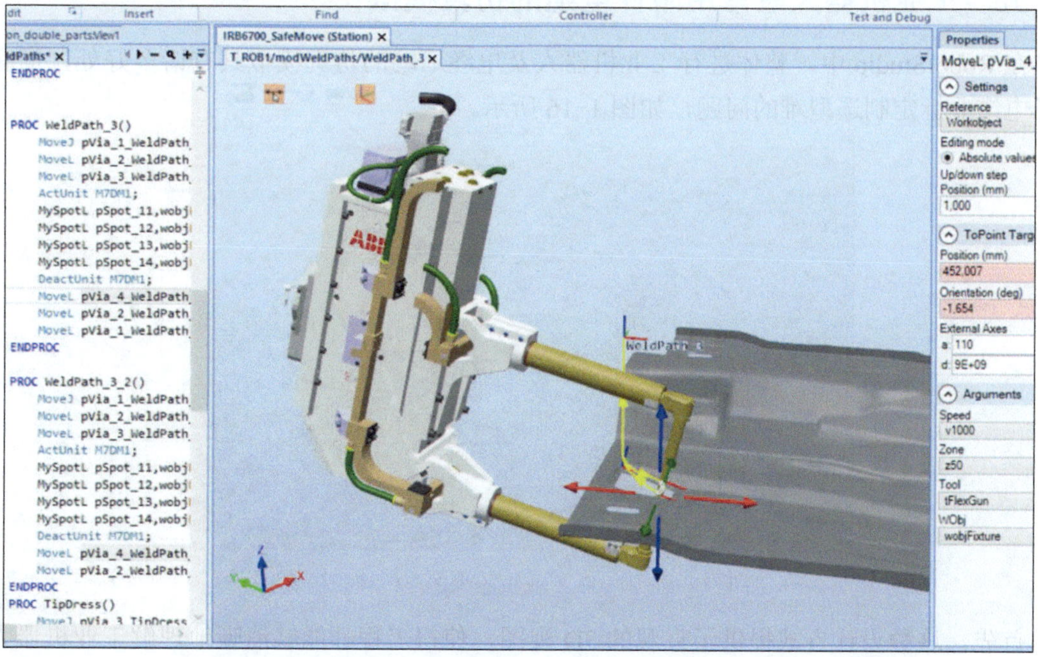

图 1-14　3D 显示的工业机器人运动轨迹

RobotStudio 还支持根据 CAD 模型自动生成轨迹，如图 1-15 所示。这意味着用户只需上传相应的 CAD 模型，软件就能自动识别模型的几何特征和约束条件，并生成相应的工业机器人运动轨迹。这一功能大大减少了人工干预和时间成本，提高了开发的效率和准确性。

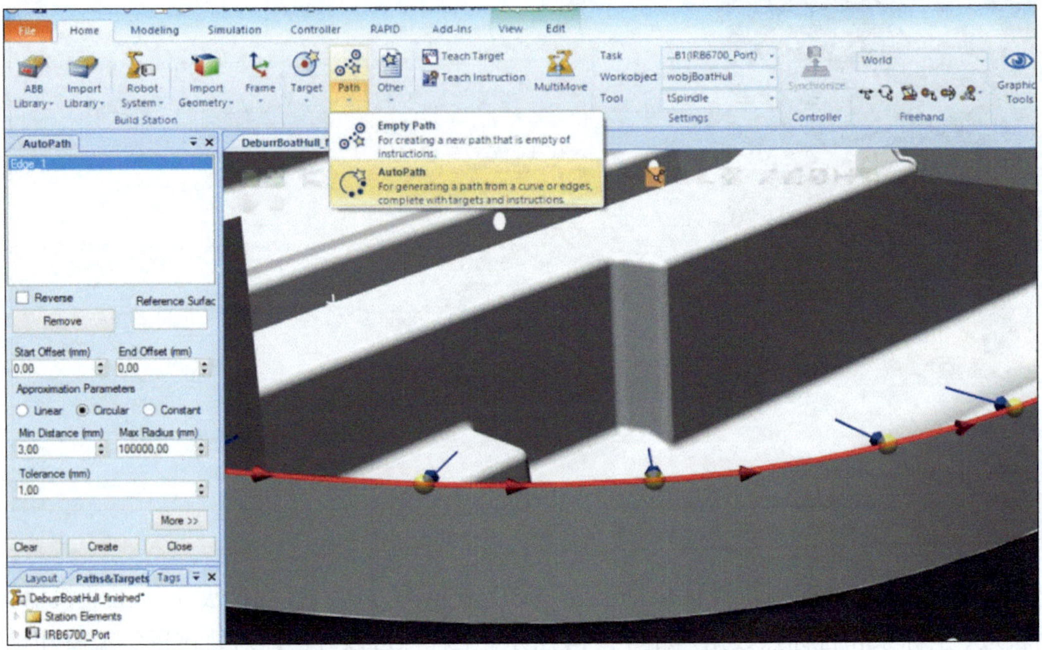

图 1-15 根据 CAD 模型自动生成轨迹

五、工业机器人最常用附件电缆的仿真模拟

在 RobotStudio 中，整体进行工业机器人及电缆运动的仿真模拟具有诸多好处，彻底解决了电缆非标定制选型难的问题，如图 1-16 所示。

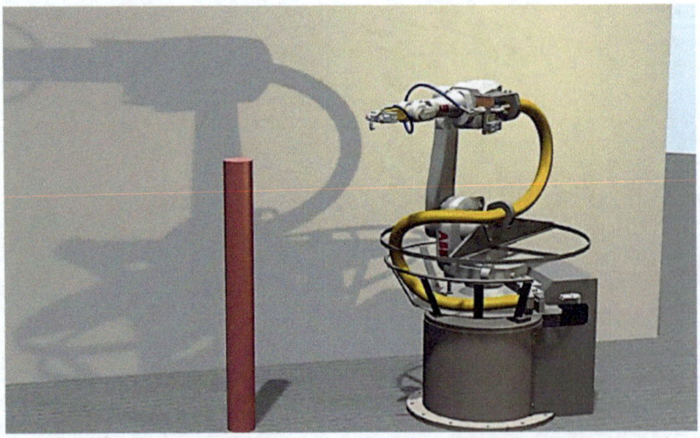

图 1-16 IRB1600 工业机器人的电缆模拟仿真

首先，这种设计方式提供了直观的 3D 视图，使得工程师能够清晰地理解工业机器人的运动轨迹和电缆的布局，从而更好地进行项目规划和设计。

其次，通过可视化设计，可以提前发现和解决潜在的问题，例如工业机器人运动范围内的障碍物、电缆的缠绕和碰撞等问题，避免了在实际安装和调试过程中出现意外情况。

此外，RobotStudio 的可视化设计还支持多用户协作，使得团队成员能够实时共享和讨论设计方案，提高了团队的沟通效率和项目的整体进度。

在 RobotStudio 中进行工业机器人和电缆的可视化设计，不仅提高了设计的准确性和效率，还降低了项目实施过程中的风险和成本。

六、逼真生动的仿真效果演示

在 RobotStudio 软件中可以体验逼真和生动的视觉效果。

1）RobotStudio 不仅提供了高精度的模型渲染功能，让每一个细节都栩栩如生，还允许用户自由调整照明和光线设置，打造出符合实际环境的光影效果。

2）RobotStudio 不仅限于静态的图像展示，而且具备录制和输出图片、视频的功能，让用户可以将工业机器人的动态表现捕捉下来，以便于分享和进一步的分析。

3）RobotStudio 支持输出 GLB 格式的文件，这是一种广泛兼容的 3D 格式，使得用户可以将场景导出到其他平台或设备上进行查看和交互。

4）RobotStudio 能输出带 3D 实时查看的 EXE 文件，如图 1-17 所示，使用户可以将整个场景打包成一个独立的执行文件，无须额外的软件依赖，就可以在任何一台计算机上运行并查看 3D 效果。这种便捷性大大增强了 RobotStudio 的应用范围和实用性。

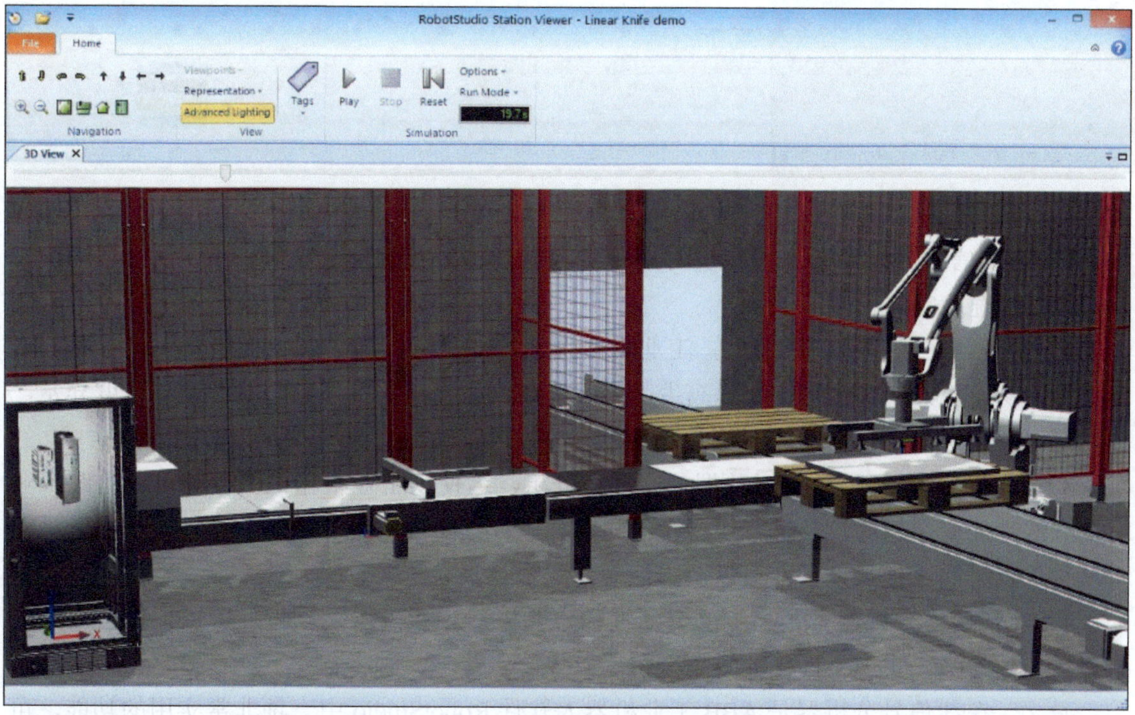

图 1-17　RobotStudio 输出带 3D 实时查看的 EXE 文件

总的来说，RobotStudio 以其出色的视觉效果和强大的输出功能，为用户打造了一个全方位、立体化的工业机器人设计和仿真环境，无论是用于项目展示、交流合作还是教育培训，都能提供极佳的体验和支持。

七、实用的工业机器人在线信号分析器

RobotStudio 是一款强大的仿真和编程工具，而其中的“在线信号分析器”功能更是其一大亮点，如图 1-18 所示。

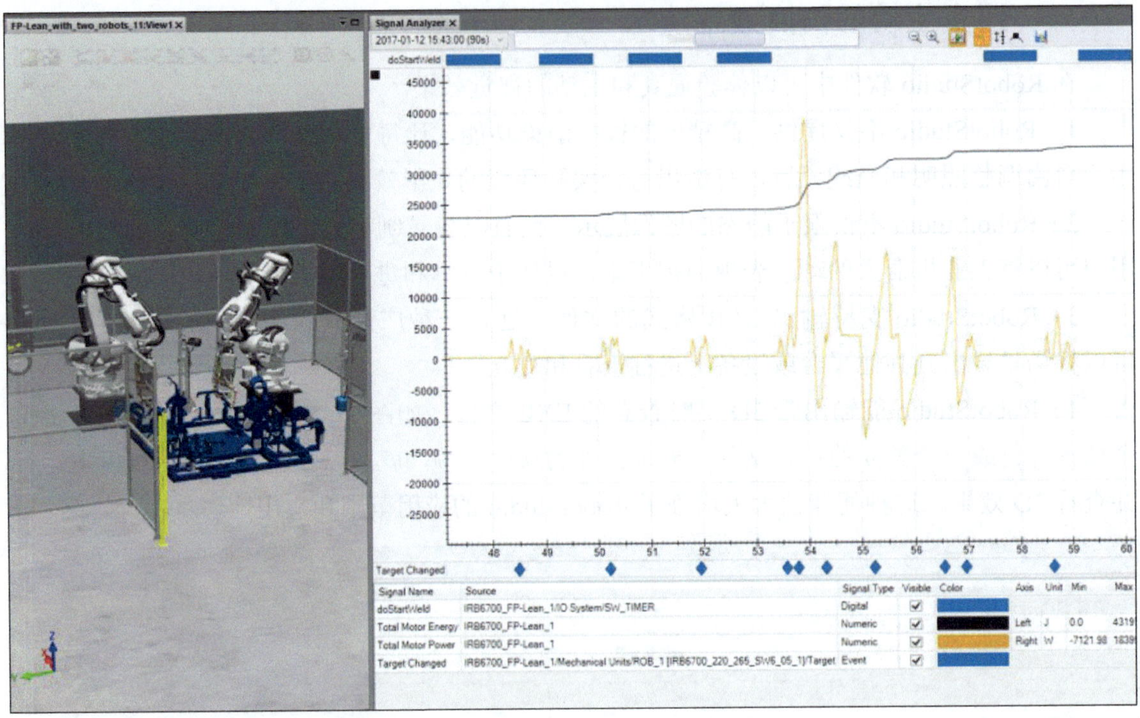

图 1-18　RobotStudio 中的在线信号分析器

1）在线信号分析器允许用户实时地分析和监控各种关键信号，例如 I/O 信号、速度、扭矩以及加速度等。

2）通过“在线信号分析器”，工业机器人工程师能够深入了解工业机器人运行时的各项指标，从而更好地优化程序和提高生产率。例如，如果用户发现某个动作的加速度异常，他们可以利用这个工具来定位问题并调整相关参数，以确保工业机器人的平稳运行。

3）在线信号分析器支持对数据的回溯和分析，这使得工业机器人工程师可以追踪工业机器人的性能变化趋势，及时发现潜在的问题并进行预防性维护。这种前瞻性的数据分析对于减少停机时间、延长设备寿命以及降低运营成本都具有重要意义。

4）在线信号分析器具备高度的灵活性和定制性。工业机器人工程师可以根据自己的需求设置监控参数，实现个性化的数据分析。

总之，在线信号分析器是 ABB 工业机器人软件 RobotStudio 中一项非常实用的功能，可帮助用户实时监控和分析工业机器人的运行状态，从而帮助用户提升生产率和设备稳定性。

八、强大的物理特性仿真功能

ABB 工业机器人软件 RobotStudio 中的物理特性功能赋予 3D 模型真实的物理特性，使得虚拟仿真环境与现实世界高度一致。如图 1-19 所示，该功能主要通过模拟地球引力、惯性和材质等物理特性来实现。

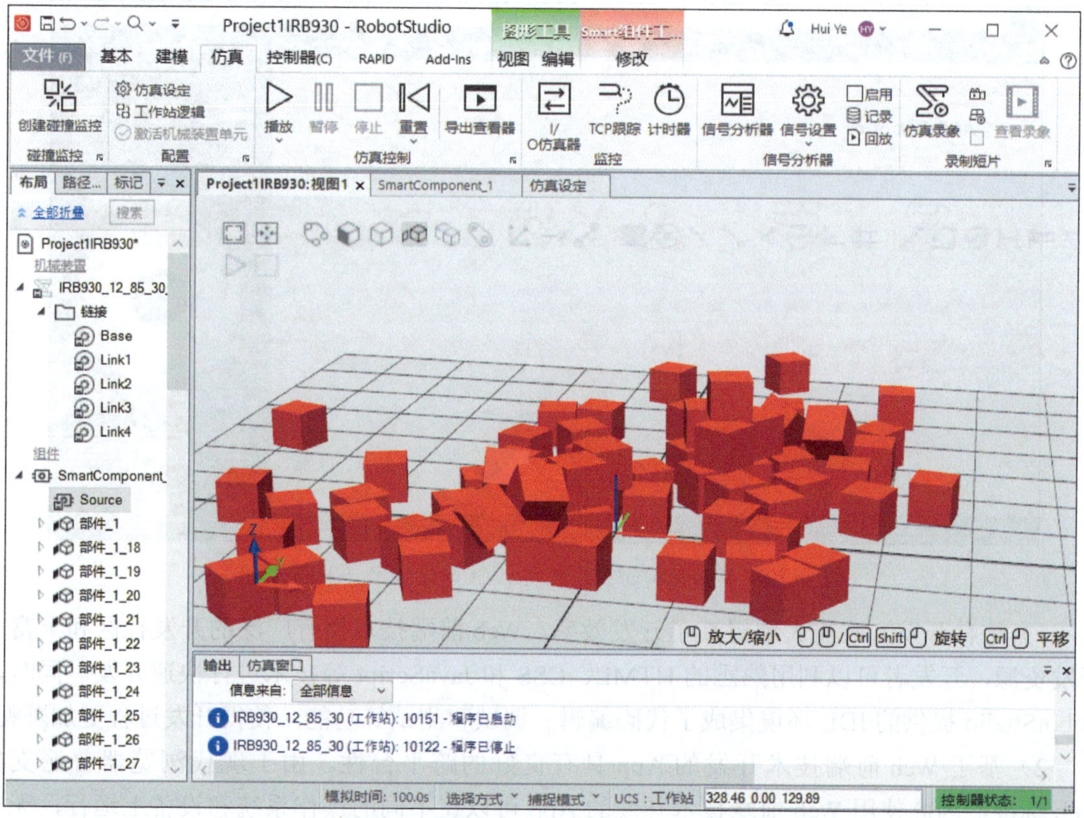

图 1-19　正方体在仿真地球引力的作用落下后的随机状态

1）它能够使 3D 模型受到地球引力的影响，如自由下落或受到重力束缚，就像在现实世界中一样。

2）可体现惯性特性，模型会根据其质量分布表现出相应的旋转和移动惯性，使得运动更加真实可信。

3）在材质方面，物理特性功能允许用户为模型指定不同的表面材质，如金属、塑料或橡胶等。这些材质将影响模型与环境的互动方式，例如摩擦力、反射率和吸音性等。通过这种方式，RobotStudio 能够提供一个高度逼真的虚拟仿真环境，使得用户能够在其中进行精确的工业机器人路径规划和运动模拟。

这种高度仿真的环境有助于用户更好地理解和预测工业机器人在实际应用中的表现。用户可以利用这个功能进行各种实验和测试，以优化工业机器人的设计和性能。此外，该功能还能够提高生产率，因为它允许用户在虚拟环境中进行全面的测试和验证，从而减少了在实际生产中遇到问题的可能性。

九、自定义开发示教器的应用 App

ABB 工业机器人从 OmniCore 控制器开始，提供了使用 Web 前端技术进行示教器人机交互界面软件开发的支持。同时在 RobotStudio 中提供的基于 Web 前端技术的 IDE 环境，为工程师开发在示教器上运行 App 带来了诸多好处，如图 1-20 所示。

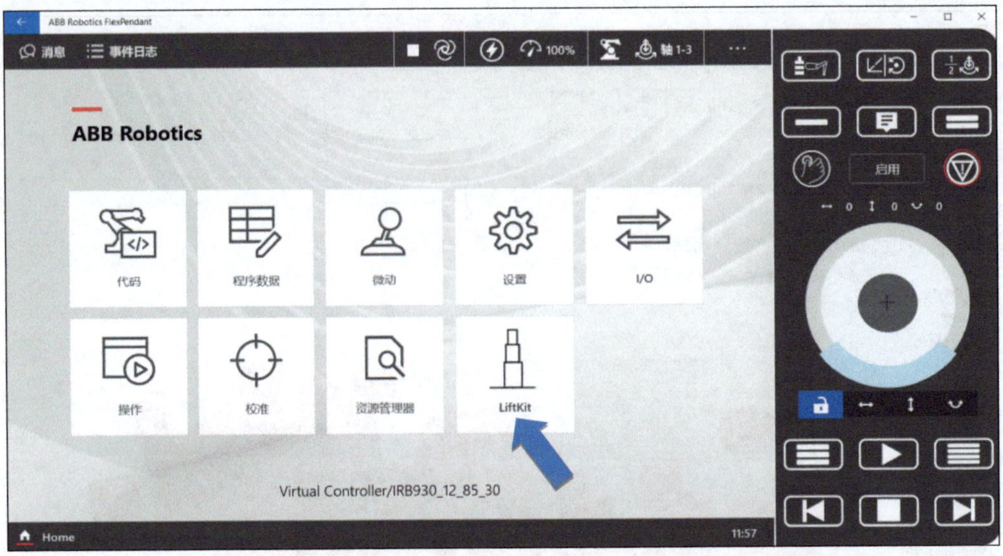

图 1-20 箭头指着的就是使用 Web 前端技术开发的 App

1）这种开发方式极大地提高了开发效率。Web 前端技术拥有广泛的开发社区和丰富的开发资源，开发者可以利用熟悉的 HTML、CSS 和 JavaScript 等技术进行快速开发。同时，RobotStudio 提供的 IDE 环境集成了代码编辑、调试和测试等功能，使得开发过程更加顺畅。

2）基于 Web 前端技术开发的 App 具有良好的跨平台性。由于现代浏览器普遍支持 Web 标准，因此使用 Web 前端技术开发的 App 可以在不同的操作系统和设备上运行，无须针对每个平台进行单独开发，这为企业节省了大量的人力和物力成本。

3）基于 Web 前端技术开发的 App 具有良好的可维护性和可扩展性。开发者可以方便地对 App 进行更新和升级，而无须重新安装整个应用程序。同时，App 的结构和组件可以模块化设计，便于后续的功能扩展和定制。

4）基于 Web 前端技术开发的 App 在用户体验方面有很大的优势。借助 HTML5、CSS3 等现代前端技术，工程师可以创建出丰富多彩的用户界面和交互效果，提升用户的操作体验和满意度。

综上所述，使用 Web 前端开发技术在 ABB 软件 RobotStudio 中自定义开发示教器上的 App 具有诸多好处，包括提高开发效率、跨平台性、良好的可维护性和可扩展性，以及好的用户体验等。这些优势使得基于 Web 前端技术的 App 开发成为企业自动化升级的首选方案。

十、无限拓展的 RobotStudio 的 Add-Ins 加载项功能

RobotStudio 除了本身自带的强大功能外，为了满足用户对 RobotStudio 应用功能的定制化需求，提供了支持基于 RobotStudio 开发加载项的功能。一方面，ABB 官方开发了一些常用的

加载项插件；另一方面，用户可以使用 RobotStudio SDK 来开发加载项插件，如图 1-21 所示。

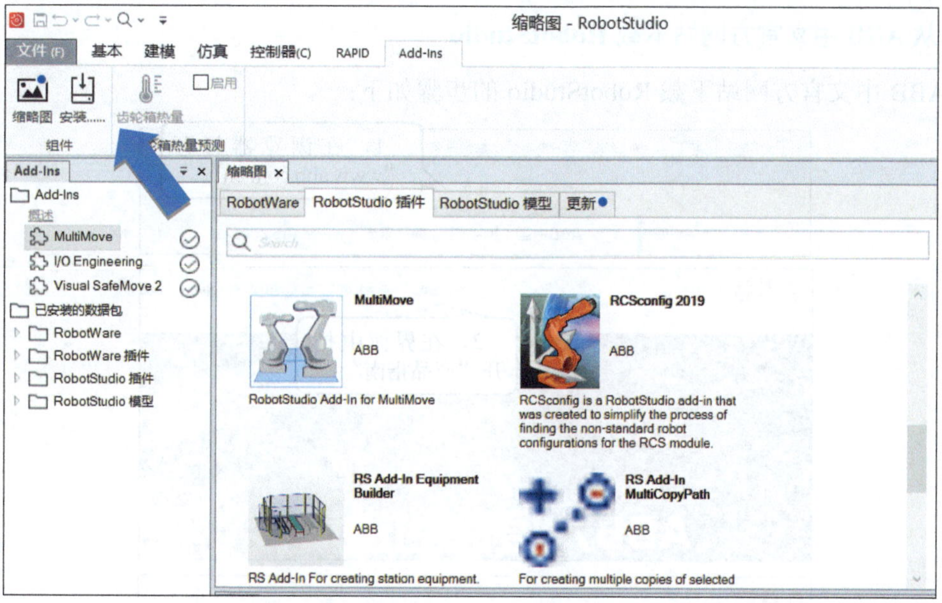

图 1-21　“Add-Ins”菜单中的加载项插件：齿轮箱热量预测

1）“Add-Ins”菜单允许用户安装各种插件和扩展模块，这些插件和模块可以提供额外的功能和工具，以支持更复杂的工业机器人操作和任务。例如，用户可以安装专门的插件来处理图像识别、传感器集成或其他高级功能。

2）通过“Add-Ins”菜单，用户可以轻松地访问和更新现有的插件和模块；可以随时获取最新的功能和改进，以确保工业机器人系统始终保持最新状态。

3）“Add-Ins”菜单提供了一个平台，让第三方开发者可以为 RobotStudio 创建和分享自己的插件和模块。这为用户提供了无尽的可能性，用户可以利用社区的力量来扩展和定制工业机器人系统。

任务 1-3　数字化虚拟仿真工业软件 RobotStudio 的下载、安装与授权

工作任务

- 下载 RobotStudio。
- 安装 RobotStudio。
- RobotStudio 许可证授权管理。

扫一扫，看视频

凭借一流的虚拟控制器技术，RobotStudio 能够向用户保证在屏幕上看到的工业机器人将准确还原在现实中。这种独特的技术使用户能够在虚拟环境中构建、测试和优化工业机器人安装，从而大大加快调试时间并提高生产力。下面介绍 RobotStudio 软件的下载、安装与授权。

一、下载 RobotStudio

1. 从 ABB 中文官方网站下载 RobotStudio

从 ABB 中文官方网站下载 RobotStudio 的步骤如下：

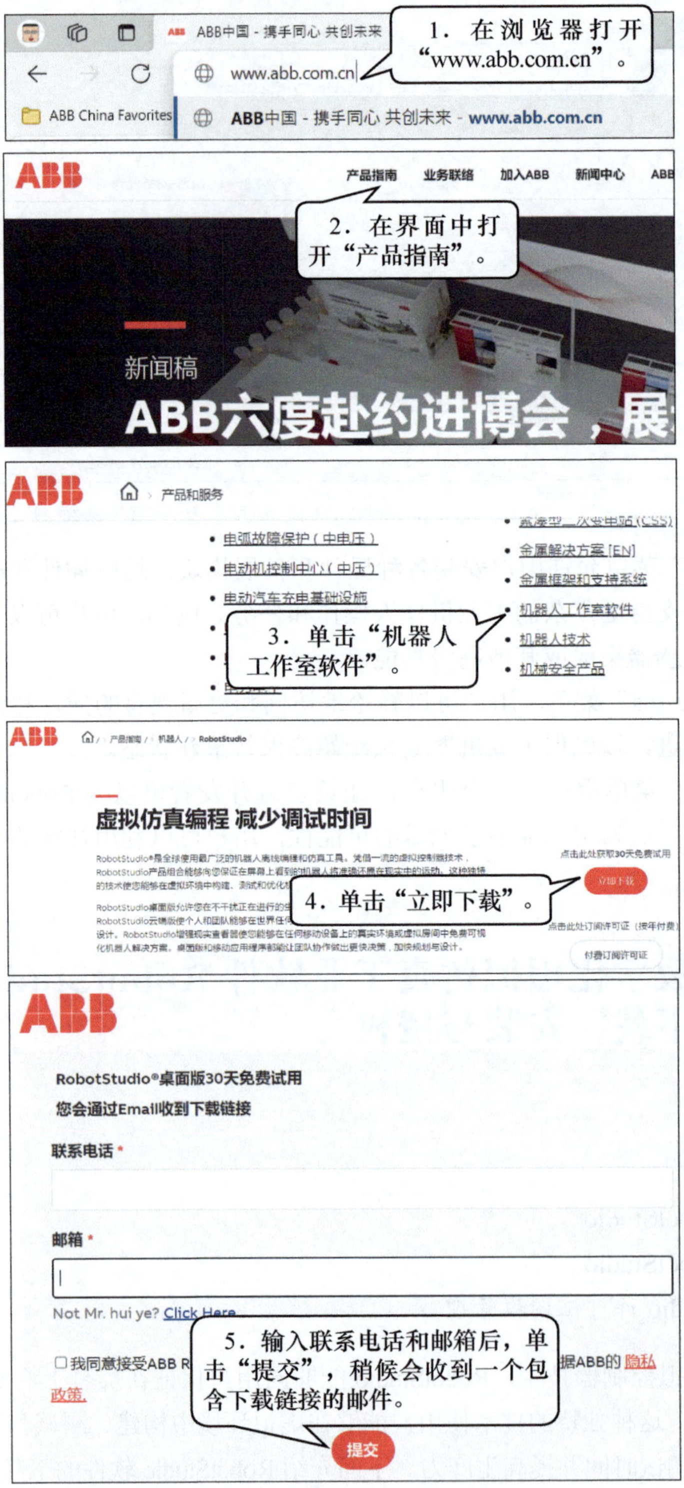

2．关注叶老师的公众号“叶晖 yehui”进行下载

ABB 官方提供的软件链接下载服务器有时候速度可能不如人意。因此，读者可以关注叶老师的公众号“叶晖 yehui”，然后搜索关键字“RobotStudio 下载”，就可以查找想要版本的 RobotStudio。叶老师会保持与 ABB 官方的更新同步，提供国内的云服务下载链接，方便大家下载。

微信搜一搜
叶晖yehui

二、安装 RobotStudio

下面以 RobotStudio 2024.1 为例进行安装流程的说明。后续更新版本的软件安装也可以以此为参考。

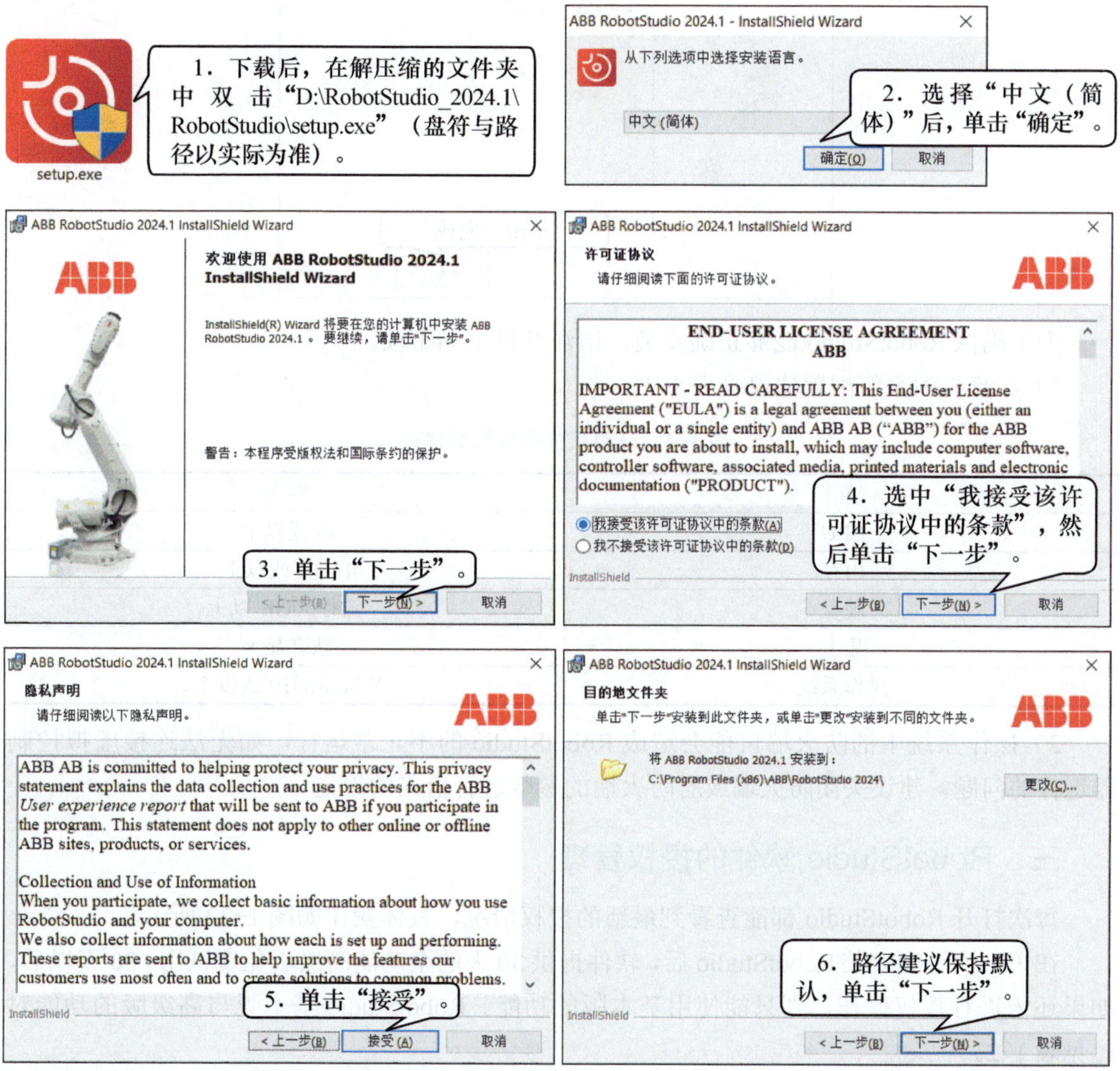
setup.exe
1．下载后，在解压缩的文件夹中双击“D:\RobotStudio_2024.1\RobotStudio\setup.exe”（盘符与路径以实际为准）。
ABB RobotStudio 2024.1 - InstallShield Wizard
从下列选项中选择安装语言。
中文 (简体)
确定(O)
取消
2．选择“中文（简体）”后，单击“确定”。
ABB RobotStudio 2024.1 InstallShield Wizard
欢迎使用 ABB RobotStudio 2024.1 InstallShield Wizard
InstallShield(R) Wizard 将要在您的计算机中安装 ABB RobotStudio 2024.1 。要继续，请单击“下一步”。
警告：本程序受版权法和国际条约的保护。
3．单击“下一步”。
< 上一步(B)
下一步(N) >
取消
许可证协议
请仔细阅读下面的许可证协议。
END-USER LICENSE AGREEMENT
ABB
IMPORTANT - READ CAREFULLY: This End-User License Agreement ("EULA") is a legal agreement between you (either an individual or a single entity) and ABB AB (“ABB”) for the ABB product you are about to install, which may include computer software, controller software, associated media, printed materials and electronic documentation ("PRODUCT").
我接受该许可证协议中的条款(A)
我不接受该许可证协议中的条款(D)
4．选中“我接受该许可证协议中的条款”，然后单击“下一步”。
隐私声明
请仔细阅读以下隐私声明。
ABB AB is committed to helping protect your privacy. This privacy statement explains the data collection and use practices for the ABB User experience report that will be sent to ABB if you participate in the program. This statement does not apply to other online or offline ABB sites, products, or services.
Collection and Use of Information
When you participate, we collect basic information about how you use RobotStudio and your computer.
We also collect information about how each is set up and performing.
These reports are sent to ABB to help improve the features our customers use most often and to create solutions to common problems.
5．单击“接受”。
接受(A)
目的地文件夹
单击“下一步”安装到此文件夹，或单击“更改”安装到不同的文件夹。
将 ABB RobotStudio 2024.1 安装到：
C:\Program Files (x86)\ABB\RobotStudio 2024\
更改(C)...
6．路径建议保持默认，单击“下一步”。

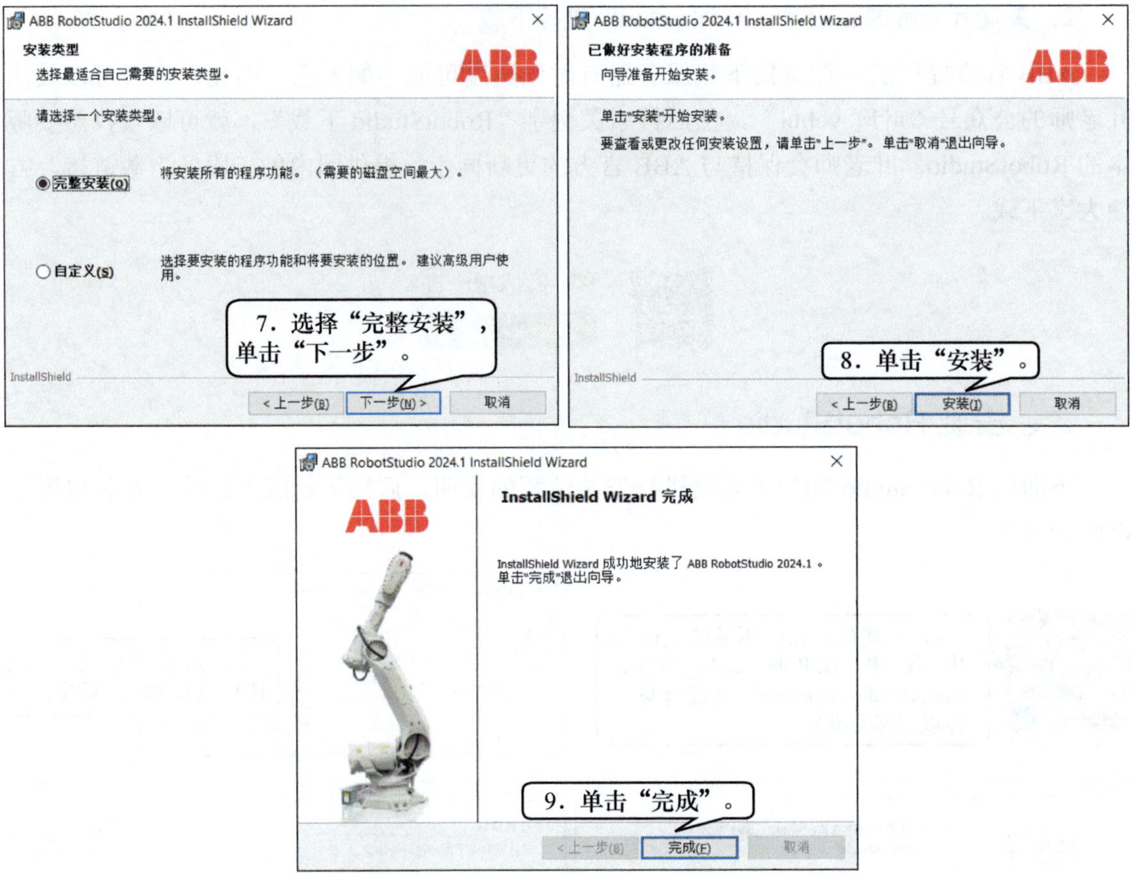
ABB RobotStudio 2024.1 InstallShield Wizard
安装类型
选择最适合自己需要的安装类型。
请选择一个安装类型。
完整安装(O)
将安装所有的程序功能。（需要的磁盘空间最大）。
自定义(S)
选择要安装的程序功能和将要安装的位置。建议高级用户使用。
7. 选择“完整安装”，单击“下一步”。
InstallShield
< 上一步(B)
下一步(N) >
取消
ABB RobotStudio 2024.1 InstallShield Wizard
已做好安装程序的准备
向导准备开始安装。
单击“安装”开始安装。
要查看或更改任何安装设置，请单击“上一步”。单击“取消”退出向导。
8. 单击“安装”。
InstallShield
< 上一步(B)
安装(I)
取消
ABB RobotStudio 2024.1 InstallShield Wizard
InstallShield Wizard 完成
InstallShield Wizard 成功地安装了 ABB RobotStudio 2024.1 。单击“完成”退出向导。
9. 单击“完成”。
< 上一步(B)
完成(F)
取消

为了确保 RobotStudio 能够正确安装，请注意以下的事项。

1）计算机的系统配置建议见表 1-1。

表 1-1　计算机的系统配置建议

硬件	要求
CPU	i5 或以上
内存	16GB 或以上
硬盘	空闲 50GB 以上
显卡	独立显卡
操作系统	Windows10 或以上

2）操作系统中的防火墙可能会造成 RobotStudio 的不正常运行，如无法连接虚拟控制器这样的问题，建议关闭防火墙或对防火墙的参数进行恰当的设定。

三、RobotStudio 软件的授权管理

每次打开 RobotStudio 都能查看到最新的授权情况，具体操作如图 1-22 所示。

在第一次正确安装 RobotStudio 后，软件提供 30 天的全功能高级版免费试用。30 天以后，如果还未进行授权操作，则只能使用基本版的功能。RobotStudio 基本版与高级版的功能对比见表 1-2。

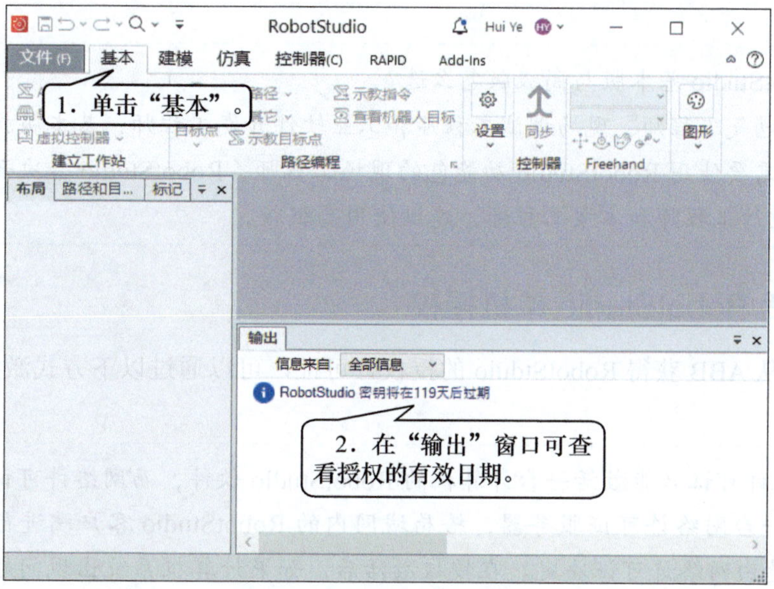

图 1-22　最新的授权情况

表 1-2　RobotStudio 基本版与高级版的功能对比

功能	基本版	高级版
在线调试与 RAPID 编程	○	○
运行及调试已有数字孪生工作站	○	○
图形化编程仿真	○	○
创建 IRC5 和 OmniCore 工业机器人基础实训控制系统	○	○
虚拟示教器数字化实训练习	○	○
工业 App——Web 前端开发	○	○
工业 App——C# 开发	○	○
下载后立即可使用	○	×
建模与调用 Smart 组件	×	○
互动 VR 虚拟现实	×	○
支持与真实 / 虚拟 PLC 通信	×	○
RobotStudio SDK	×	○

注：○—支持；×—不支持。

RobotStudio 的授权购买可以联系 ABB 公司。针对学校使用 RobotStudio 软件用于教学用途，是有特殊优惠政策的，详情可以在公众号“叶晖 yehui”中留言咨询。学校版 RobotStudio 软件留言咨询模板见表 1-3。

表 1-3　学校版 RobotStudio 软件留言咨询模板

姓名	
联系电话	
学校全称	
需要软件套数	
计划使用软件开设的课程	

> RobotStudio 基本版与高级版怎么选？
>
> 1）对于电气工程师、现场调试工程师和工业软件开发工程师，基本版就够用。
>
> 2）对于需要使用 RobotStudio 功能包的现场工程师、RobotStudio 二次开发的软件工程师、机械设计工程师和方案工程师，建议使用高级版。

四、激活 RobotStudio 单机授权

如果已经从 ABB 获得 RobotStduio 的授权许可证，可以通过以下方式激活 RobotStudio 软件。

> 单机许可证只能激活一台计算机的 RobotStudio 软件，而网络许可证可在一个局域网内建立一台网络许可证服务器，给局域网内的 RobotStudio 客户端进行授权许可，客户端的数量由网络许可证决定。在授权激活后，如果计算机系统出现问题并重新安装 RobotStudio，将会造成授权失效，需要联系 ABB 重新激活。
>
> 建议如下：
>
> 1）单机版的计算机请尽量保持软件环境的稳定，减少安装与删除的操作，以免对系统文件的误操作。
>
> 2）作为网络许可证服务器的计算机应单独配置，不建议作为一般操作的计算机频繁使用。

激活 RobotStudio 单机授权的具体操作如下：

1）在激活之前，请将计算机连接互联网。

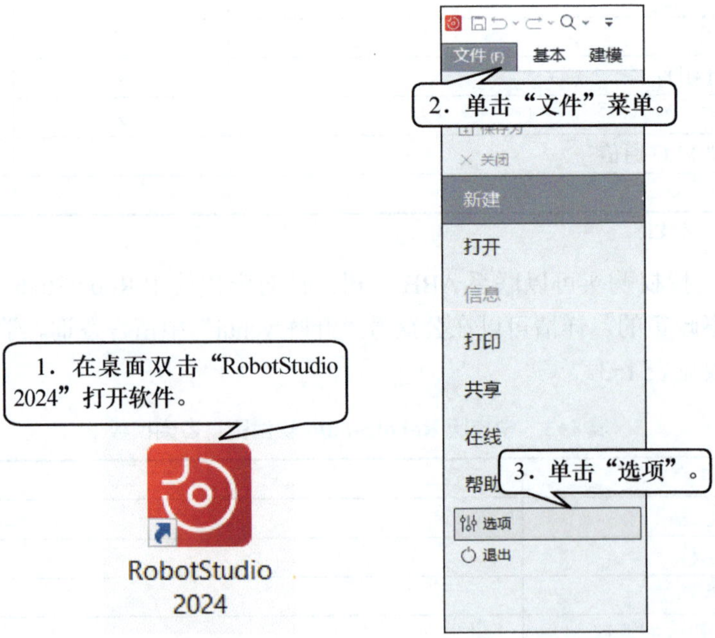

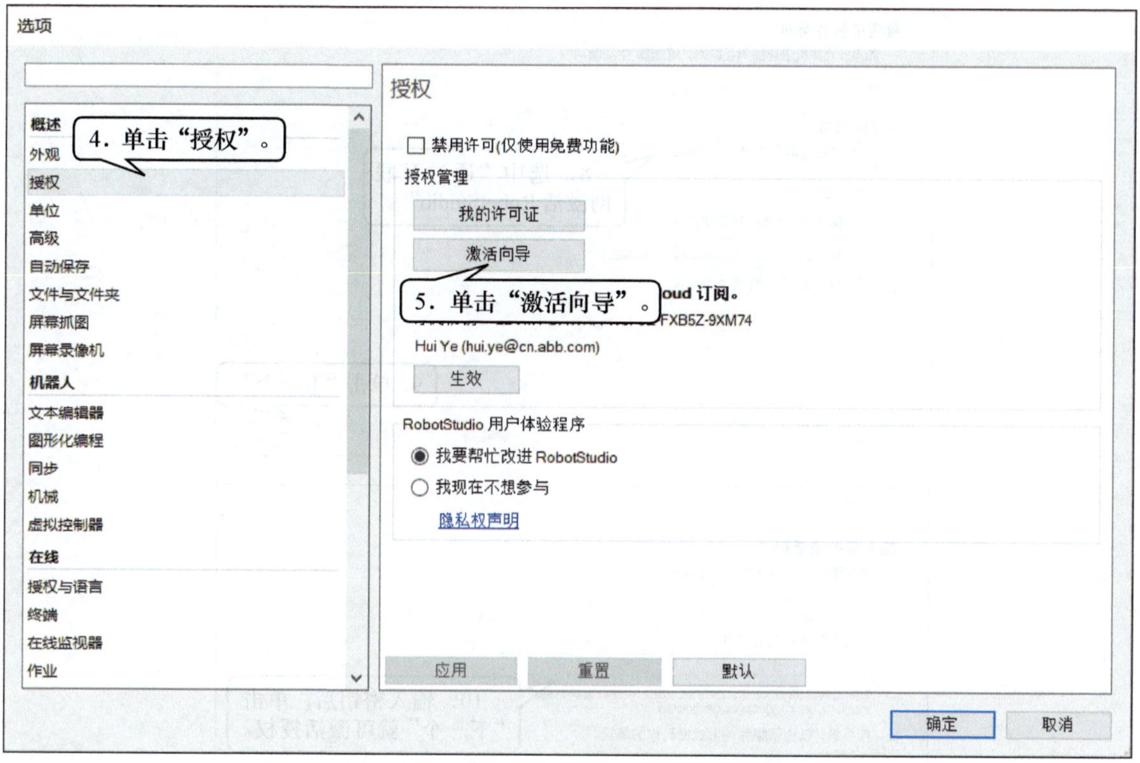

2）如果计算机从未安装过 RobotStudio，可以选择“我希望申请试用许可证”，进行 30 天的全功能试用。

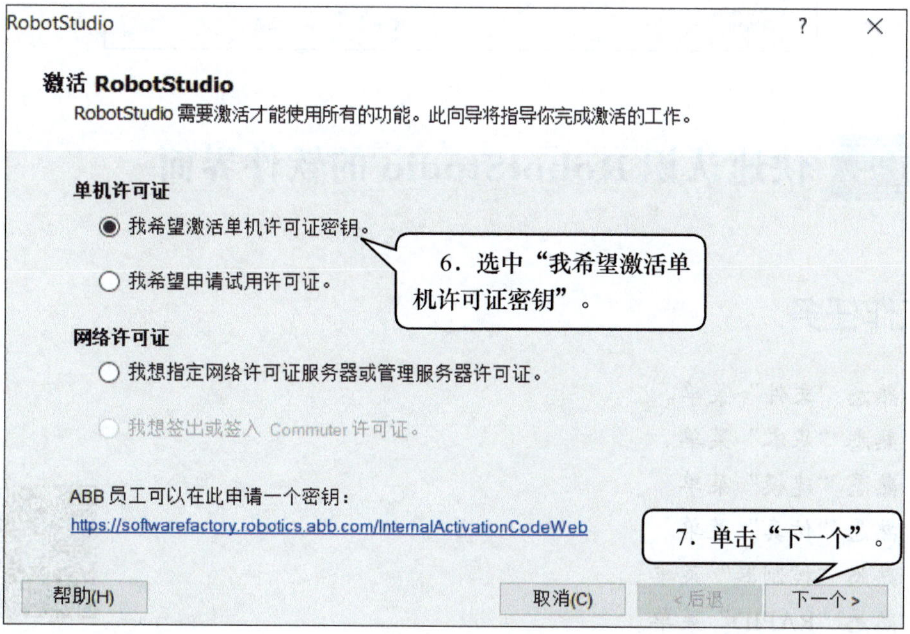

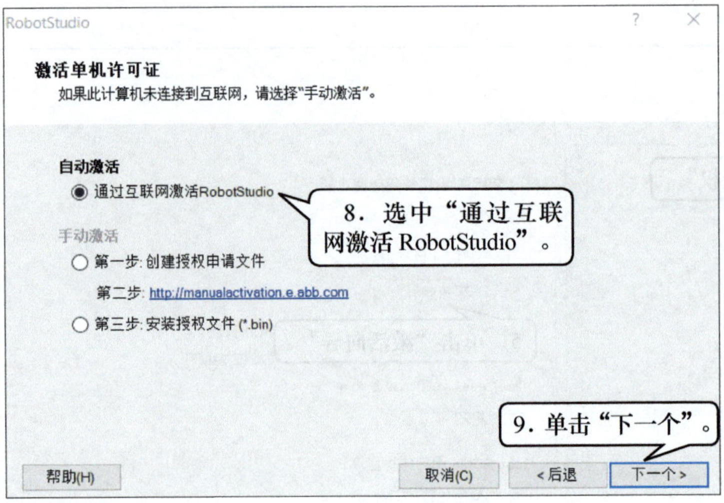
RobotStudio
激活单机许可证
如果此计算机未连接到互联网，请选择"手动激活"。
自动激活
通过互联网激活RobotStudio
手动激活
第一步：创建授权申请文件
第二步：http://manualactivation.e.abb.com
第三步：安装授权文件 (*.bin)
8．选中"通过互联网激活 RobotStudio"。
9．单击"下一个"。
帮助(H)
取消(C)
< 后退
下一个 >

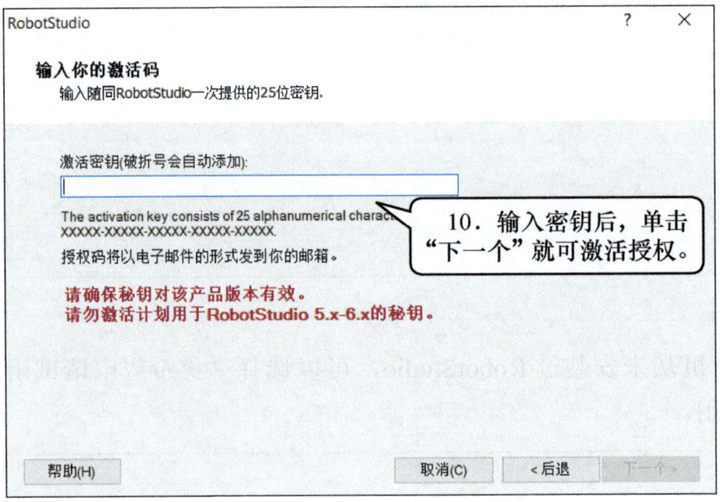
RobotStudio
输入你的激活码
输入随同RobotStudio一次提供的25位密钥。
激活密钥(破折号会自动添加)：
The activation key consists of 25 alphanumerical charac
XXXXX-XXXXX-XXXXX-XXXXX-XXXXX.
授权码将以电子邮件的形式发到你的邮箱。
请确保秘钥对该产品版本有效。
请勿激活计划用于RobotStudio 5.x-6.x的秘钥。
10．输入密钥后，单击"下一个"就可激活授权。
帮助(H)
取消(C)
< 后退
下一个 >

任务1-4 快速认识 RobotStudio 的软件界面

工作任务

- 熟悉"文件"菜单。
- 熟悉"基本"菜单。
- 熟悉"建模"菜单。
- 熟悉"仿真"菜单。
- 熟悉"控制器"菜单。
- 熟悉"RAPID"菜单。
- 熟悉"Add-Ins"菜单。

扫一扫，看视频

下面来快速熟悉一下 RobotStudio 的软件界面，为下一步熟练地操作应用打好基础。

1）“文件”菜单，包含创建新工作站、创造新工业机器人系统、连接到控制器，将工作站另存为查看器的选项和 RobotStudio 选项，如图 1-23 所示。

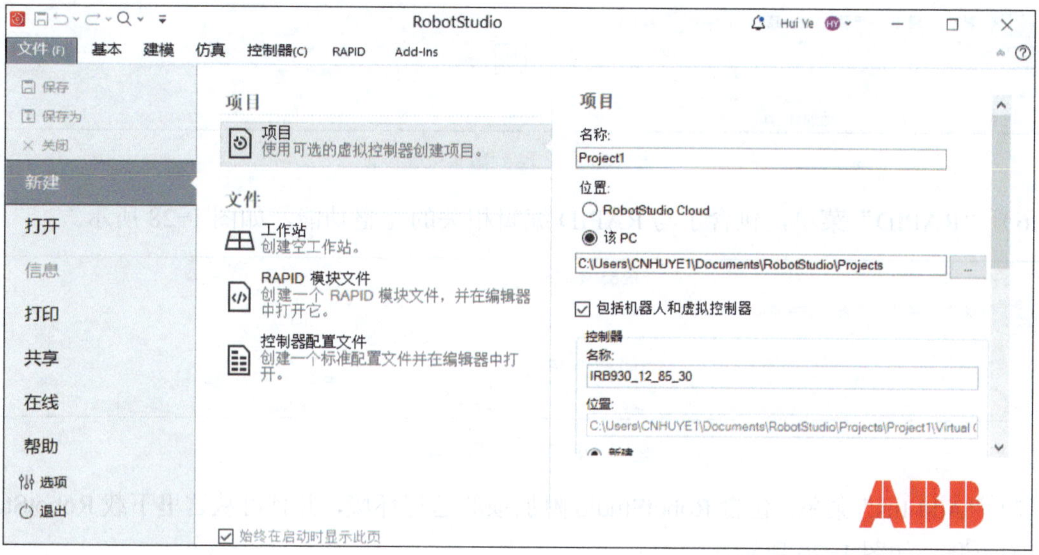

图 1-23　“文件”菜单

2）“基本”菜单，包含建立工作站、路径编程、程序数据设置、控制器同步、手动移动和图形设置所需的控件，如图 1-24 所示。

图 1-24　“基本”菜单

3）“建模”菜单，包含创建和分组工作站组件、创建模型、测量、机械装置创建，以及其他 CAD 操作所需的控件，如图 1-25 所示。

图 1-25　“建模”菜单

4）“仿真”菜单，包含碰撞监控、配置仿真、仿真控制、信号监控、信号分析和录制仿真所需的控件，如图 1-26 所示。

图 1-26　“仿真”菜单

5）“控制器”菜单，包含用于虚拟控制器（VC）的连接、控制器控制、参数配置和文件传送的功能，以及用于管理真实控制器的控制功能，如图 1-27 所示。

图 1-27　“控制器”菜单

6）“RAPID”菜单，包含了与 RAPID 编辑相关的完整功能，如图 1-28 所示。

图 1-28　“RAPID”菜单

7）“Add-Ins”菜单，包含 RobotStudio 附加项的运行环境，并且可从这里下载 RobotStudio 的相关资源，如图 1-29 所示。

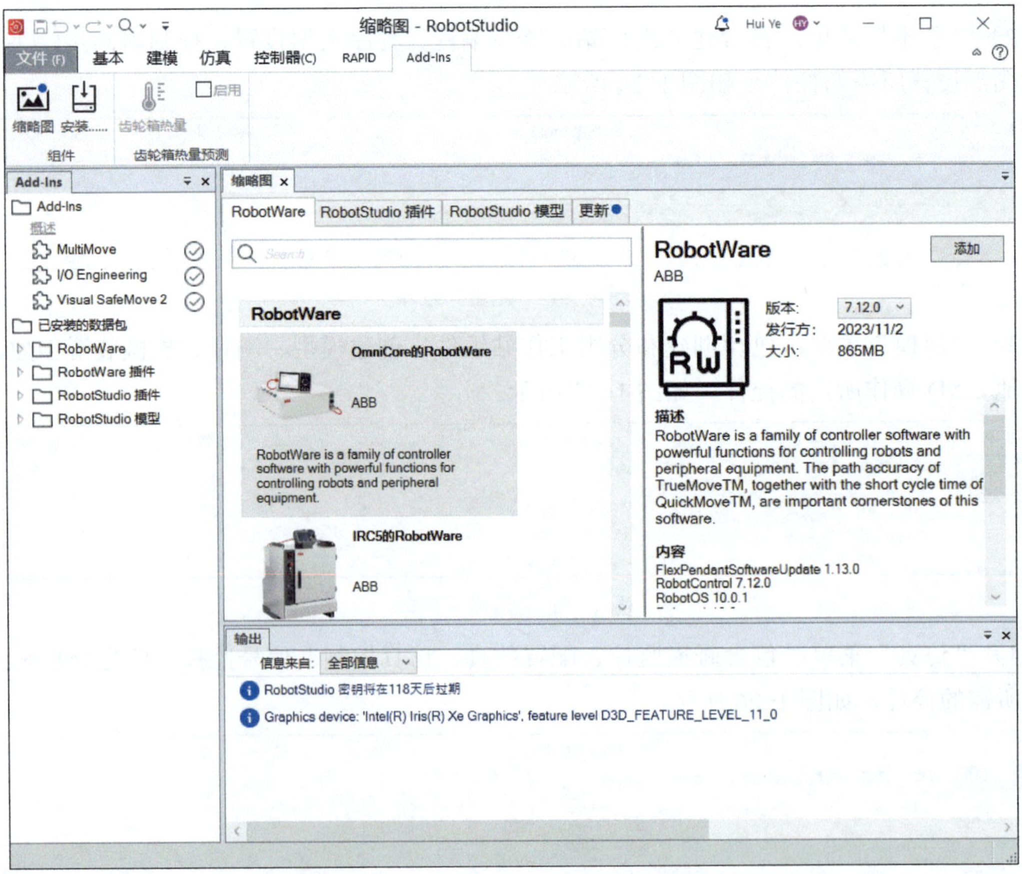

图 1-29　“Add-Ins”菜单

项目 1　学习情况评估表

任务编号________________

学生姓名		日期	
班级		开始时间	
实训室		结束时间	

A　过程检查（30 分）

编号	任务	分值	自我评价	教师评价
1	上课期间执行实验室 5S 标准情况	15		
2	能正确使用实训设备	15		
计分				
实际得分				

记录：

B　结果评价（70 分）

编号	任务	分值	自我评价	教师评价
1	简述什么是工业机器人数字虚拟仿真应用技术	20		
2	完成 RobotStudio 的下载、安装与授权	20		
3	认识 RobotStudio 的软件界面	30		
计分				
实际得分				

记录：

过程检查实际得分	结果评价实际得分	总得分

记录：

项目 2　RobotStudio 基本版实战应用入门

项目目标

- 能借鉴学习 ABB 官方模板工作站。
- 学会创建第一个工业机器人工作站。

项目描述

当第一次安装好 RobotStudio 后，就是基本版（除非申请高级版 30 天的试用，每一台计算机只能申请一次，重装系统也不行）。基本版终身免费使用，而且完全满足工业机器人调试工程师日常的工作需求。本项目就是针对基本版的功能展开的。

在基本版，读者首先可以借鉴学习 ABB 官方模板工作站，了解其设计理念、功能配置和操作流程，为后续的自定义工作站打下基础；接着将在 RobotStudio 中创建自己的第一个工业机器人工作站，包括工业机器人的选型、布局规划、工具和周边模型的导入等步骤。

任务 2-1　学习使用 ABB 官方提供的工业机器人工作站模板

工作任务

- 了解 ABB 官方提供的工业机器人工作站模板。
- 解包工业机器人工作站模板。
- 运行工业机器人工作站。
- 查看工业机器人参数设置与 RAPID 程序。

学习一门新的技术，最快的方法是拿来主意，对优秀的作品进行学习、消化、吸收，然后创新。安装好 RobotStudio，也就同时下载了官方的工业机器人工作站模板。工业机器人工作站模板是按照真实 1：1 比例进行打造的，包含了用户必定会用到的知识点，当有不懂的时候可以打开工作站模板看看官方提供的标准方式是怎么做的，这对于初学者非常有参考与学习价值。

本任务只需 RobotStudio 基本版便可操作。

一、从哪里打开 ABB 官方提供的工业机器人工作站模板

扫一扫，看视频

先下载安装工业机器人系统文件 RobotWare。具体步骤如下：

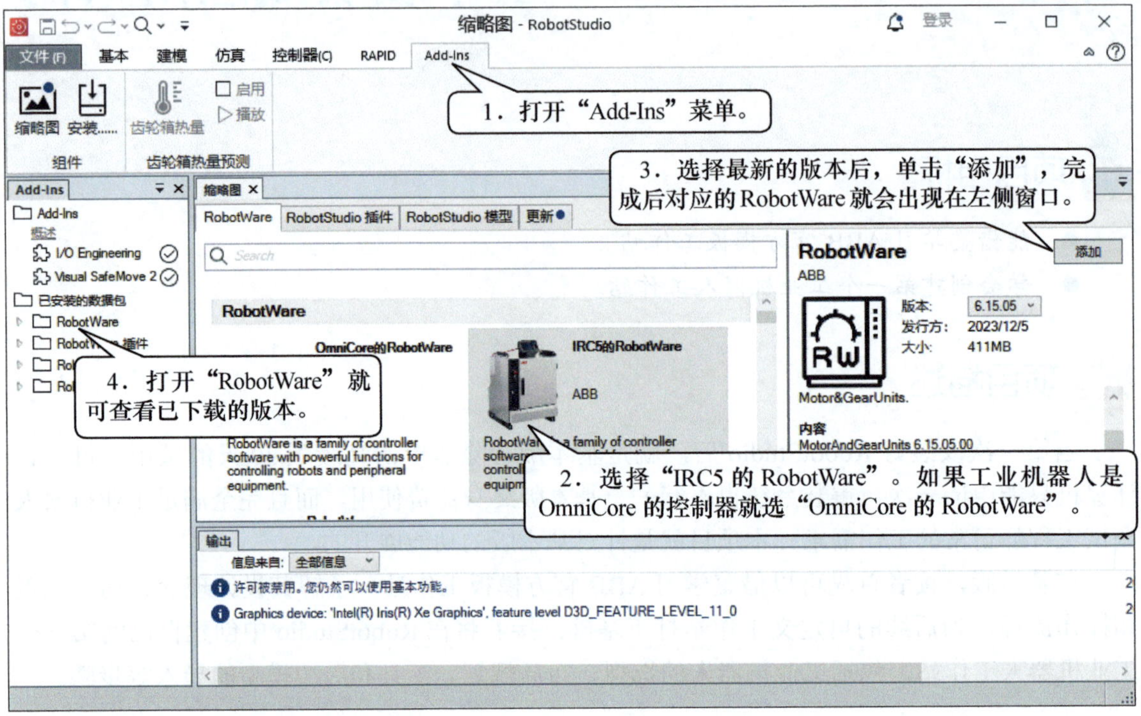

缩略图 - RobotStudio
1. 打开“Add-Ins”菜单。
3. 选择最新的版本后，单击“添加”，完成后对应的 RobotWare 就会出现在左侧窗口。
4. 打开“RobotWare”就可查看已下载的版本。
2. 选择“IRC5 的 RobotWare”。如果工业机器人是 OmniCore 的控制器就选“OmniCore 的 RobotWare”。

RobotWare 的选择有以下几个原则：

1）根据工业机器人本体确定 RobotWare 的控制器是 IRC5 还是 OmniCore。

2）如果只是在 RobotStudio 中纯仿真，选最新的版本号。

3）如果是根据真实工业机器人进行仿真的，选与真实工业机器人一致的版本号。

下面介绍打开一个弧焊工业机器人工作站模板的具体操作步骤。

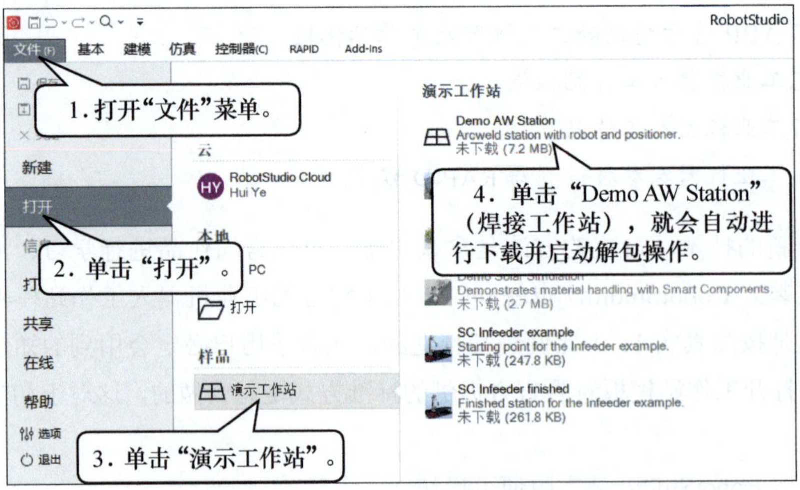

RobotStudio
1. 打开“文件”菜单。
2. 单击“打开”。
3. 单击“演示工作站”。
4. 单击“Demo AW Station”（焊接工作站），就会自动进行下载并启动解包操作。
演示工作站
Demo AW Station
Arcweld station with robot and positioner.

解包

欢迎使用解包向导

该向导用于打开另一台电脑用Pack&Go向导打包的工作站。虚拟控制器经改装，以便在该电脑上工作，且自动恢复备份（如果可用）。

点击下一步，以启动向导。

5. 单击"下一个"。

帮助　　　取消(C)　后退　下一个 >

解包

选择打包文件

选择要解包的Pack&Go文件
C:\Users\CNHUYE...o AW Station.rspag　浏览....
目标文件夹：
C:\Users\CNHUYE...o AW Station　浏览....
☑ 解压到项目文件夹

6. 勾选"解压到项目文件夹"。

⚠ 请确保 Pack & Go 来自可靠来源

7. 单击"下一个"。

帮助　　　取消(C)　< 后退　下一个 >

解包

库处理

用于同时存在于Pack & Go与本地PC的库文件：
◉ 从本地PC加载文件
○ 从Pack & Go包加载文件

8. 单击"下一个"。

帮助　　　取消(C)　< 后退　下一个 >

解包

虚拟控制器
虚拟控制器设置IRB2600_AW

RobotWare 版本：　　　　位置
6.15.01.00
原始版本：6.04.00.00 Internal build 0106

☑ 自动恢复备份文件
□ 包括安全设置
□ 复制配置文件到SYSPAR文件夹

Positioner
6.15.01.00
原始版本：6.04.0106

9. 单击"下一个"。

帮助　　　取消(C)　< 后退　下一个 >

解包

解包已准备就绪
确认以下的设置，然后点击"完成"解包和打开工作站

解包的文件：
C:\Users\CNHUYE1\Documents\RobotStudio\Samples\Demo AW Station.rspag
目标：
C:\Users\CNHUYE1\Documents\RobotStudio\Projects\Demo AW Station
用于同时存在于Pack && Go与本地PC的库文件：
从本地PC加载文件
虚拟控制器设置IRB2600_AW：
使用RobotWare: 6.15.01.00
自动恢复备份文件

10. 单击"完成"。

帮助　　　取消(C)　< 后退　完成(F)

RobotStudio　×

工作站是在较早版本的RobotStudio中创建的。如果您将其存为当前版本，是否继续？

□ 不再显示此对话

11. 单击"OK"。

OK　Cancel

RobotStudio　×

此操作需要未安装的软件包 'IRC5 Controller' 未安装。RobotStudio 将下载和安装所需要的软件包。这需要互联网连接。

12. 单击"OK"。

OK　Cancel

解包

解包完成
确认以下内容，然后点击"关闭"退出向导。

解包工作站中
创建虚拟控制器
正在恢复备份
正在打开工作站
解包完成

13. 解包完成，单击"关闭"。

帮助　　　取消(C)　< 后退　关闭

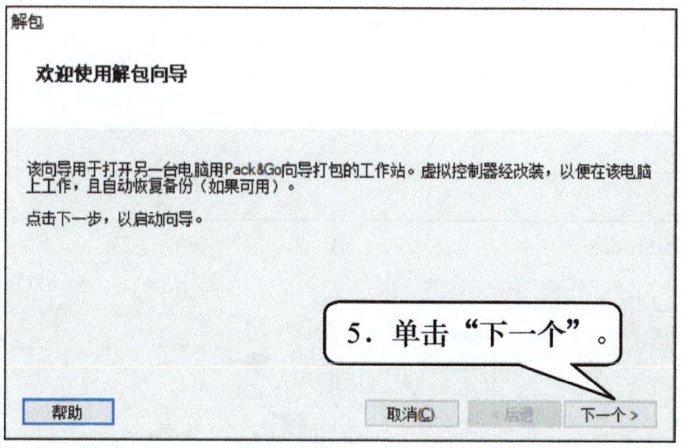

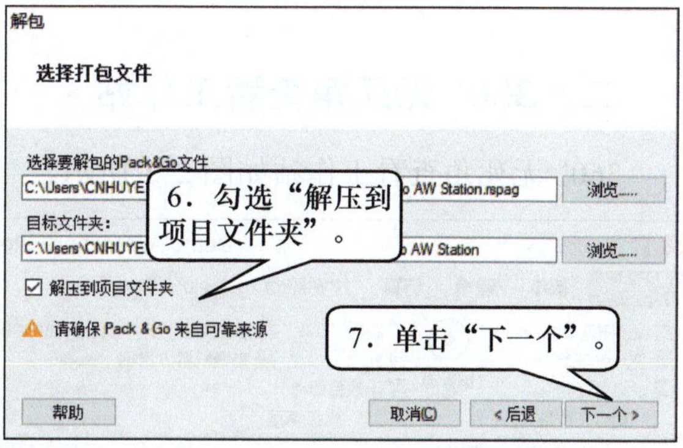

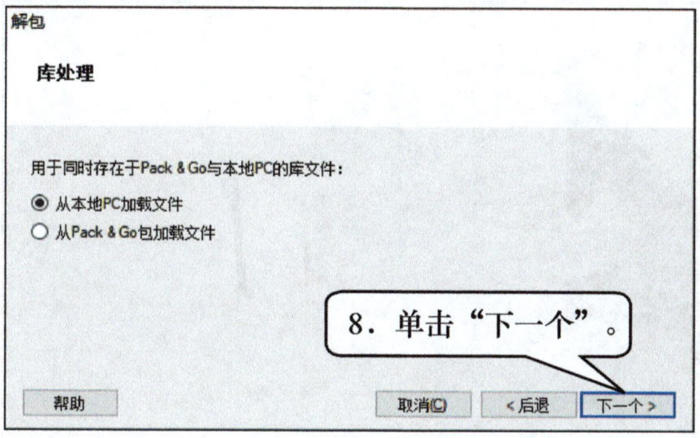

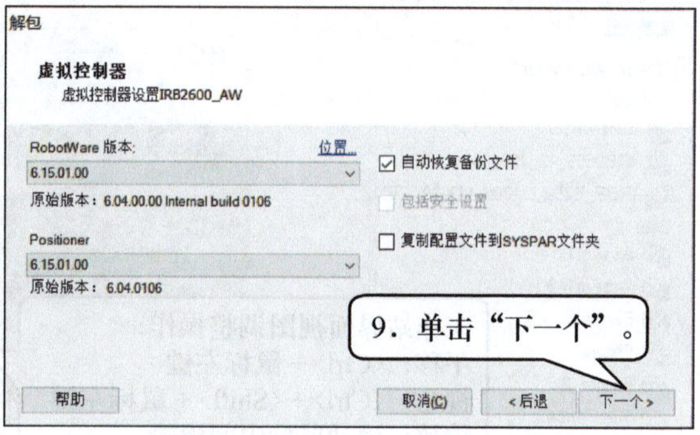

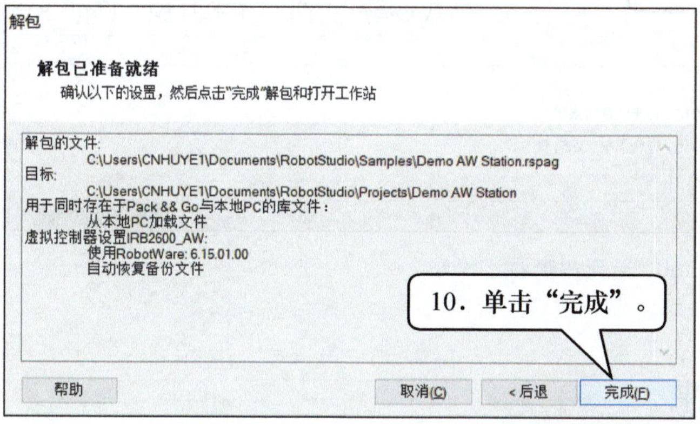

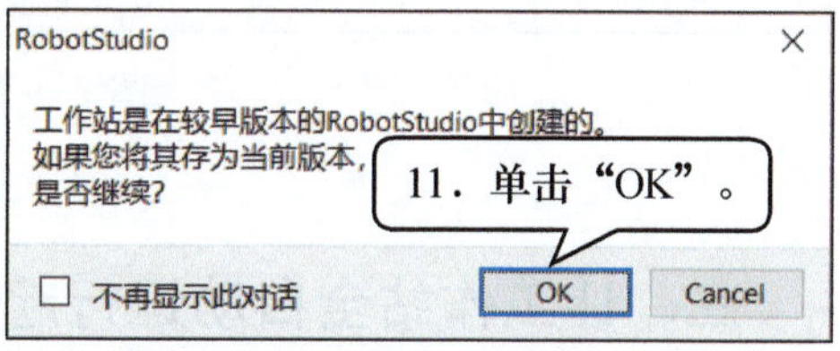

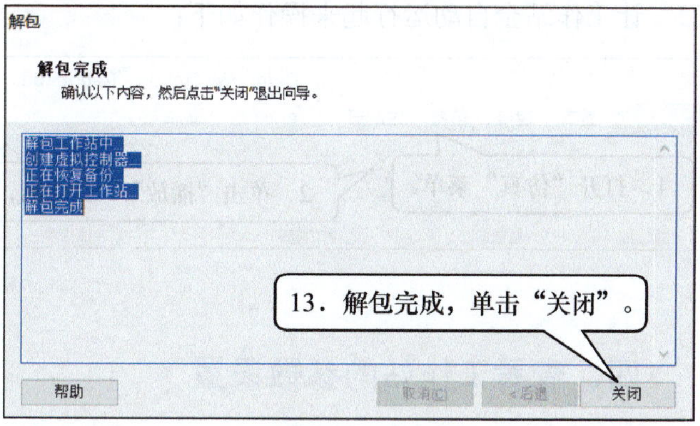

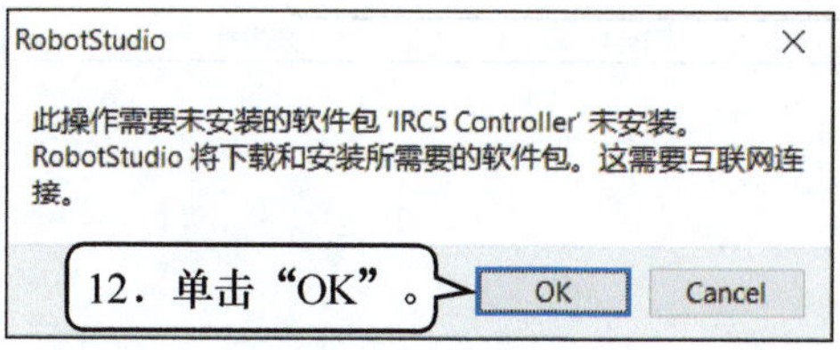

因为是第一次使用 RobotStudio，需要联网下载工作站中的模型。相关的信息提示直接单击"OK"即可。

二、360° 无死角查看工作站

360° 无死角查看工作站如图 2-1 所示。

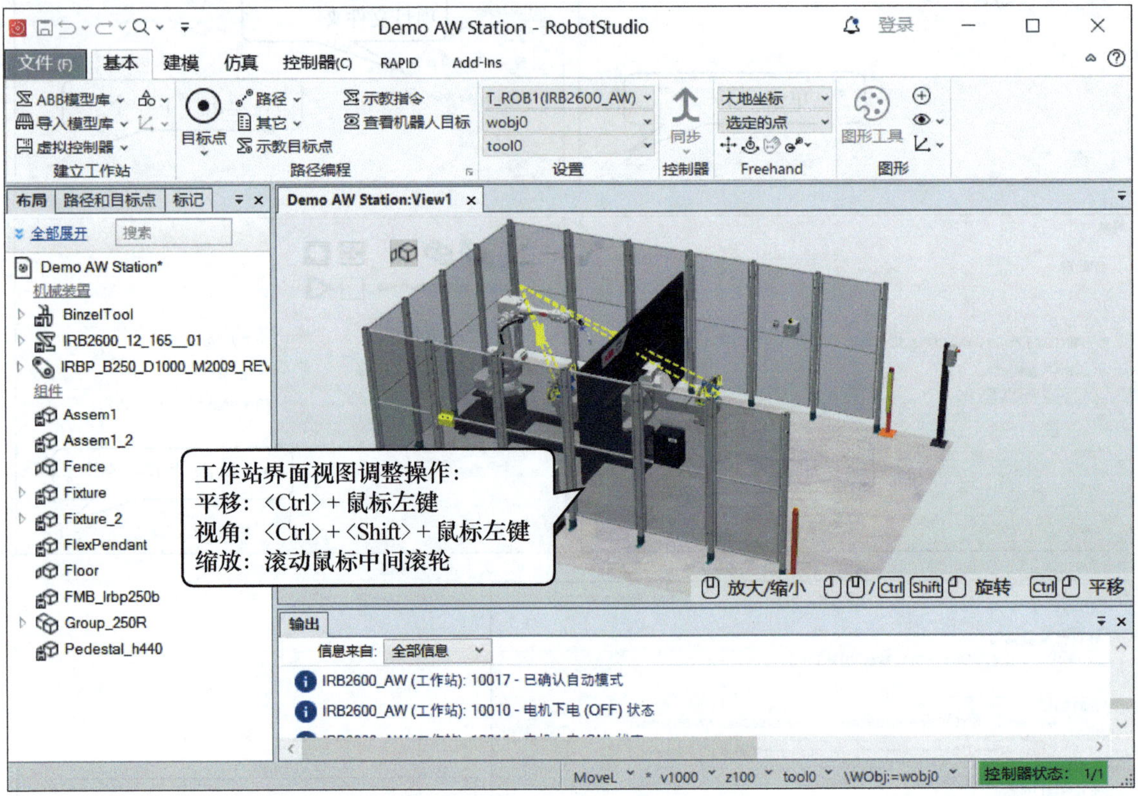
Demo AW Station - RobotStudio
工作站界面视图调整操作：
平移：〈Ctrl〉+ 鼠标左键
视角：〈Ctrl〉+〈Shift〉+ 鼠标左键
缩放：滚动鼠标中间滚轮
放大/缩小
旋转
平移

图 2-1　360° 无死角查看工作站

三、让工作站全自动运行起来

让工作站全自动运行起来操作如下：

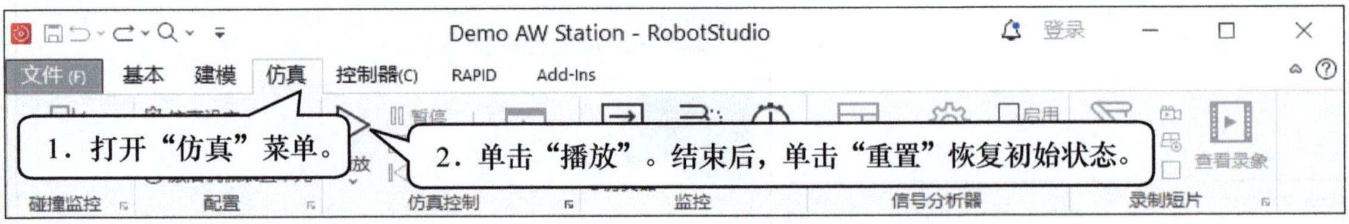
Demo AW Station - RobotStudio
1．打开“仿真”菜单。
2．单击“播放”。结束后，单击“重置”恢复初始状态。

四、查看工作站的参数设置

查看工作站的参数设置操作如下：

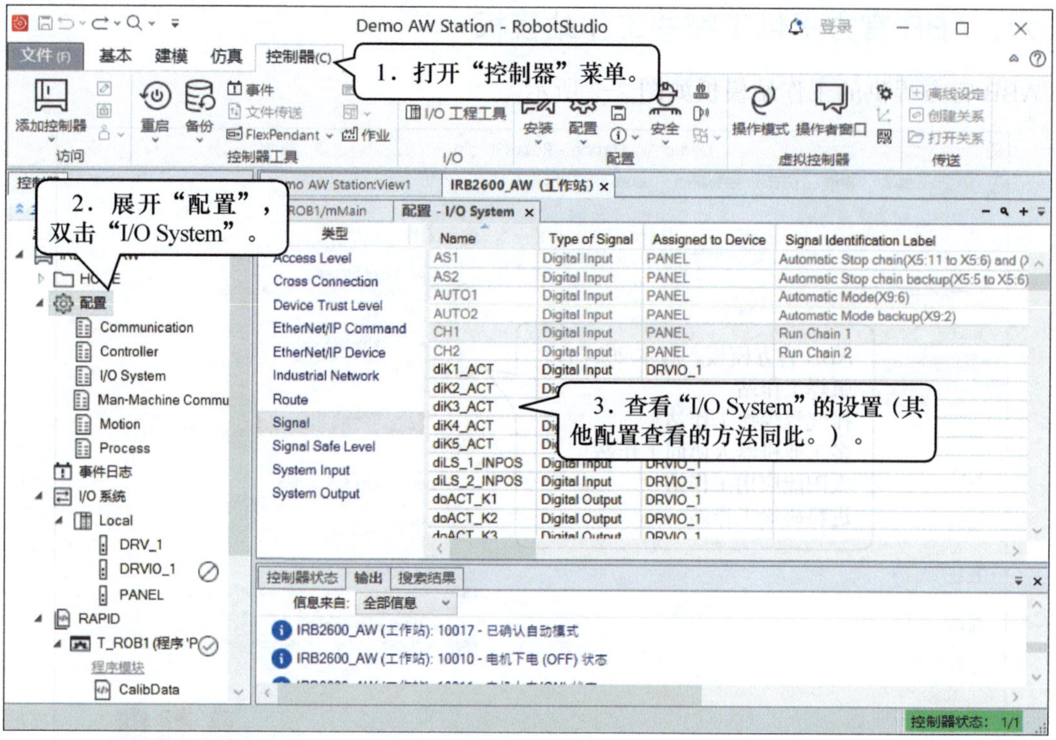
1. 打开“控制器”菜单。
2. 展开“配置”，双击“I/O System”。
3. 查看“I/O System”的设置（其他配置查看的方法同此。）。

五、如何查看工作站的 RAPID 程序

之所以单击“播放”工业机器人就能自动运行，是因为我们已经编写好了对应的 RAPID 程序。如果想查看这个 RAPID 程序，可以进行如下操作：

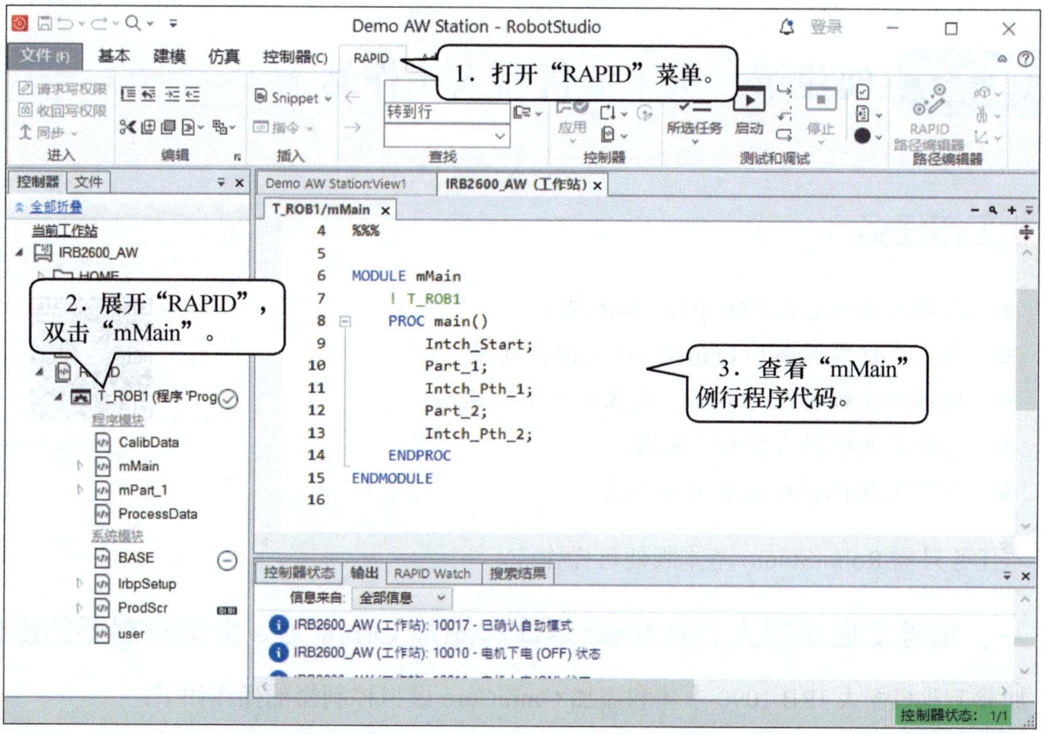
1. 打开“RAPID”菜单。
2. 展开“RAPID”，双击“mMain”。
3. 查看“mMain”例行程序代码。

六、ABB 官方提供了哪些工作站模板

ABB 官方提供的工作站模板如图 2-2 所示。

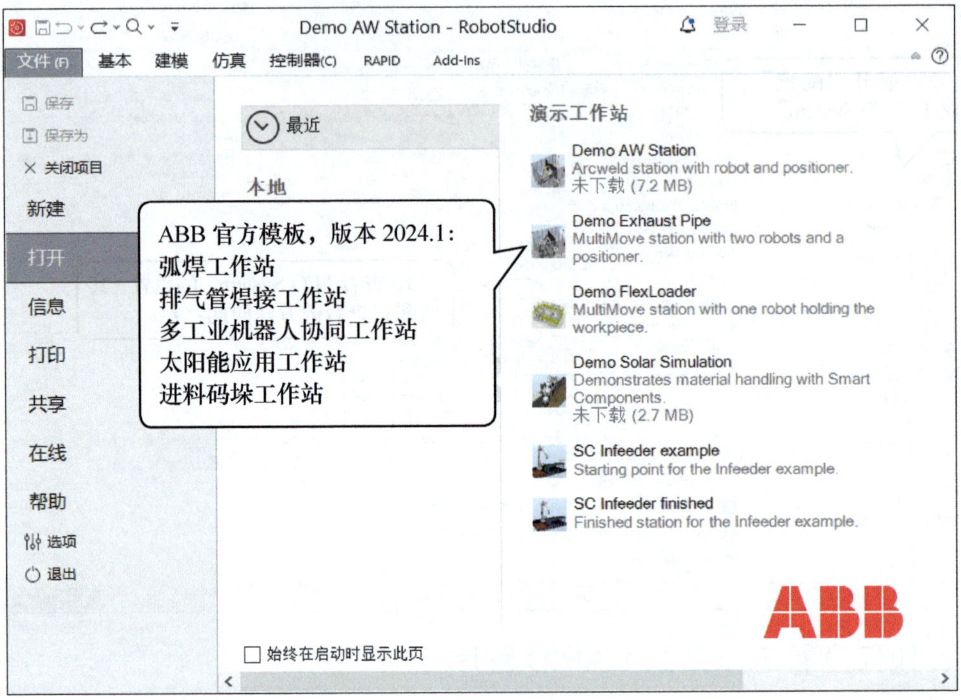

图 2-2 ABB 官方提供的工作站模板

任务 2-2 创建第一个工业机器人工作站

工作任务

- 加载工业机器人 IRB 1090 本体模型。
- 为工业机器人添加 OmniCore 虚拟控制器。
- 操作工业机器人的单轴、线性和重定位运动。
- 打开工业机器人虚拟示教器。
- 选择工业机器人选项进行测试。

扫一扫，看视频

本任务只需 RobotStudio 基本版便可操作。

一、加载工业机器人 IRB 1090 本体和添加 OmniCore 虚拟控制器的操作

加载工业机器人 IRB 1090 本体和添加 OmniCore 虚拟控制器的操作如下：

RobotStudio
文件
工作站
工作站
创建空工作站。
RAPID 模块文件
创建一个 RAPID 模块文件，并在编辑器中打开它。
新建
打开
信息
创建
1. 打开“文件”菜单，单击“新建”—“工作站”—“创建”。

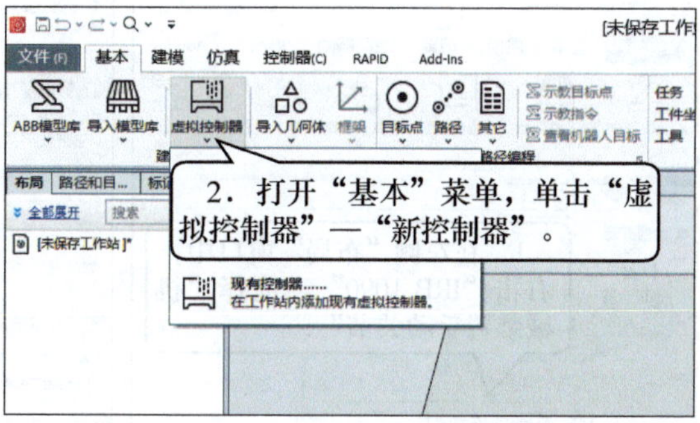
[未保存工作
ABB模型库
导入模型库
虚拟控制器
导入几何体
目标点
路径
其它
2. 打开“基本”菜单，单击“虚拟控制器”—“新控制器”。
现有控制器……
在工作站内添加现有虚拟控制器。

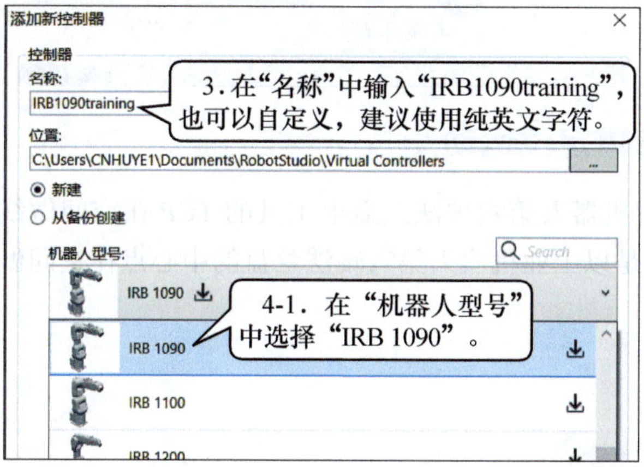
添加新控制器
控制器
名称:
IRB1090training
3. 在“名称”中输入“IRB1090training”，也可以自定义，建议使用纯英文字符。
位置:
C:\Users\CNHUYE1\Documents\RobotStudio\Virtual Controllers
新建
从备份创建
机器人型号:
Search
IRB 1090
4-1. 在“机器人型号”中选择“IRB 1090”。
IRB 1090
IRB 1100
IRB 1200

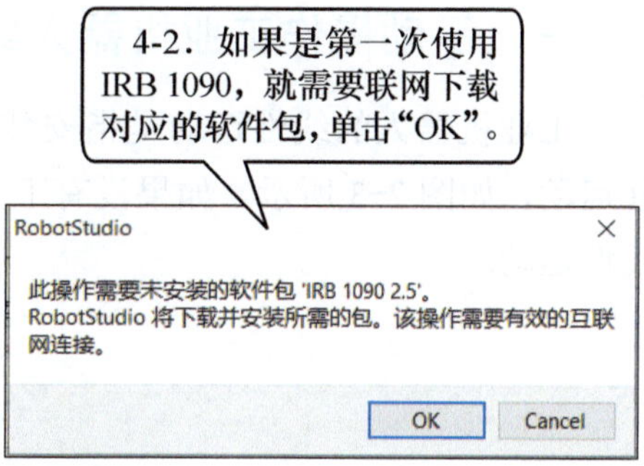
4-2. 如果是第一次使用 IRB 1090，就需要联网下载对应的软件包，单击“OK”。
RobotStudio
此操作需要未安装的软件包 'IRB 1090 2.5'。
RobotStudio 将下载并安装所需的包。该操作需要有效的互联网连接。
OK
Cancel

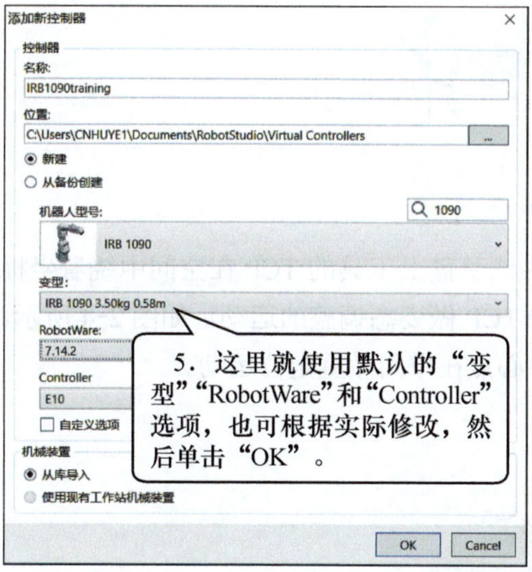
添加新控制器
控制器
名称:
IRB1090training
位置:
C:\Users\CNHUYE1\Documents\RobotStudio\Virtual Controllers
新建
从备份创建
机器人型号:
1090
IRB 1090
变型:
IRB 1090 3.50kg 0.58m
RobotWare:
7.14.2
Controller
E10
自定义选项
机械装置
从库导入
使用现有工作站机械装置
5. 这里就使用默认的“变型”“RobotWare”和“Controller”选项，也可根据实际修改，然后单击“OK”。
OK
Cancel

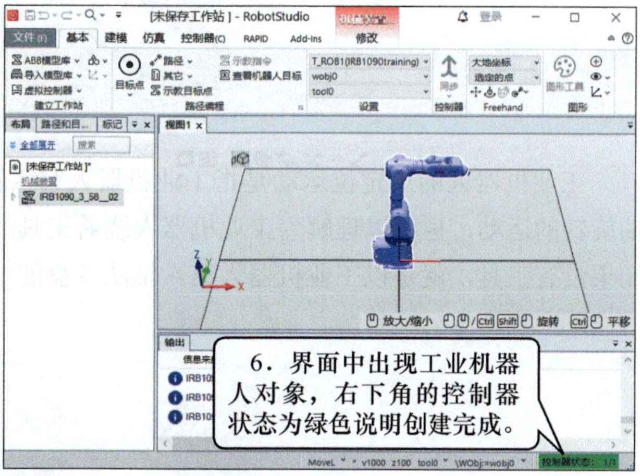
[未保存工作站] - RobotStudio
6. 界面中出现工业机器人对象，右下角的控制器状态为绿色说明创建完成。

二、手动操作工业机器人单轴运动

工业机器人一般是由 6 个关节轴组成的，这里我们手动操作工业机器人单轴运动来观察 6 个关节轴是如何单独运动的。具体操作如下：

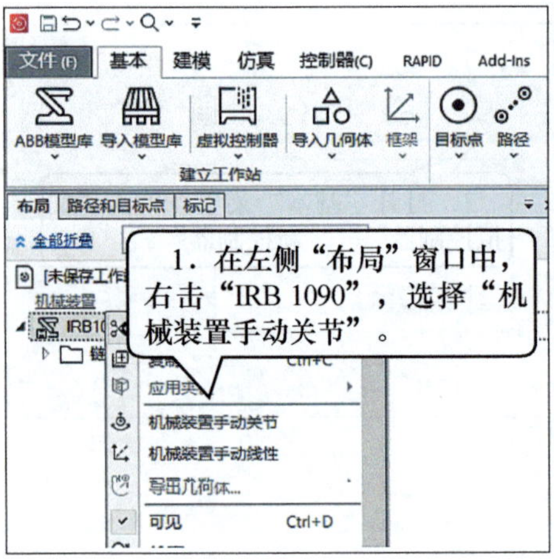

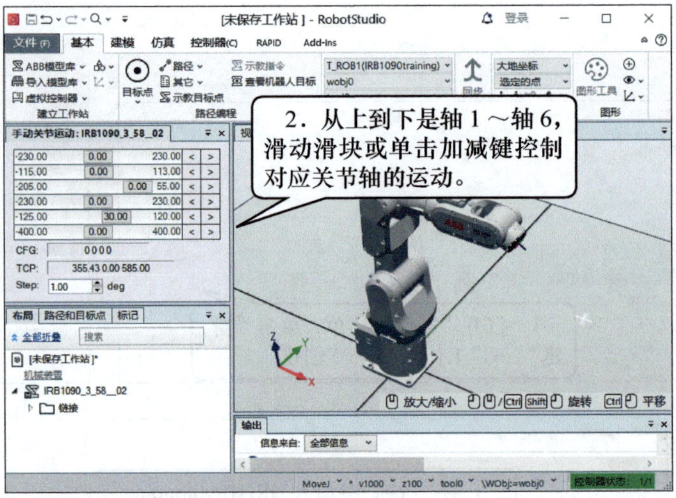

三、手动操作工业机器人线性与重定位运动

工业机器人的线性运动是指安装在工业机器人第六轴法兰盘上工具的 TCP 在空间做线性运动，如图 2-3 所示。如果没有工具，就是以工业机器人第六轴法兰盘的中心点在空间做线性运动。

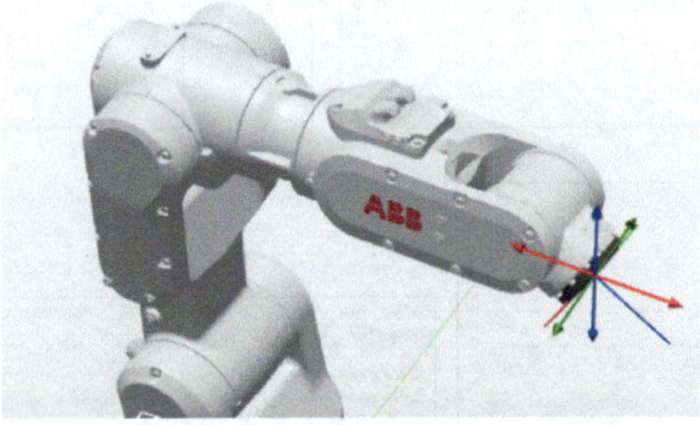

图 2-3　工业机器人的线性运动

工业机器人的重定位运动是指工业机器人第六轴法兰盘上工具的 TCP 在空间中绕着坐标轴旋转的运动，也可以理解为工业机器人绕着工具的 TCP 做姿态调整的运动，如图 2-4 所示。如果没有工具，就是以工业机器人第六轴法兰盘的中心点在空间做重定位运动。

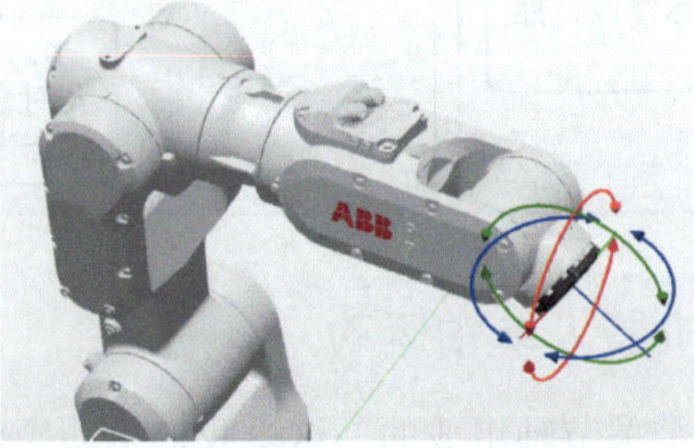

图 2-4　工业机器人的重定位运动

手动操作工业机器人线性运动步骤如下：

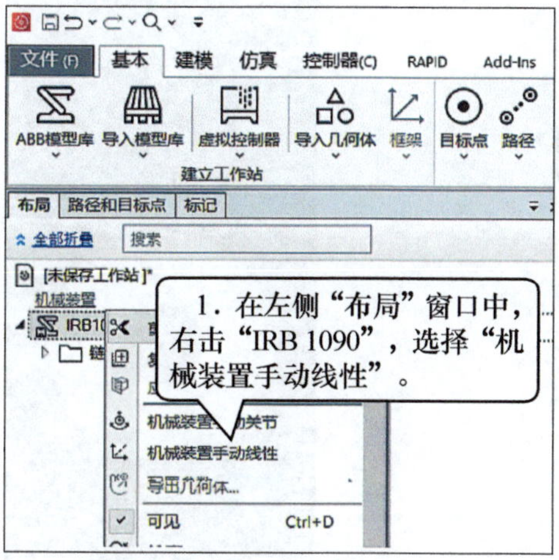
1．在左侧“布局”窗口中，右击“IRB 1090”，选择“机械装置手动线性”。
机械装置手动关节
机械装置手动线性
可见 Ctrl+D

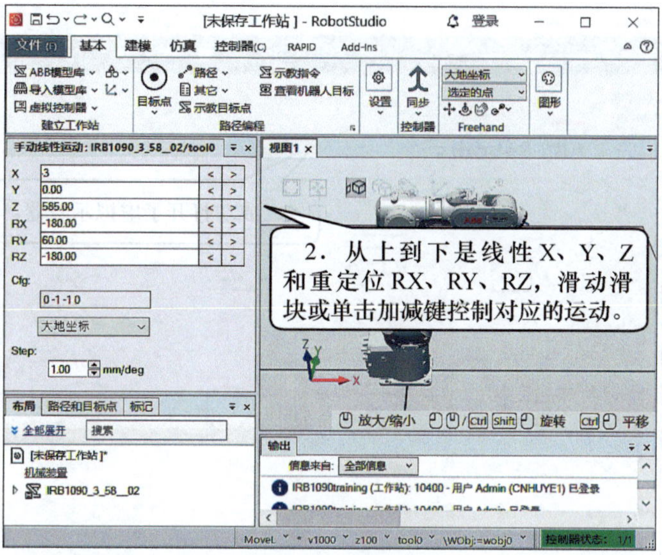
[未保存工作站] - RobotStudio
手动线性运动: IRB1090_3_58_02/tool0
2．从上到下是线性 X、Y、Z 和重定位 RX、RY、RZ，滑动滑块或单击加减键控制对应的运动。

如果工业机器人姿态乱了，那就可以进行回到机械原点操作。具体操作如下：

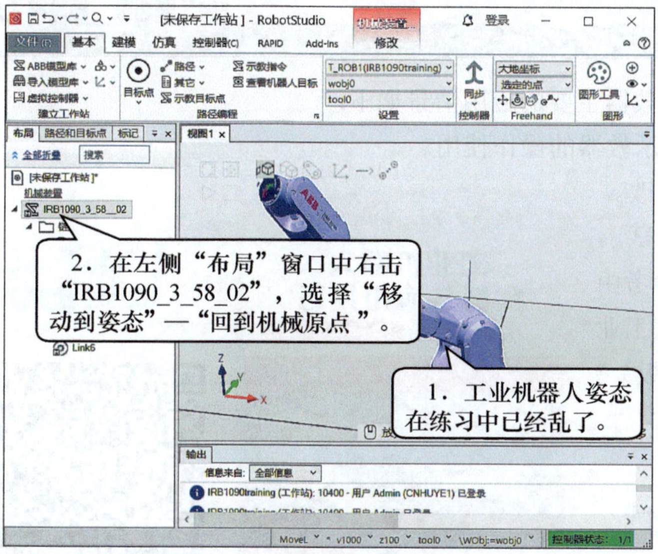
[未保存工作站] - RobotStudio
2．在左侧“布局”窗口中右击“IRB1090_3_58_02”，选择“移动到姿态”—“回到机械原点”。
1．工业机器人姿态在练习中已经乱了。

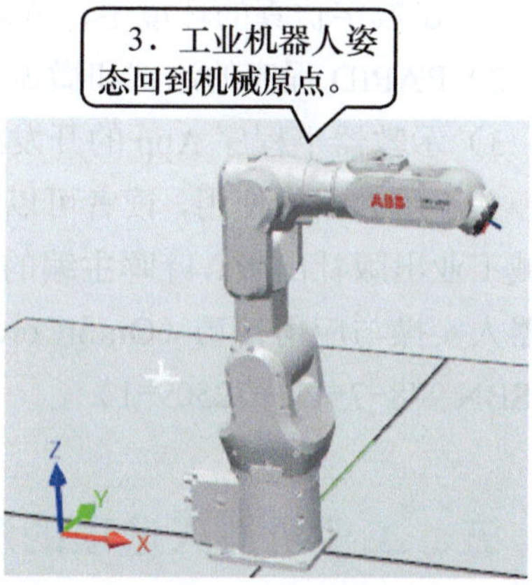
3．工业机器人姿态回到机械原点。

四、打开虚拟示教器仿真工业机器人的现场控制操作

打开虚拟示教器仿真工业机器人的现场控制操作如下：

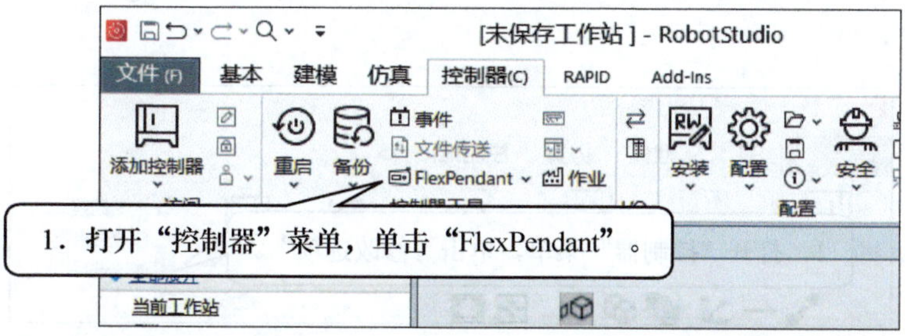
[未保存工作站] - RobotStudio
1．打开“控制器”菜单，单击“FlexPendant”。

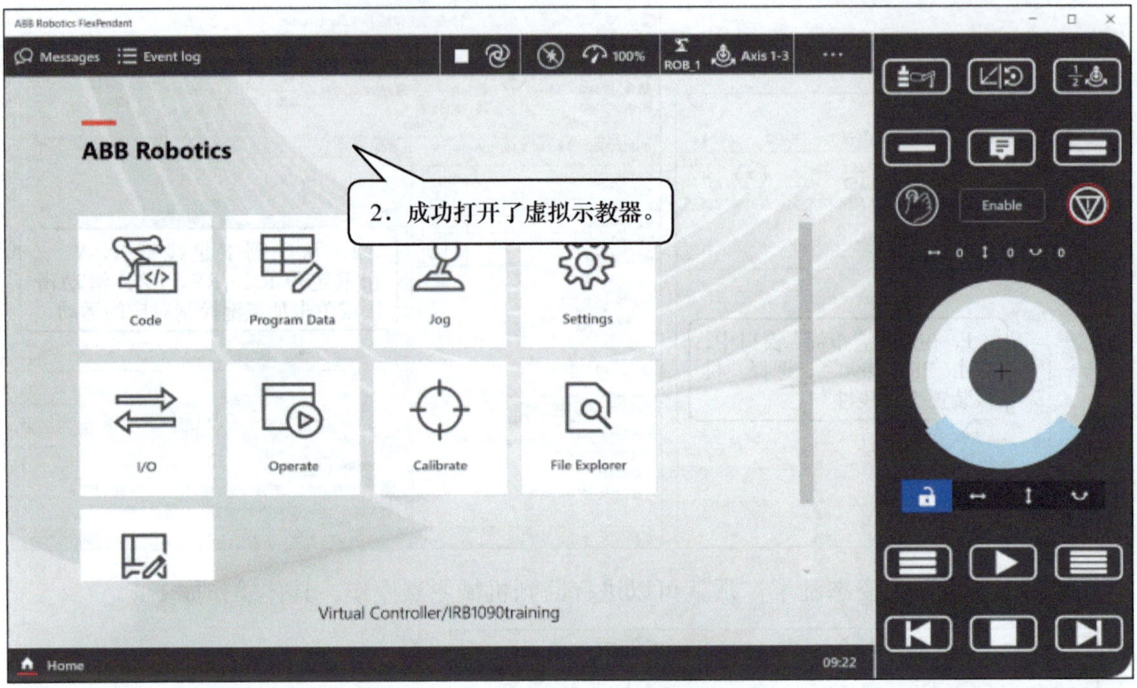

在 RobotStudio 中，打开虚拟示教器主要的应用情景如下：

1）在数字仿真的环境中，练习示教器的操作使用。

2）RAPID 程序的测试和微调修改。

3）示教器小程序 App 的开发测试。

关于示教器的使用，读者可以参考由机械工业出版社出版、叶晖主编的《工业机器人实操与应用技巧（OmniCore 版）》（ISBN 978-7-111-72509-1）。

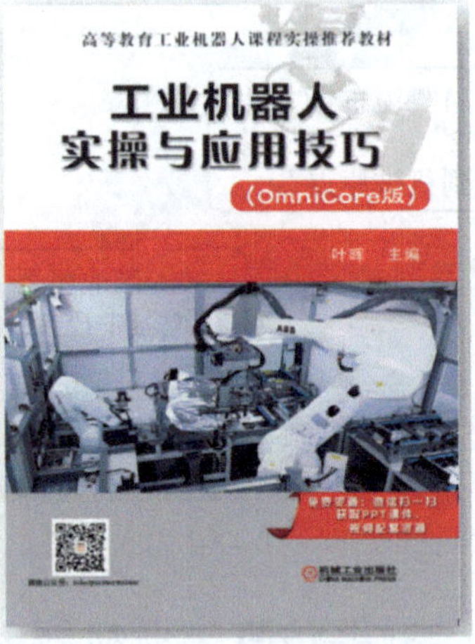

bilibili

手机扫码观看/分享

五、工业机器人选项的测试

ABB 工业机器人的系统可以根据应用场景的需要，添加工业机器人的软件功能选项。在确定工业机器人的软件选项前，就可以在 RobotStudio 中进行软件的测试与验证。

下面对已有的工业机器人虚拟系统添加软件选项 Multitasking（多任务）的操作进行讲解。具体如下：

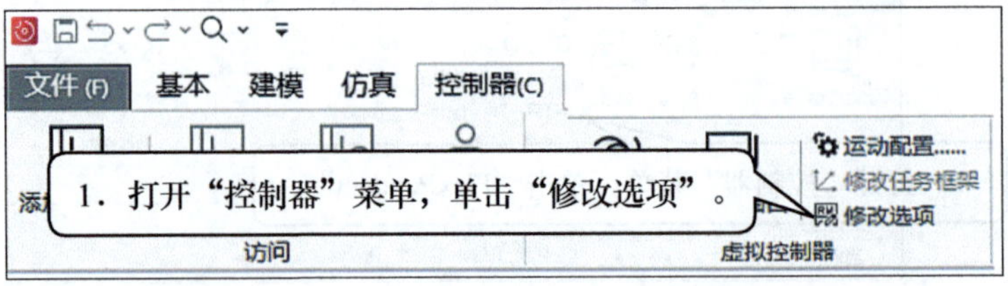

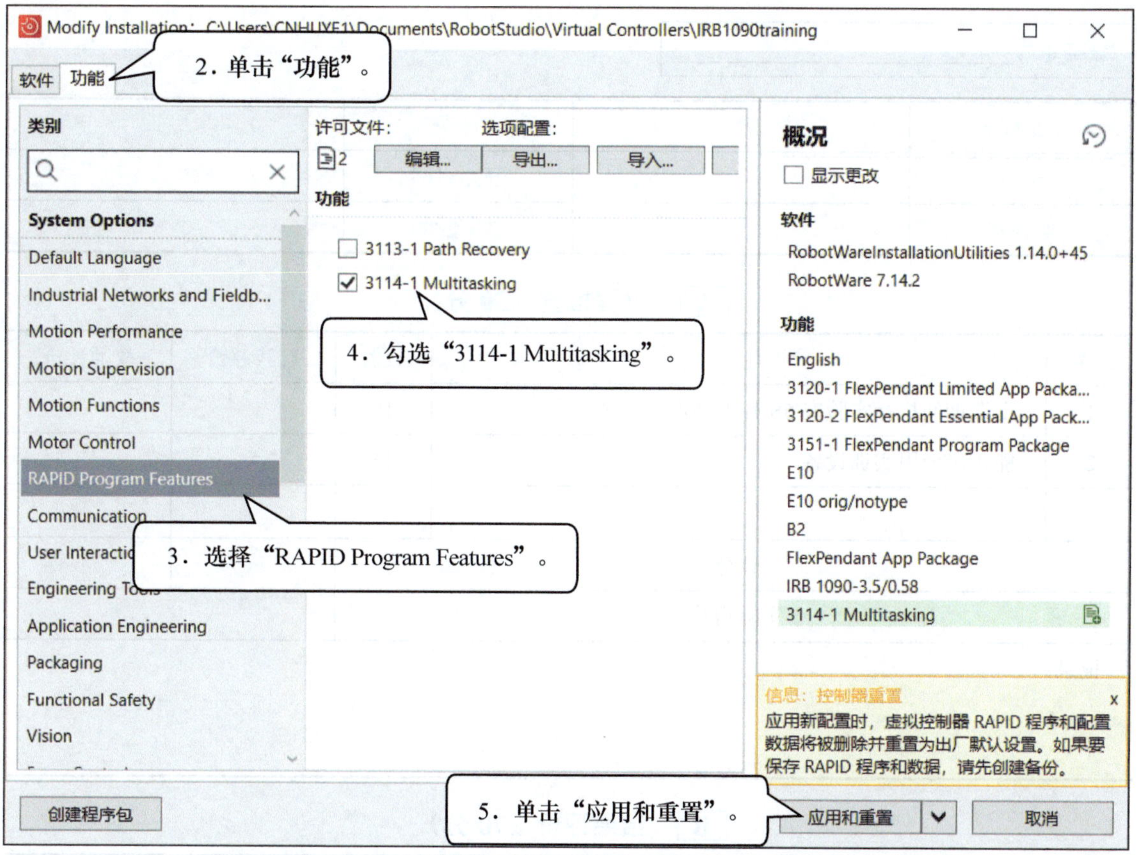

Modify Installation: C:\Users\CNHUYE1\Documents\RobotStudio\Virtual Controllers\IRB1090training

软件 **功能**

2. 单击"功能"。

类别

System Options
Default Language
Industrial Networks and Fieldb...
Motion Performance
Motion Supervision
Motion Functions
Motor Control
RAPID Program Features
Communication
User Interaction
Engineering Tools
Application Engineering
Packaging
Functional Safety
Vision

3. 选择"RAPID Program Features"。

许可文件: 选项配置:
2 编辑... 导出... 导入...

功能

☐ 3113-1 Path Recovery
☑ 3114-1 Multitasking

4. 勾选"3114-1 Multitasking"。

概况

☐ 显示更改

软件
RobotWareInstallationUtilities 1.14.0+45
RobotWare 7.14.2

功能
English
3120-1 FlexPendant Limited App Packa...
3120-2 FlexPendant Essential App Pack...
3151-1 FlexPendant Program Package
E10
E10 orig/notype
B2
FlexPendant App Package
IRB 1090-3.5/0.58
3114-1 Multitasking

信息：控制器重置 X
应用新配置时，虚拟控制器 RAPID 程序和配置
数据将被删除并重置为出厂默认设置。如果要
保存 RAPID 程序和数据，请先创建备份。

创建程序包

5. 单击"应用和重置"。

应用和重置 ∨ 取消

ABB Robotics FlexPendant

Messages Event log

■ Stopped ⊘ Motors Off ROB_1
⊘ Auto ⊘ Speed 100% Axis 1-3

ABB Robotics

Code
Program Data
I/O
Operate

Virtual Contro

Home

System Info

System Name IRB1090training
RobotWare 7.14.2
Controller Id VIRTUAL_CONTROLLER
App Version 1.15.1.1112
OS Version
Options
RobotControl Base
English
3120-1 FlexPendant Limited App Package
3120-2 FlexPendant Essential App Package
3151-1 FlexPendant Program Package
3114-1 Multitasking
Add-Ins
FlexPendantSoftwareUpdate
FlexPendant App Package
Robots

Jog
Execution
Visual
Info
Services
Logout/
Restart

Enable

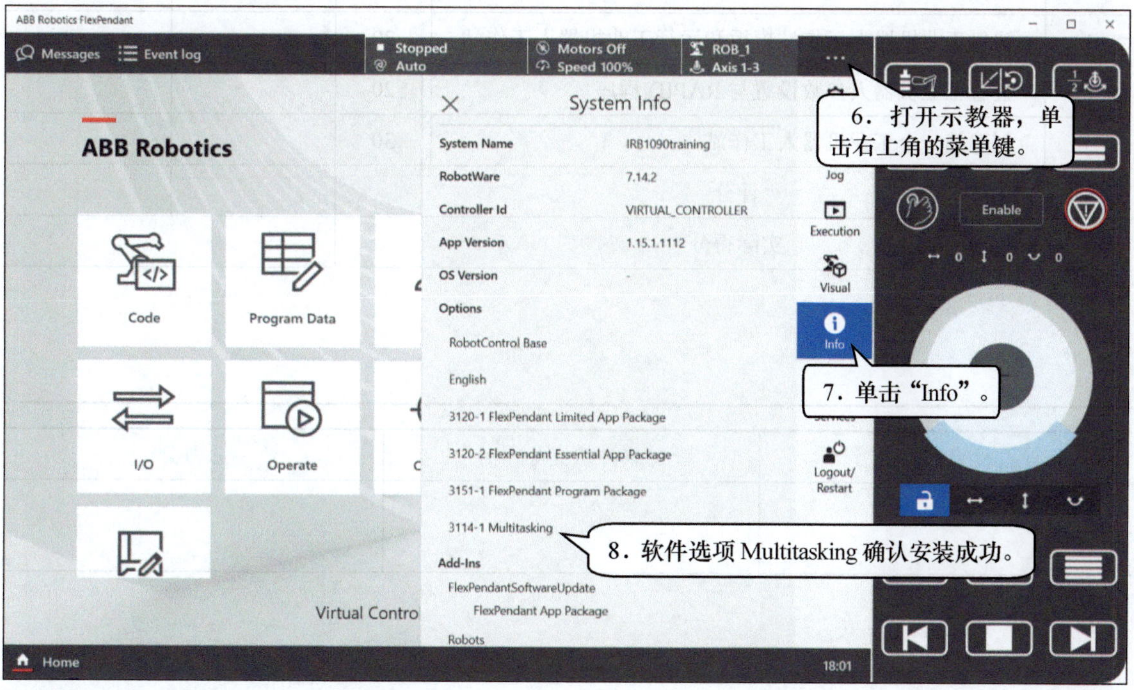

6. 打开示教器，单击右上角的菜单键。

7. 单击"Info"。

8. 软件选项 Multitasking 确认安装成功。

项目2 学习情况评估表

任务编号____________________

学生姓名		日期	
班级		开始时间	
实训室		结束时间	

A 过程检查（30分）

编号	任务	分值	自我评价	教师评价
1	上课期间执行实验室5S标准情况	15		
2	能正确使用实训设备	15		
计分				
实际得分				

记录：

B 结果评价（70分）

编号	任务	分值	自我评价	教师评价
1	解包工业机器人工作站模板和运行工业机器人工作站	20		
2	查看工业机器人参数设置与RAPID程序	20		
3	创建第一个工业机器人工作站	30		
计分				
实际得分				

记录：

过程检查实际得分	结果评价实际得分	总得分

记录：

项目 3　RobotStudio 高级版应用入门

项目目标

- 激活 RobotStudio 高级版。
- 掌握工业机器人工作站的基本布局方法。
- 掌握为工业机器人加载周边模型。
- 能够手动操作工业机器人。
- 掌握工件坐标的创建。
- 学会应用示教指令控制工业机器人沿路径运动。
- 学会仿真运行工业机器人及录制视频。

项目描述

1）激活 RobotStudio 高级版就可以使用 RobotStudio 的全部功能，对激活操作做具体说明。

2）在 RobotStudio 中进行工业机器人工作站布局的主要目的是为了熟悉和掌握如何在 RobotStudio 软件环境中构建和配置工业机器人工作站。这包括了解如何在软件中创建和编辑工业机器人模型、如何添加和配置外围设备，以及如何设置和优化工业机器人的工作环境。

3）在 RobotStudio 中创建工件坐标对于仿真过程至关重要，因为它允许工程师在虚拟环境中准确地模拟和验证工业机器人的行为。工件坐标是相对于工业机器人的一种参考坐标系，它定义了工件的位置和方向。通过在 RobotStudio 中设置工件坐标，工程师可以确保工业机器人在执行任务时能够准确无误地定位到工件，这对于避免错误和提高生产率至关重要。

4）在 RobotStudio 中应用示教指令控制工业机器人沿路径运动，可以快速创建工业机器人的运动轨迹。关于工业机器人仿真的初步验证，本项目将从一个最简单的对象进行轨迹示教来学习。

5）在完成示教指令控制工业机器人沿路径运动后，可以对仿真运行的工业机器人进行录制，得到的视频可以作为交流材料，方便与其他工程师或团队成员分享和讨论，促进协作和知识共享。

任务 3-1　RobotStudio 高级版的授权

工作任务

- 工业版 RobotStudio 的授权。
- 学校版 RobotStudio 的授权。

扫一扫，看视频

一、工业版 RobotStudio 的授权

工业版 RobotStudio 的授权操作如下：

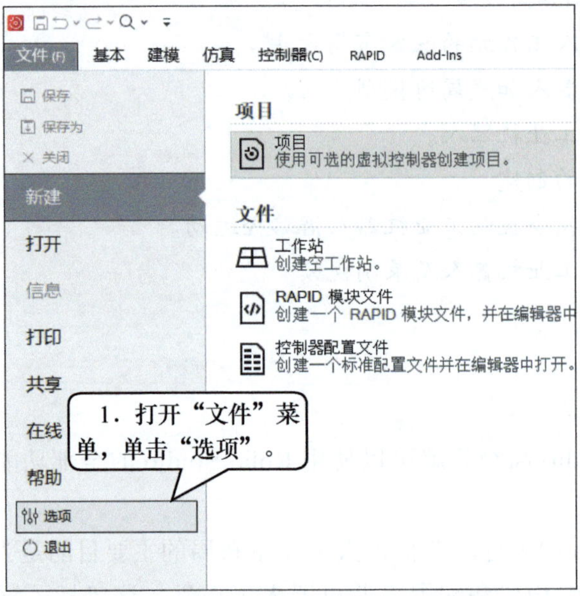

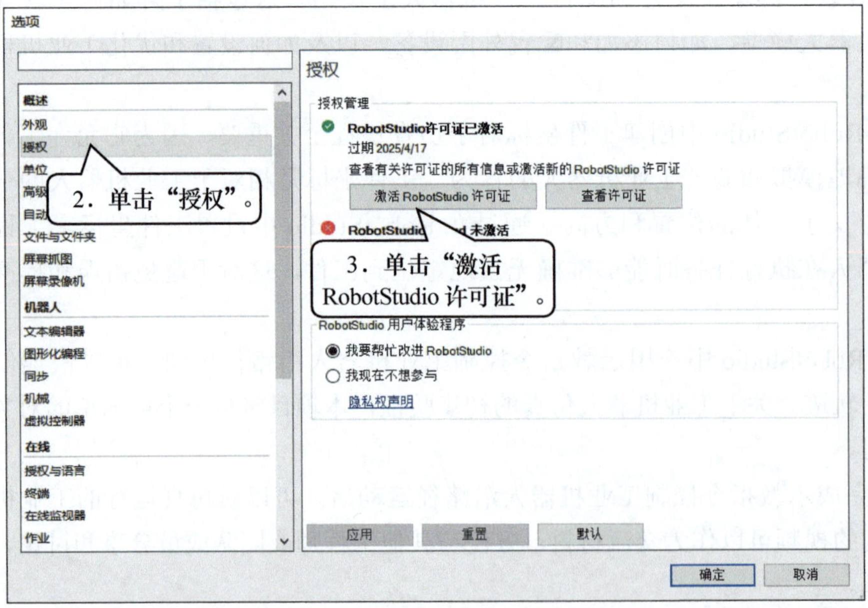

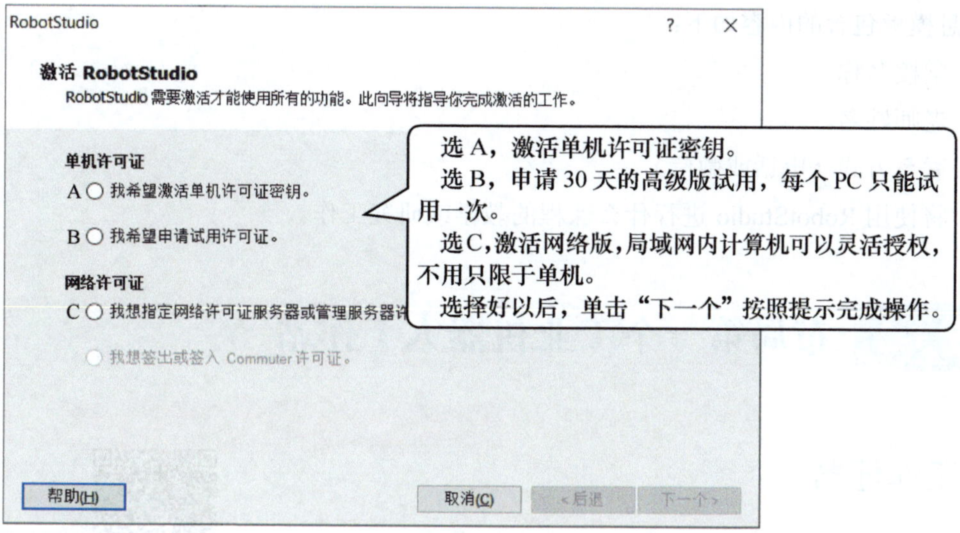
RobotStudio
激活 RobotStudio
RobotStudio 需要激活才能使用所有的功能。此向导将指导你完成激活的工作。
单机许可证
A 我希望激活单机许可证密钥。
B 我希望申请试用许可证。
网络许可证
C 我想指定网络许可证服务器或管理服务器许
我想签出或签入 Commuter 许可证。
帮助(H)
取消(C)
< 后退
下一个 >
选 A，激活单机许可证密钥。
选 B，申请 30 天的高级版试用，每个 PC 只能试用一次。
选 C，激活网络版，局域网内计算机可以灵活授权，不用只限于单机。
选择好以后，单击“下一个”按照提示完成操作。

二、学校版 RobotStudio 的授权

关于学校版 RobotStudio 的几个要点如下：

1）每个学校可以申请一个学校版 RobotStudio 网络授权密钥。

2）准备一台计算机（不带关机还原）作为网络授权服务器。

3）每个网络授权密钥可用于一个已构建局域网的计算机室不小于 50 台计算机同时连接网络授权服务器进行上课。

4）密钥可从网络服务器借出到老师或学生的计算机，借出时间可以自主设定，方便课后和放假的时候继续学习。

学校版 RobotStudio 的授权操作如下：

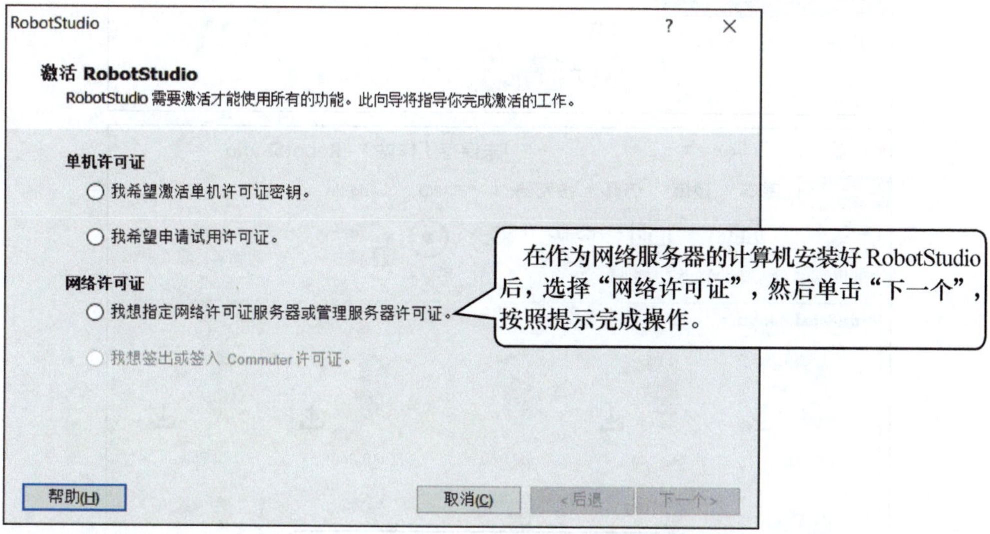
RobotStudio
激活 RobotStudio
RobotStudio 需要激活才能使用所有的功能。此向导将指导你完成激活的工作。
单机许可证
我希望激活单机许可证密钥。
我希望申请试用许可证。
网络许可证
我想指定网络许可证服务器或管理服务器许可证。
我想签出或签入 Commuter 许可证。
帮助(H)
取消(C)
< 后退
下一个 >
在作为网络服务器的计算机安装好 RobotStudio 后，选择“网络许可证”，然后单击“下一个”，按照提示完成操作。

需要申请学校版 RobotStudio 的老师，请根据以下信息模板进行填写，发邮件至 1211101659@qq.com，工作人员将协助完成相关的流程。

信息模板包含的内容如下：

1）学校名称。

2）老师姓名。

3）联系方式（电话或微信）。

4）将使用 RobotStudio 进行什么课程的教学或研究工作。

任务 3-2 布局第一个工业机器人工作站

工作任务

- 加载一个工业机器人 IRB 1300 本体。
- 为工业机器人加载周边模型。

扫一扫，看视频

一、加载工业机器人 IRB 1300 本体

加载工业机器人 IRB 1300 本体步骤如下：

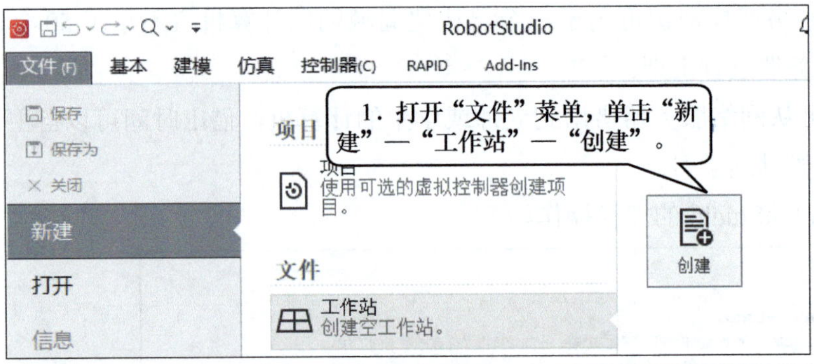

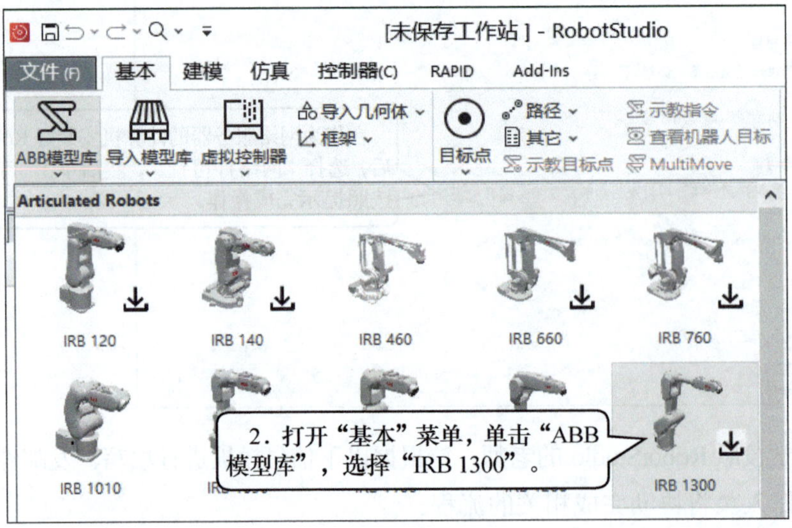

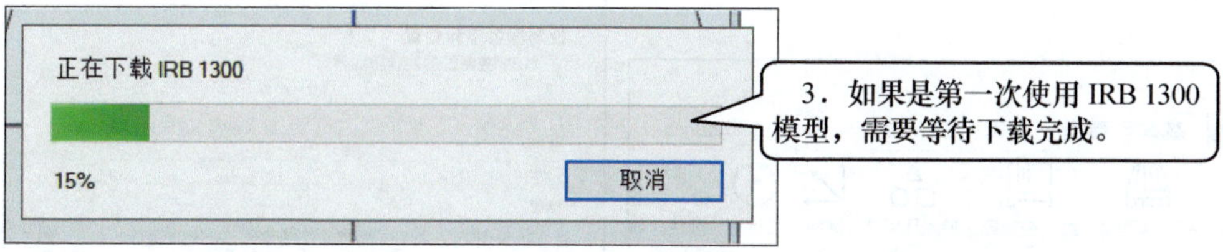
正在下载 IRB 1300
15%
取消
3．如果是第一次使用 IRB 1300 模型，需要等待下载完成。

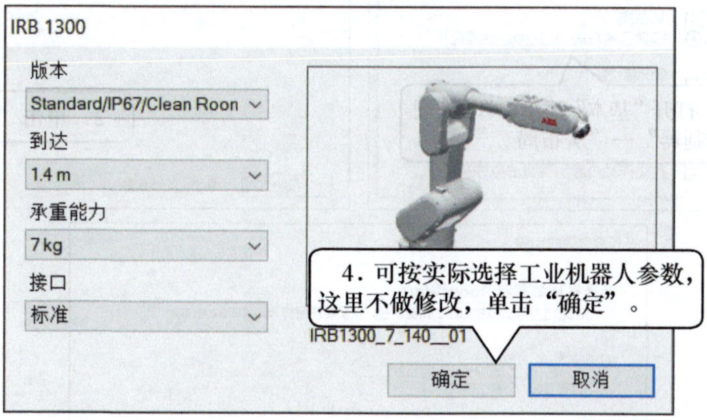
IRB 1300
版本
Standard/IP67/Clean Roon
到达
1.4 m
承重能力
7 kg
接口
标准
IRB1300_7_140__01
确定
取消
4．可按实际选择工业机器人参数，这里不做修改，单击“确定”。

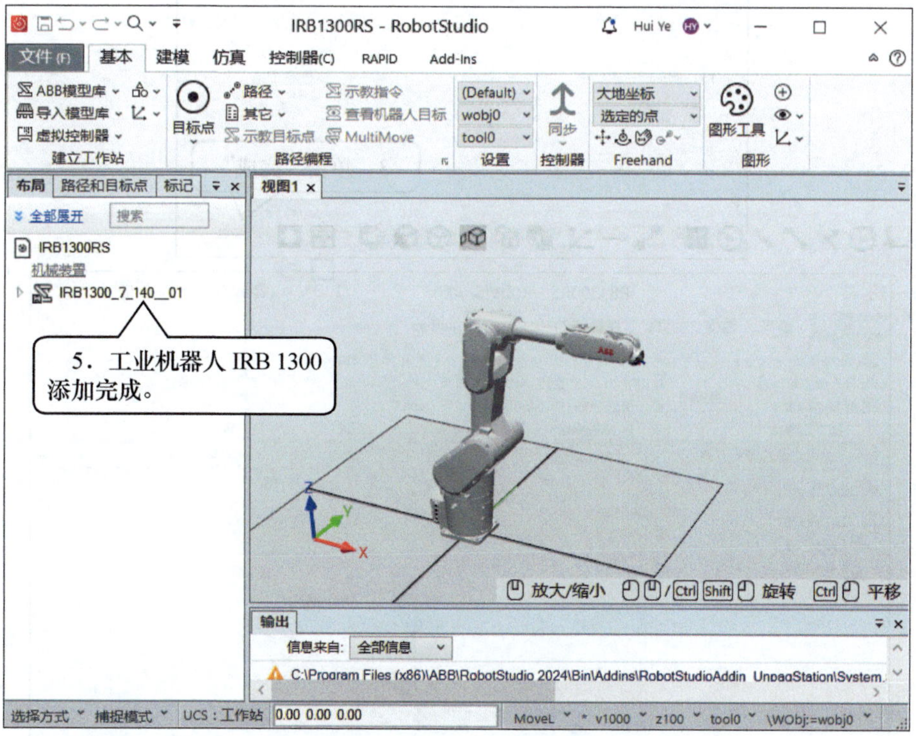

二、添加虚拟工业机器人系统

为了能在 RobotStudio 中进行数字化仿真，需要在刚才添加的工业机器人模型中建立虚拟控制器，从而 100% 地仿真真实工业机器人的所有功能。

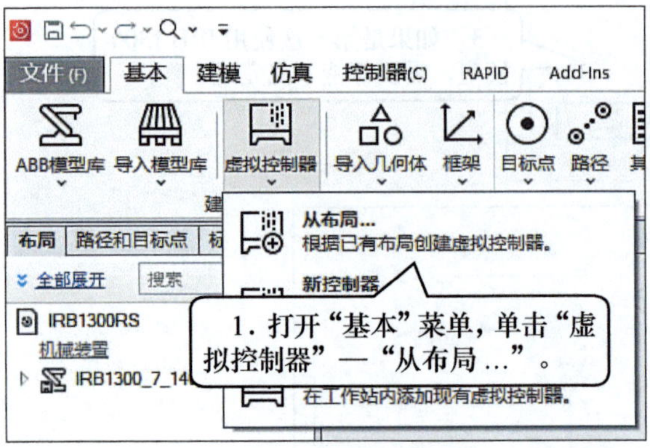
文件 (F)
基本
建模
仿真
控制器(C)
RAPID
Add-Ins
ABB模型库
导入模型库
虚拟控制器
导入几何体
框架
目标点
路径
布局
路径和目标点
全部展开
搜索
IRB1300RS
机械装置
IRB1300_7_14
从布局...
根据已有布局创建虚拟控制器。
新控制器
在工作站内添加现有虚拟控制器。
1. 打开“基本”菜单，单击“虚拟控制器”—“从布局…”。

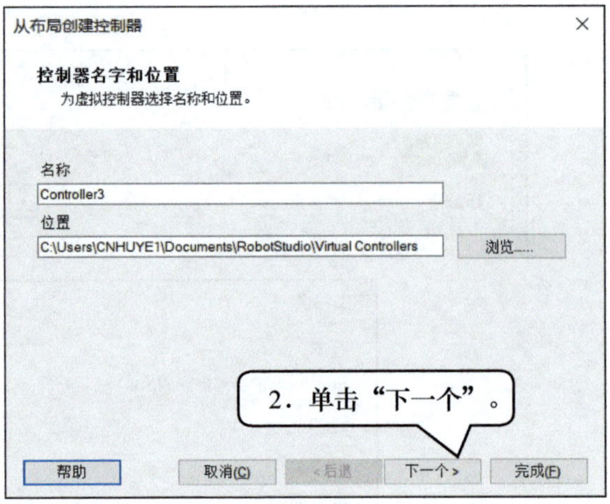
从布局创建控制器
控制器名字和位置
为虚拟控制器选择名称和位置。
名称
Controller3
位置
C:\Users\CNHUYE1\Documents\RobotStudio\Virtual Controllers
浏览....
2. 单击“下一个”。
帮助
取消(C)
< 后退
下一个 >
完成(F)

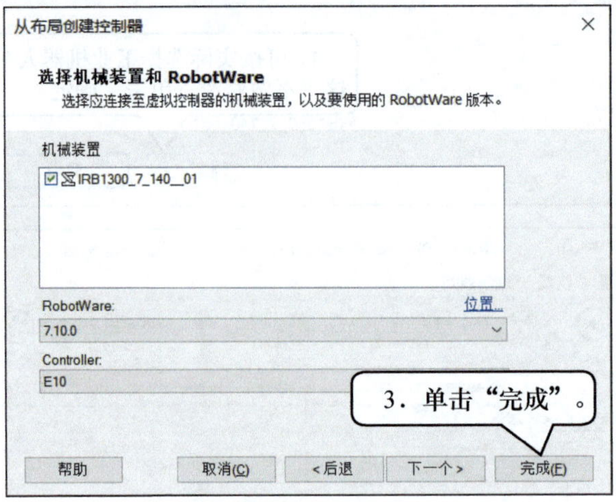
从布局创建控制器
选择机械装置和 RobotWare
选择应连接至虚拟控制器的机械装置，以及要使用的 RobotWare 版本。
机械装置
IRB1300_7_140__01
RobotWare:
位置...
7.10.0
Controller:
E10
3. 单击“完成”。
帮助
取消(C)
< 后退
下一个 >
完成(F)

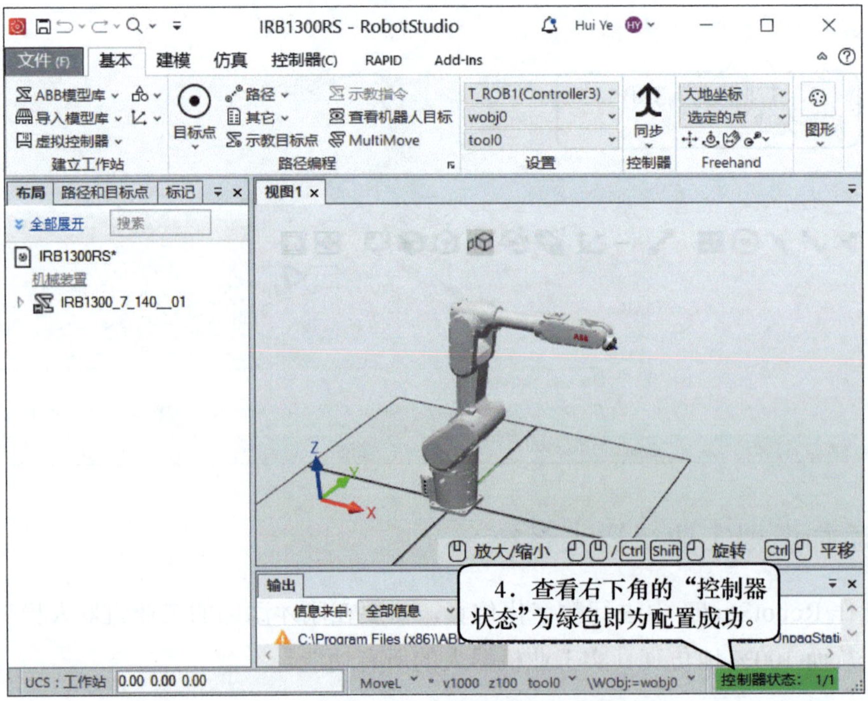
IRB1300RS - RobotStudio
Hui Ye
文件 (F)
基本
建模
仿真
控制器(C)
RAPID
Add-Ins
ABB模型库
导入模型库
虚拟控制器
建立工作站
目标点
路径
其它
示教目标点
示教指令
查看机器人目标
MultiMove
路径编程
T_ROB1(Controller3)
wobj0
tool0
设置
同步
控制器
大地坐标
选定的点
Freehand
图形
布局
路径和目标点
标记
视图1
全部展开
搜索
IRB1300RS*
机械装置
IRB1300_7_140__01
放大/缩小
Ctrl
Shift
旋转
平移
输出
信息来自:
全部信息
C:\Program Files (x86)\ABB
4. 查看右下角的“控制器状态”为绿色即为配置成功。
UCS : 工作站
0.00 0.00 0.00
MoveL
v1000
z100
tool0
\WObj:=wobj0
控制器状态:
1/1

无法创建虚拟控制器怎么办?

RobotStudio 会创建一个虚拟的本地网络用于连接虚拟控制器。这个虚拟的网络容易被计算机管家、杀毒软件或防火墙认为是有风险的连接而被禁用，从而造成虚拟控制器的创建失败。如果遇到类似的情况，建议处理方式如下：

1）在相关的防护软件中信任此网络连接。

2）关闭所有防护软件，再重新安装一遍 RobotStudio。

3）重装操作系统，然后安装 RobotStudio。

4）使用虚拟机软件，在一个纯净的操作系统里使用 RobotStudio。这个方法可能会影响高级版授权。

三、为工业机器人加载周边模型

下面加载工业机器人的工具与周边模型来创建第一个完整的工业机器人工作站，以便对数字仿真工业机器人全流程有一个认知。

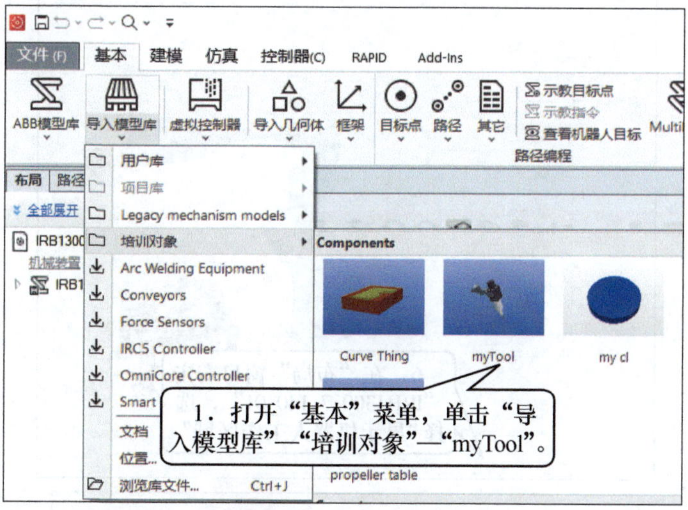

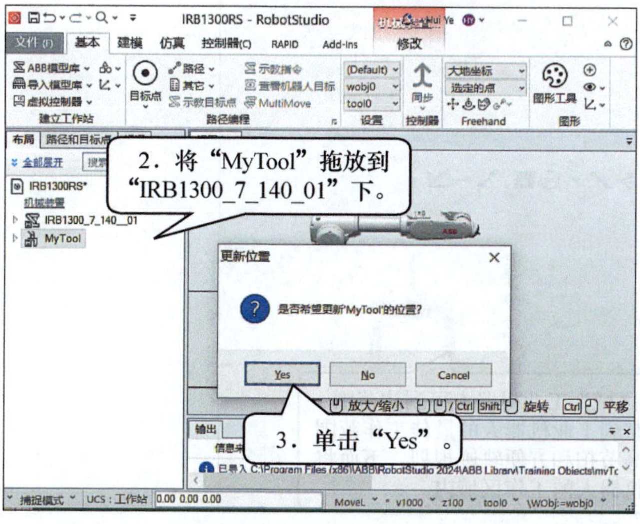

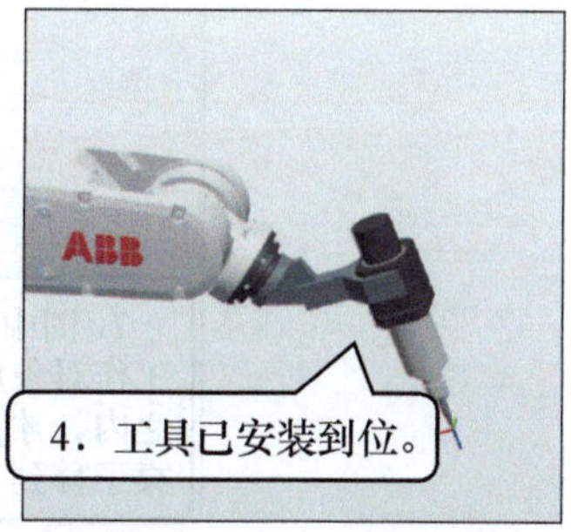

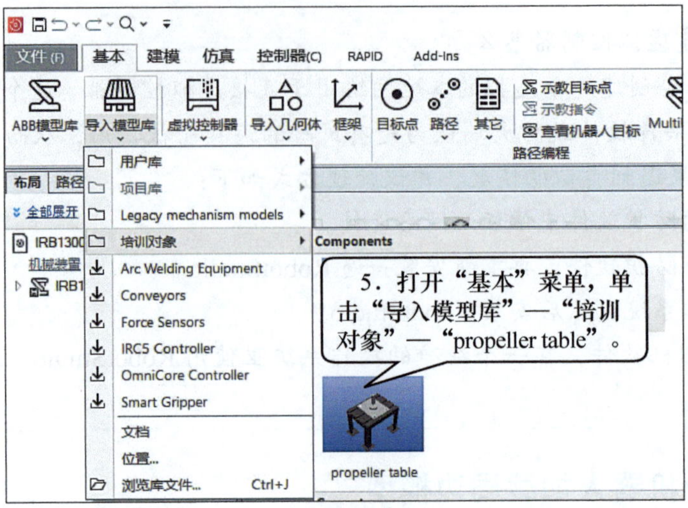

5. 打开"基本"菜单，单击"导入模型库"—"培训对象"—"propeller table"。

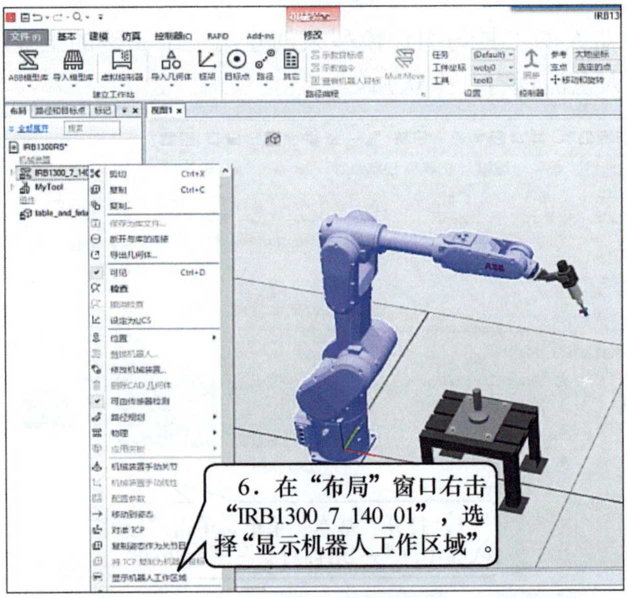

6. 在"布局"窗口右击"IRB1300_7_140_01"，选择"显示机器人工作区域"。

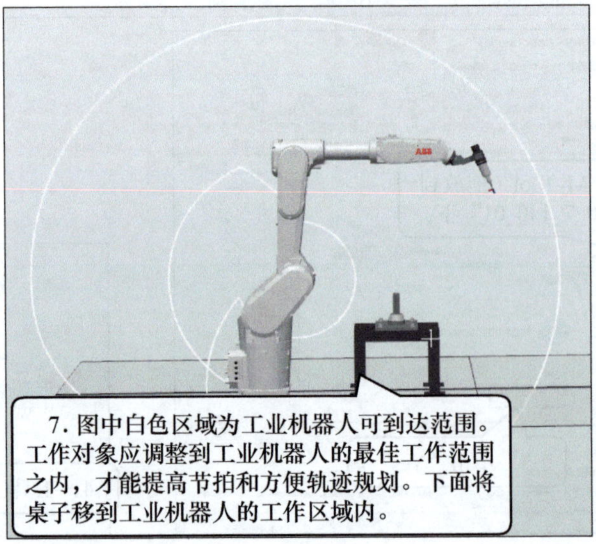

7. 图中白色区域为工业机器人可到达范围。工作对象应调整到工业机器人的最佳工作范围之内，才能提高节拍和方便轨迹规划。下面将桌子移到工业机器人的工作区域内。

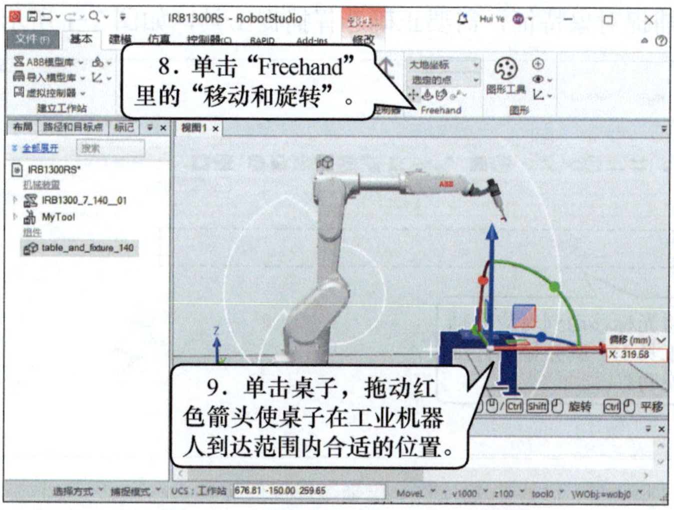

8. 单击"Freehand"里的"移动和旋转"。

9. 单击桌子，拖动红色箭头使桌子在工业机器人到达范围内合适的位置。

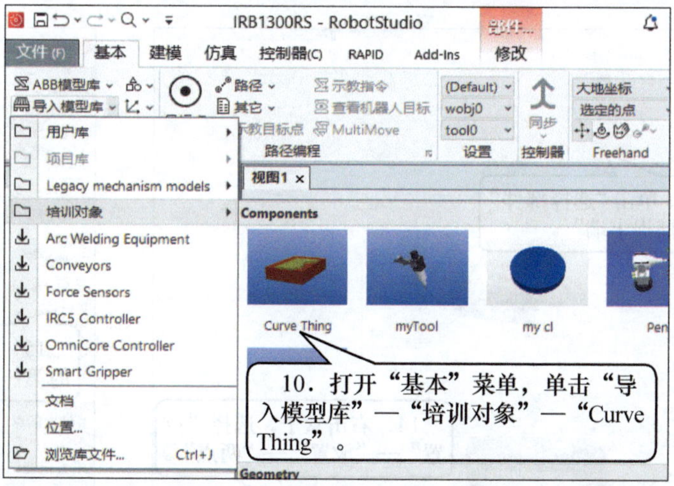

10. 打开"基本"菜单，单击"导入模型库"—"培训对象"—"Curve Thing"。

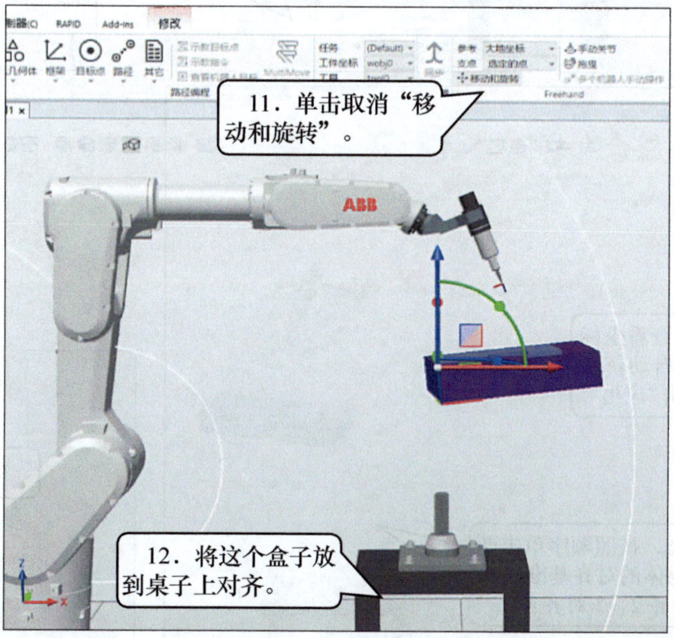

11. 单击取消"移动和旋转"。

12. 将这个盒子放到桌子上对齐。

为了能够准确捕捉对象特征，需要正确选择捕捉工具，如图 3-1 所示。

将光标移动到对应的捕捉工具上，就会显示详细的说明。

图 3-1 正确选择捕捉工具

13. 单击“选择部件”和“捕捉末端”。
14. 右击盒子，选择“位置”—“放置”—“两点”。

15. 单击“主点 - 从”的第一个坐标框。

17. 查看坐标数据已自动获取后，单击“应用”。
16. 按照顺序单击两个物体的对齐基准线。1 对齐 2，3 对齐 4。

18. 操作成功。

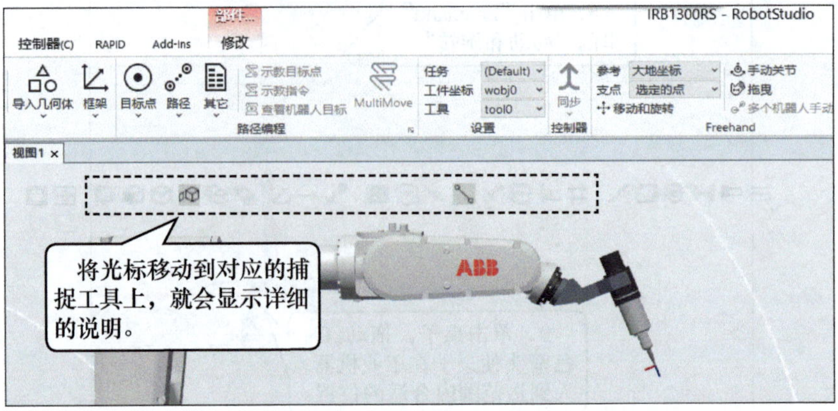

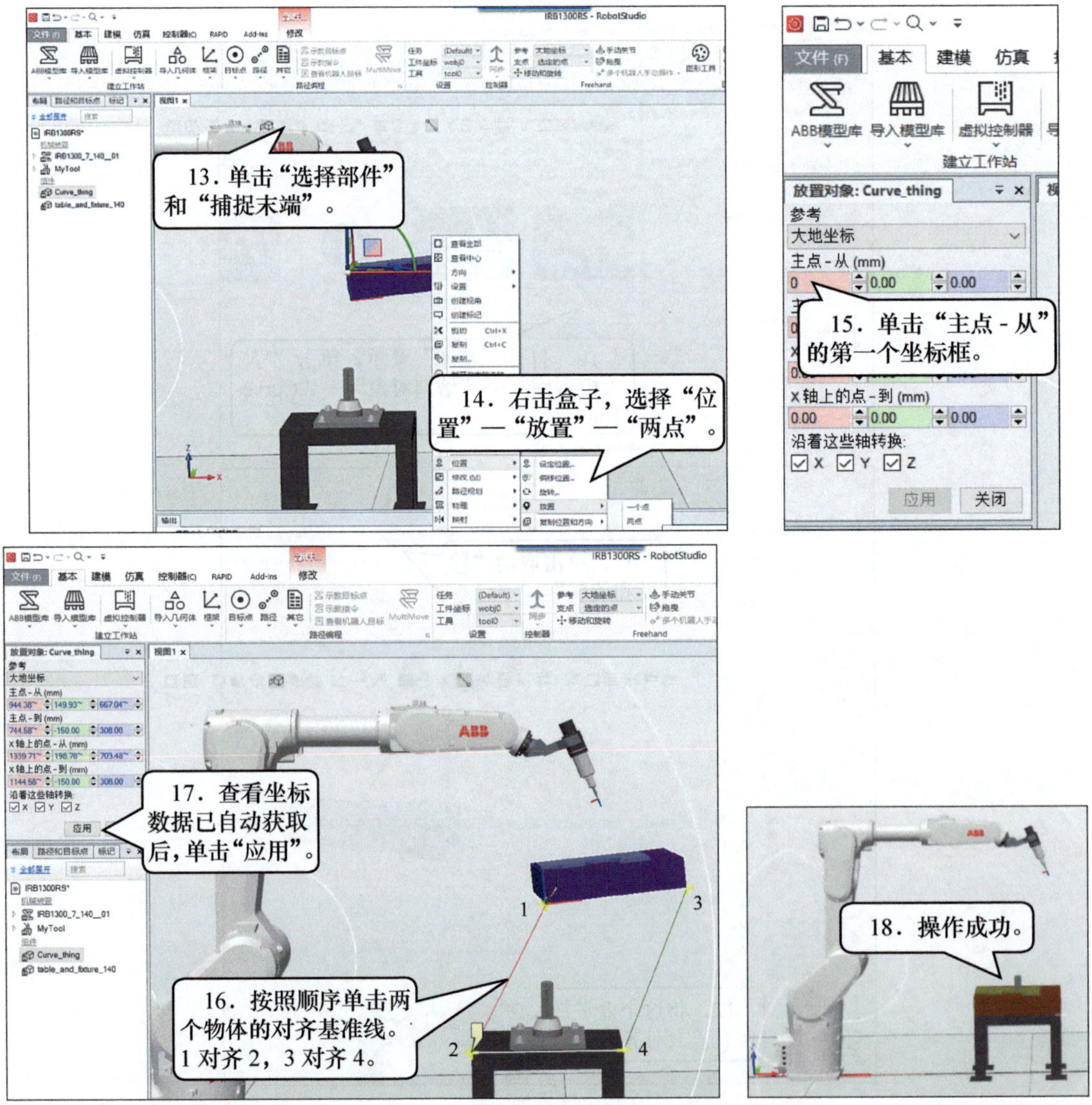

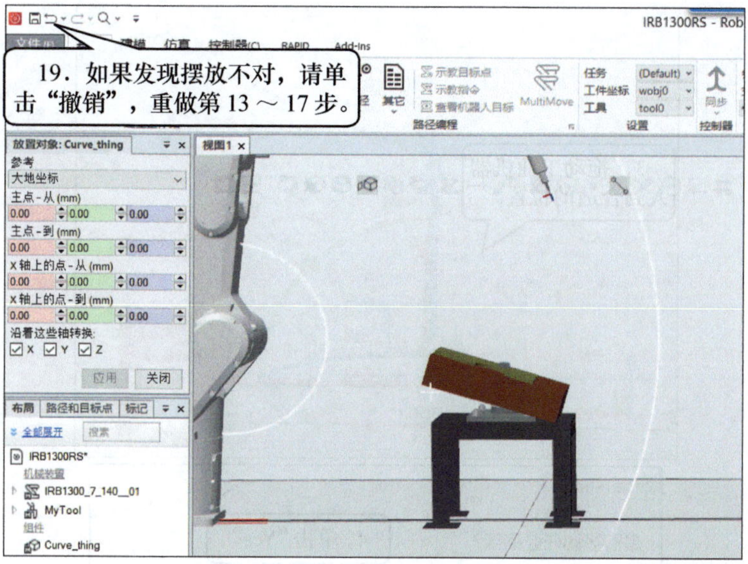

19．如果发现摆放不对，请单击“撤销”，重做第 13 ～ 17 步。

任务 3-3 手动操作工业机器人

工作任务

- 调整工业机器人在工作站中的位置。
- 对工业机器人进行手动操作。

扫一扫，看视频

一、调整工业机器人在工作站中的位置

如果觉得工业机器人与周边设备的位置不合适，可以按照以下的操作进行调整。

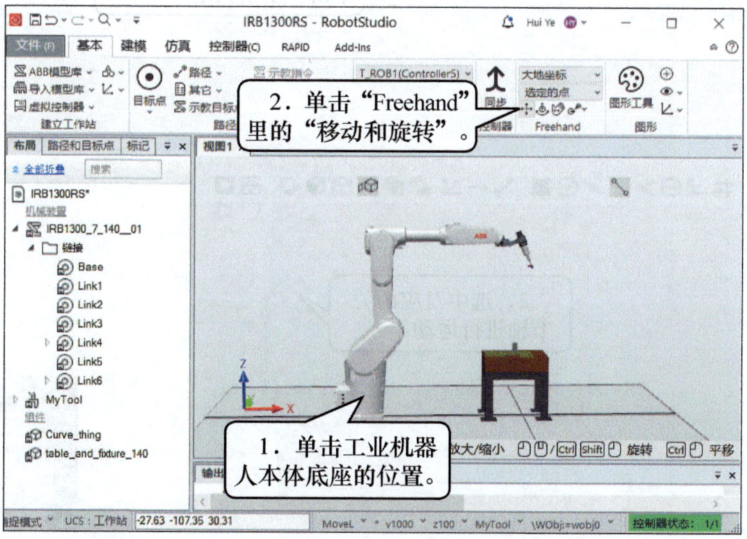

2．单击“Freehand”里的“移动和旋转”。
1．单击工业机器人本体底座的位置。

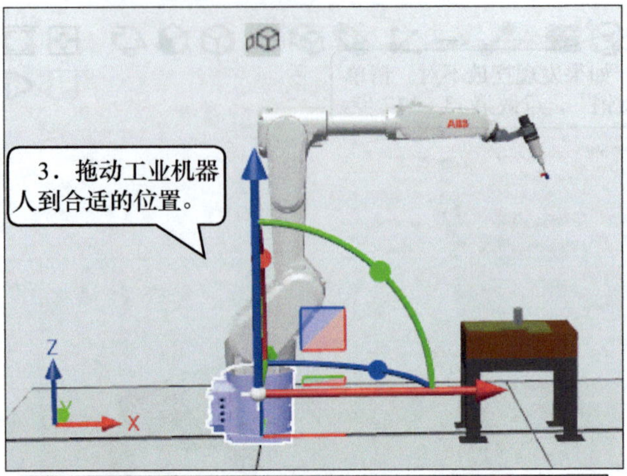

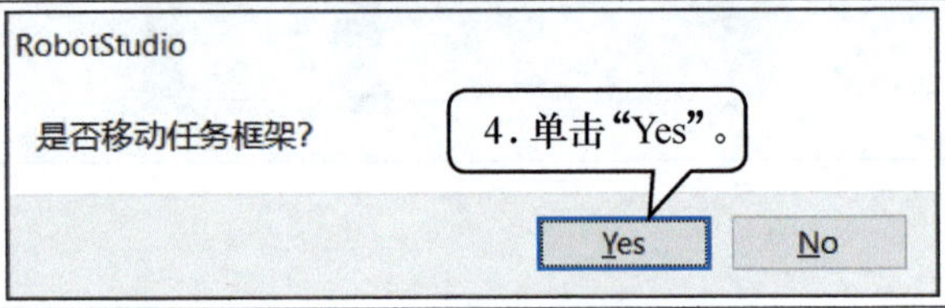

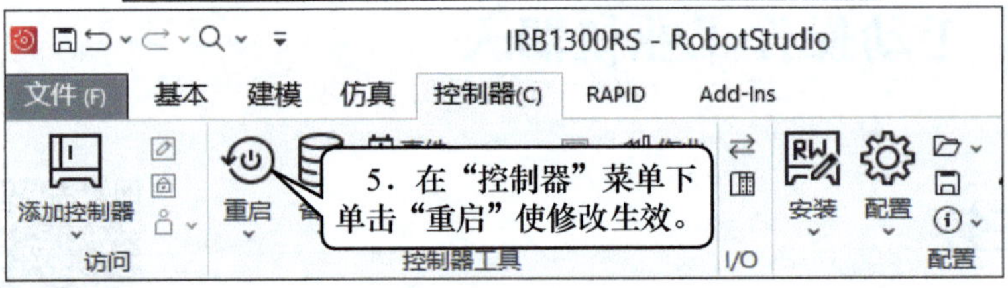

二、工业机器人的手动单轴操作

1）工业机器人手动关节轴操作步骤如下：

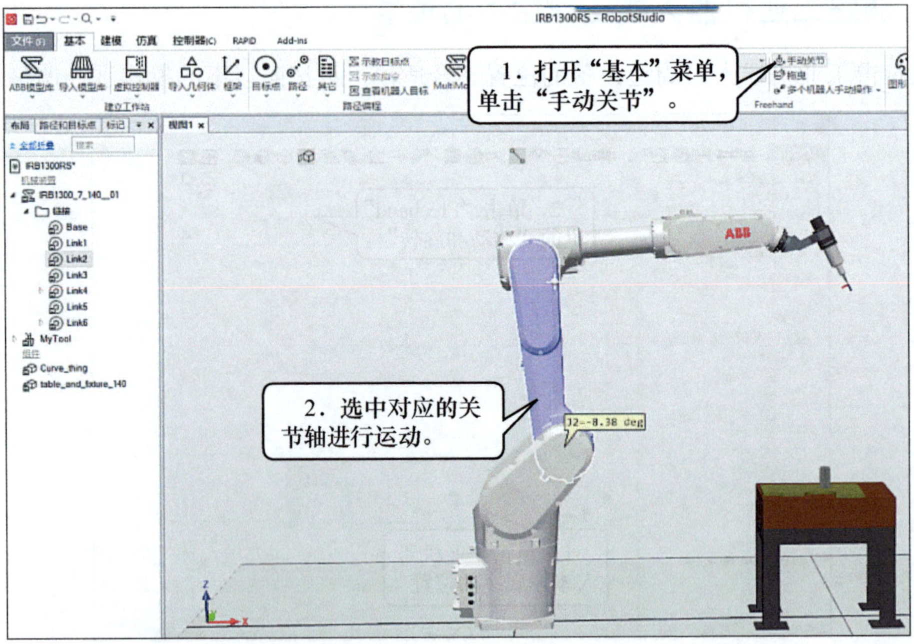

IRB1300RS - RobotStudio
1．打开“基本”菜单，单击“手动关节”。
2．选中对应的关节轴进行运动。

2）工业机器人精确手动关节运动的操作如下：

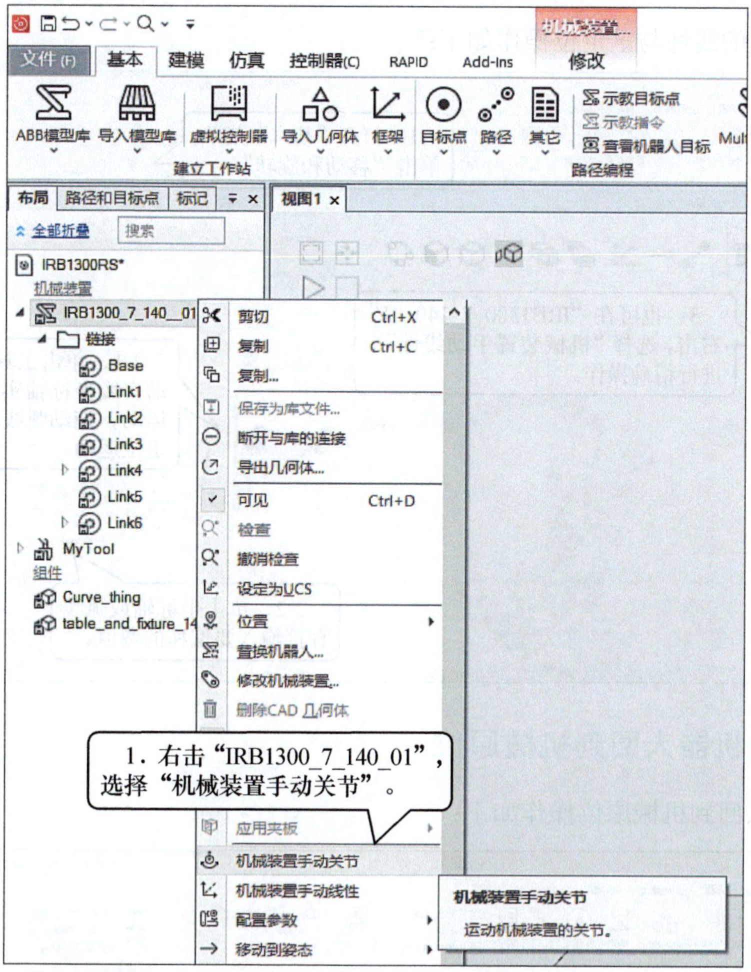
1．右击“IRB1300_7_140_01”，选择“机械装置手动关节”。
剪切
复制
复制...
保存为库文件...
断开与库的连接
导出几何体...
可见
检查
撤消检查
设定为UCS
位置
替换机器人...
修改机械装置...
删除CAD 几何体
应用夹板
机械装置手动关节
机械装置手动线性
配置参数
移动到姿态
机械装置手动关节
运动机械装置的关节。

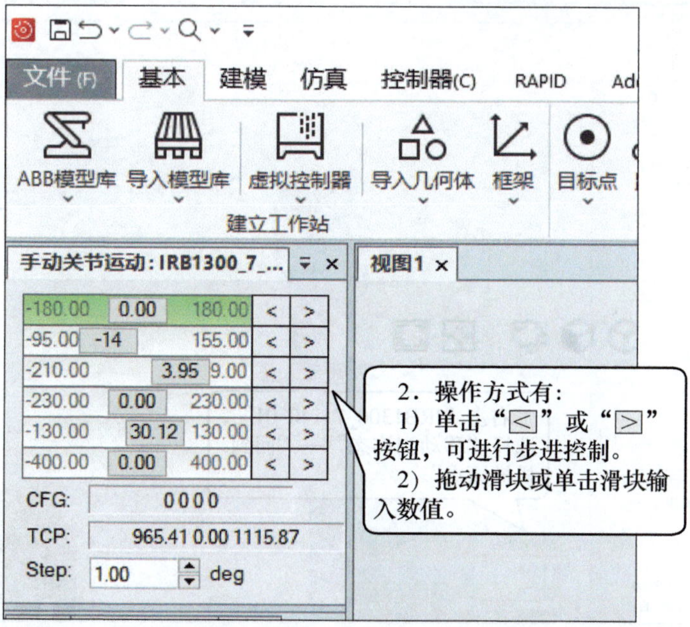
手动关节运动：IRB1300_7_...
2．操作方式有：
1）单击“<”或“>”按钮，可进行步进控制。
2）拖动滑块或单击滑块输入数值。
CFG:
0 0 0 0
TCP:
965.41 0.00 1115.87
Step:
1.00
deg

三、工业机器人的线性与重定位

工业机器人的线性与重定位操作如下：

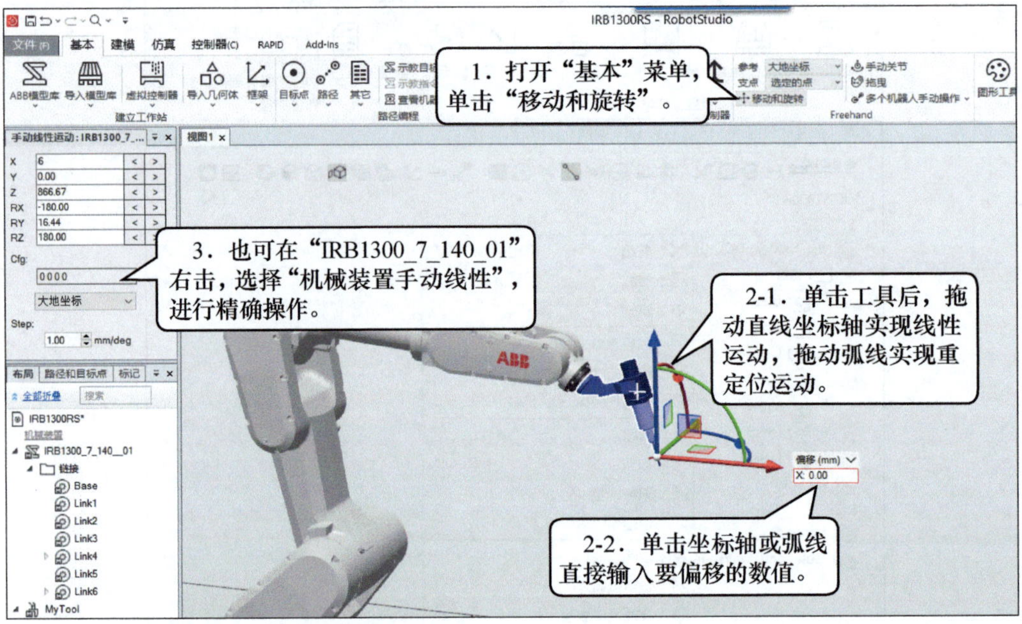
1. 打开“基本”菜单，单击“移动和旋转”。
3. 也可在“IRB1300_7_140_01”右击，选择“机械装置手动线性”，进行精确操作。
2-1. 单击工具后，拖动直线坐标轴实现线性运动，拖动弧线实现重定位运动。
2-2. 单击坐标轴或弧线直接输入要偏移的数值。

四、工业机器人回到机械原位

工业机器人回到机械原位操作如下：

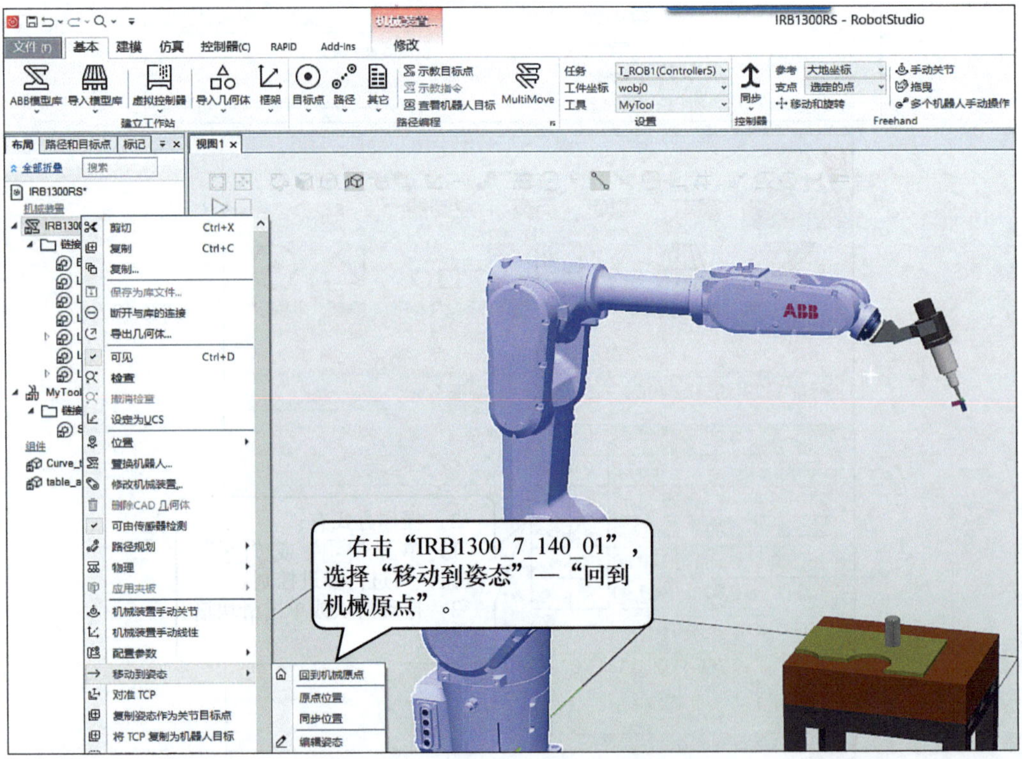
右击“IRB1300_7_140_01”，选择“移动到姿态”—“回到机械原点”。

任务 3-4 创建工业机器人工件坐标

工作任务

- 创建工业机器人工件坐标。

扫一扫，看视频

一、什么是工业机器人工件坐标

工业机器人工件坐标是一个特定的坐标系，它用于定义工业机器人工作空间中工件的位置和姿态。在工业机器人编程中，工件坐标是非常常用的概念，它允许程序员在不同的位置和角度创建一个直角坐标，以便于精确控制工业机器人的动作。

工件坐标的建立通常采用三点法，即通过三个不同的位置来确定这个工件坐标的具体位置。这三个点分别代表坐标的原点、X 轴上的一个点和 XY 平面上的一个点。通过这三个点，可以确定出坐标 X、Y、Z 轴的方向和长度，进而构建出一个完整的工件坐标。

工件坐标在工业机器人编程中有着广泛的应用。例如，当在不同位置或不同角度安装的多个工件执行相同的加工任务时，可以通过定义不同的工件坐标来简化编程工作。此外，当工件的安装方向与工业机器人的 TCP 或基坐标方向不一致时，可以利用与工件方向标定一致的工件坐标来手动运行工业机器人，这为操作人员的示教编程提供了便利。

工业机器人工件坐标是一个重要的概念，它不仅有助于提高编程效率，还能确保工业机器人在执行任务时的准确性和灵活性。通过理解和掌握工件坐标的创建方法及其应用，可以更好地运用工业机器人进行自动化生产。

二、创建工业机器人工件坐标

创建工业机器人工件坐标的操作如下：

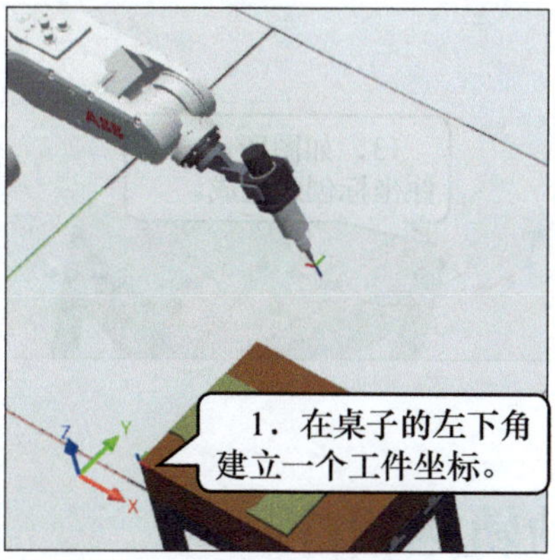

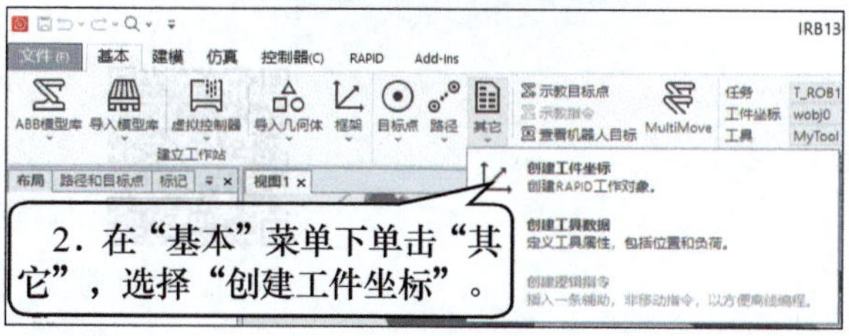

4. 单击“选择表面”。
5. 单击“捕捉末端”。
6. 单击“三点”。
7. 单击“X 轴上的第一个点”的输入框。
Y1
10. 单击 Y1 号角，记录坐标值。
X1
8. 单击 X1 号角，记录坐标值。
X2
9. 单击 X2 号角，记录坐标值。
11. 单击“Accept”。

12. 单击“创建”。

13. 如图所示，工件坐标创建完成。

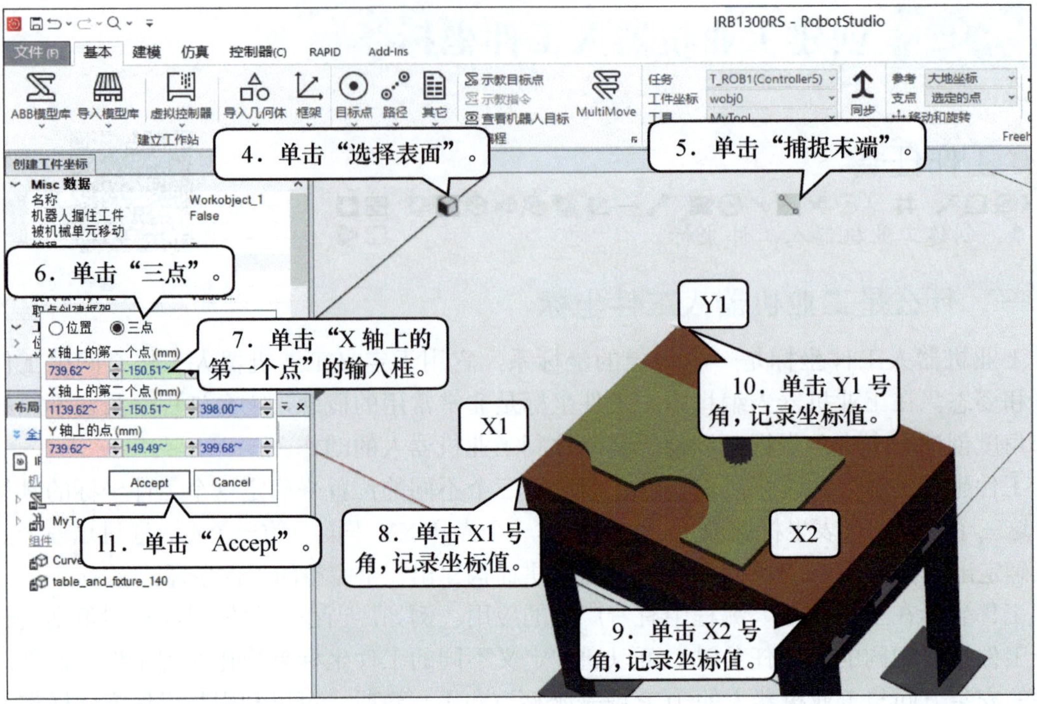

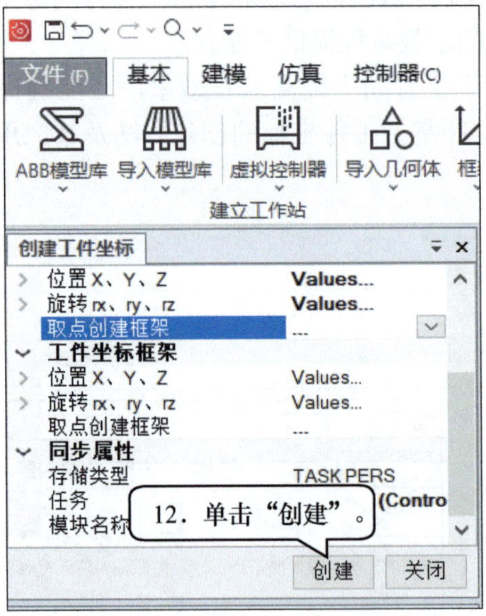

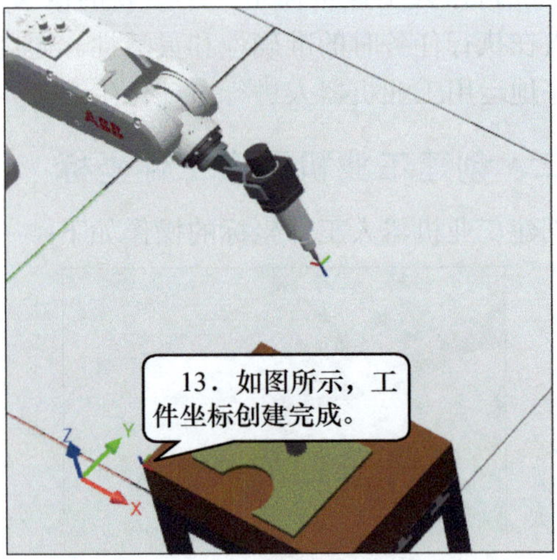

任务 3-5　创建工业机器人的运动轨迹程序

工作任务

- 创建工业机器人的运动轨迹程序。

扫一扫，看视频

与真实工业机器人一样，在 RobotStudio 中工业机器人运动轨迹也是通过 RAPID 程序指令进行控制的。创建工业机器人运动轨迹程序的步骤如下。

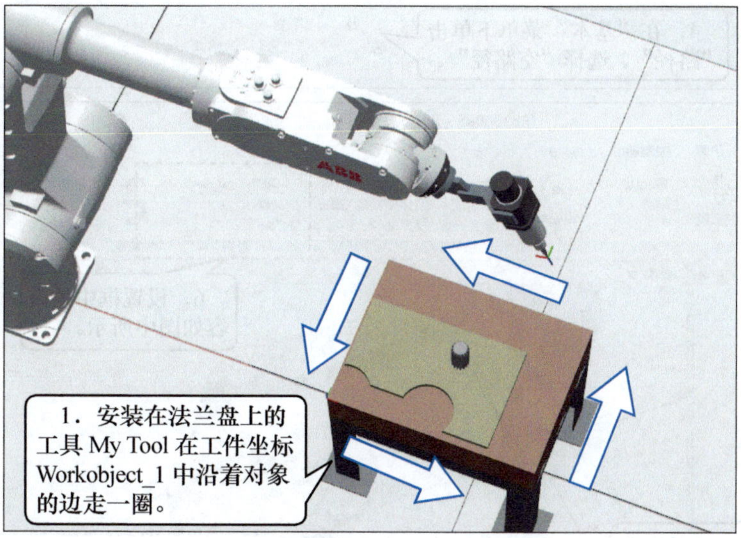
1．安装在法兰盘上的工具 My Tool 在工件坐标 Workobject_1 中沿着对象的边走一圈。

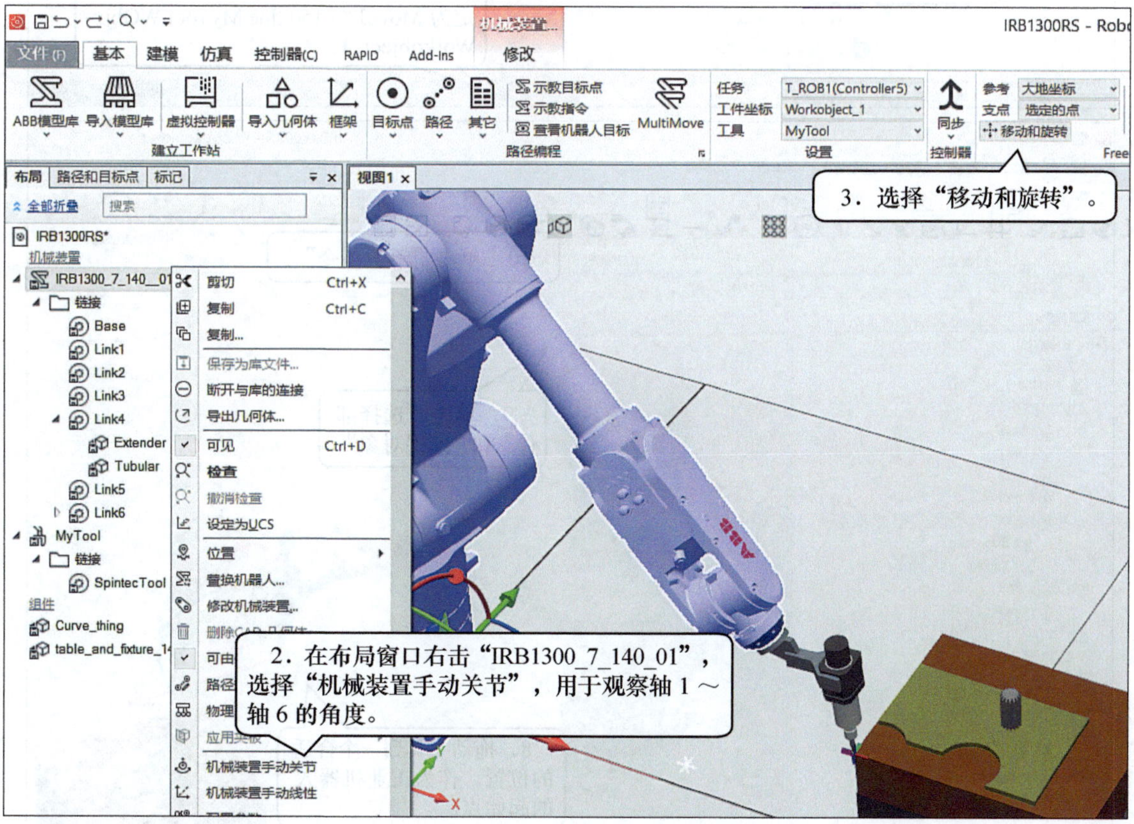
3．选择“移动和旋转”。
2．在布局窗口右击“IRB1300_7_140_01”，选择“机械装置手动关节”，用于观察轴 1～轴 6 的角度。

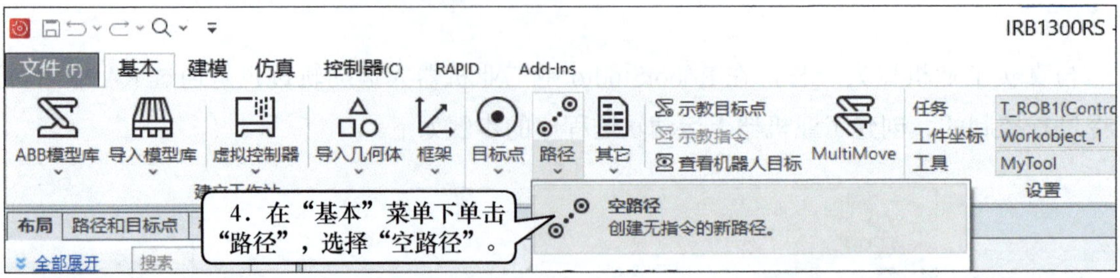
4. 在“基本”菜单下单击“路径”，选择“空路径”。
空路径
创建无指令的新路径。

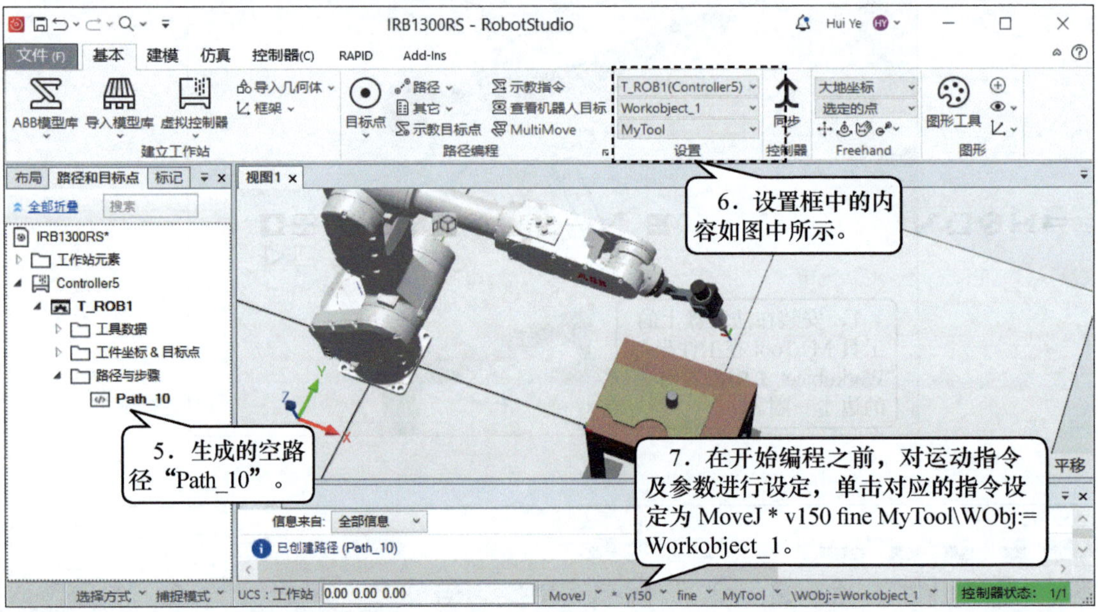
6. 设置框中的内容如图中所示。
5. 生成的空路径“Path_10”。
7. 在开始编程之前，对运动指令及参数进行设定，单击对应的指令设定为 MoveJ * v150 fine MyTool\WObj:=Workobject_1。

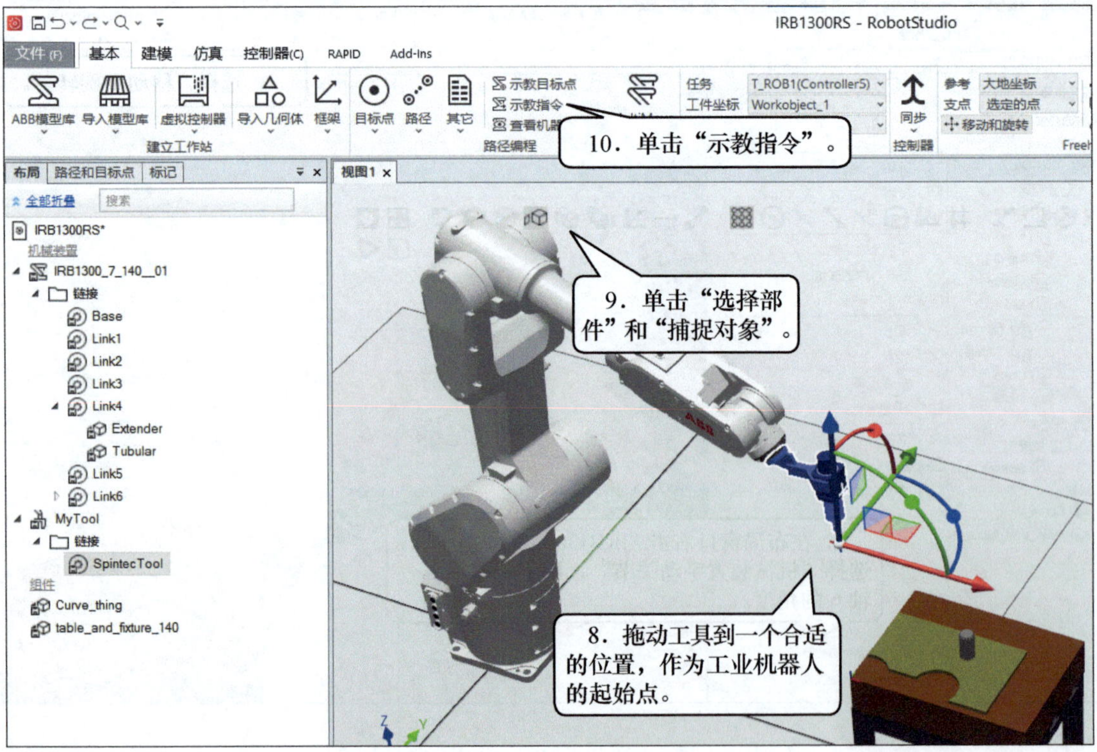
10. 单击“示教指令”。
9. 单击“选择部件”和“捕捉对象”。
8. 拖动工具到一个合适的位置，作为工业机器人的起始点。

11. 拖动工具对准第1个角点，单击"示教指令"按钮。

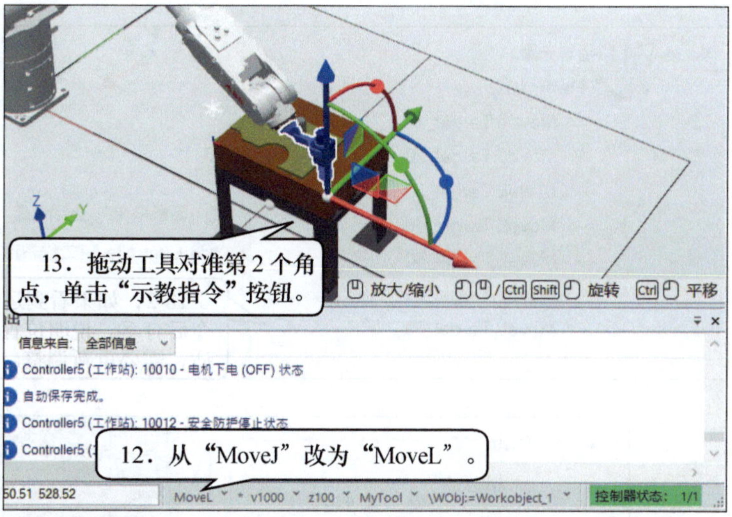

13. 拖动工具对准第2个角点，单击"示教指令"按钮。

信息来自：全部信息

Controller5 (工作站): 10010 - 电机下电 (OFF) 状态

自动保存完成。

Controller5 (工作站): 10012 - 安全防护停止状态

Controller5 (工作站):

12. 从"MoveJ"改为"MoveL"。

50.51 528.52   MoveL ▾ v1000 ▾ z100 ▾ MyTool ▾ \WObj:=Workobject_1 ▾   控制器状态: 1/1

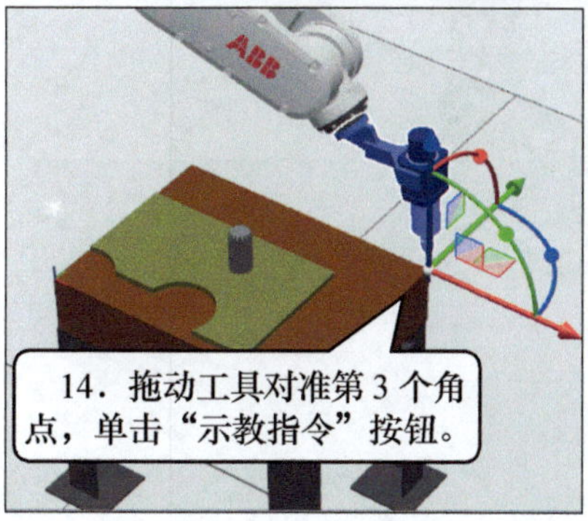

14. 拖动工具对准第3个角点，单击"示教指令"按钮。

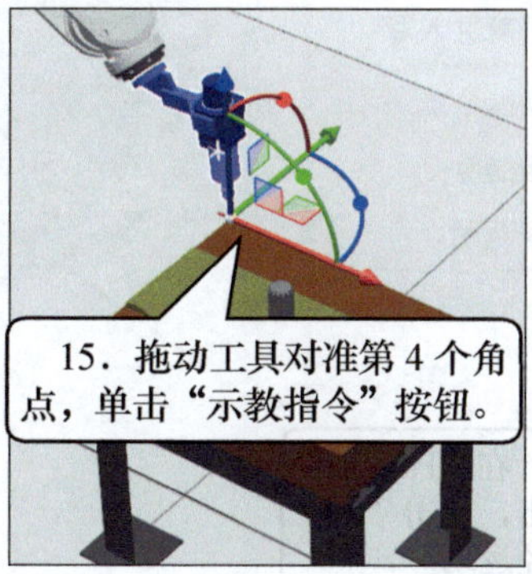

15. 拖动工具对准第4个角点，单击"示教指令"按钮。

16. 拖动工具再次对准第1个角点，使方形轨迹闭合，单击"示教指令"按钮。

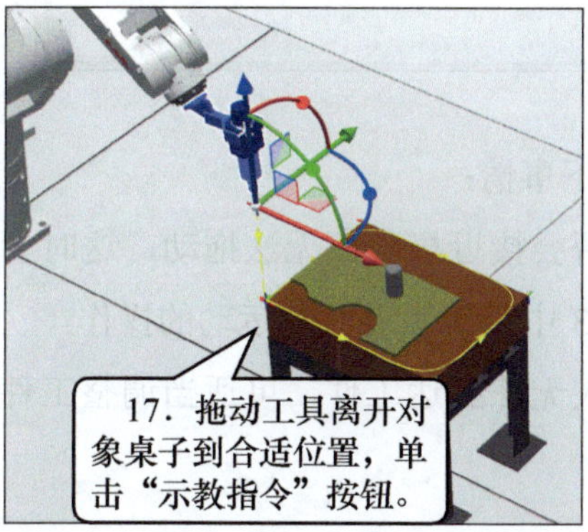

17. 拖动工具离开对象桌子到合适位置，单击"示教指令"按钮。

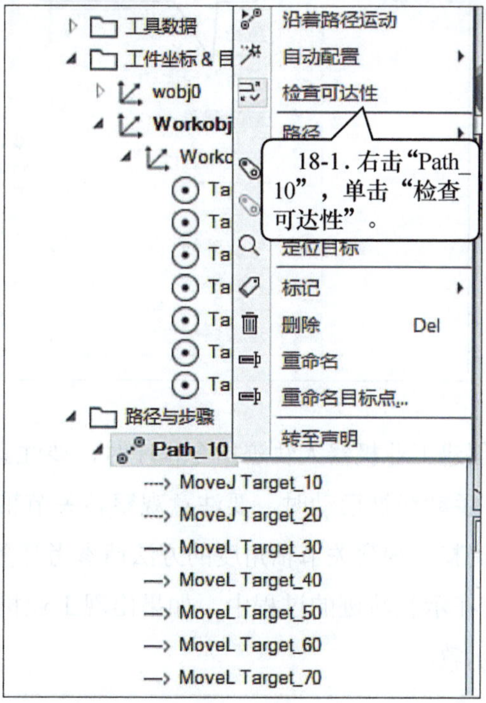

工具数据

工件坐标 & 目
  wobj0
  Workobj
    Worko
      Ta
      Ta
      Ta
      Ta
      Ta
      Ta
      Ta
路径与步骤
  Path_10
    ----> MoveJ Target_10
    ----> MoveJ Target_20
    ---> MoveL Target_30
    ---> MoveL Target_40
    ---> MoveL Target_50
    ---> MoveL Target_60
    ---> MoveL Target_70

沿着路径运动
自动配置
检查可达性
路径
定位目标
标记
删除   Del
重命名
重命名目标点...
转至声明

18-1. 右击"Path_10"，单击"检查可达性"。

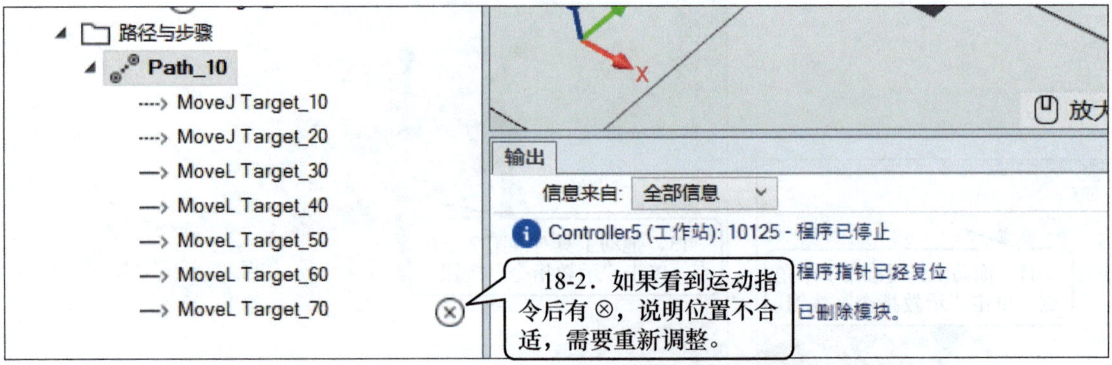

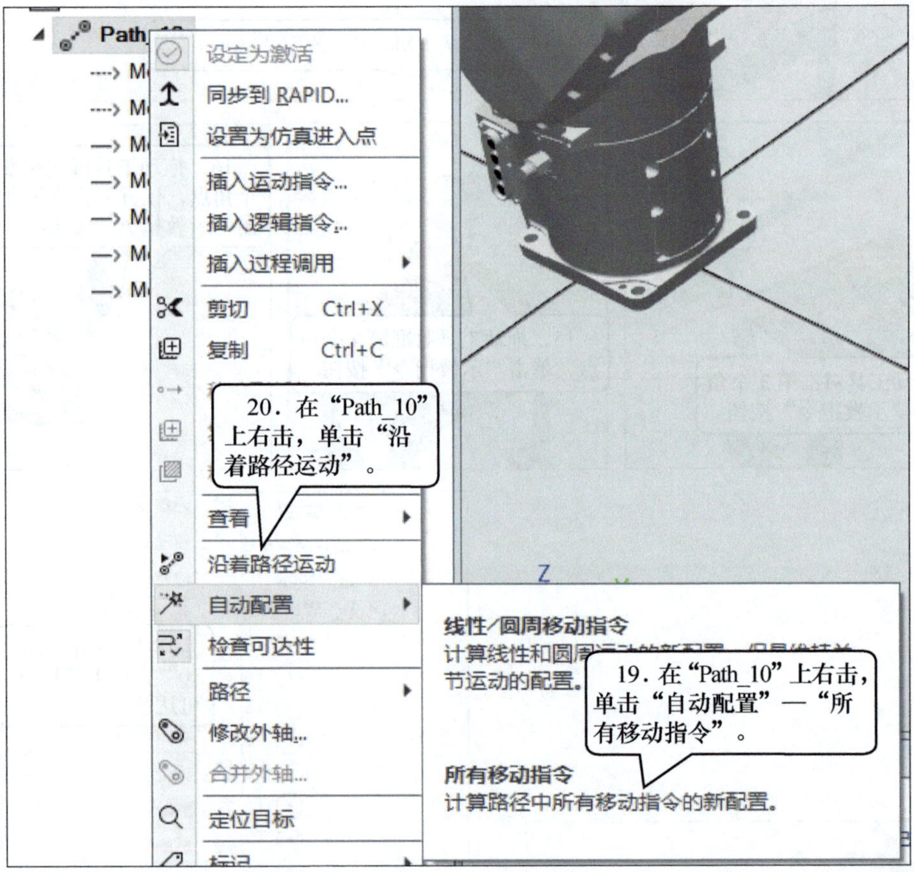

在创建工业机器人轨迹指令程序时，要注意以下事情：

1）手动线性运动时，要注意观察各关节轴是否会接近极限而无法拖动，这时要适当做出姿态调整。观察关节轴角度的方法请参考任务 3-3 中精确手动关节运动的操作。

2）在示教轨迹的过程中，如果出现工业机器人无法到达工件，可适当调整工件的位置再进行示教。

3）关于 MoveJ 和 MoveL 指令的使用说明，请参考机械工业出版社出版、叶晖等编著的《工业机器人实操与应用技巧》（第 3 版）（ISBN 978-7-111-73684-4）中的详细说明。

4）在示教的过程中，要适当调整视角，这样可以更好地观察。

任务 3-6 仿真运行工业机器人及录制视频

工作任务

- 仿真运行工业机器人轨迹。
- 将工业机器人的仿真录制成视频。

扫一扫，看视频

一、仿真运行工业机器人轨迹

将创建的轨迹导入虚拟控制器，就可以像真实工业机器人那样仿真运行。具体操作如下：

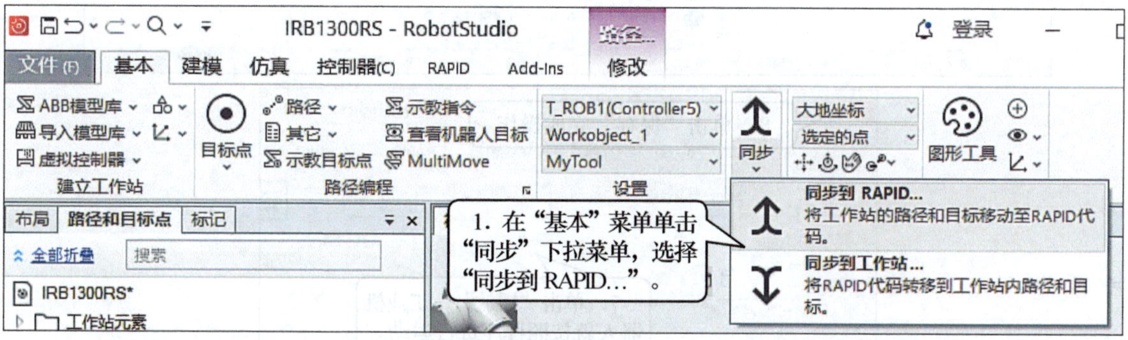

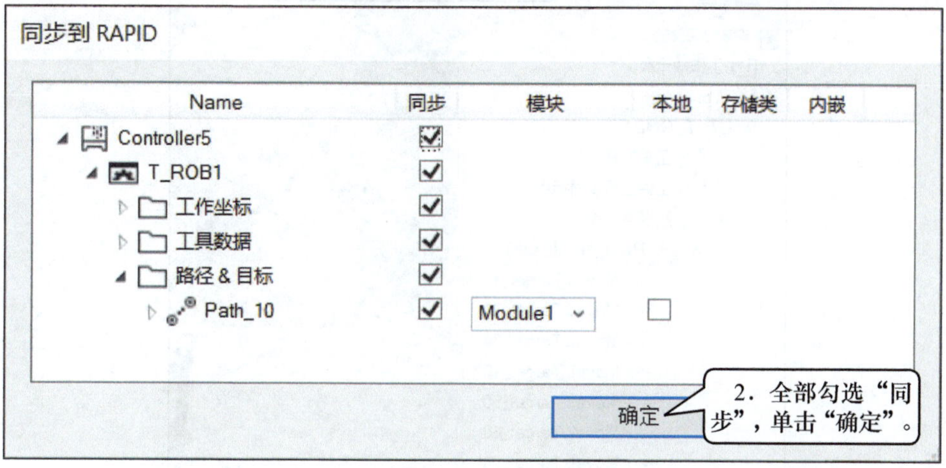

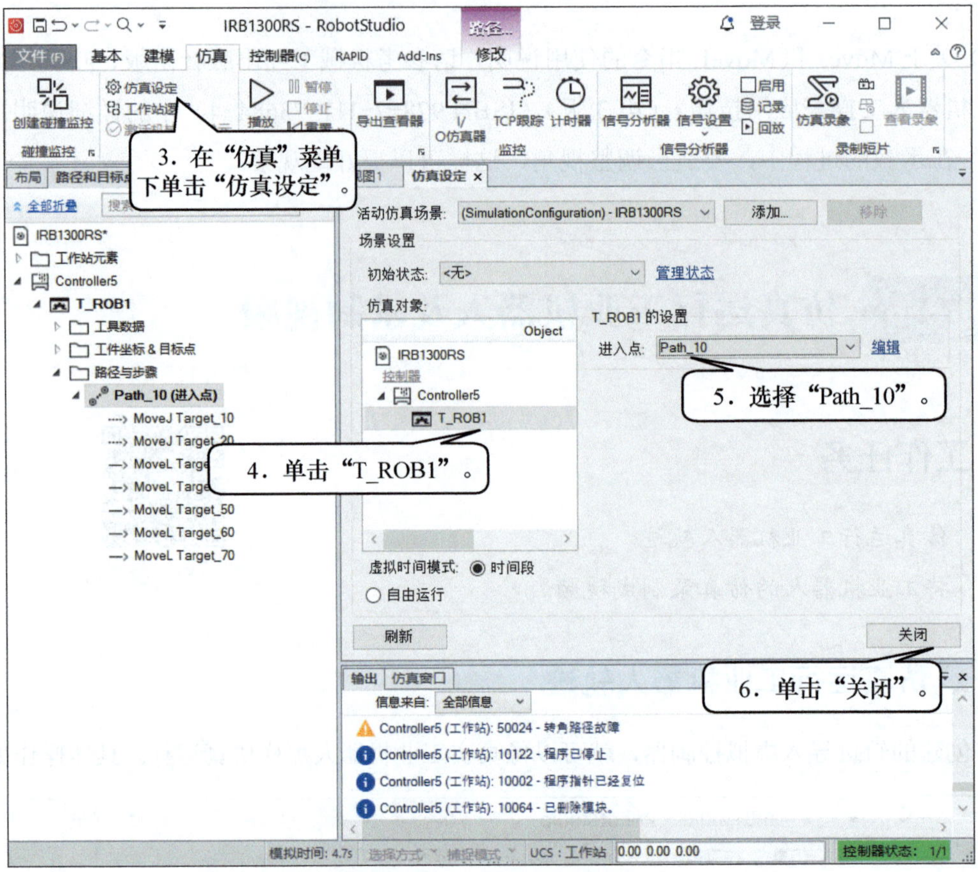

3. 在"仿真"菜单下单击"仿真设定"。

4. 单击"T_ROB1"。

5. 选择"Path_10"。

6. 单击"关闭"。

8. 单击"保存"完成操作。

7. 单击"播放"，工业机器人就按照程序进行运动。

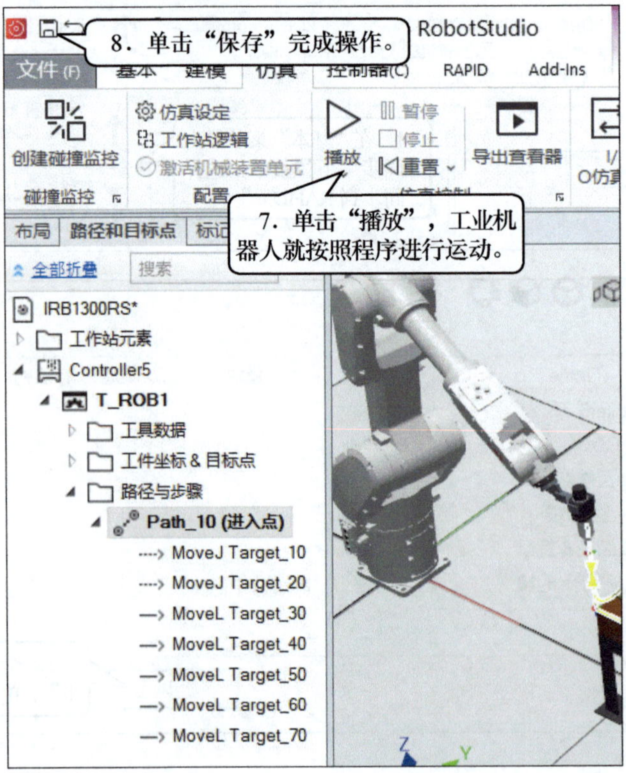

二、将工业机器人的仿真录制成视频

可以将工作站中工业机器人的运行录制成视频，以便在没有安装 RobotStudio 的计算机中查看工业机器人的运行。另外，还可以将工作站制作成多种格式文件，以便更灵活地查看工作站。

1. 将工作站中工业机器人的仿真运行录制成视频

将工作站中工业机器人的仿真运行录制成视频的具体操作如下：

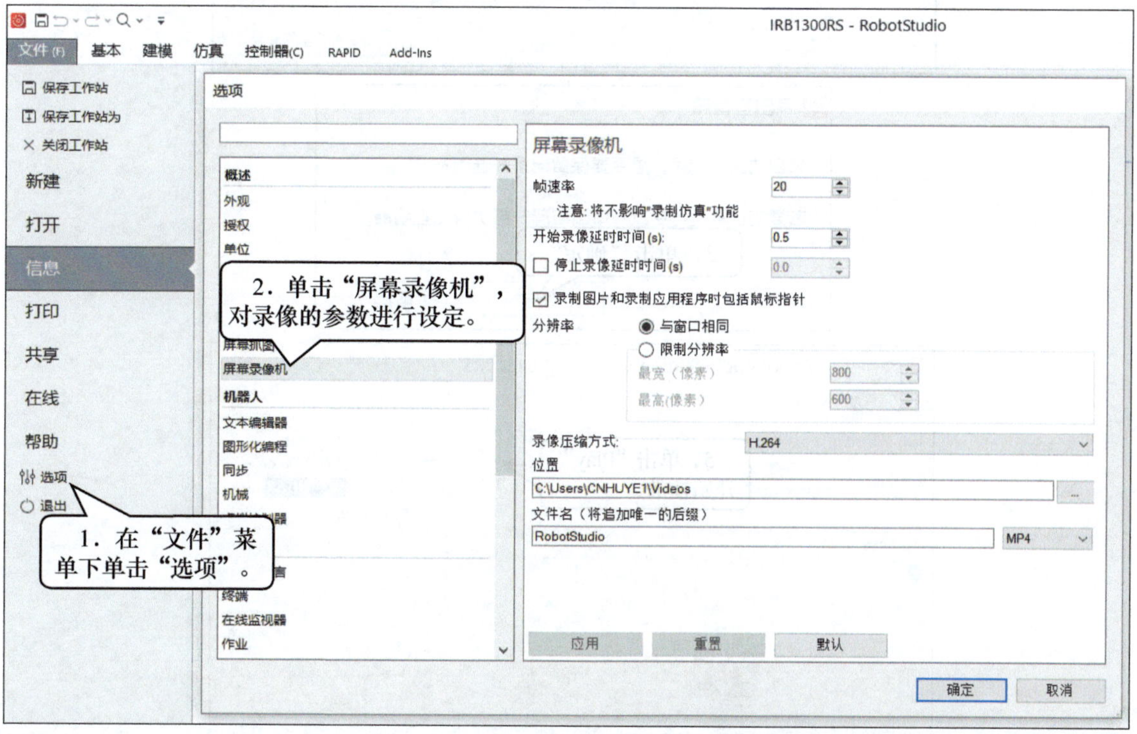

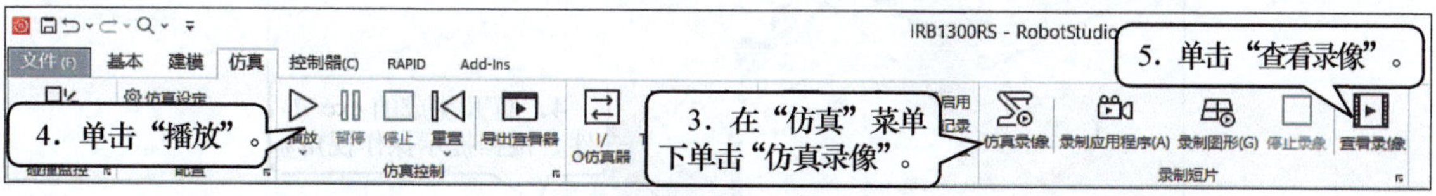

选择“录制应用程序”可以录制整个 RobotStudio 的界面，适合录制操作演示视频。

2. 将工作站制作成独立运行的 exe 文件

为了在没有安装 RobotStudio 的计算机里演示工业机器人的仿真运行，可以将工作站制作成可在 Windows 操作系统里独立运行的 exe 文件。具体操作如下：

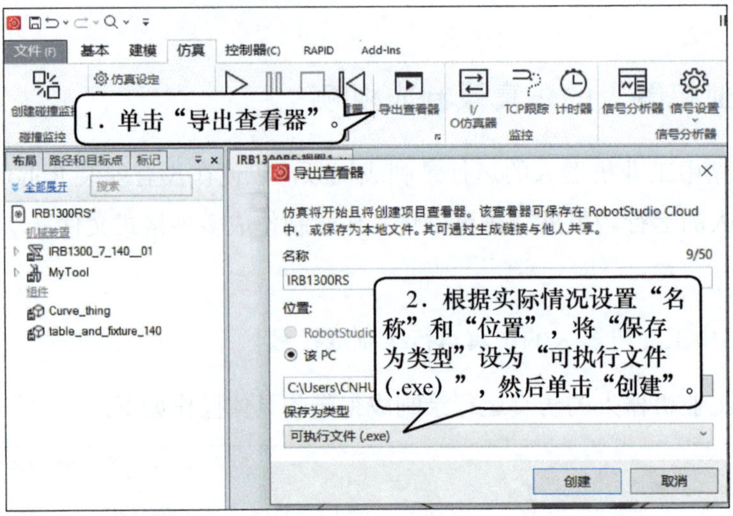
1. 单击“导出查看器”。
导出查看器
仿真将开始且将创建项目查看器。该查看器可保存在 RobotStudio Cloud 中，或保存为本地文件。其可通过生成链接与他人共享。
名称
9/50
IRB1300RS
位置:
该 PC
保存为类型
可执行文件 (.exe)
2. 根据实际情况设置“名称”和“位置”，将“保存为类型”设为“可执行文件(.exe)”，然后单击“创建”。
创建
取消

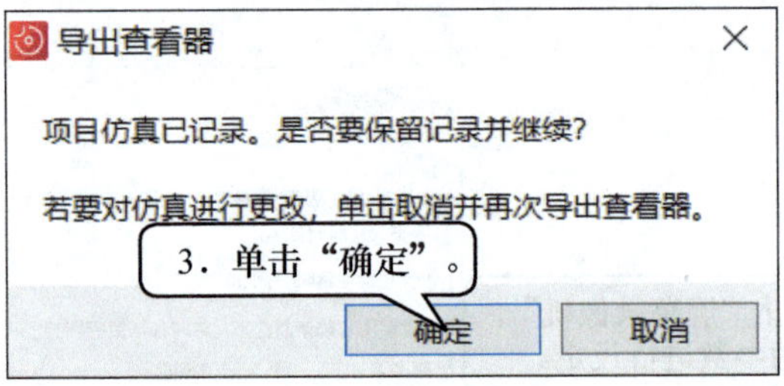
导出查看器
项目仿真已记录。是否要保留记录并继续?
若要对仿真进行更改，单击取消并再次导出查看器。
3. 单击“确定”。
确定
取消

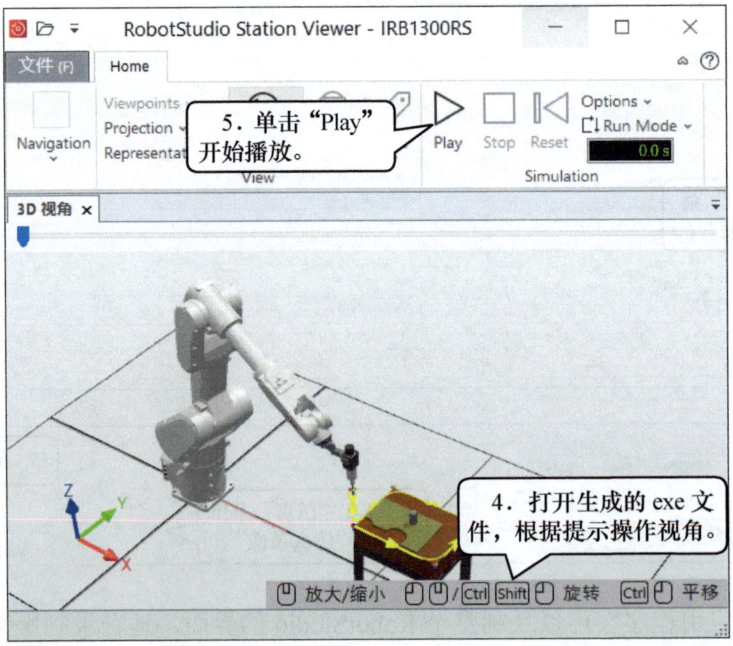
RobotStudio Station Viewer - IRB1300RS
5. 单击“Play”开始播放。
Play
Stop
Reset
Simulation
3D 视角
4. 打开生成的 exe 文件，根据提示操作视角。
放大/缩小
旋转
平移

为了提高与各种版本 RobotStudio 的兼容性，建议在 RobotStudio 中做任何保存的操作时，保存的路径和文件名字使用英文字符。

3. 将工作站制作成通用的 glb 文件

glb 文件是一种高效、灵活、兼容的 3D 模型数据格式，非常适合用于 3D 内容的分发和展示。将工作站制作成通用的 glb 文件的操作步骤如下：

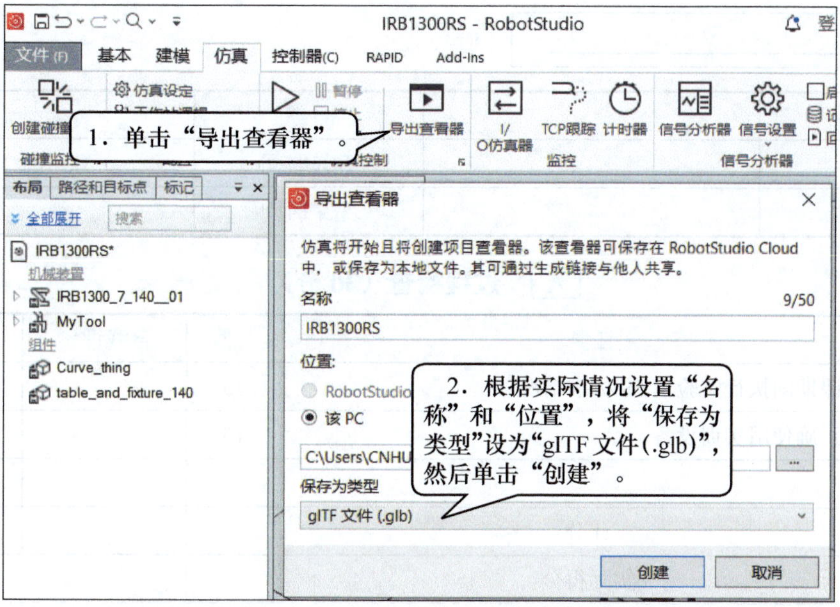
IRB1300RS - RobotStudio
文件 (F)
基本
建模
仿真
控制器(C)
RAPID
Add-Ins
仿真设定
暂停
导出查看器
TCP跟踪
计时器
信号分析器
信号设置
监控
信号分析器
1．单击“导出查看器”。
布局
路径和目标点
标记
全部展开
IRB1300RS*
机械装置
IRB1300_7_140__01
MyTool
组件
Curve_thing
table_and_fixture_140
导出查看器
仿真将开始且将创建项目查看器。该查看器可保存在 RobotStudio Cloud 中，或保存为本地文件。其可通过生成链接与他人共享。
名称
9/50
IRB1300RS
位置：
该 PC
保存为类型
gITF 文件 (.glb)
2．根据实际情况设置“名称”和“位置”，将“保存为类型”设为“gITF 文件(.glb)”，然后单击“创建”。
创建
取消

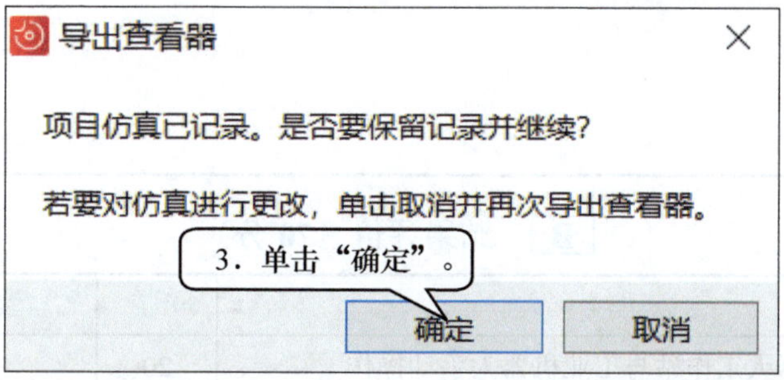
导出查看器
项目仿真已记录。是否要保留记录并继续?
若要对仿真进行更改，单击取消并再次导出查看器。
3．单击“确定”。
确定
取消

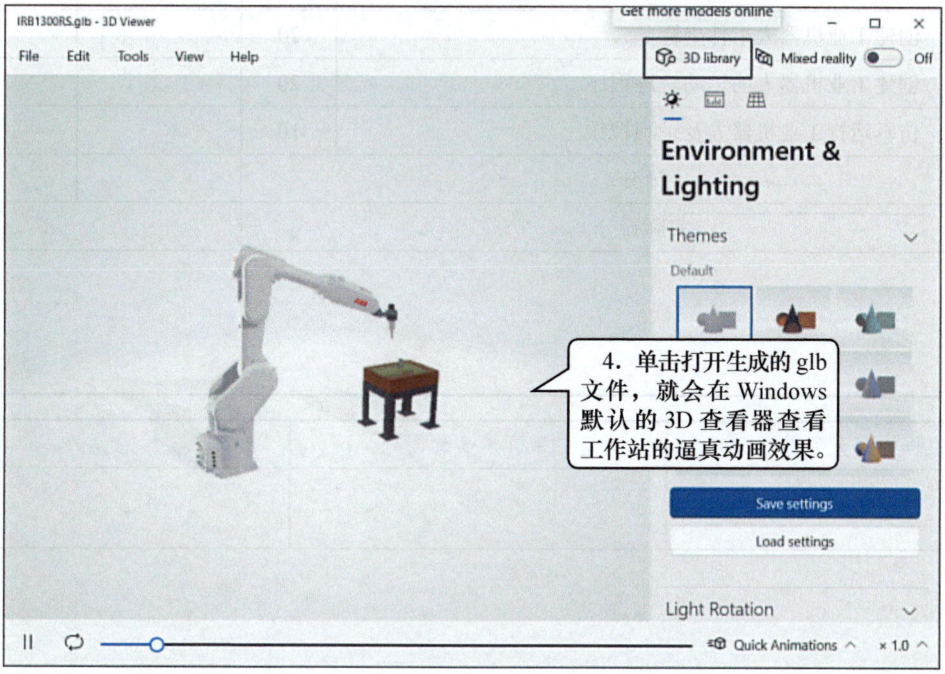
IRB1300RS.glb - 3D Viewer
File
Edit
Tools
View
Help
3D library
Mixed reality
Off
Environment & Lighting
Themes
Default
4．单击打开生成的 glb 文件，就会在 Windows 默认的 3D 查看器查看工作站的逼真动画效果。
Save settings
Load settings
Light Rotation
Quick Animations
× 1.0

项目 3　学习情况评估表

任务编号________________________

学生姓名		日期	
班级		开始时间	
实训室		结束时间	

A　过程检查（30 分）

编号	任务	分值	自我评价	教师评价
1	上课期间执行实验室 5S 标准情况	15		
2	能正确使用实训设备	15		
计分				
实际得分				

记录：

B　结果评价（70 分）

编号	任务	分值	自我评价	教师评价
1	布局工业机器人工作站与工业机器人手动操作	20		
2	创建工业机器人工件坐标	20		
3	创建工业机器人的运动轨迹程序	20		
4	仿真运行工业机器人及录制视频	10		
计分				
实际得分				

记录：

过程检查实际得分	结果评价实际得分	总得分

记录：

项目 4　运用提升虚拟仿真效率的工具

项目目标

- 熟悉常用图形工具的使用方法。
- 熟悉工业机器人碰撞监控的设置。
- 熟悉工业机器人 TCP 跟踪轨迹操作。
- 熟悉使用计时器测算节拍。
- 了解工业机器人信号分析的作用。

项目描述

1）在对工业机器人工作站做仿真测试时，可以使用 RobotStudio 提供的图形工具快捷方便地进行视角切换，指定对象的放大、缩小，以及高级的三维效果渲染。

2）在搭建好工业机器人工作站后，可以使用碰撞监控功能对工业机器人的运动轨迹是否会与周边的模型产生干涉进行监控，以便实时调整工业机器人的运动轨迹。

3）如果需要对工业机器人整个运动轨迹进行观察与优化，可以使用 TCP 跟踪功能实现。

4）工业机器人的运行节拍是大家都关心的参数，可以使用计时器准确地对工业机器人的运行节拍进行计算。

5）可以使用信号分析器对工业机器人的总功率进行分析。

完成本项目，读者将具备在 RobotStudio 的高级版中运用提升虚拟仿真效率工具的能力，为未来的自动化生产和智能制造奠定坚实的基础。同时，本项目也能培养读者的创新能力和解决问题的能力，以便读者能够在实际工作中应对各种挑战。

任务 4-1 常用图形工具的应用

工作任务

- 创建不同角度的新视图。
- 按需选择显示在视图中的内容。
- 在同一视图里创建不同的视角。
- 虚拟现实 VR 的应用。

扫一扫，看视频

一、创建不同角度的新视图

为了更好地从不同的角度观察工作站的仿真运行过程，可以使用图形工具里的“新视图”功能来实现。具体步骤如下：

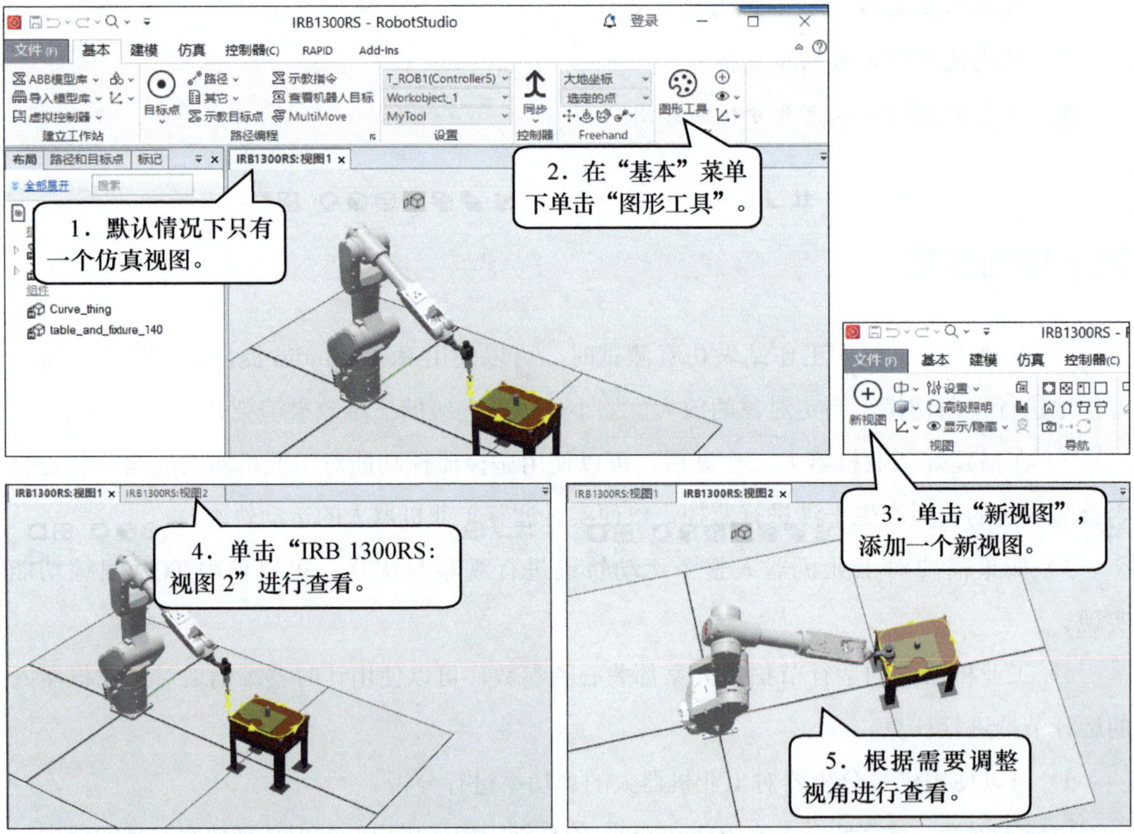

1. 默认情况下只有一个仿真视图。
2. 在“基本”菜单下单击“图形工具”。
3. 单击“新视图”，添加一个新视图。
4. 单击“IRB 1300RS：视图 2”进行查看。
5. 根据需要调整视角进行查看。

二、按需选择显示在视图中的内容

1）可以根据需要决定在视图中原有的辅助元素（比如地面、网格、坐标等）是否显示，如图 4-1 所示。

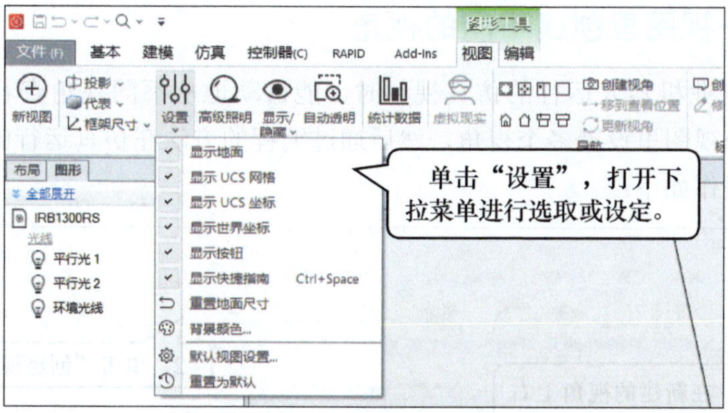

图 4-1　根据需要决定在视图中原有的辅助元素是否显示

2）在视图中生成的目标点、tooldata、wobjdata 等空间坐标数据可以根据需要定义大小以方便仿真。将框架尺寸设定为“大”的操作如下：

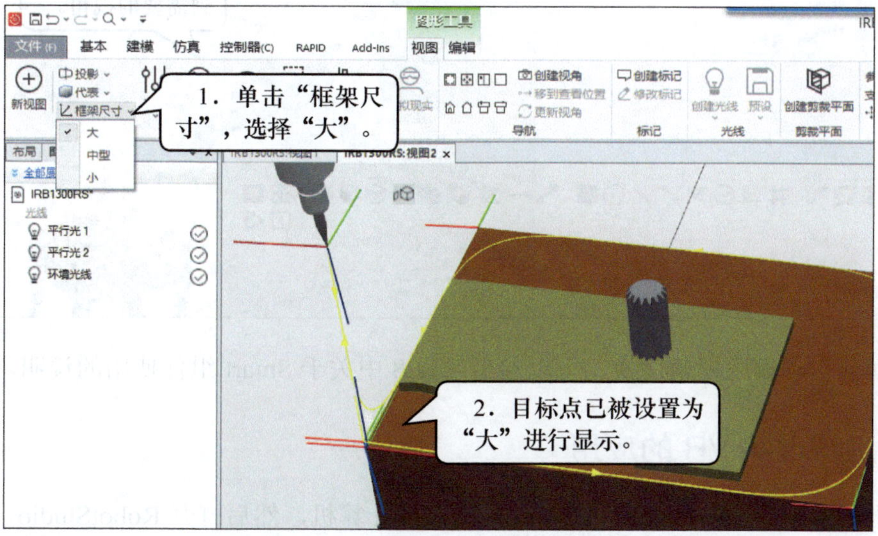

3）可以根据需要在视图中将对象设置为显示或隐藏。显示“目标名称”的操作如下：

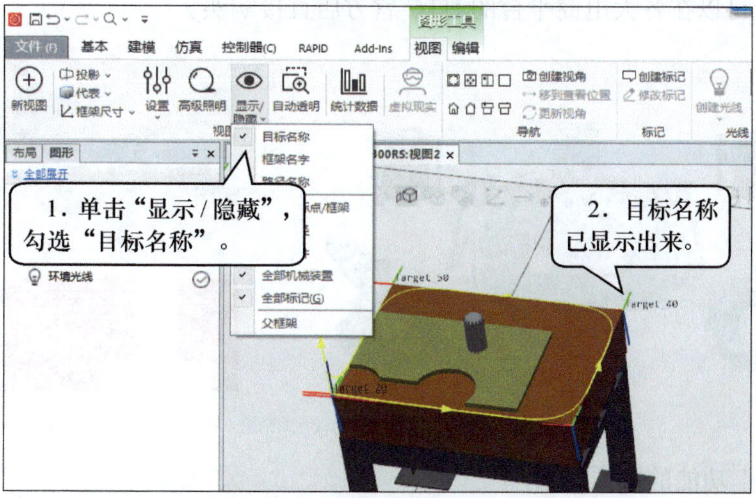

三、在同一视图里创建不同的视角

为了在录制工业机器人运行的仿真视频时，能自动地从不同视角查看工业机器人的动作，可以在同一个视图里设置多个视角，然后通过编程的方法在仿真运行的过程中自动进行视角切换。具体操作如下：

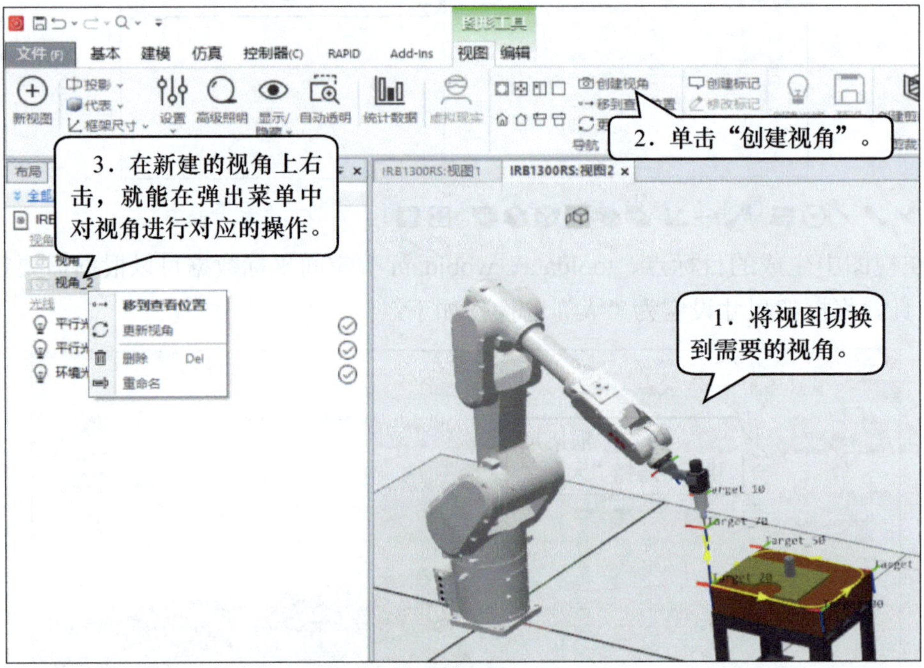

关于如何自动调用视角切换，可以参考项目 8 中关于 Smart 组件使用的说明。

四、虚拟现实 VR 的应用

将标准的虚拟现实 VR 眼镜（图 4-2）连接到计算机，然后打开 RobotStudio，无须任何设置就能直接启动体验仿真工业机器人工作站的虚拟现实模式。推荐使用 HTC 的 VIVE 系列的 VR 眼镜，可以在各大电商平台的 HTC 官方店直接购买。

图 4-2　虚拟现实 VR 眼镜

“虚拟现实”功能的操作如下：

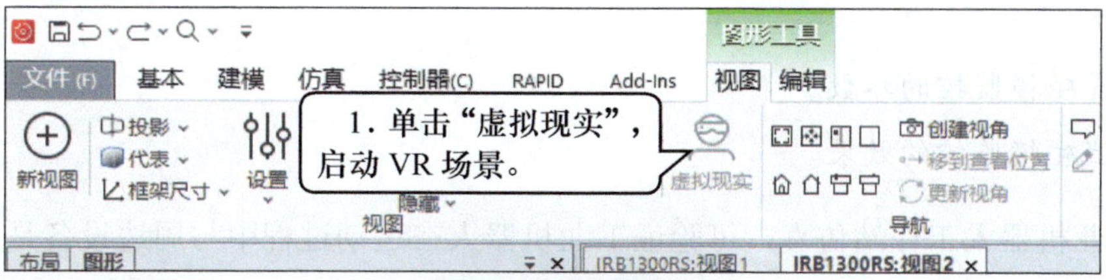

2. 戴上 VR 眼镜就能在虚拟现实中查看各种细节。

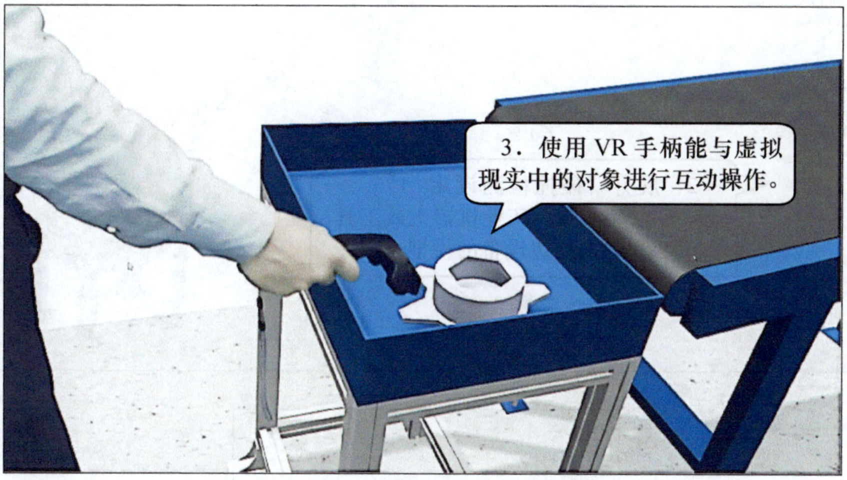
3. 使用 VR 手柄能与虚拟现实中的对象进行互动操作。

读者可以在 www.bilibili.com 搜索“up 主：叶晖 yehui”，找到视频《ROBOTSTUDIO 中的 VR 虚拟现实操作体验》，更详细地了解 VR 虚拟现实的功能。

任务 4-2　设置工业机器人的碰撞监控

工作任务

扫一扫，看视频

- 创建需要碰撞监控的对象关系。

- 设置碰撞监控的参数。
- 测试碰撞监控的效果。

通过工业机器人工作站仿真，可验证工业机器人在运动过程中与周边设备是否会产生干涉碰撞。这个工作可以在项目现场调试前在 RobotStudio 软件中完成，从而提高调试效率，避免发生碰撞造成的损失。

本任务中，我们要对安装在工业机器人上的工具 MyTool 与组件 Curve_thing 进行碰撞监控。具体操作如下：

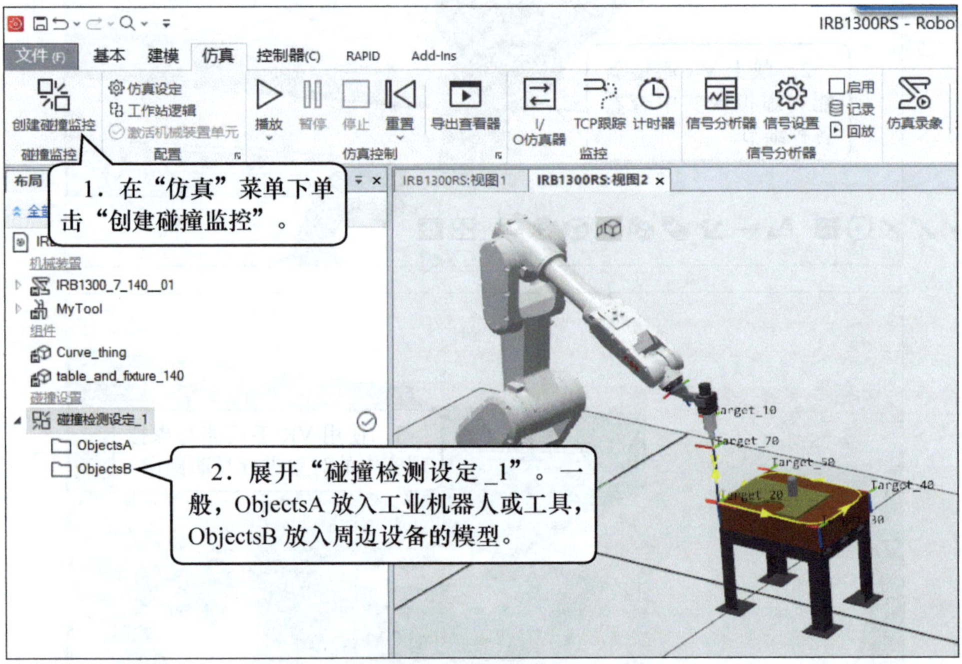
1. 在“仿真”菜单下单击“创建碰撞监控”。
2. 展开“碰撞检测设定_1”。一般，ObjectsA 放入工业机器人或工具，ObjectsB 放入周边设备的模型。

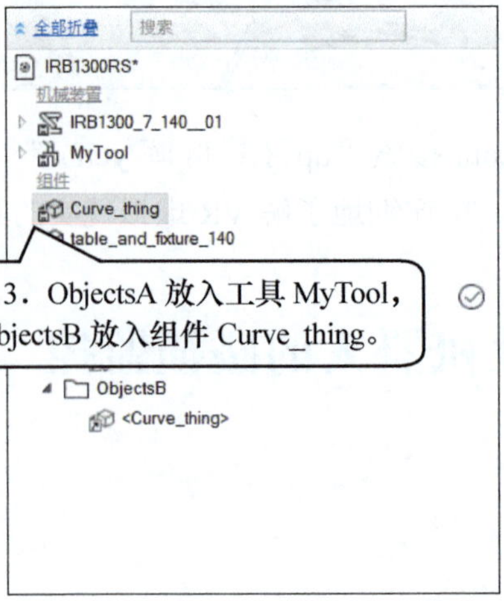
3. ObjectsA 放入工具 MyTool，ObjectsB 放入组件 Curve_thing。

实际上，就是监控 ObjectsA 与 ObjectsB 之间的相对距离，从而进行碰撞的预警。

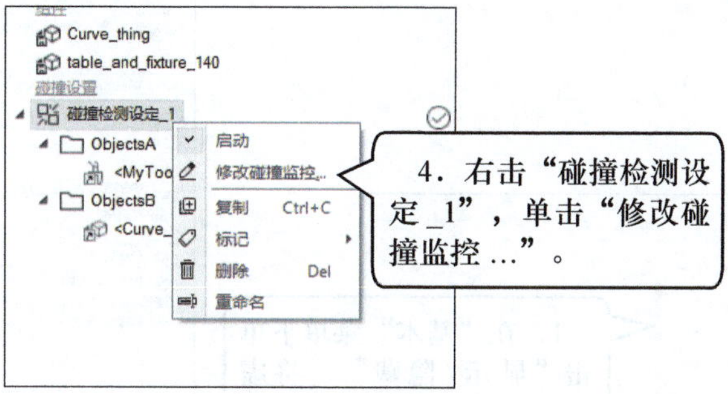

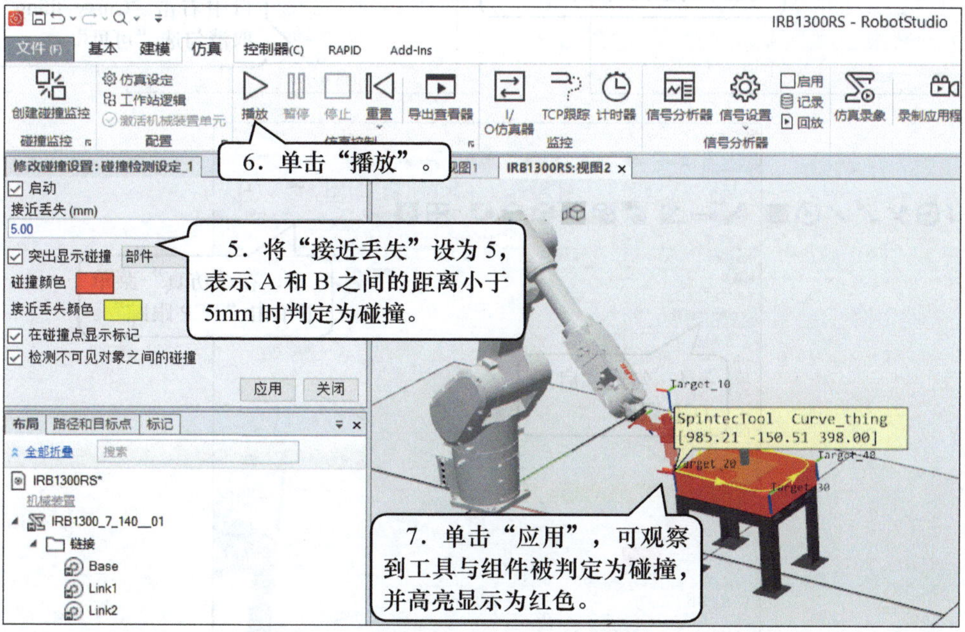

任务 4-3　创建工业机器人 TCP 跟踪轨迹

工作任务

- 创建工业机器人 TCP 跟踪轨迹。

扫一扫，看视频

RobotStudio 软件可以将工业机器人 TCP（工具中心点）在仿真过程中的轨迹记录并显示出来，以便分析与优化调整。

为了方便观察创建的 TCP 轨迹，先将一些视图中的对象隐藏，然后设定 TCP 跟踪轨迹的参数。具体操作如下：

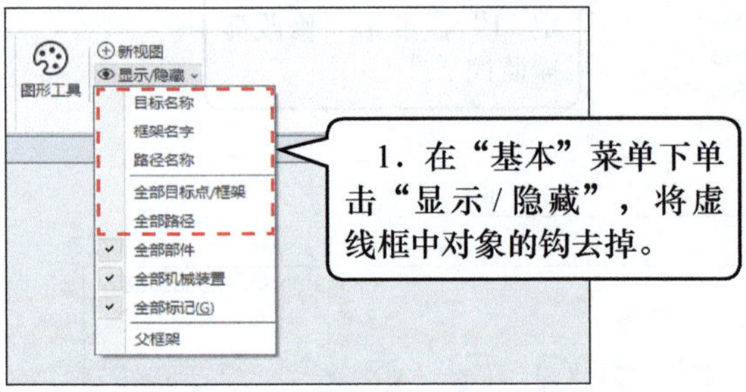
1. 在“基本”菜单下单击“显示 / 隐藏”，将虚线框中对象的钩去掉。

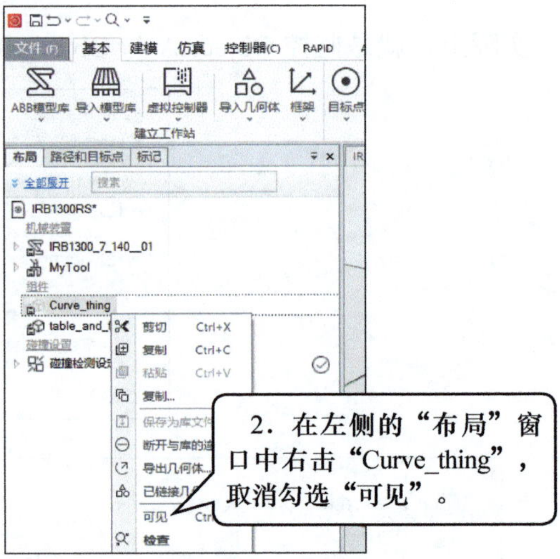
2. 在左侧的“布局”窗口中右击“Curve_thing”，取消勾选“可见”。

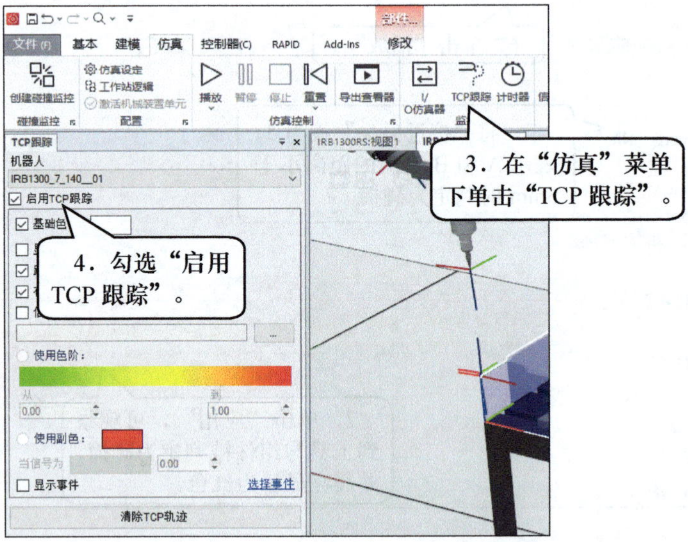
3. 在“仿真”菜单下单击“TCP 跟踪”。
4. 勾选“启用 TCP 跟踪”。

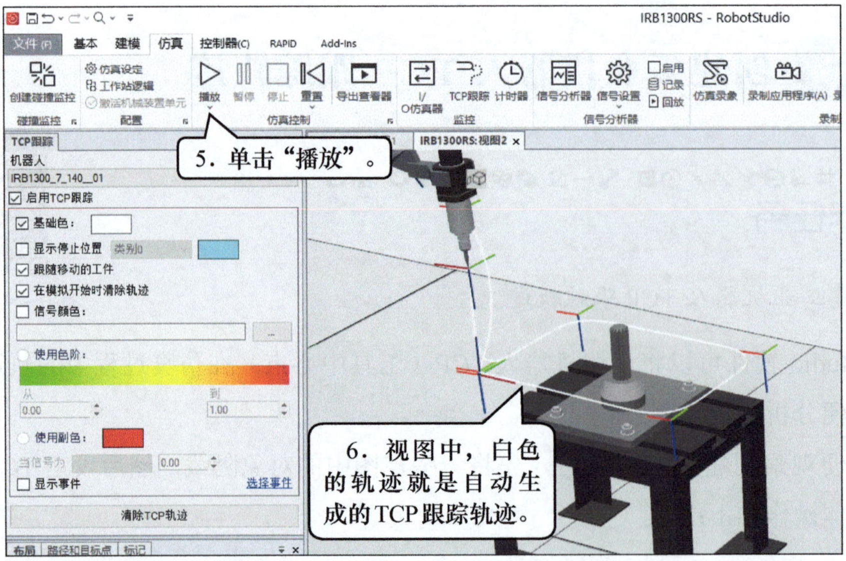
5. 单击“播放”。
6. 视图中，白色的轨迹就是自动生成的 TCP 跟踪轨迹。

可适当地调整“TCP 跟踪”窗口，观察不同 TCP 跟踪轨迹的效果。

任务 4-4　使用计时器测算节拍

工作任务

扫一扫，看视频

- 使用计时器测算节拍。

在 RobotStudio 中完成工业机器人工作站的布局和仿真后，会对节拍进行测算，然后根据测算的结果进行优化与调整工业机器人的轨迹和速度。使用计时器测算节拍的具体操作如下：

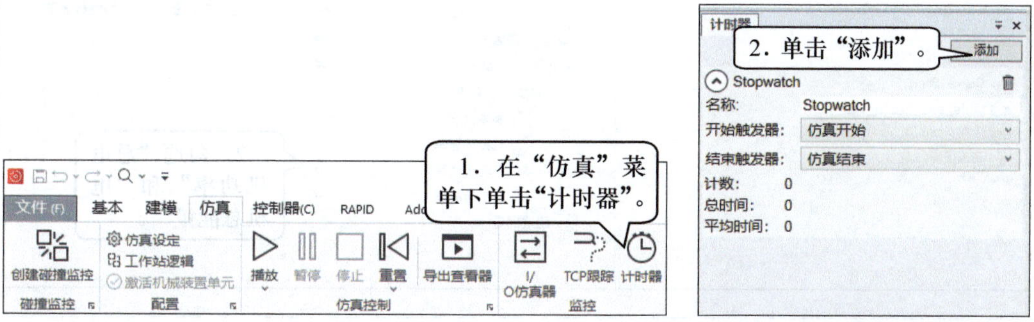

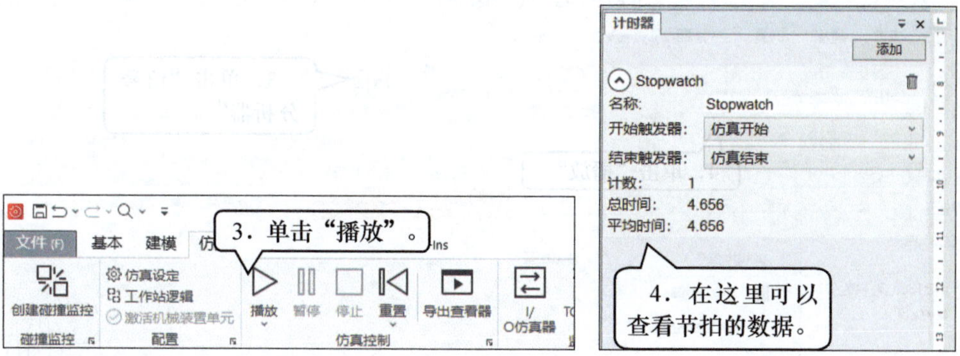

可根据需要设定“开始触发器”“结束触发器”的条件，以配合测算节拍的需要。

任务 4-5　使用信号分析器分析工业机器人总功率

工作任务

扫一扫，看视频

- 使用信号分析器分析工业机器人总功率。

RobotStudio 内置的信号分析器对物理特性数据、I/O 信号、控制器信号和智能组件信号进行处理，提供不同持续时间的多个信号，并在同一视图中展示这些信号的多种波形、频谱、持久性、频谱图和尺度图，是一个非常有用的分析工具。

可以使用信号分析器对工业机器人仿真过程中的功率和能量消耗进行估算，准确率达到 99%。具体步骤如下：

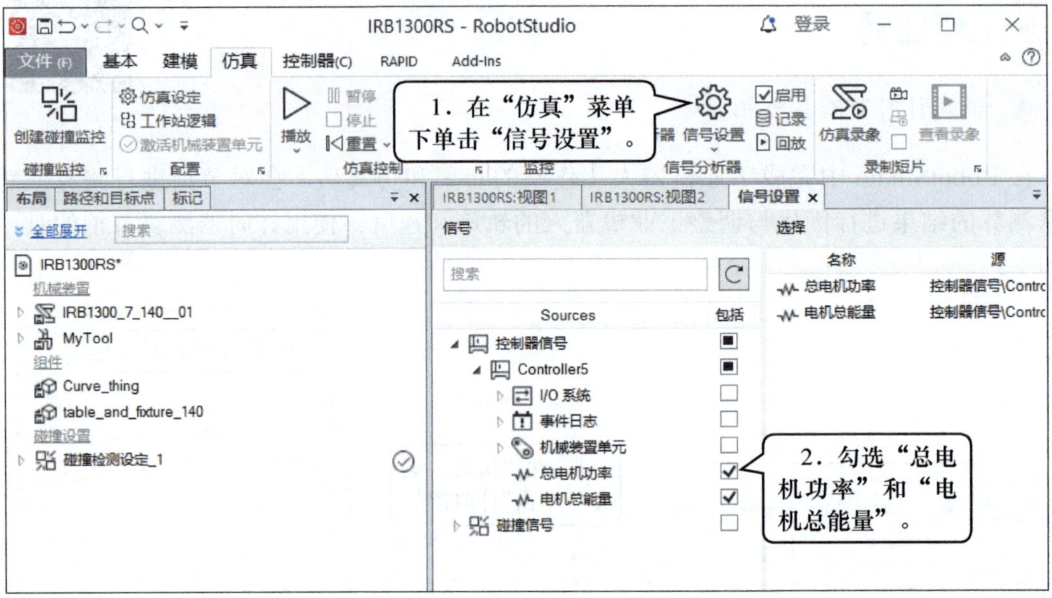

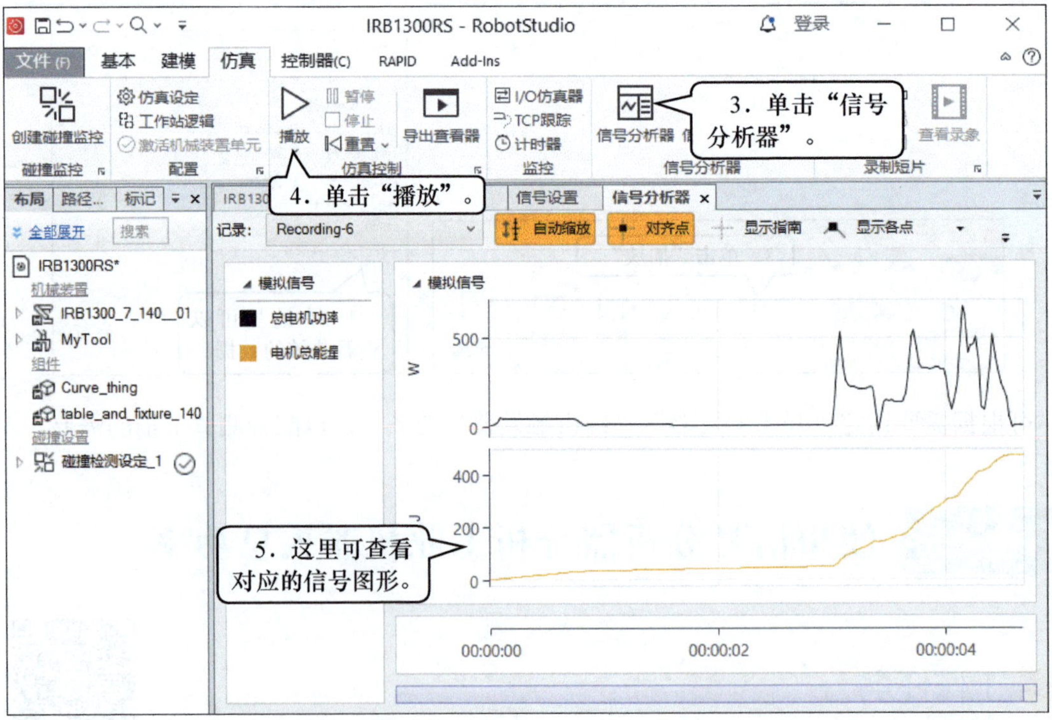

可根据需要设定多种信号组合在一起的信号分析组合，非常灵活。

项目 4　学习情况评估表

任务编号____________________

学生姓名		日期	
班级		开始时间	
实训室		结束时间	

A　过程检查（30 分）

编号	任务	分值	自我评价	教师评价
1	上课期间执行实验室 5S 标准情况	15		
2	能正确使用实训设备	15		
计分				
实际得分				

记录：

B　结果评价（70 分）

编号	任务	分值	自我评价	教师评价
1	常用图形工具的应用	10		
2	设置工业机器人的碰撞监控	15		
3	创建工业机器人 TCP 跟踪轨迹	15		
4	使用计时器测算节拍	10		
5	使用信号分析器分析工业机器人总功率	20		
计分				
实际得分				

记录：

过程检查实际得分	结果评价实际得分	总得分

记录：

项目 5 RobotStudio 建模功能入门

项目目标

- 掌握导入常用格式几何体的操作技巧。
- 掌握基本 3D 模型的建模操作。
- 掌握仿真中测量工具的使用。
- 掌握仿真中机械装置的创建与运用。
- 掌握工业机器人工具的创建与运用。

项目描述

1）RobotStudio 支持多种格式的 3D 模型导入，用于构建一个完整的机器人模型。

2）RobotStudio 也支持基本 3D 模型的创建，以满足工业机器人应用简单验证的需要。

3）如果需要在仿真工作站中进行测量，可以使用 RobotStudio 提供的测量工具进行测量。

4）创建机械装置，能让工业机器人周边机械设备的运动更加符合真实的情况，以获得一个逼真的效果。

5）一个精确的工具是工业机器人进行数字化轨迹仿真的前提条件，所以要对工具所需要的参数进行设置。

任务 5-1 导入工业机器人工作站几何体

工作任务

- 导入工业机器人本体模型。
- 导入 RobotStudio 自带的常用几何体。
- 导入第三方几何体格式 SAT/STP。

扫一扫，看视频

在真实工程项目里，我们会根据需要导入各种几何体。导入的几何体通常有工业机器人本体模型、RobotStudio 自带常用几何体和第三方几何体三种。

一、导入工业机器人本体模型

RobotStudio 自带了支持 IRC5 和 OmniCore 控制器的全部工业机器人、变位机、导轨和 AMR 工业机器人，而且还会不断将新发布的工业机器人增加进去，如图 5-1 所示。

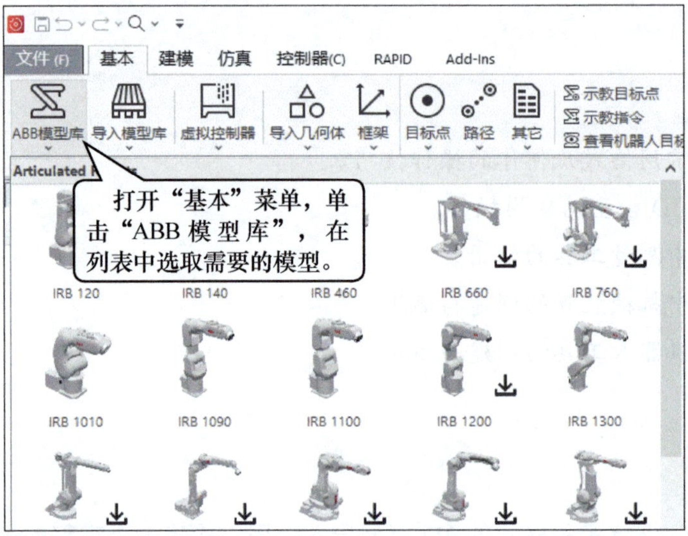

图 5-1　导入工业机器人本体模型

二、导入 RobotStudio 自带的常用几何体

为了方便快速搭建工业机器人工作站，RobotStudio 提供常用的几何体直接调用，如图 5-2 所示。

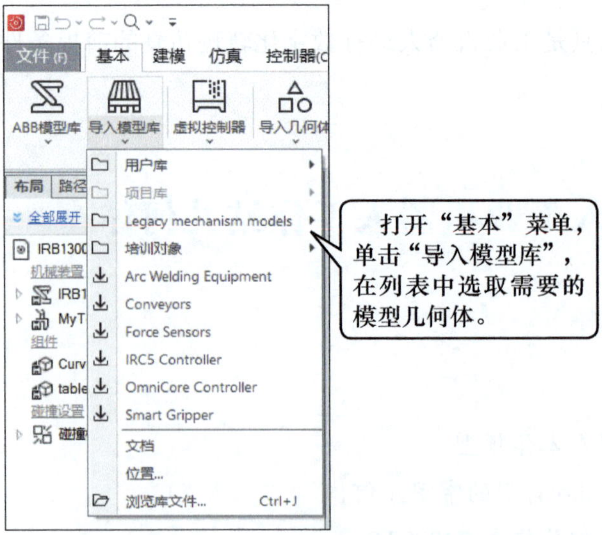

图 5-2　RobotStudio 提供常用的几何体直接调用

三、导入第三方几何体

除了 ABB 工业机器人本体模型和自带的几何体，RobotStudio 支持导入由第三方三维建模软件创建的三维几何体模型。

在 RobotStudio 中，导入第三方几何体最常用的格式是 SAT 和 STP 两种。

1）SAT 文件格式是 RobotStudio 支持的标准几何体格式，建议首选导入这种格式的几何体。SAT 文件格式起源于 ACIS（Geometric Modeling Kernel），用于各种 CAD 应用程序中。ACIS 支持两种类型的保存文件，即 SAT 和 SAB，分别代表“标准 ACIS 文本”和“标准 ACIS 二进制”。这两种格式存储的模型数据信息是相同的，但 SAT 文件是 ASCII 文本文件，而 SAB 文件是二进制数据文件。SAT 文件格式的发展旨在提供一个开放的文件格式，允许外部应用程序访问 ACIS 几何模型数据，即使这些应用程序不是基于 ACIS 核心。导入第三方几何体 SAT 如图 5-3 所示。

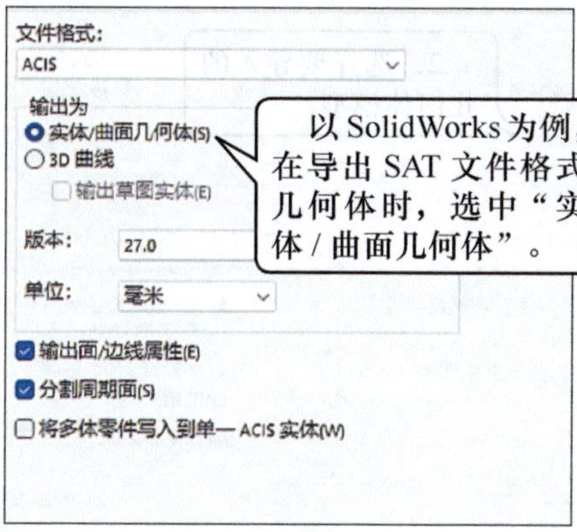

图 5-3　导入第三方几何体（SAT 文件格式）

2）在 RobotStudio 中导入 STP 文件格式需要增加选项“STEP Converter”。

STP 文件格式全称为“Standard for the Exchange of Product model data”，是一种符合 ISO 10303 国际标准的 CAD 文件格式。STP 文件的特点是一种独立于系统的产品模块交换格式，它可以在不同的 CAD 软件之间传递，而不会丢失重要信息。导入第三方几何体 STP 如图 5-4 所示。

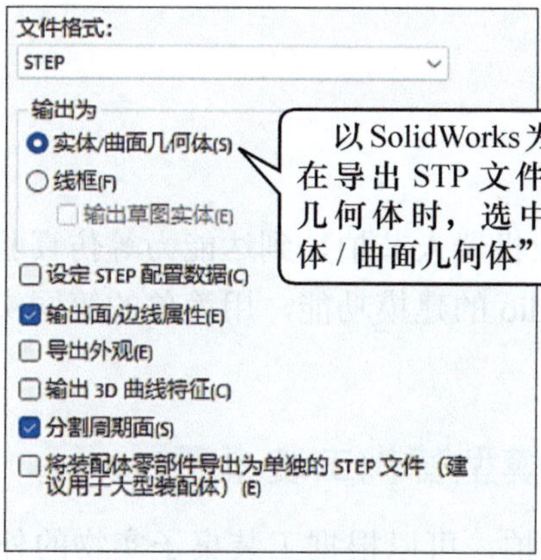

图 5-4　导入第三方几何体（STP 文件格式）

导入几何体的操作如下：

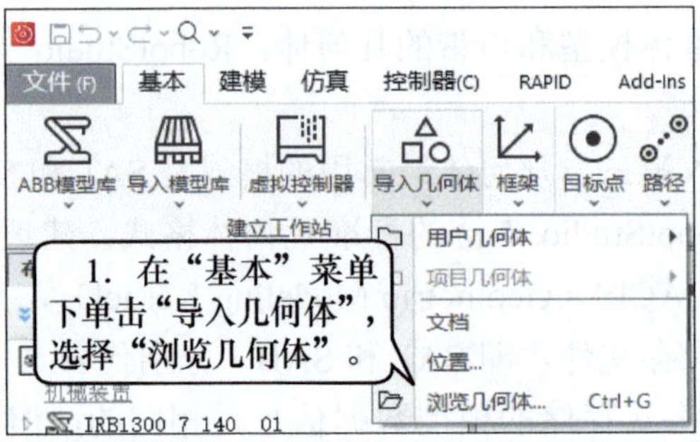

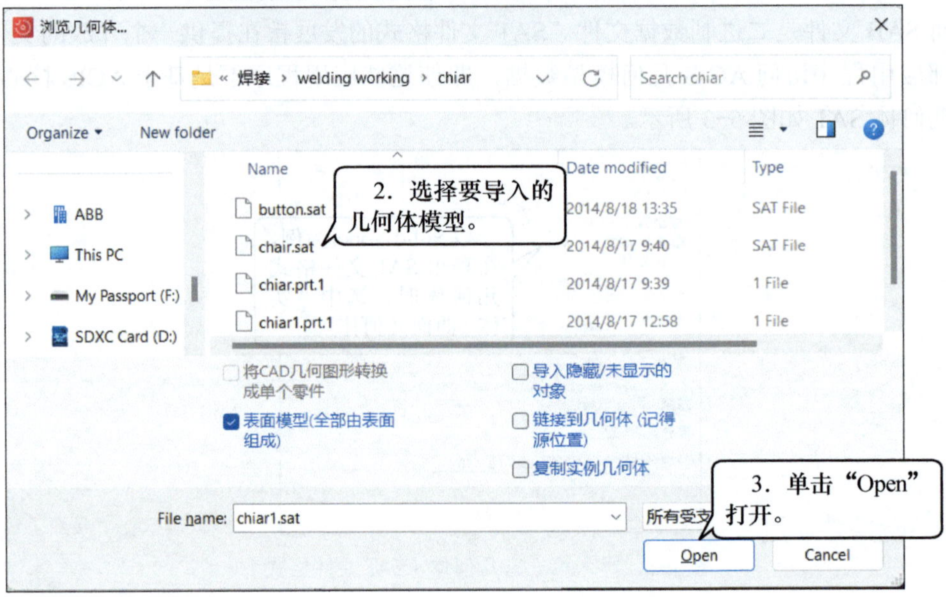

任务 5-2　创建基本 3D 模型用于工业机器人仿真

工作任务

- 创建基本的 3D 模型。
- 设置 3D 模型的参数。

扫一扫，看视频

当使用 RobotStudio 进行工业机器人节拍、到达能力等仿真验证时，若对周边模型精细度要求不高，可以通过 RobotStudio 的建模功能，用简单的等同实际大小的基本模型代替，从而节约仿真验证时间。

一、快速创建基本 3D 模型替代工装桌子

为了快速验证工业机器人节拍，可以根据工装桌子实物的外轮廓尺寸创建一个矩形体的 3D 模型代替工装桌子。具体步骤如下：

长、宽、高为 450mm、350mm、304mm

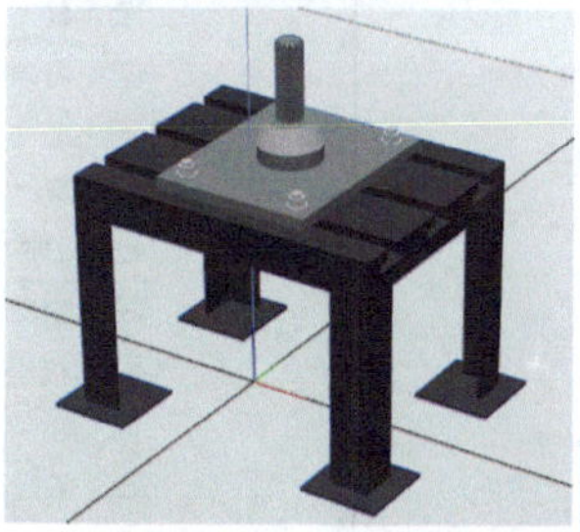

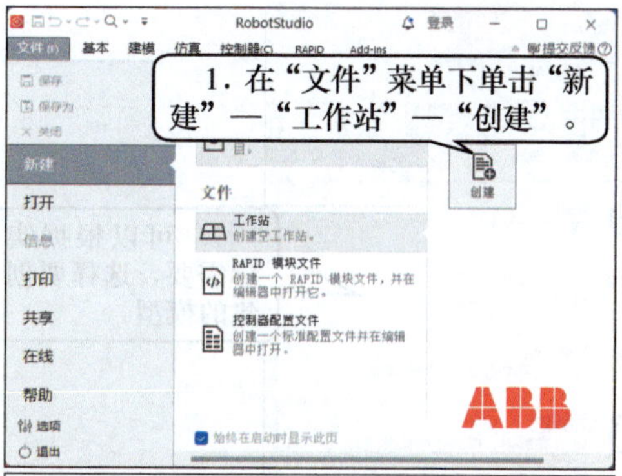
1. 在“文件”菜单下单击“新建”—“工作站”—“创建”。

2. 在“建模”菜单下单击“固体”—“矩形体”。

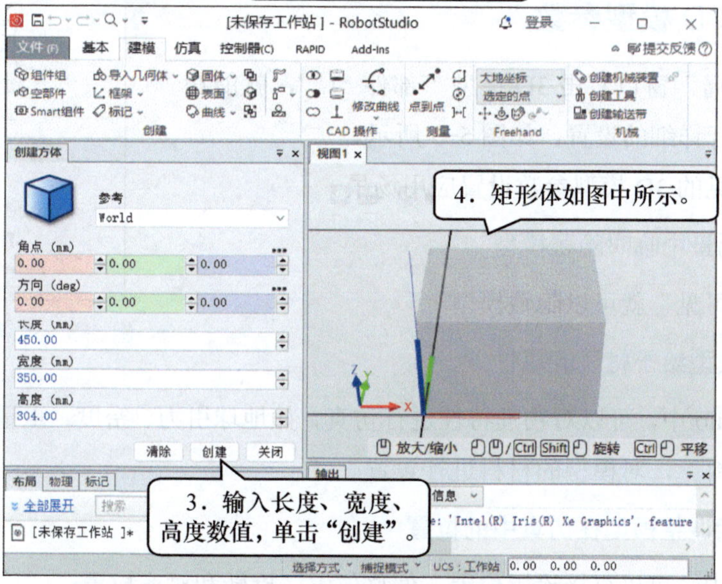
4. 矩形体如图中所示。
3. 输入长度、宽度、高度数值，单击“创建”。

创建矩形体后，可以将此模型导出保存，供反复使用。

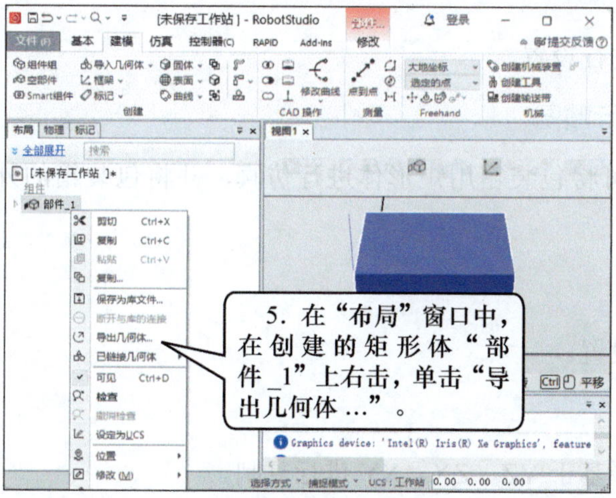
5. 在“布局”窗口中，在创建的矩形体“部件_1”上右击，单击“导出几何体…”。

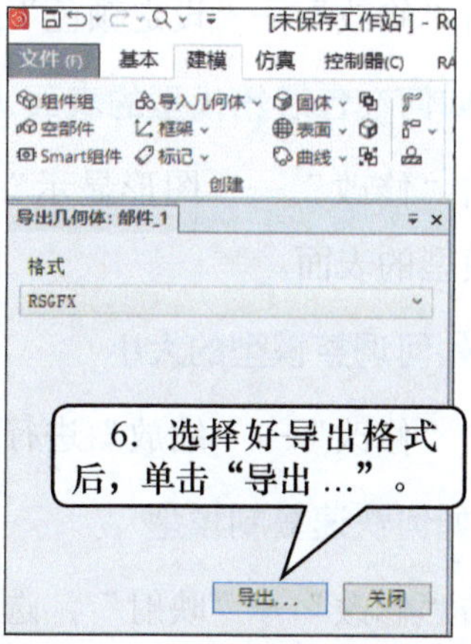
6. 选择好导出格式后，单击“导出…”。

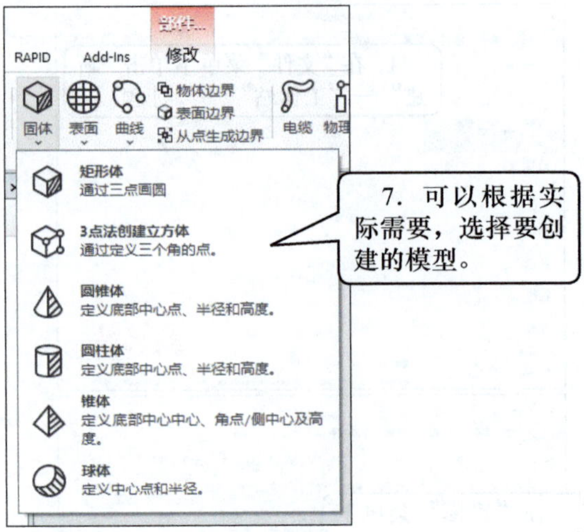

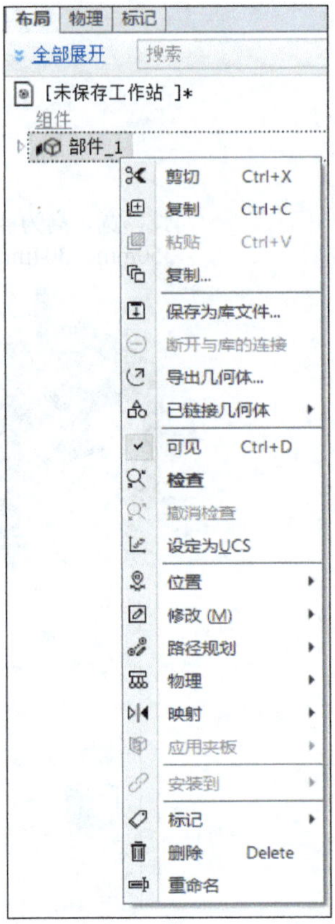

图 5-5 对模型参数进行设置

二、设置 3D 模型参数

在左侧“布局”窗口右击 3D 模型“部件 _1”，就能在菜单中对模型进行详细的设置，如图 5-5 所示。

下面介绍常见的 3D 模型参数设置应用场景。

1. 在仿真场景中临时隐藏模型

取消勾选“可见”就可以隐藏模型。

2. 如何对模型给予材质的属性

在 RobotStudio 中，可以对物理特性进行仿真，如地球引力、密度、重量、弹性等。单击“物理”—“材料”，对模型的材料进行设置。

3. 如何精确调整模型在仿真中的位置

在“位置”中，可以直接设置位置、偏移位置、旋转和对齐放置。

4. 如何改变模型颜色

单击“修改”—“设定颜色”进行设置。

5. 如何在包装箱模型的表面进行贴图

单击“修改”—“图形显示”可将包装箱用矩形体进行仿真，并将包装箱的外观设计图贴到模型的表面。

6. 如何调整模型的大小

单击“修改”—“缩放”进行设置。

7. 如何快速复制模型

单击“修改”—“映射”，选择基于 YZ、ZX、XY 进行复制。

任务 5-3　仿真中测量工具的使用

工作任务

扫一扫，看视频

- 使用测量工具进行测量。

为了进行模型的测量，本任务的工作站文件可以扫描前言中的二维码下载获取，或从微信公众号“叶晖 yehui”中搜索“仿真教程配套资料”下载。

一、测量矩形体边的长度

测量矩形体边长度的步骤如下：

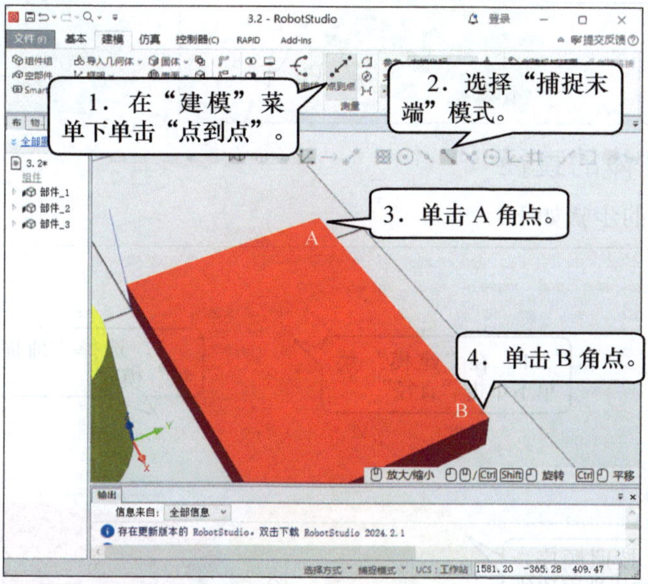
3.2 - RobotStudio
1．在“建模”菜单下单击“点到点”。
2．选择“捕捉末端”模式。
3．单击 A 角点。
4．单击 B 角点。
A
B

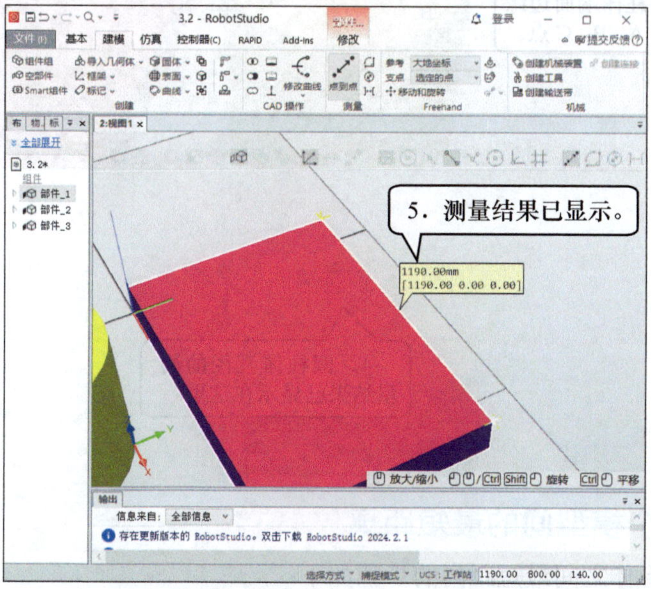

二、测量锥体的角度

测量锥体顶角的角度步骤如下：

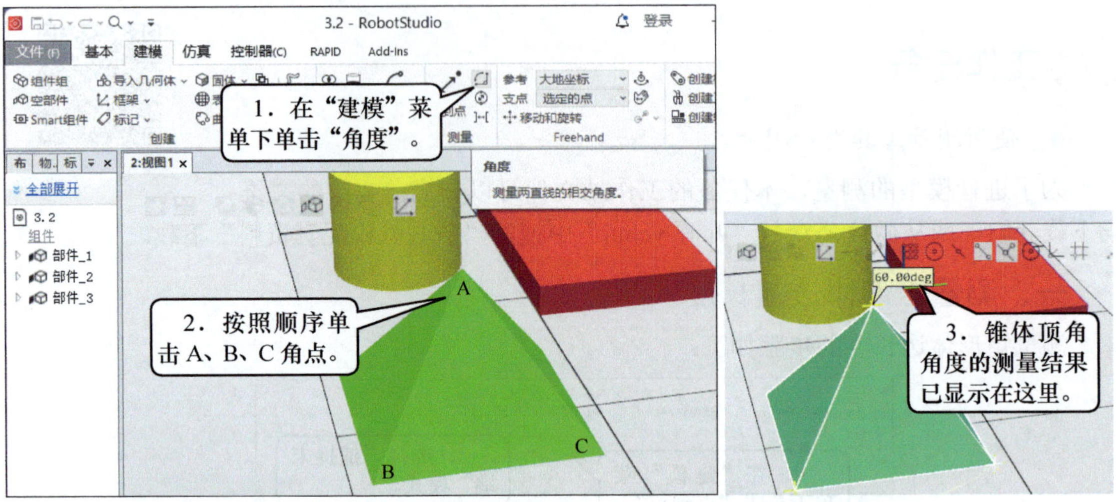
3.2 - RobotStudio
1. 在“建模”菜单下单击“角度”。
角度
测量两直线的相交角度。
2. 按照顺序单击 A、B、C 角点。
A
B
C
60.00deg
3. 锥体顶角角度的测量结果已显示在这里。

三、测量圆柱体的直径

测量圆柱体直径的步骤如下：

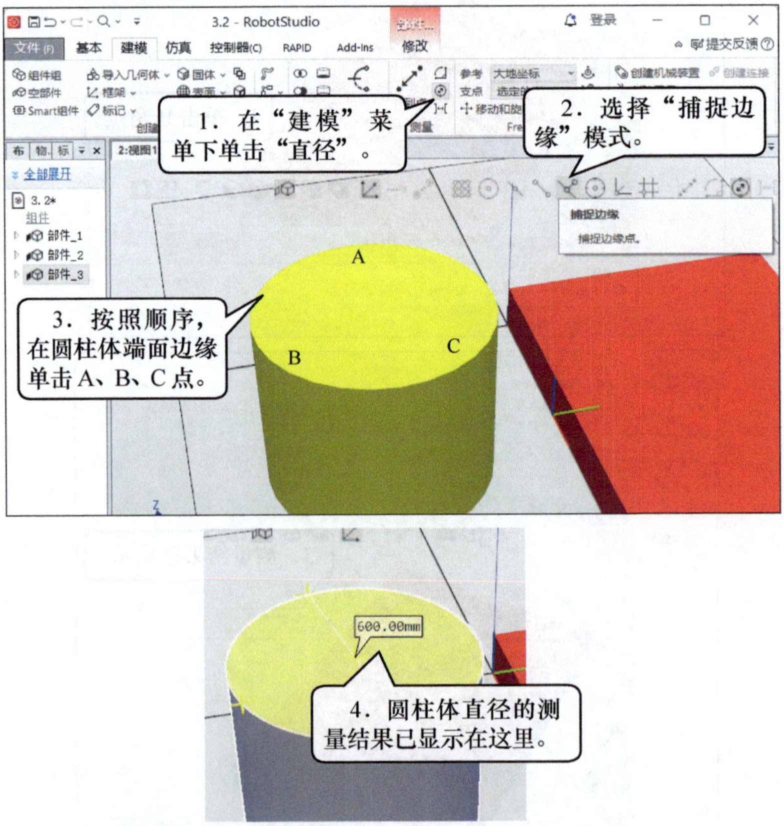
3.2 - RobotStudio
1. 在“建模”菜单下单击“直径”。
2. 选择“捕捉边缘”模式。
捕捉边缘
捕捉边缘点。
3. 按照顺序，在圆柱体端面边缘单击 A、B、C 点。
A
B
C
600.00mm
4. 圆柱体直径的测量结果已显示在这里。

四、测量两个模型间的最短距离

测量锥体与矩形体之间最短距离的步骤如下：

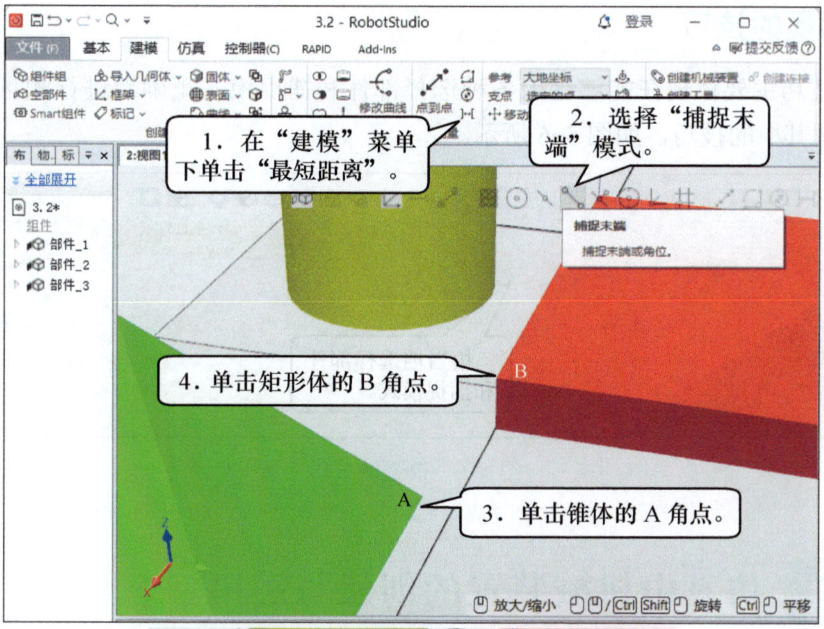
3.2 - RobotStudio
1. 在“建模”菜单下单击“最短距离”。
2. 选择“捕捉末端”模式。
捕捉末端
捕捉末端或角位。
4. 单击矩形体的 B 角点。
B
A
3. 单击锥体的 A 角点。

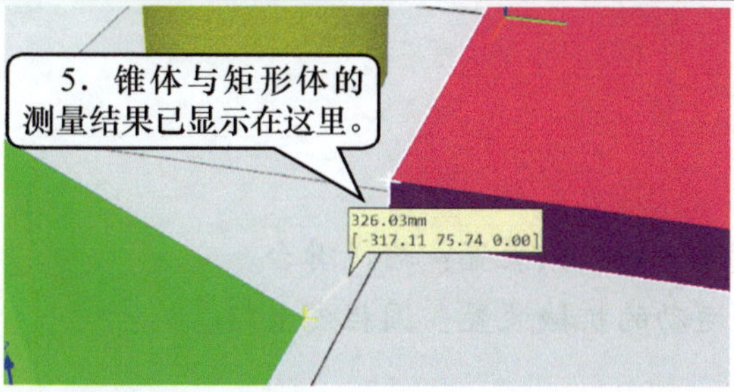
5. 锥体与矩形体的测量结果已显示在这里。
326.03mm
[-317.11 75.74 0.00]

五、实时更新模型间的最短距离

实时更新模型间最短距离的步骤如下：

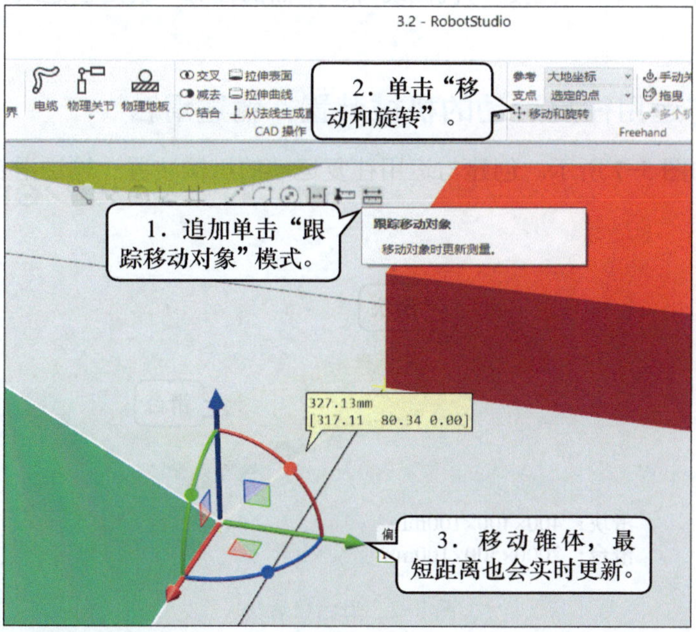
3.2 - RobotStudio
2. 单击“移动和旋转”。
1. 追加单击“跟踪移动对象”模式。
跟踪移动对象
移动对象时更新测量。
327.13mm
[317.11 80.34 0.00]
3. 移动锥体，最短距离也会实时更新。

六、测量的技巧

测量的技巧主要体现在能够运用各种选择部件和捕捉模式正确地进行测量，这需要多练习，以掌握其中的技巧，如图 5-6 所示。

图 5-6　测量的技巧

任务 5-4　仿真中机械装置的创建与运用

工作任务

- 创建与运用往复运动的机械装置：输送滑台。
- 创建与运用旋转运动的机械装置：围栏安全门。

扫一扫，看视频

在 RobotStudio 中，除了工业机器人在空间中按照要求进行轨迹运动之外，如果需要周边配套的机构（如输送带、气缸等）如实物一样动作，可以对模型给予机械运行特性（线性、旋转和多关节协同），即将其创建为机械装置。下面的任务，就是创建最常用的机械装置并将其运行起来。

一、创建与运用往复运动的机械装置：输送滑台

滑台和滑块如图 5-7 所示。创建与运用往复运动的机械装置：输送滑台的步骤如下：

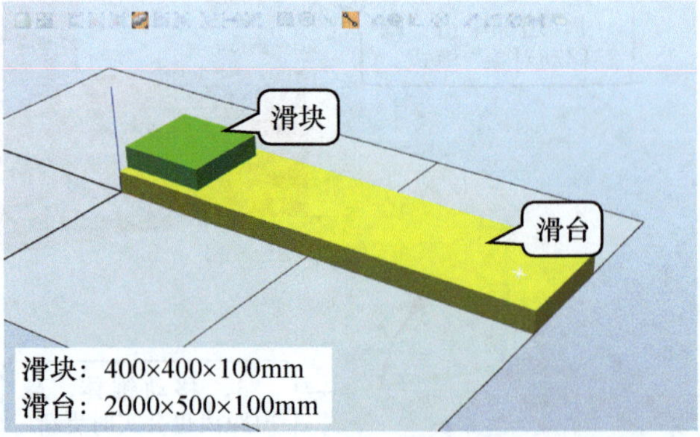

图 5-7　滑台和滑块

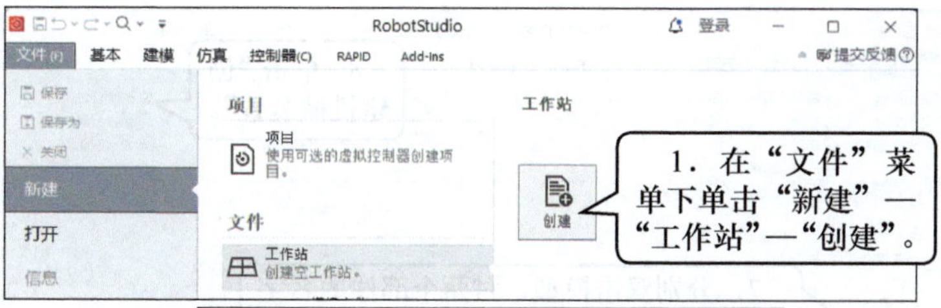
1. 在“文件”菜单下单击“新建”—“工作站”—“创建”。

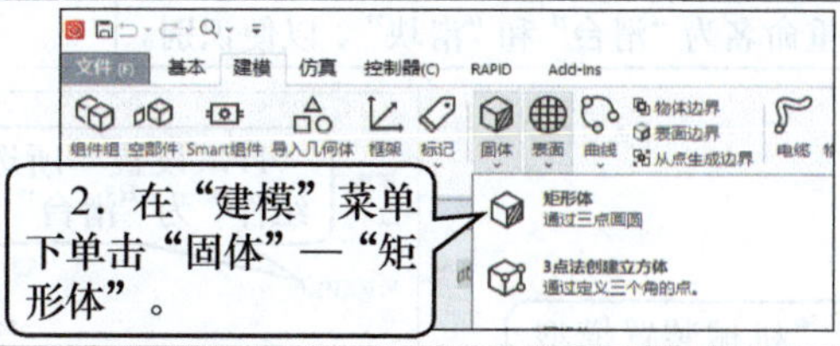
2. 在“建模”菜单下单击“固体”—“矩形体”。

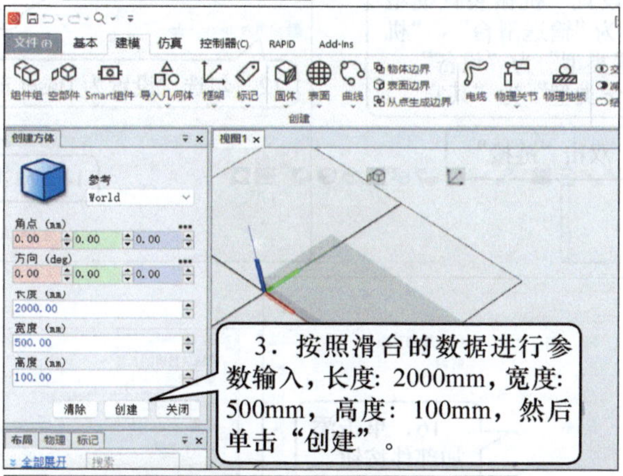
3. 按照滑台的数据进行参数输入，长度：2000mm，宽度：500mm，高度：100mm，然后单击“创建”。

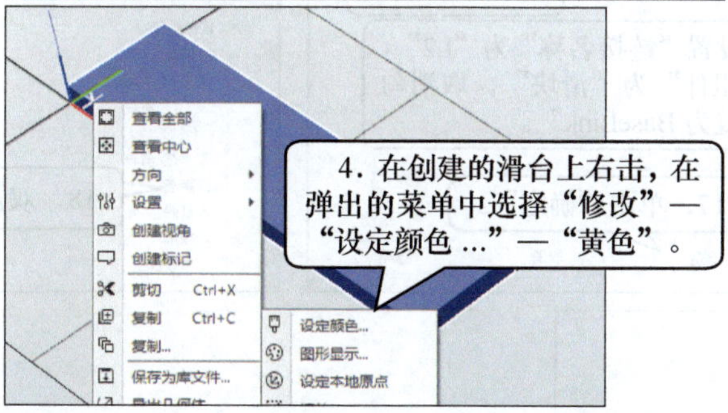
4. 在创建的滑台上右击，在弹出的菜单中选择“修改”—“设定颜色 ...”—“黄色”。

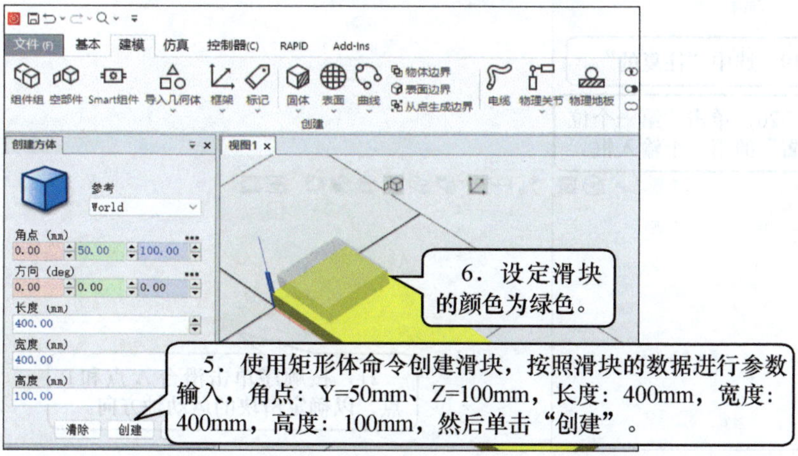
6. 设定滑块的颜色为绿色。
5. 使用矩形体命令创建滑块，按照滑块的数据进行参数输入，角点：Y=50mm、Z=100mm，长度：400mm，宽度：400mm，高度：100mm，然后单击“创建”。

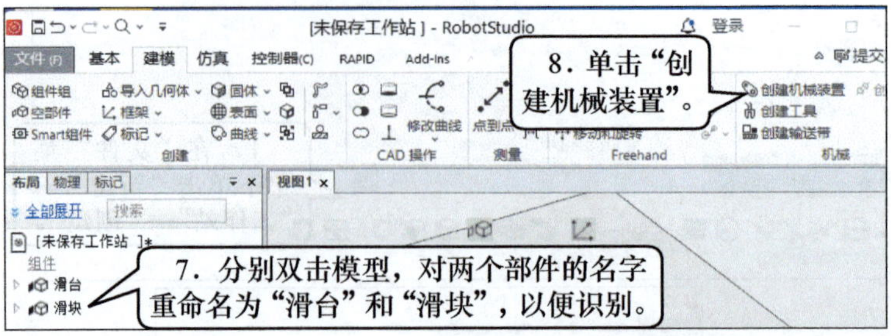
[未保存工作站] - RobotStudio
8. 单击“创建机械装置”。
7. 分别双击模型，对两个部件的名字重命名为“滑台”和“滑块”，以便识别。

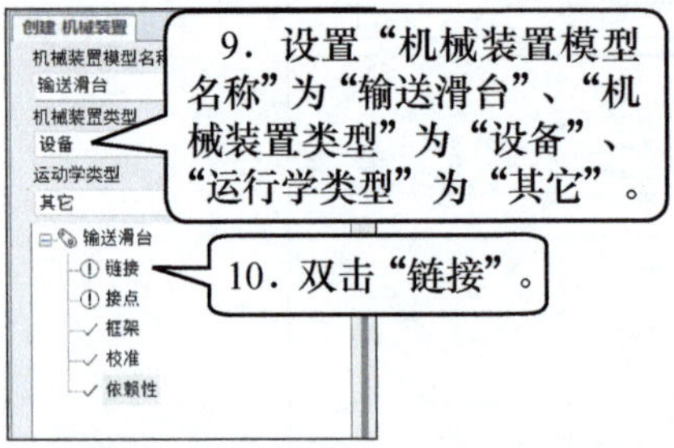
创建 机械装置
9. 设置“机械装置模型名称”为“输送滑台”、“机械装置类型”为“设备”、“运行学类型”为“其它”。
10. 双击“链接”。

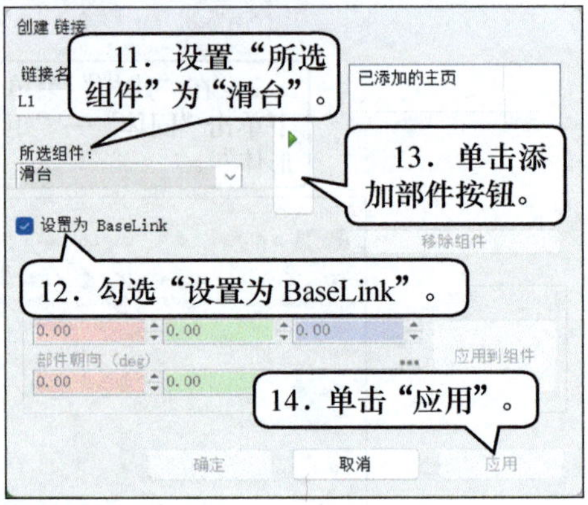
创建 链接
11. 设置“所选组件”为“滑台”。
13. 单击添加部件按钮。
12. 勾选“设置为 BaseLink”。
14. 单击“应用”。

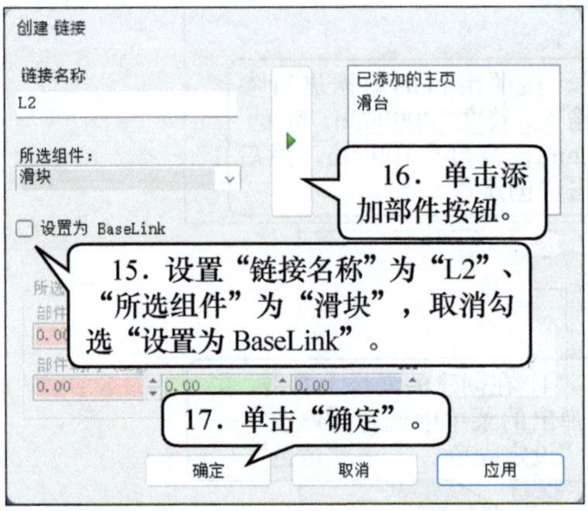
创建 链接
链接名称
L2
已添加的主页
滑台
所选组件：
滑块
设置为 BaseLink
16. 单击添加部件按钮。
15. 设置“链接名称”为“L2”、“所选组件”为“滑块”，取消勾选“设置为 BaseLink”。
17. 单击“确定”。
确定
取消
应用

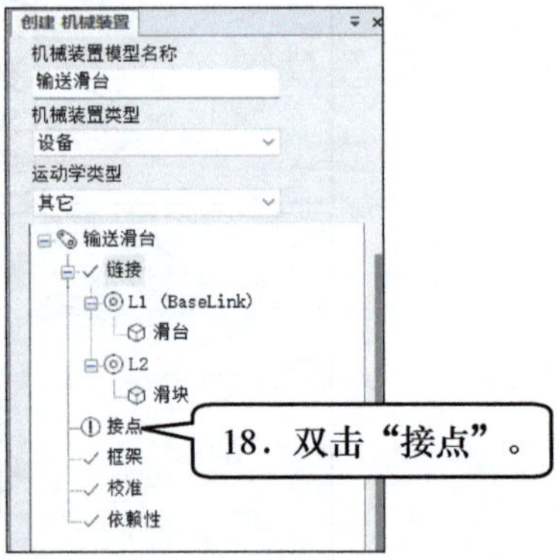
创建 机械装置
机械装置模型名称
输送滑台
机械装置类型
设备
运动学类型
其它
输送滑台
链接
L1 (BaseLink)
滑台
L2
滑块
接点
框架
校准
依赖性
18. 双击“接点”。

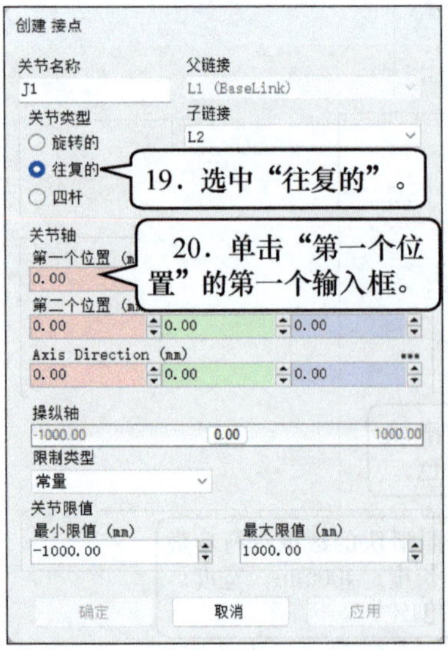
创建 接点
关节名称
J1
父链接
L1 (BaseLink)
子链接
L2
关节类型
旋转的
往复的
四杆
19. 选中“往复的”。
关节轴
20. 单击“第一个位置”的第一个输入框。
Axis Direction (mm)
操纵轴
限制类型
常量
关节限值
最小限值 (mm)
-1000.00
最大限值 (mm)
1000.00
确定
取消
应用

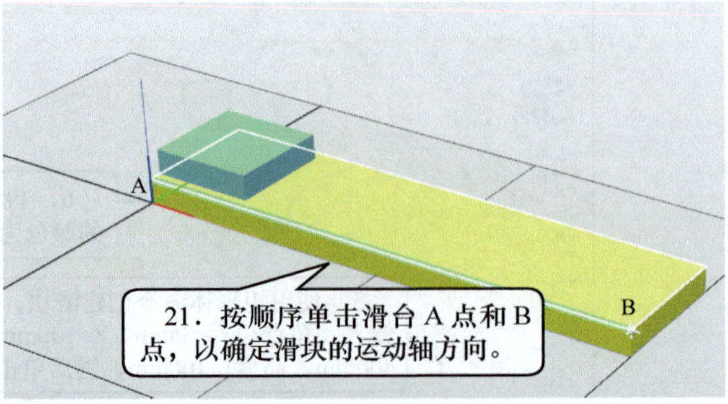
A
B
21. 按顺序单击滑台 A 点和 B 点，以确定滑块的运动轴方向。

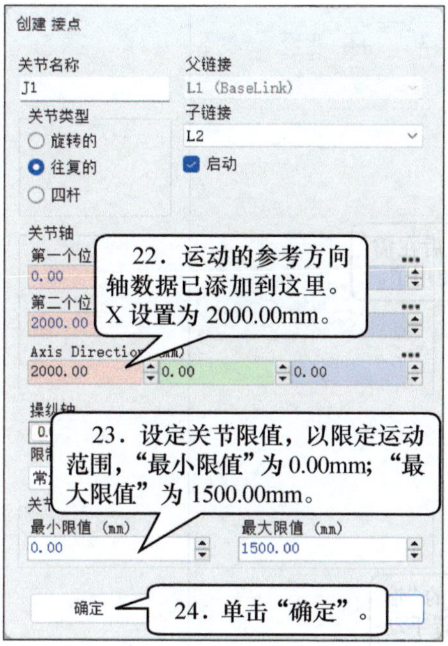
创建 接点
关节名称
J1
父链接
L1（BaseLink）
子链接
L2
启动
关节类型
旋转的
往复的
四杆
关节轴
22. 运动的参考方向轴数据已添加到这里。X 设置为 2000.00mm。
23. 设定关节限值，以限定运动范围，“最小限值”为 0.00mm；“最大限值”为 1500.00mm。
最小限值（mm）
0.00
最大限值（mm）
1500.00
确定
24. 单击“确定”。

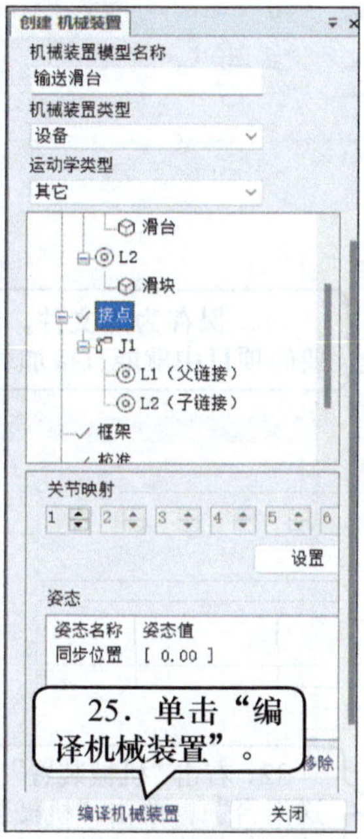
创建 机械装置
机械装置模型名称
输送滑台
机械装置类型
设备
运动学类型
其它
关节映射
设置
姿态
姿态名称
姿态值
同步位置
[0.00]
25. 单击“编译机械装置”。
编译机械装置
关闭

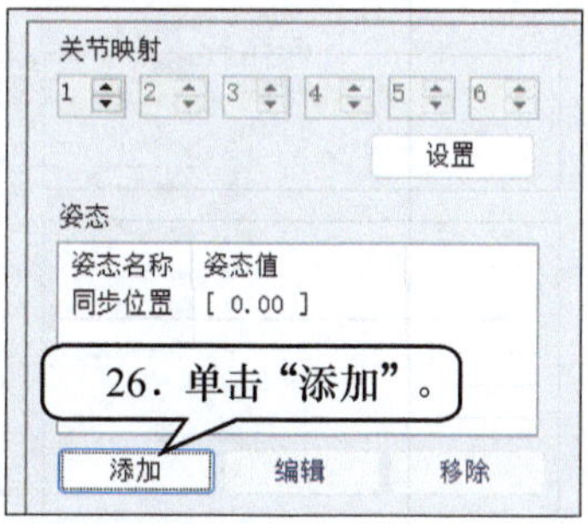
关节映射
设置
姿态
姿态名称
姿态值
同步位置
[0.00]
26. 单击“添加”。
添加
编辑
移除

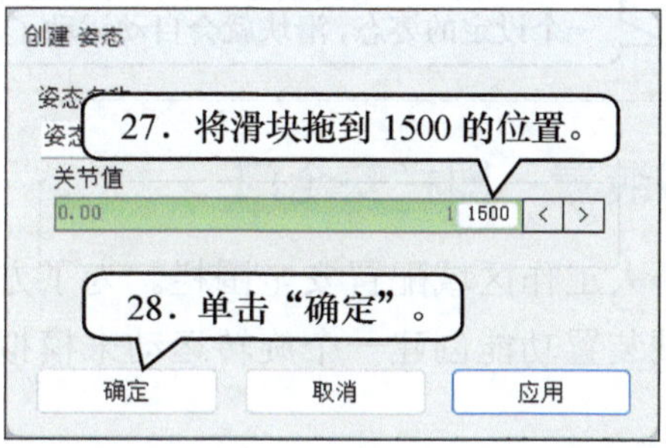
创建 姿态
27. 将滑块拖到 1500 的位置。
关节值
0.00
1500
28. 单击“确定”。
确定
取消
应用

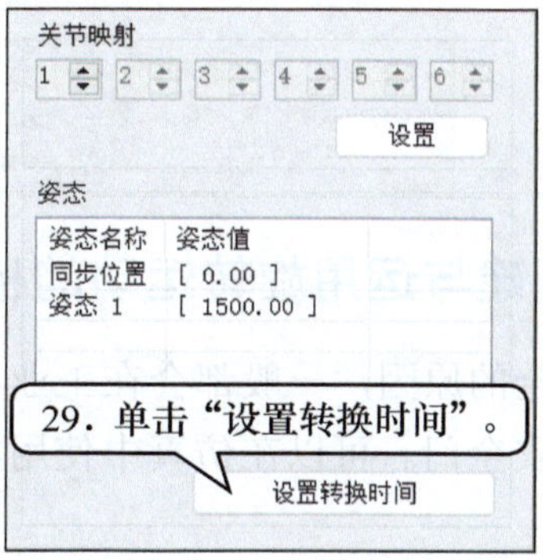
关节映射
设置
姿态
姿态名称
姿态值
同步位置
[0.00]
姿态 1
[1500.00]
29. 单击“设置转换时间”。
设置转换时间

这里是设定滑块行程内的具体位置，在后面的任务中，就会要求工业机器人通过 I/O 信号对滑台进行准确定位到达一个位置。

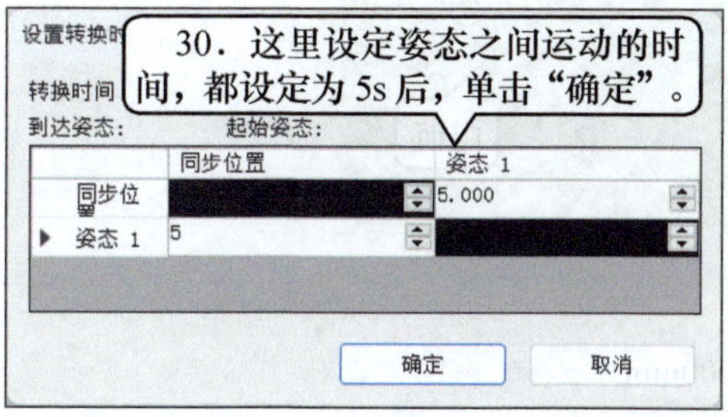
30. 这里设定姿态之间运动的时间，都设定为 5s 后，单击“确定”。
转换时间
到达姿态：
起始姿态：
同步位置
姿态 1
5.000
5
确定
取消

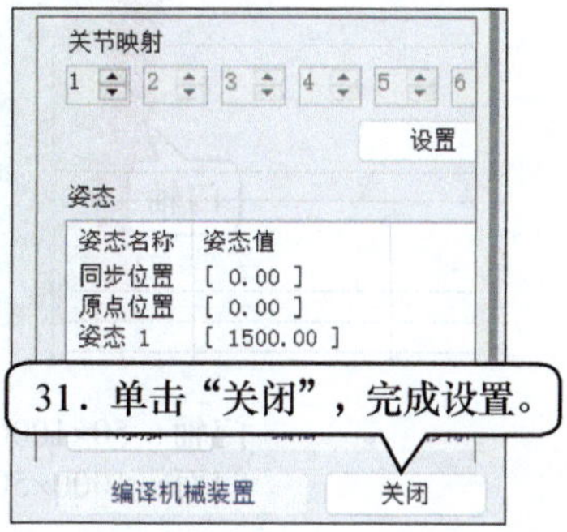
关节映射
设置
姿态
姿态名称
姿态值
同步位置
[0.00]
原点位置
[0.00]
姿态 1
[1500.00]
31. 单击“关闭”，完成设置。
编译机械装置
关闭

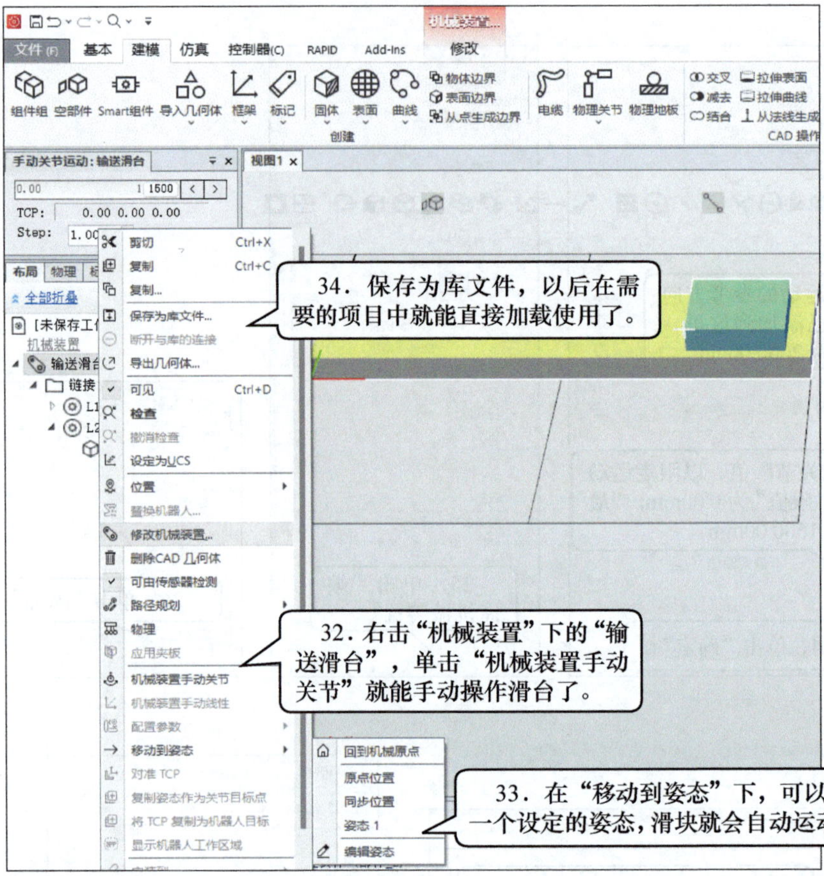

二、创建与运用旋转运动的机械装置：围栏安全门

基于安全的原因，一般都会在工业机器人工作区域配置安全围栏。为了方便检修，围栏会开一扇安全门。可以在仿真中使用机械装置功能创建一个旋转运动来模拟安全门，如图 5-8 所示。

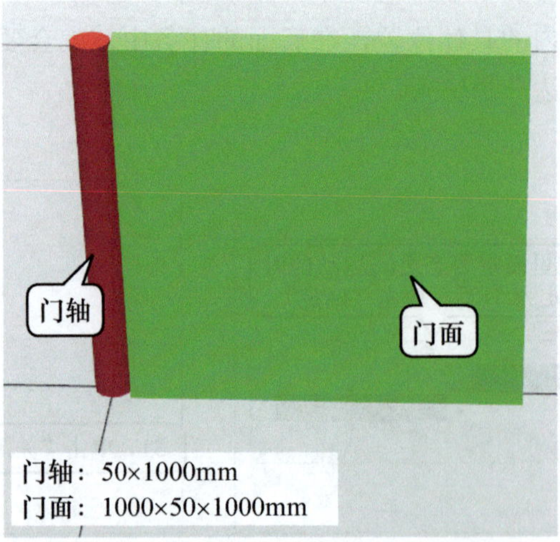

图 5-8 安全门

首先，创建门轴。

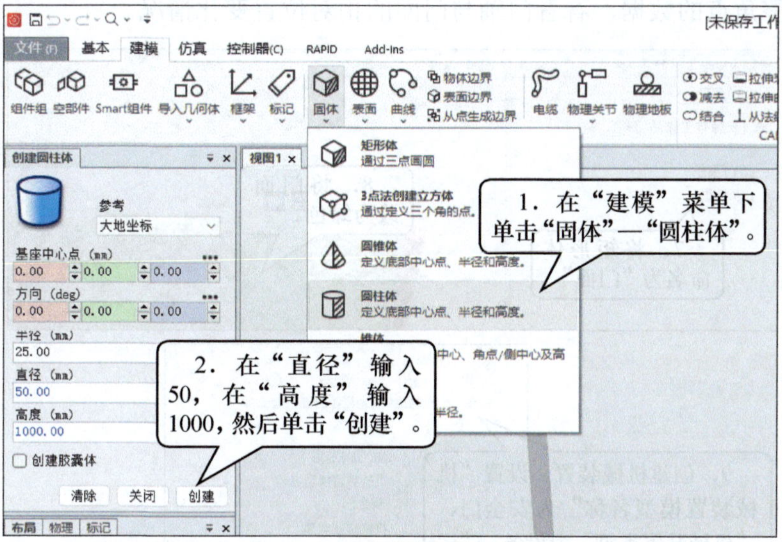
1．在“建模”菜单下单击“固体”—“圆柱体”。
2．在“直径”输入50，在“高度”输入1000，然后单击“创建”。

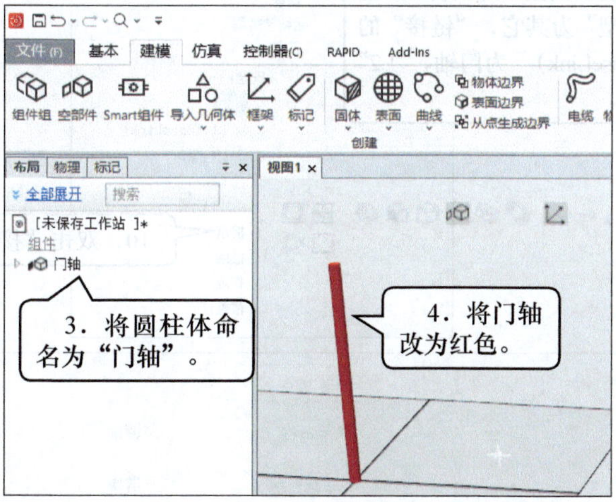
3．将圆柱体命名为“门轴”。
4．将门轴改为红色。

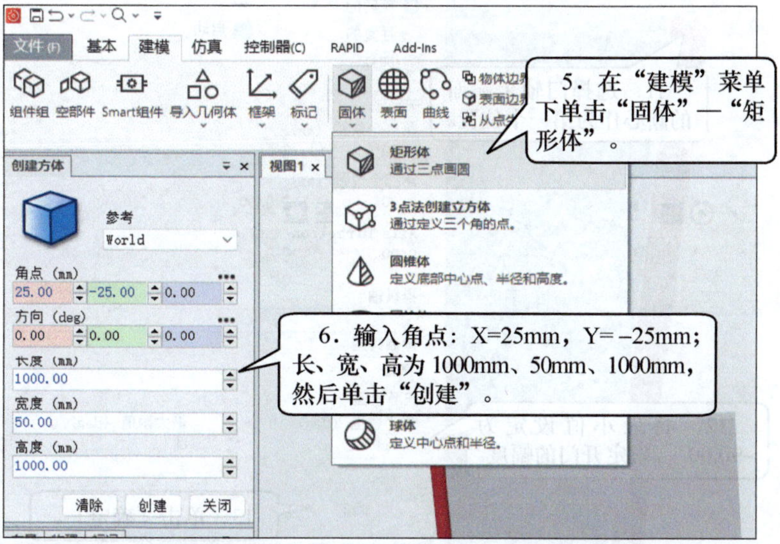
5．在“建模”菜单下单击“固体”—“矩形体”。
6．输入角点：X=25mm，Y=–25mm；长、宽、高为1000mm、50mm、1000mm，然后单击“创建”。

角点是设定模型在本地原点的起点，可通过计算参考门轴与门面的相对位置来确定。读者可适当调整角点的数据，看看门轴与门面的相对位置变化情况。

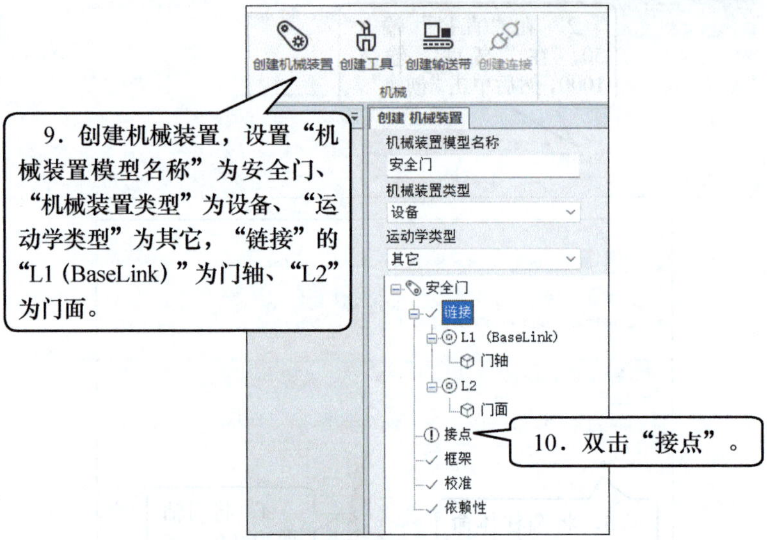

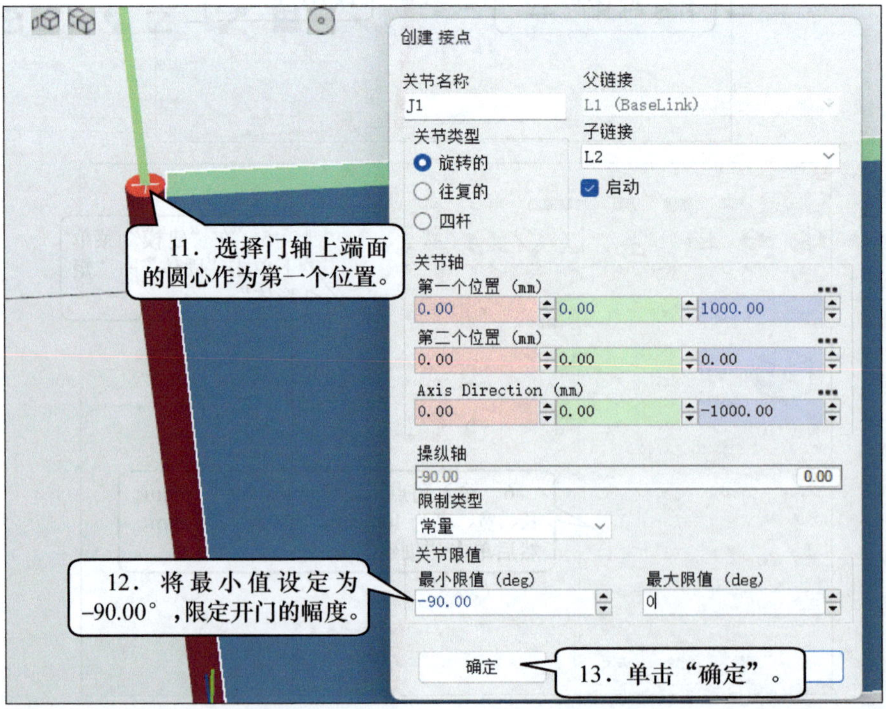

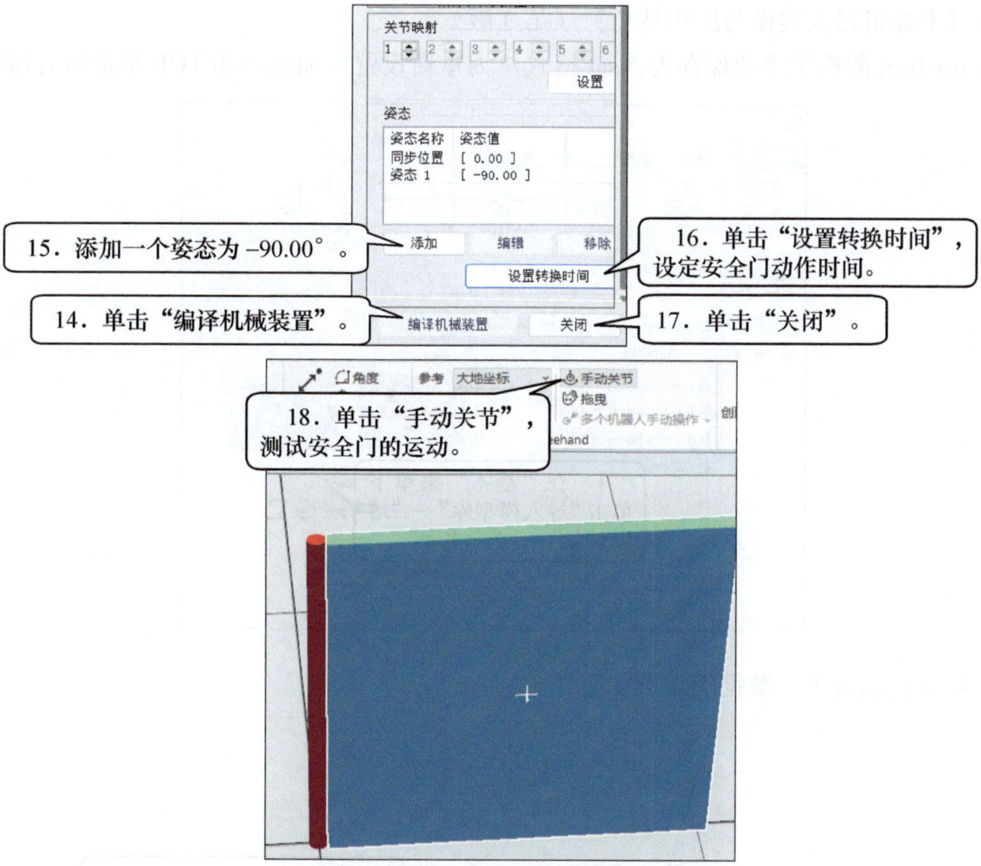

任务 5-5　工业机器人工具的创建与运用

工作任务

- 创建工具模型的 TCP 数据。
- 将工具安装到工业机器人法兰盘。

扫一扫，看视频

在仿真工业机器人工作站时，工业机器人法兰盘末端会安装用户自定义的工具，我们希望的是用户工具能够像 RobotStudio 模型库中的工具一样，安装时能够自动安装到工业机器人法兰盘末端并保证坐标方向一致，同时能够在工具的末端自动生成工具坐标，从而避免工具方面的仿真误差。在本任务中，我们就来学习一下如何将导入的 3D 工具模型创建成具有工业机器人工作站特性的工具（Tool）。

一、将 RobotStudio 自带的工具 myTool 还原为一般 3D 工具模型

在 RobotStudio 中自带了一个用于培训学习的工具 myTool。myTool 是包含了本地原点和 TCP 数据的完整工具。更多关于工具数据的内容，可以参考机械工业出版社出版、叶晖

主编的《工业机器人实操与应用技巧》（第 3 版）。

将 myTool 的模型单独保存为 *.sat 格式，为重新设置本地原点和 TCP 数据做好准备。

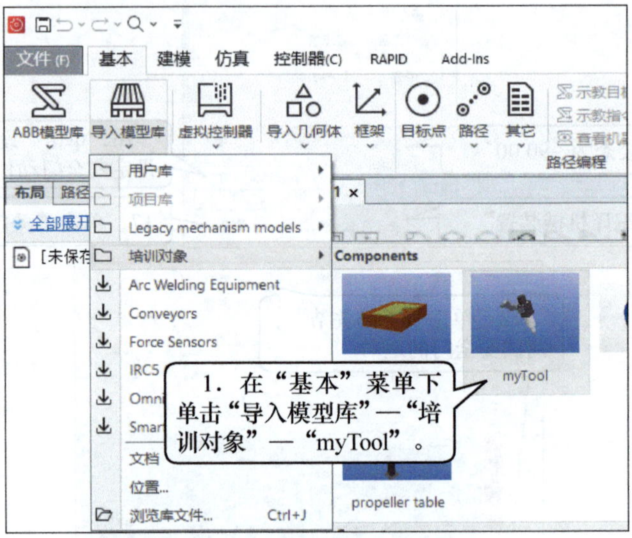

在默认的情况下，数据的设置如下。

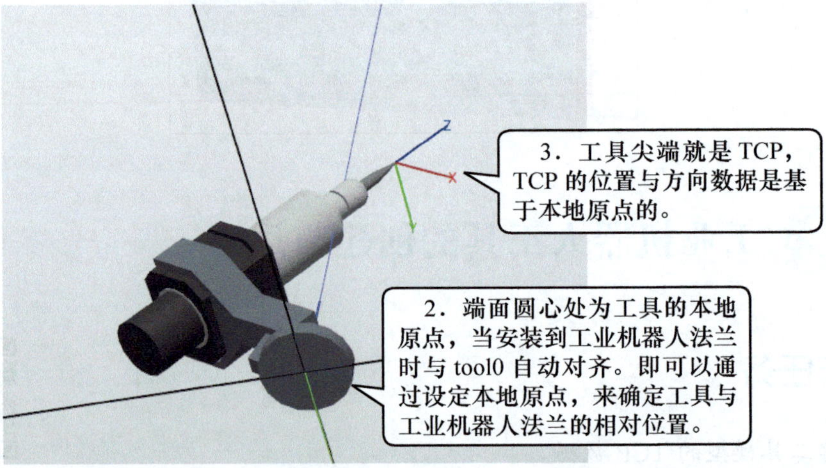

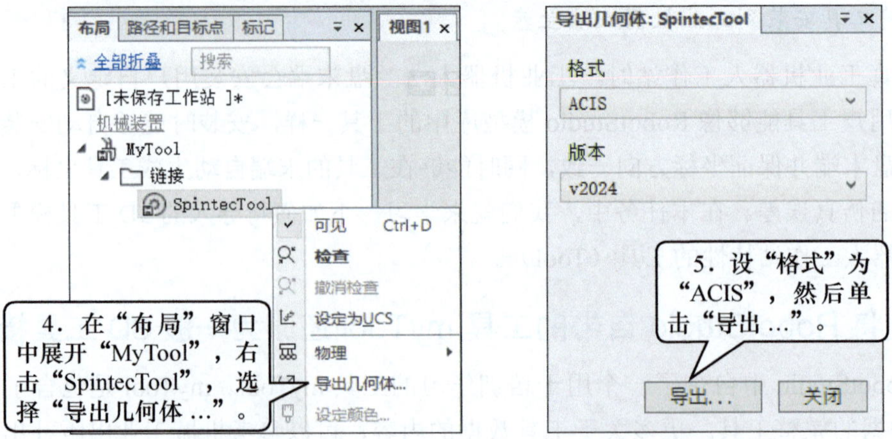

二、设置本地原点与 TCP 数据

设置本地原点与 TCP 数据的步骤如下：

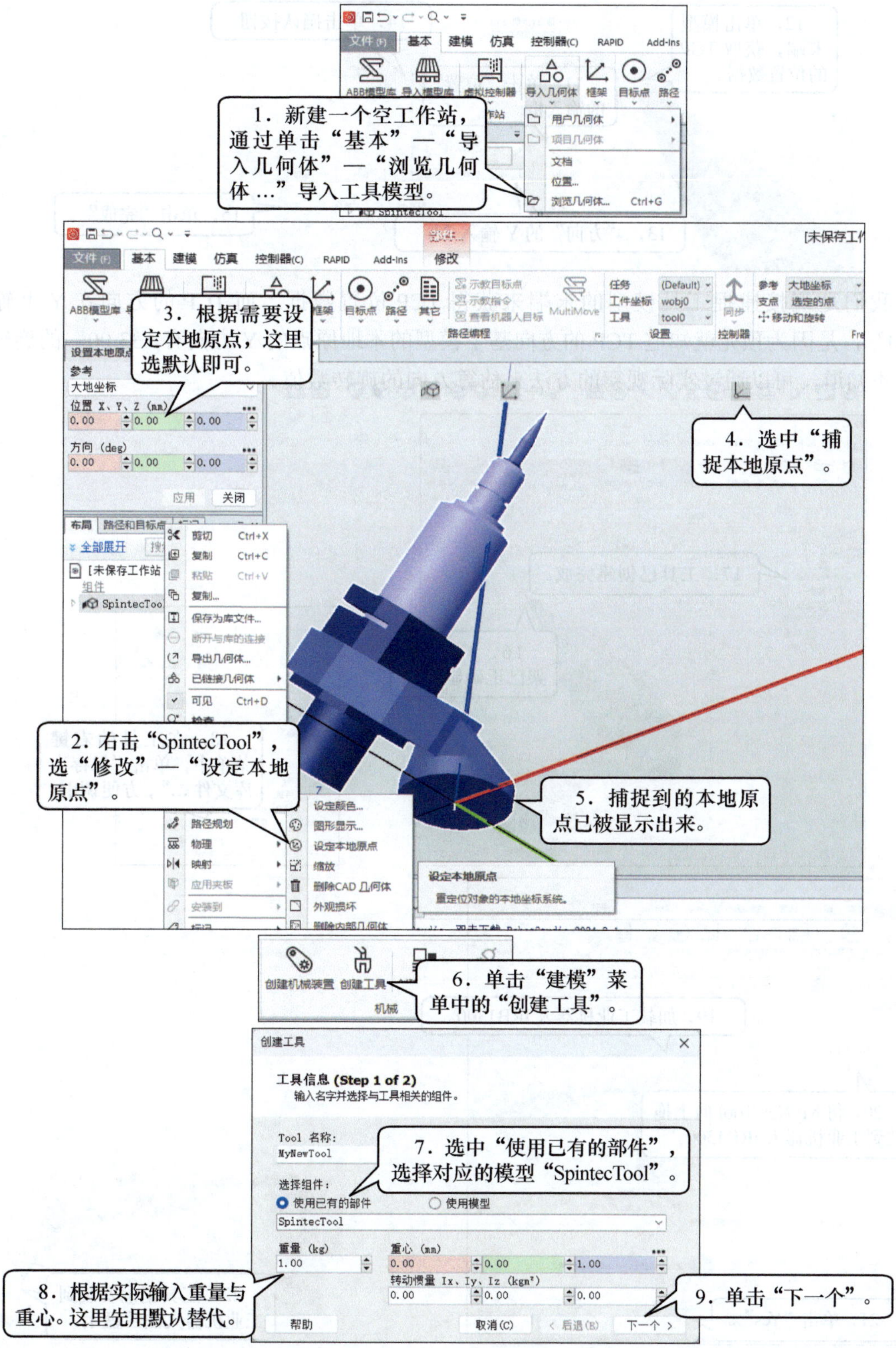

1．新建一个空工作站，通过单击“基本”—“导入几何体”—“浏览几何体…”导入工具模型。
2．右击“SpintecTool”，选“修改”—“设定本地原点”。
3．根据需要设定本地原点，这里选默认即可。
4．选中“捕捉本地原点”。
5．捕捉到的本地原点已被显示出来。
6．单击“建模”菜单中的“创建工具”。
7．选中“使用已有的部件”，选择对应的模型“SpintecTool”。
8．根据实际输入重量与重心。这里先用默认替代。
9．单击“下一个”。

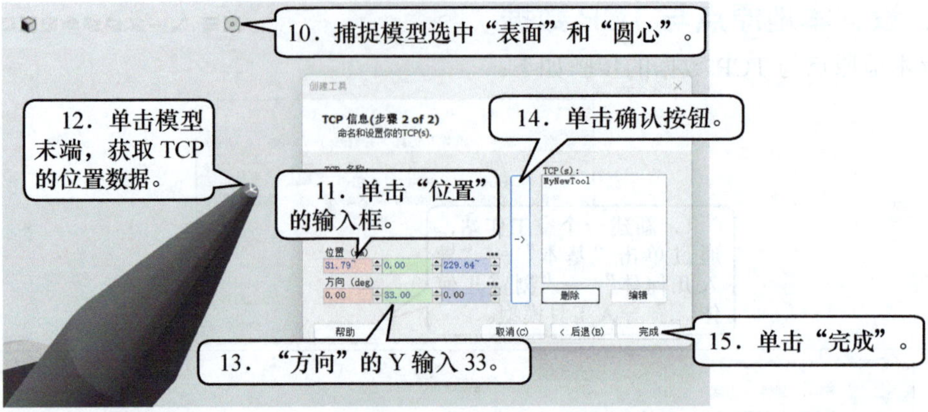
10．捕捉模型选中“表面”和“圆心”。
12．单击模型末端，获取 TCP 的位置数据。
14．单击确认按钮。
11．单击“位置”的输入框。
13．“方向”的 Y 输入 33。
15．单击“完成”。

我们是直接捕捉工具模型的末端来获得 TCP 位置数据。而 TCP 的方向在 Y 上输入 33.00°，是因为预先就知道 TCP 的方向基于模型的本地原点的 Y 方向有 +33.00° 的旋转。如果不知道，可以通过实际观察的方法来估算方向的旋转数值。

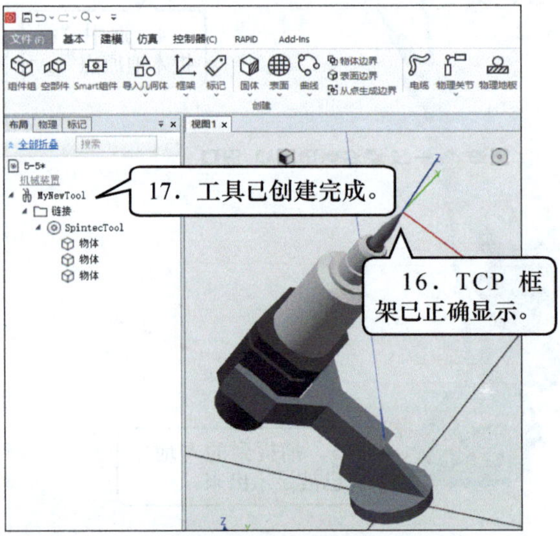
17．工具已创建完成。
16．TCP 框架已正确显示。

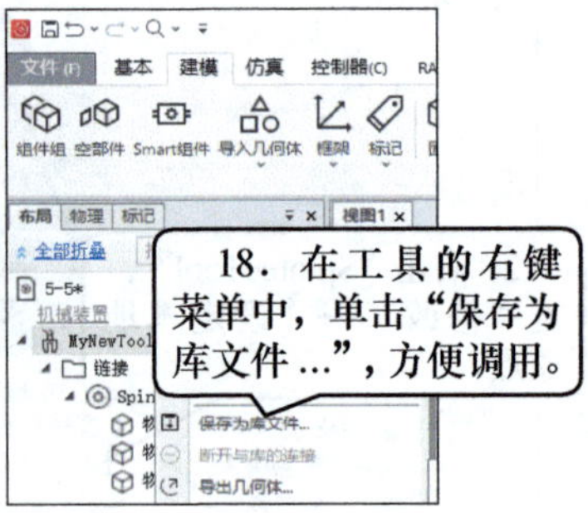
18．在工具的右键菜单中，单击“保存为库文件 ...”，方便调用。

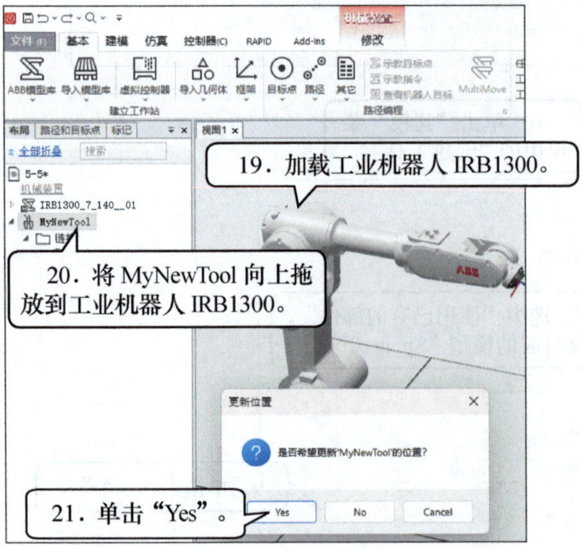
19．加载工业机器人 IRB1300。
20．将 MyNewTool 向上拖放到工业机器人 IRB1300。
21．单击“Yes”。

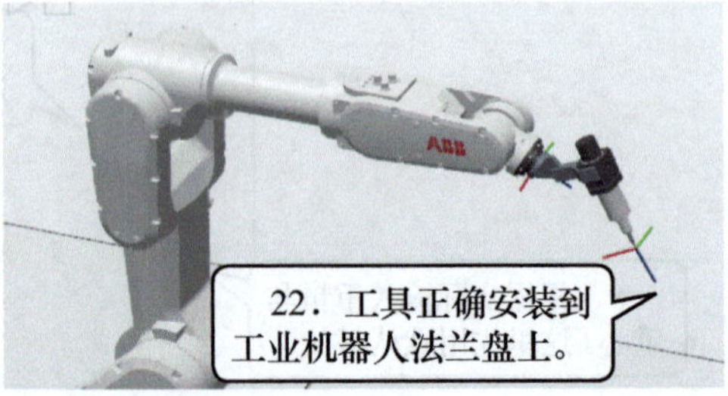
22．工具正确安装到工业机器人法兰盘上。

项目 5　学习情况评估表

任务编号＿＿＿＿＿＿＿＿＿＿＿＿

学生姓名		日期	
班级		开始时间	
实训室		结束时间	

A　过程检查（30 分）

编号	任务	分值	自我评价	教师评价
1	上课期间执行实验室 5S 标准情况	15		
2	能正确使用实训设备	15		
计分				
实际得分				

记录：

B　结果评价（70 分）

编号	任务	分值	自我评价	教师评价
1	导入工业机器人周边几何体	10		
2	创建基本 3D 模型用于工业机器人仿真	15		
3	仿真中测量工具的使用	10		
4	仿真中机械装置的创建与运用	15		
5	工业机器人工具的创建与运用	20		
计分				
实际得分				

记录：

过程检查实际得分	结果评价实际得分	总得分

记录：

项目 6　工业机器人离线轨迹编程

项目目标

- 掌握通过目标点创建工业机器人运动路径的操作。
- 掌握通过模型边缘创建工业机器人运动路径的操作。
- 掌握通过曲线创建工业机器人运动路径的操作。
- 掌握生成工业机器人无碰撞路径的操作。

项目描述

RobotStudio 软件一个很重要的功能是根据模型的点、表面和线段等进行自动工业机器人路径的生成。对于焊接、涂胶和打磨等需要精确调整路径的工业机器人应用来说，自动路径的功能可以大大提高工作效率和质量。

在空间紧凑的工业机器人工作站中，进行路径规划是一件让人头痛的事情。在设计点到点的工业机器人运动时，如果不关心路径，使用无碰撞路径功能将会是一个很不错的选择。

任务 6-1　通过目标点创建工业机器人运动路径

工作任务

- 通过目标点创建工业机器人运动路径。

扫一扫，看视频

RobotStudio 软件通过获取工件对象上的目标点，然后根据目标点来生成工业机器人的运动轨迹。具体步骤如下：

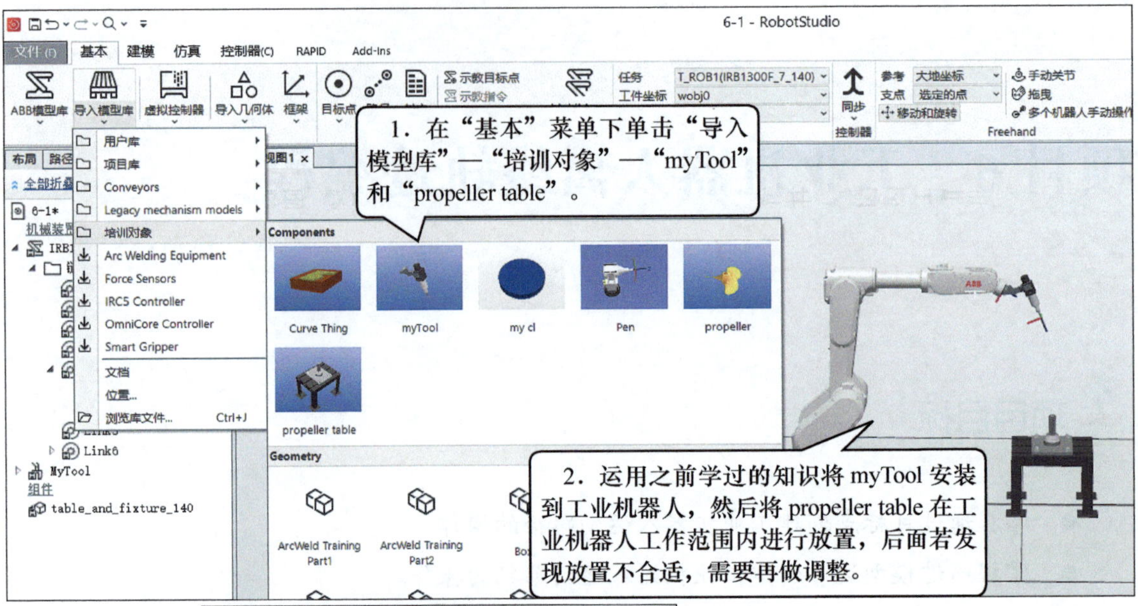
1. 在“基本”菜单下单击“导入模型库”—“培训对象”—“myTool”和“propeller table”。
2. 运用之前学过的知识将 myTool 安装到工业机器人，然后将 propeller table 在工业机器人工作范围内进行放置，后面若发现放置不合适，需要再做调整。

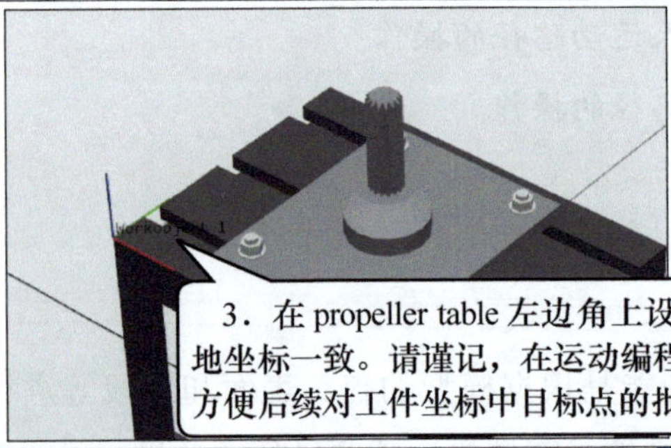
3. 在 propeller table 左边角上设置工件坐标，方向与大地坐标一致。请谨记，在运动编程前要设置工件坐标，以方便后续对工件坐标中目标点的批量调整。

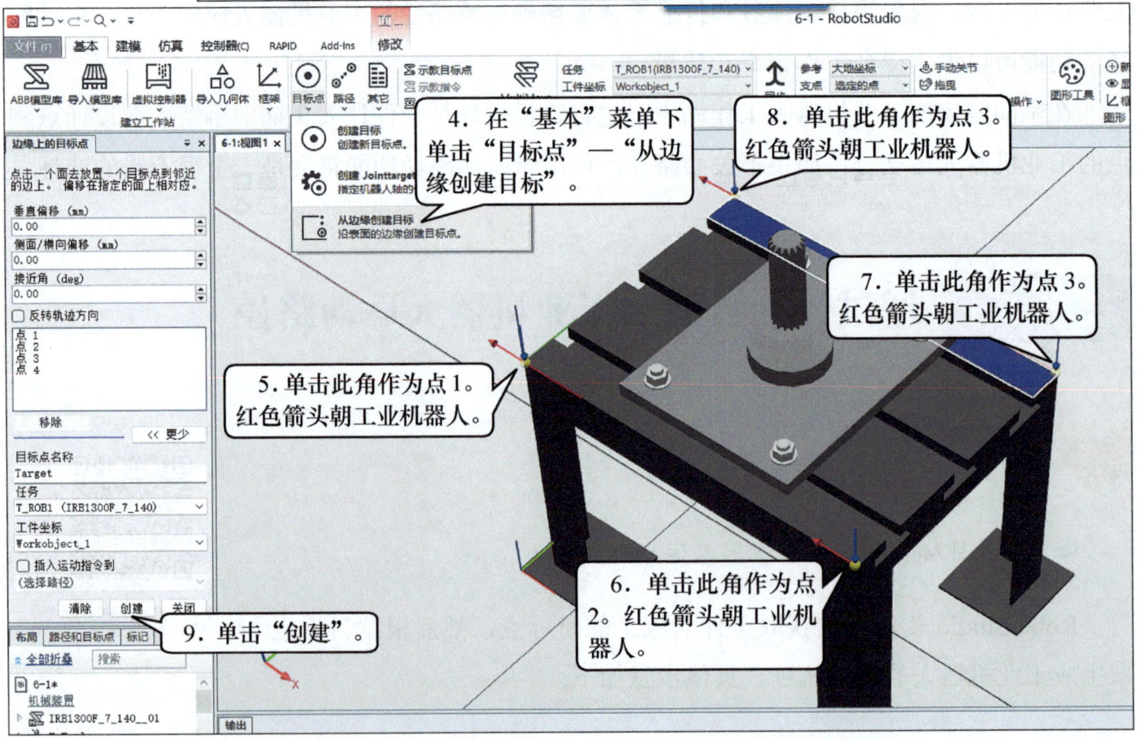
4. 在“基本”菜单下单击“目标点”—“从边缘创建目标”。
8. 单击此角作为点 3。红色箭头朝工业机器人。
7. 单击此角作为点 3。红色箭头朝工业机器人。
5. 单击此角作为点 1。红色箭头朝工业机器人。
6. 单击此角作为点 2。红色箭头朝工业机器人。
9. 单击“创建”。

创建“边缘上的目标点”窗口中的参数说明

1）垂直偏移：相对于对象目标点的垂直偏移值，一般是 Z 方向的值。

2）侧面 / 横向偏移：相对于对象目标点侧面 / 横向偏移值，一般是 X 或 Y 方向的值。

3）接近角：相对于对象目标点在 X 或 Y 方向旋转的角度。

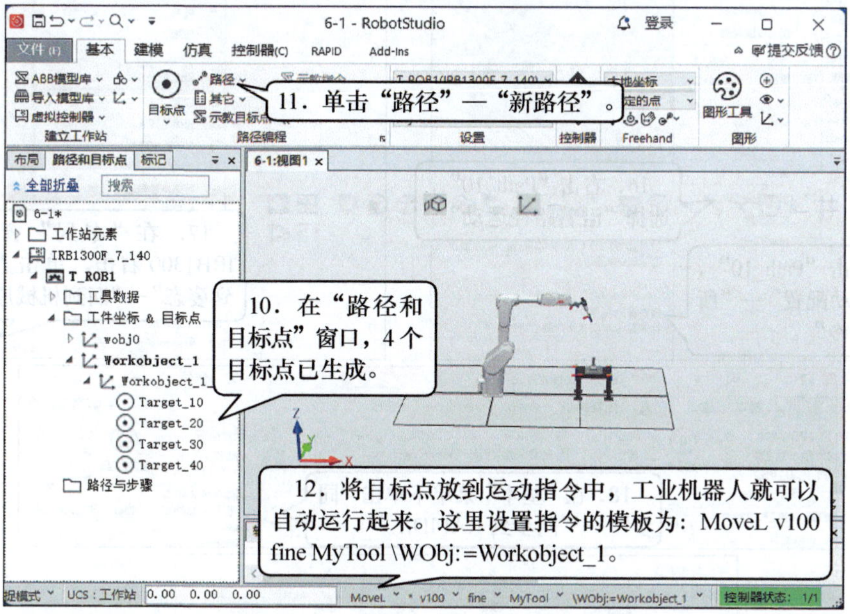
6-1 - RobotStudio
11. 单击“路径”—“新路径”。
10. 在“路径和目标点”窗口，4 个目标点已生成。
12. 将目标点放到运动指令中，工业机器人就可以自动运行起来。这里设置指令的模板为：MoveL v100 fine MyTool \WObj:=Workobject_1。

指令模板详解

1）MoveL：工业机器人线性运动。

2）v100：工业机器人的运行速度。

3）fine：工业机器人的转弯半径。

4）MyTool：指定使用的工具。

5）\WObj : = Workobject_1：指定使用的工件坐标。

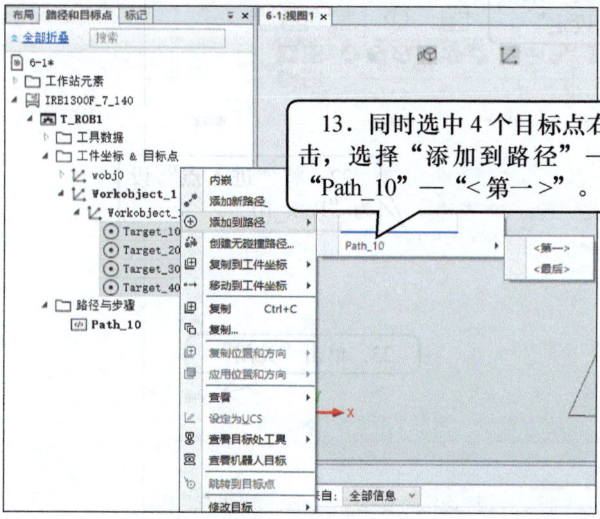
13. 同时选中 4 个目标点右击，选择“添加到路径”—“Path_10”—“<第一>”。

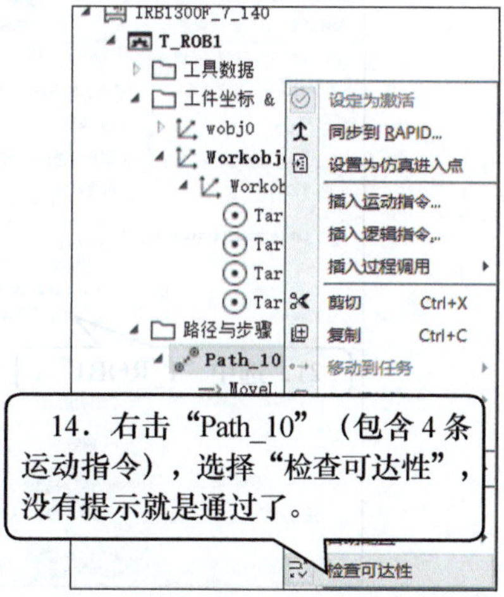
14. 右击“Path_10”（包含 4 条运动指令），选择“检查可达性”，没有提示就是通过了。

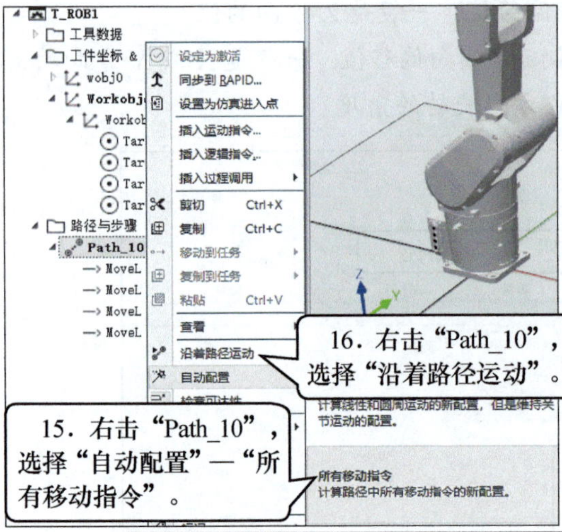
16. 右击“Path_10”，选择“沿着路径运动”。
15. 右击“Path_10”，选择“自动配置”—“所有移动指令”。

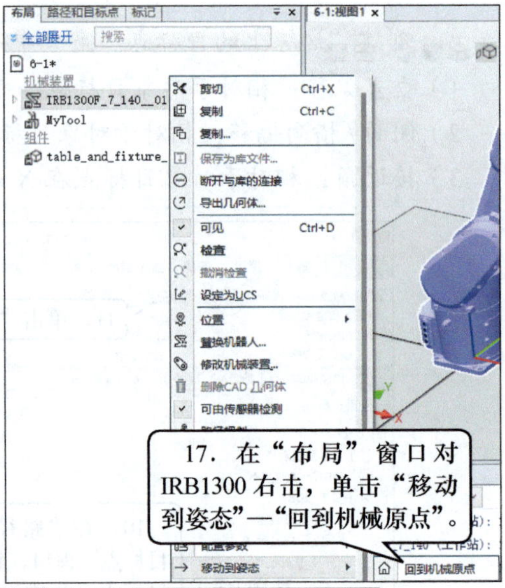
17. 在“布局”窗口对IRB1300右击，单击“移动到姿态”—“回到机械原点”。

18. 在“基本”菜单下单击“同步”—“同步到RAPID…”。

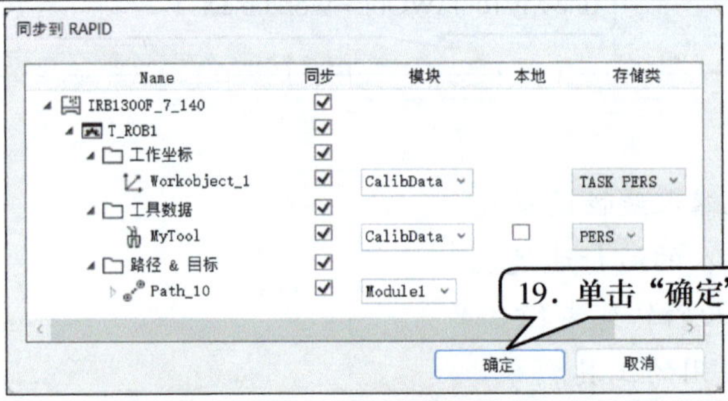
19. 单击“确定”。

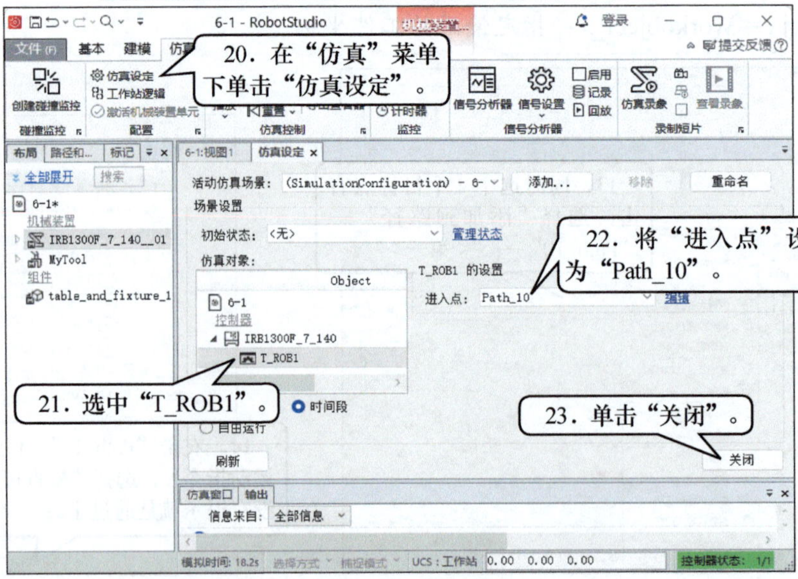
20. 在“仿真”菜单下单击“仿真设定”。
22. 将“进入点”设为“Path_10”。
21. 选中“T_ROB1”。
23. 单击“关闭”。

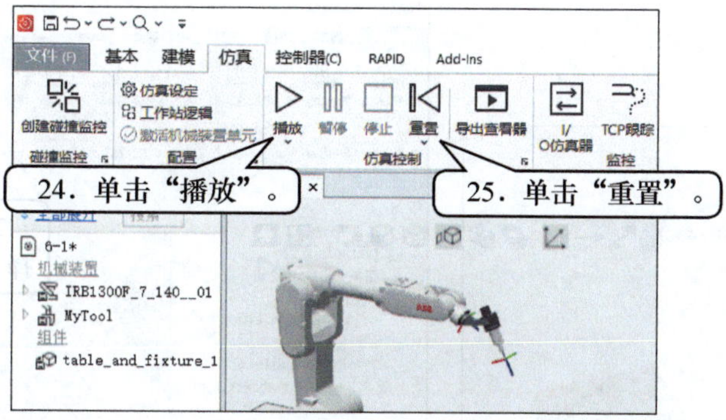

关于“自动配置”

在工业机器人工作范围内有三个奇异点。奇异点可以理解为工业机器人无法线性运动到达的点，可以使用“自动配置”来避开。如果自动配置时发现奇异点，则会出现图 6-1 所示对话框。

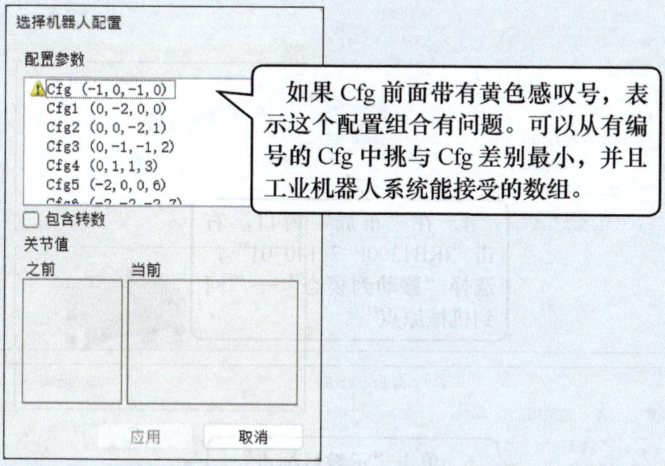

图 6-1　关于“自动配置”

任务 6-2　通过模型边缘创建工业机器人运动路径

工作任务

- 通过模型边缘创建工业机器人运动路径。

扫一扫，看视频

如果工业机器人的路径是沿着对象表面的边缘进行运动，则可以通过捕捉模型表面来快速创建工业机器人运动路径。具体步骤如下：

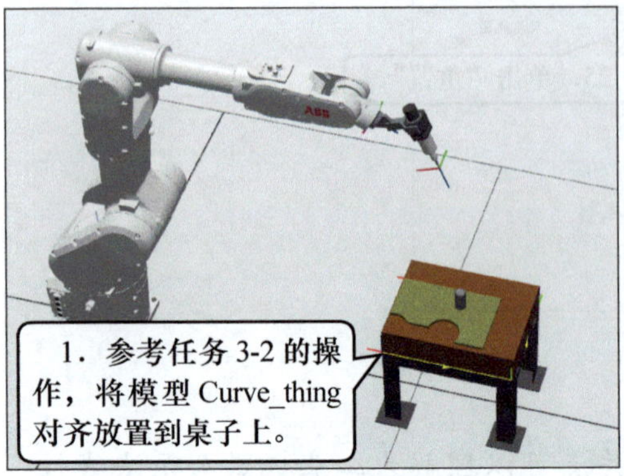
1. 参考任务 3-2 的操作，将模型 Curve_thing 对齐放置到桌子上。

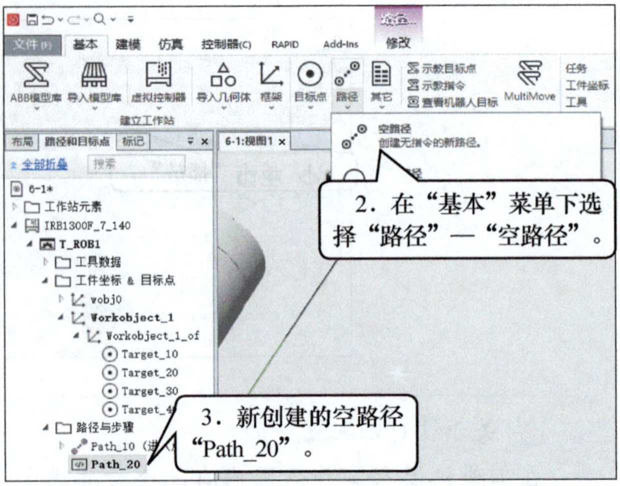
2. 在“基本”菜单下选择“路径”—“空路径”。
3. 新创建的空路径“Path_20”。

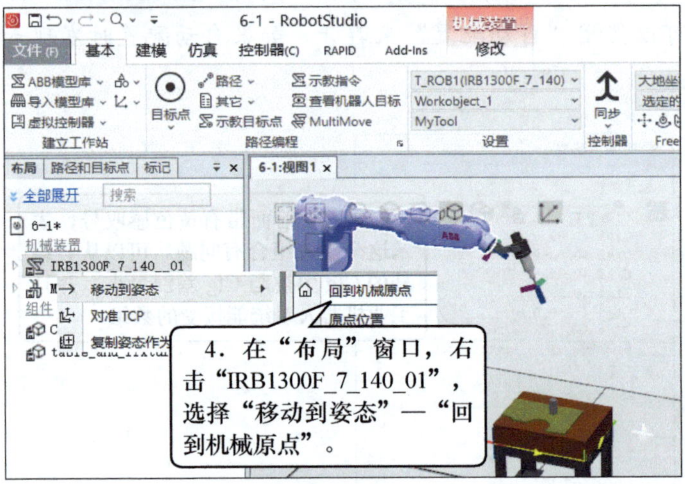
4. 在“布局”窗口，右击“IRB1300F_7_140_01”，选择“移动到姿态”—“回到机械原点”。

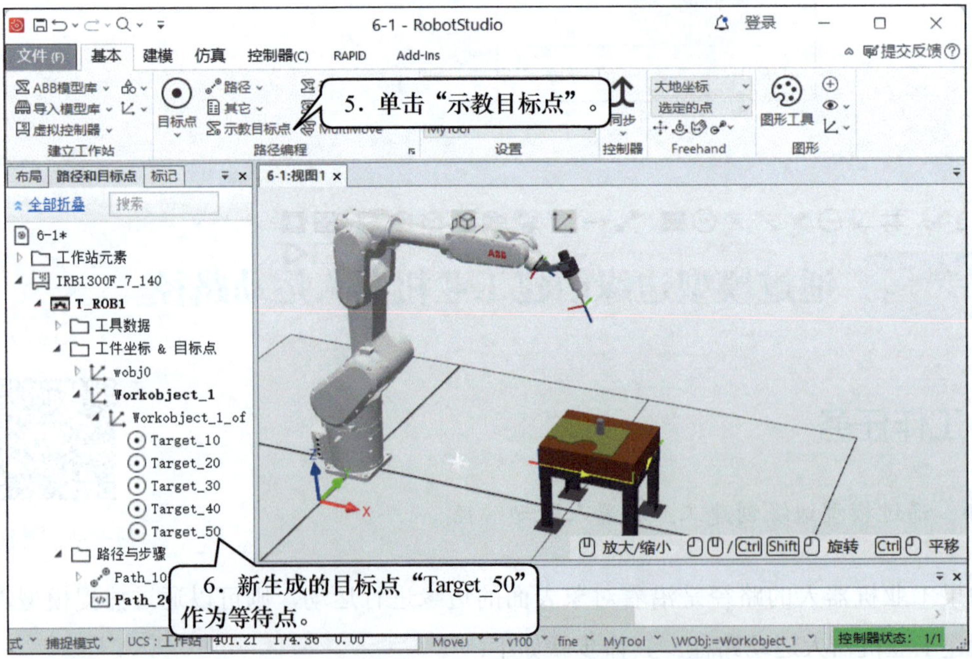
5. 单击“示教目标点”。
6. 新生成的目标点“Target_50”作为等待点。

8. 顺时针沿着此曲线边缘单击确定目标点。弧度大的地方密一点，直线部分可以疏一点。注意保持Z方向的蓝色箭头是从上指向桌面的。然后选取目标点来闭合整个曲线边缘。

9. 单击“创建”。

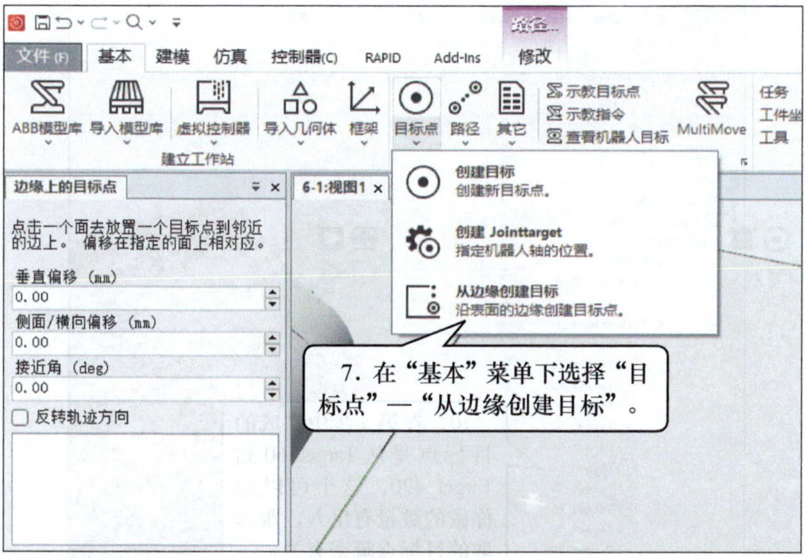

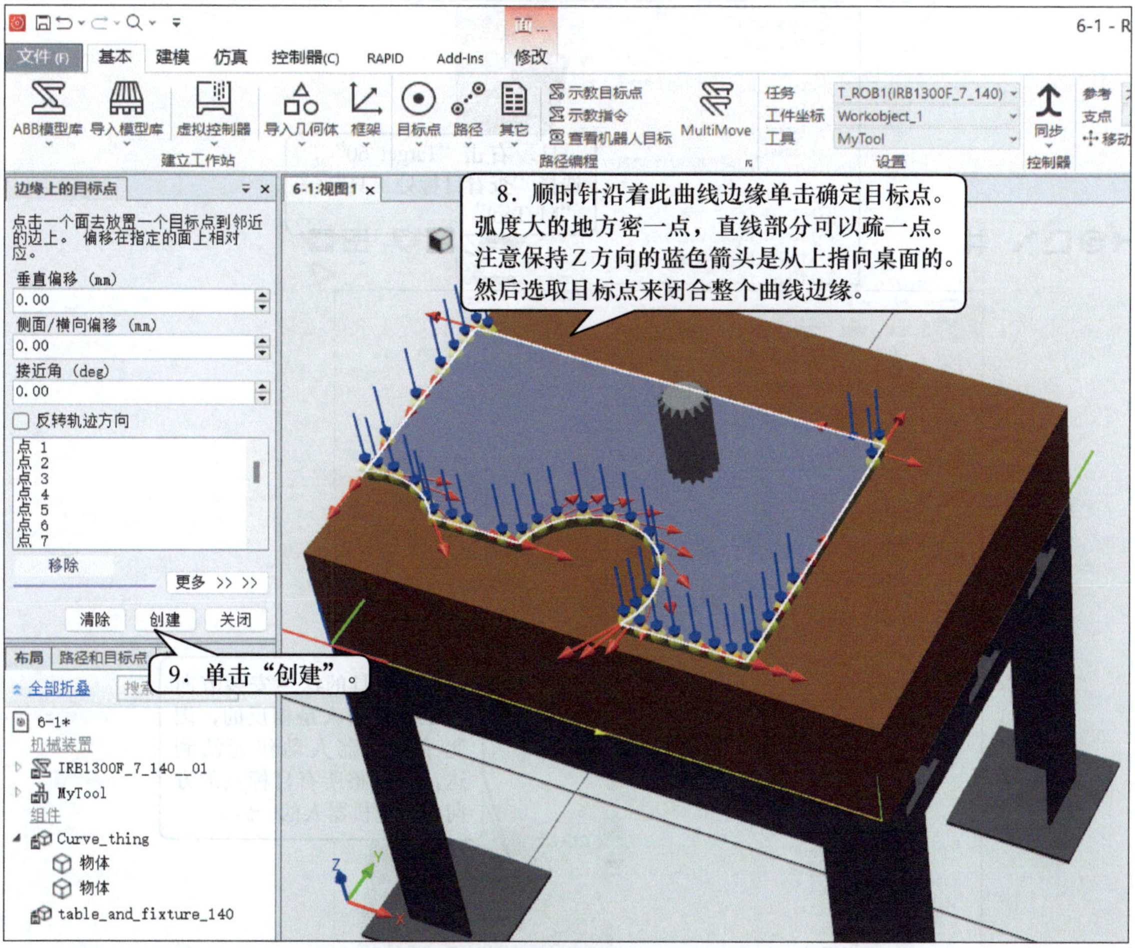

在以后的运用中，可以根据实际需要对偏移和接近角等参数进行设定。

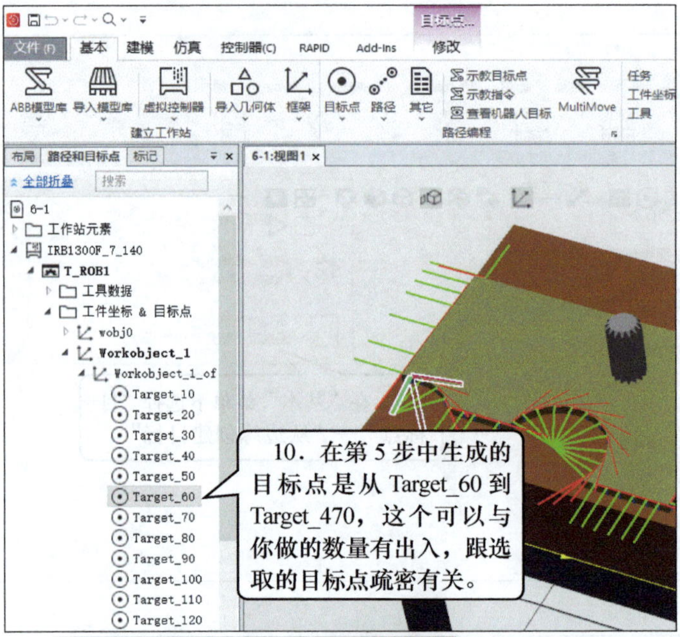
10．在第 5 步中生成的目标点是从 Target_60 到 Target_470，这个可以与你做的数量有出入，跟选取的目标点疏密有关。

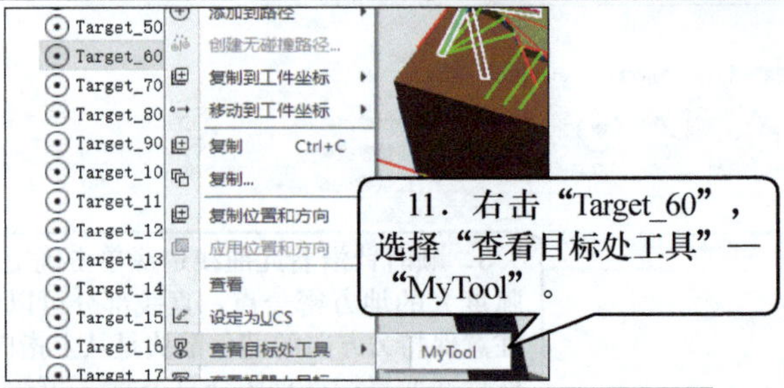
11．右击“Target_60”，选择“查看目标处工具”—“MyTool”。

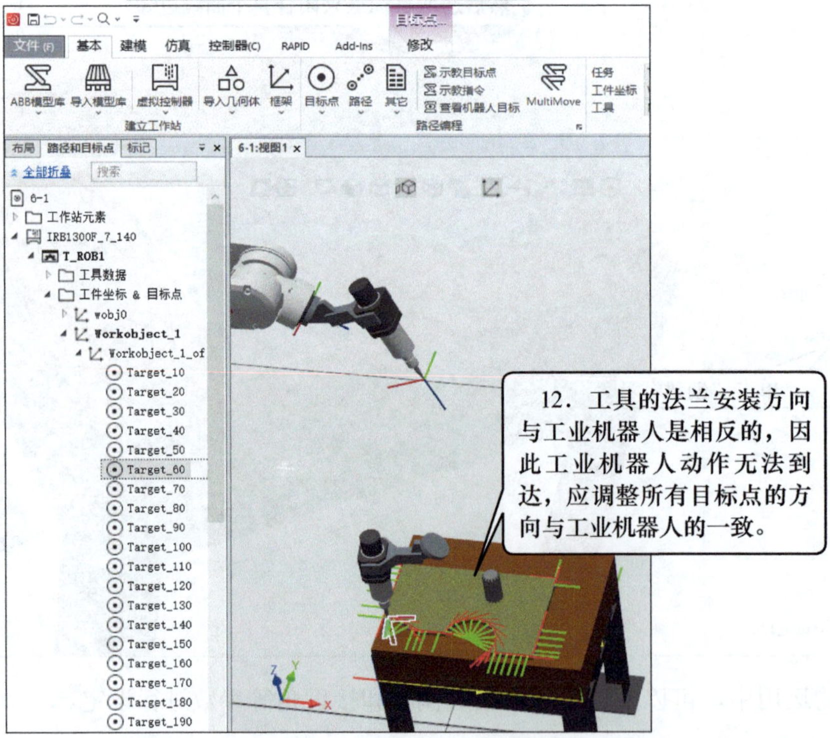
12．工具的法兰安装方向与工业机器人是相反的，因此工业机器人动作无法到达，应调整所有目标点的方向与工业机器人的一致。

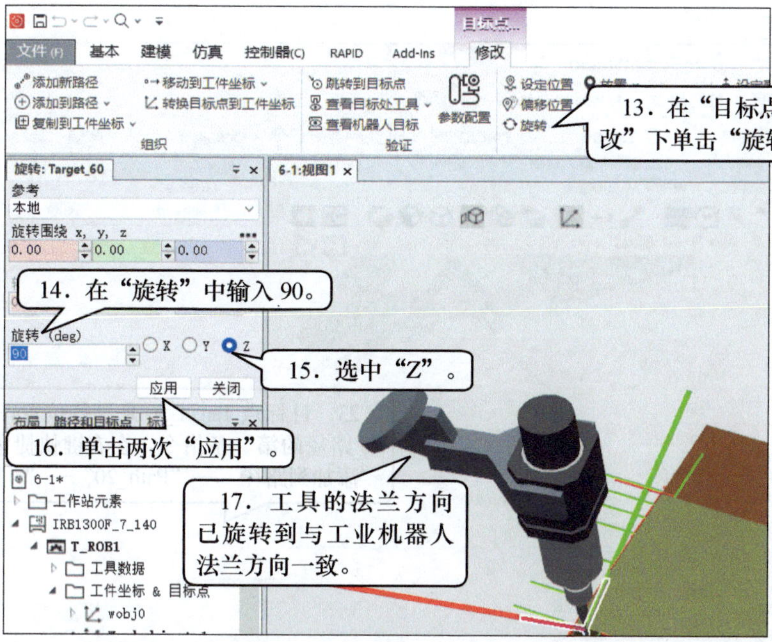
13．在“目标点”的“修改”下单击“旋转”。
14．在“旋转”中输入 90。
15．选中“Z”。
16．单击两次“应用”。
17．工具的法兰方向已旋转到与工业机器人法兰方向一致。
旋转: Target_60
参考
本地
旋转围绕 x, y, z
旋转 (deg)
应用
关闭

为了快速对目标点 Target_70 ～ Target_460 的方向进行修改，可以将此目标点 Target_60 的方向复制，然后进行粘贴应用。

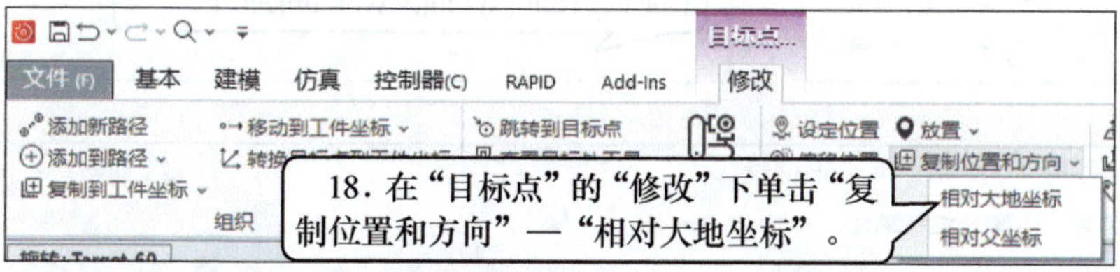
18．在“目标点”的“修改”下单击“复制位置和方向”—“相对大地坐标”。
复制位置和方向
相对大地坐标
相对父坐标

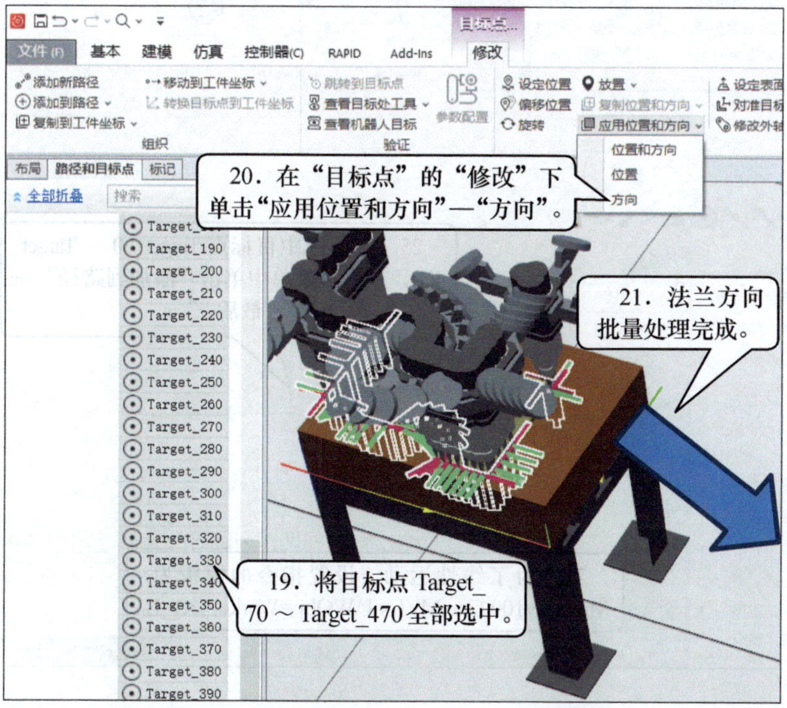
19．将目标点 Target_70 ～ Target_470 全部选中。
20．在“目标点”的“修改”下单击“应用位置和方向”—“方向”。
21．法兰方向批量处理完成。
应用位置和方向
位置和方向
位置
方向

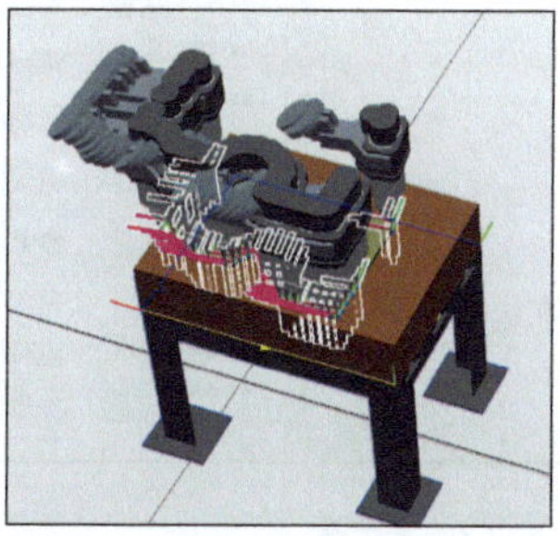

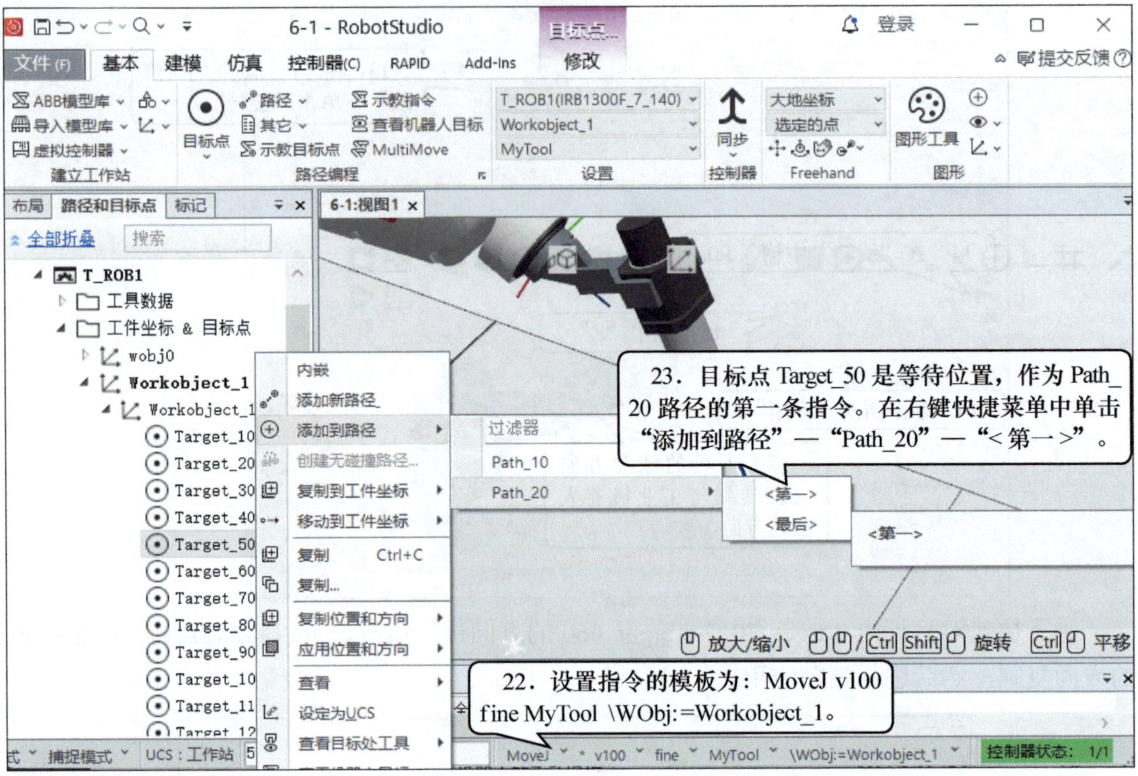
6-1 - RobotStudio
23．目标点 Target_50 是等待位置，作为 Path_20 路径的第一条指令。在右键快捷菜单中单击“添加到路径”—“Path_20”—“<第一>”。
22．设置指令的模板为：MoveJ v100 fine MyTool \WObj:=Workobject_1。

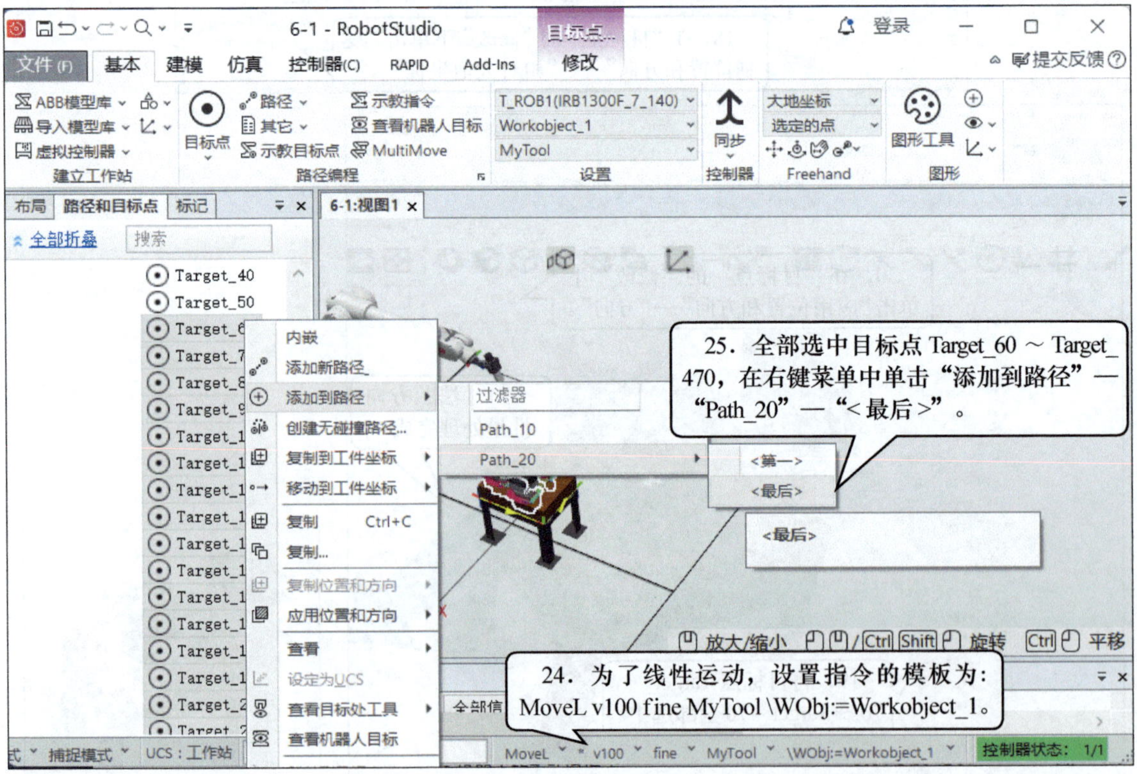
6-1 - RobotStudio
25．全部选中目标点 Target_60 ～ Target_470，在右键菜单中单击“添加到路径”—“Path_20”—“<最后>”。
24．为了线性运动，设置指令的模板为：MoveL v100 fine MyTool \WObj:=Workobject_1。

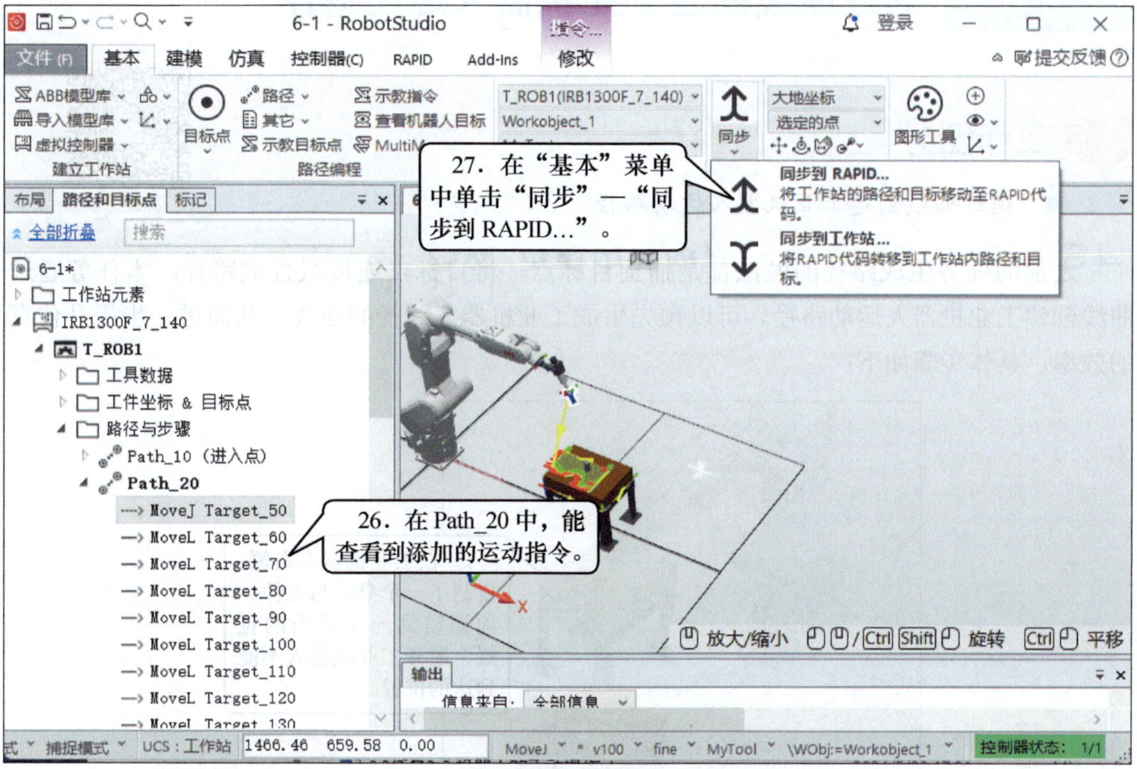

27. 在"基本"菜单中单击"同步"—"同步到 RAPID…"。

同步到 RAPID…
将工作站的路径和目标移动至 RAPID 代码。

同步到工作站…
将 RAPID 代码转移到工作站内路径和目标。

26. 在 Path_20 中，能查看到添加的运动指令。

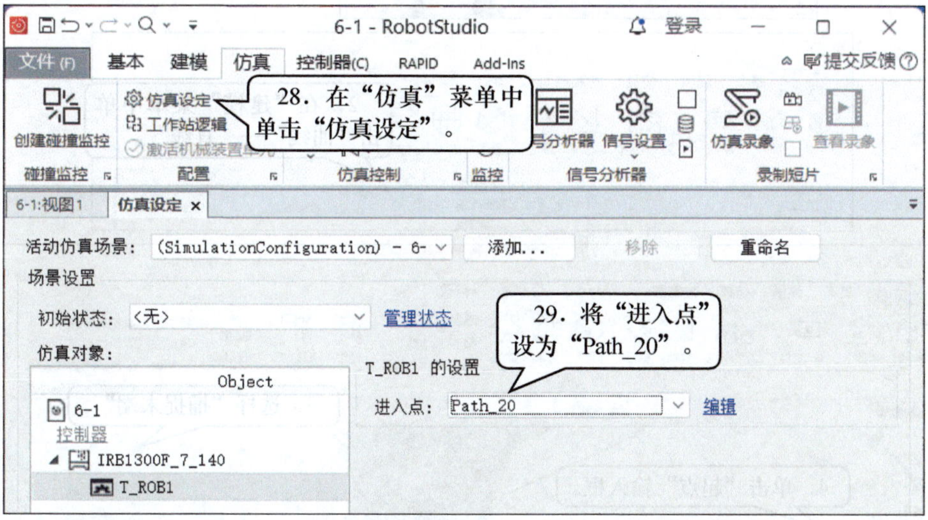

28. 在"仿真"菜单中单击"仿真设定"。

29. 将"进入点"设为"Path_20"。

30. 在"仿真"菜单中单击"播放"即可查看效果。

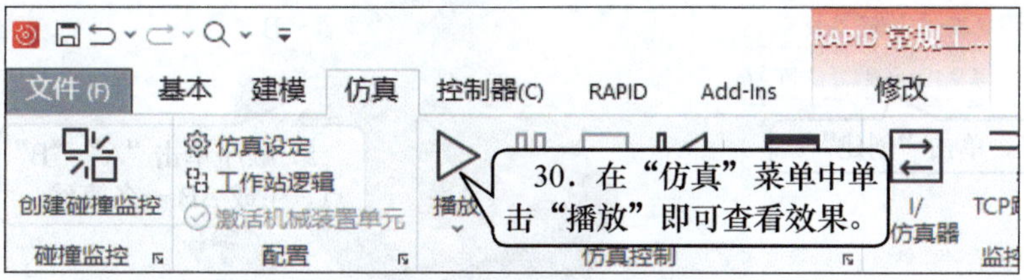

任务 6-3 通过曲线创建工业机器人运动路径

工作任务

扫一扫，看视频

- 通过曲线创建工业机器人运动路径

之前的任务生成路径的做法都是捕捉目标点，将目标点连接组合成路径。本任务通过曲线创建工业机器人运动路径。可以预先生成工业机器人路径的曲线，从而进一步提升仿真的效率。具体步骤如下：

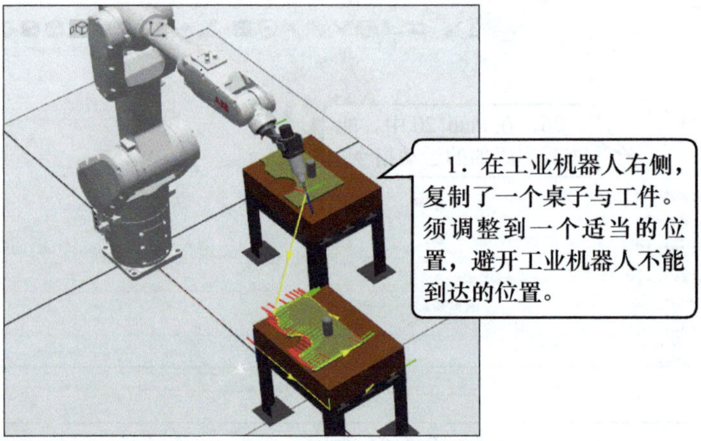
1. 在工业机器人右侧，复制了一个桌子与工件。须调整到一个适当的位置，避开工业机器人不能到达的位置。

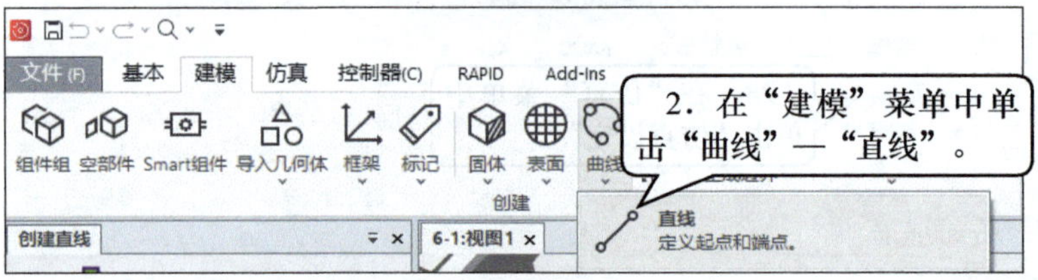
2. 在“建模”菜单中单击“曲线”—“直线”。

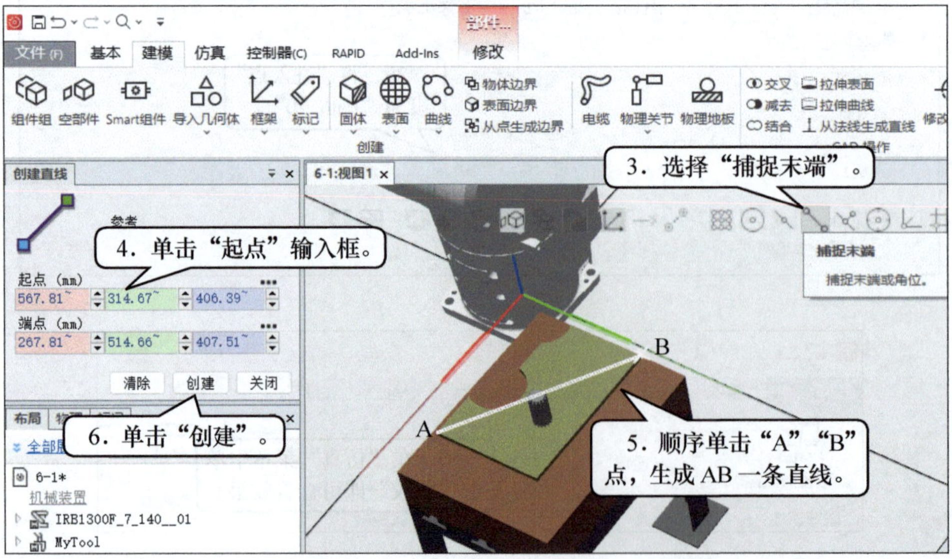
3. 选择“捕捉末端”。
4. 单击“起点”输入框。
5. 顺序单击“A”“B”点，生成 AB 一条直线。
6. 单击“创建”。
A
B

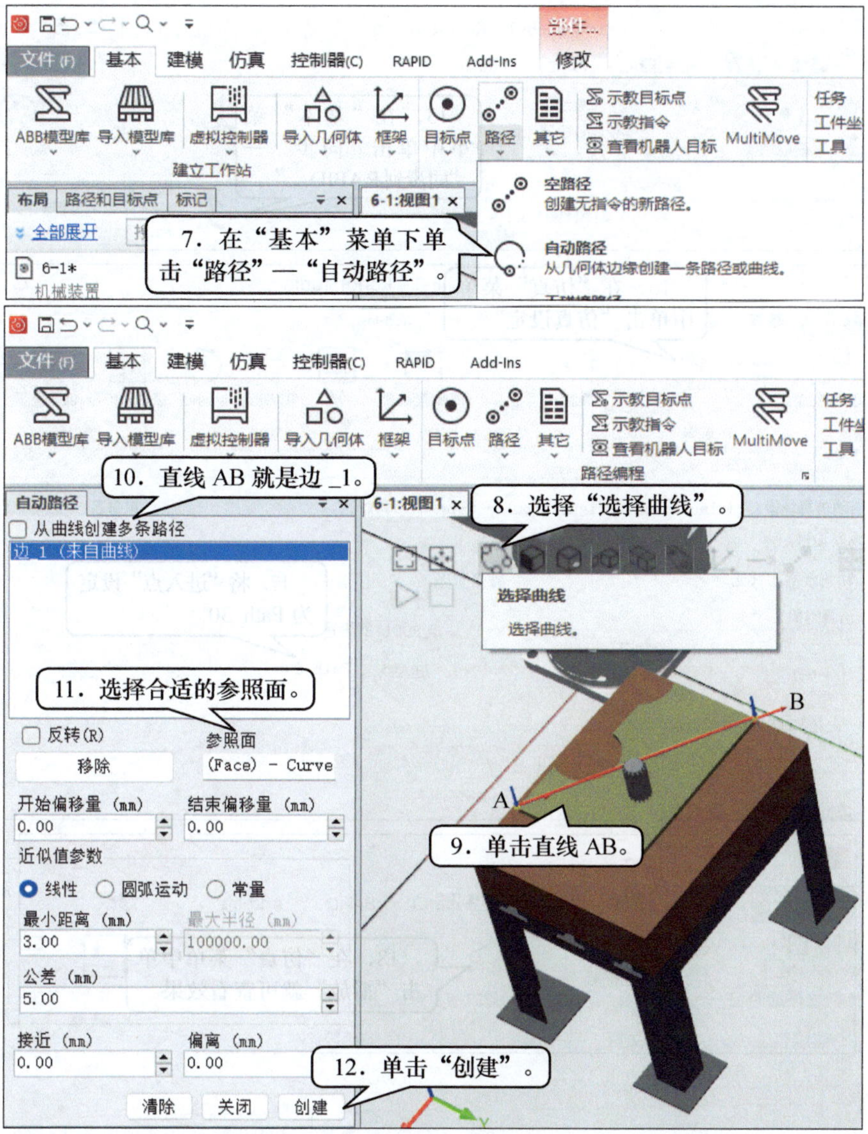
7．在“基本”菜单下单击“路径”—“自动路径”。
10．直线 AB 就是边_1。
8．选择“选择曲线”。
11．选择合适的参照面。
9．单击直线 AB。
12．单击“创建”。

具体的参数在读者熟悉基本操作后，可逐一尝试。

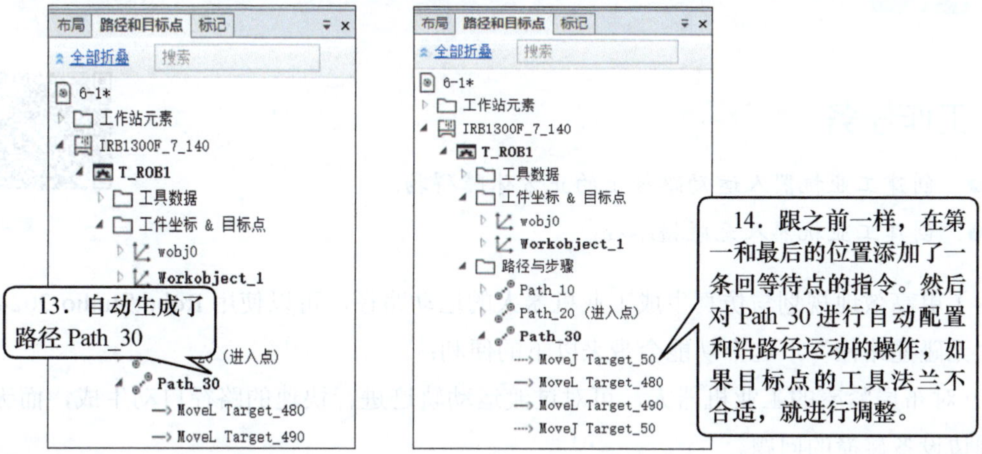
13．自动生成了路径 Path_30
14．跟之前一样，在第一和最后的位置添加了一条回等待点的指令。然后对 Path_30 进行自动配置和沿路径运动的操作，如果目标点的工具法兰不合适，就进行调整。

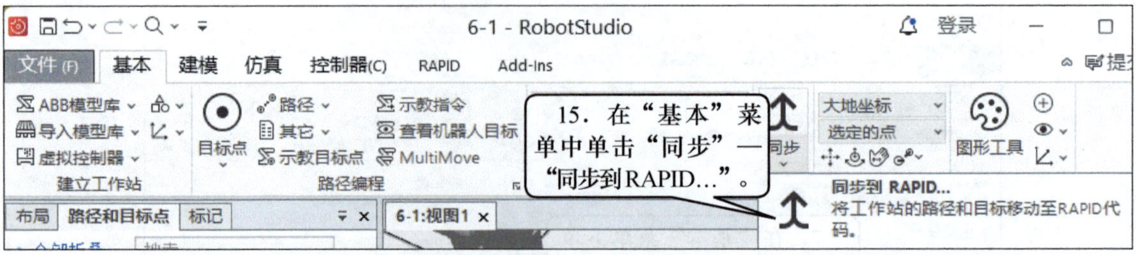

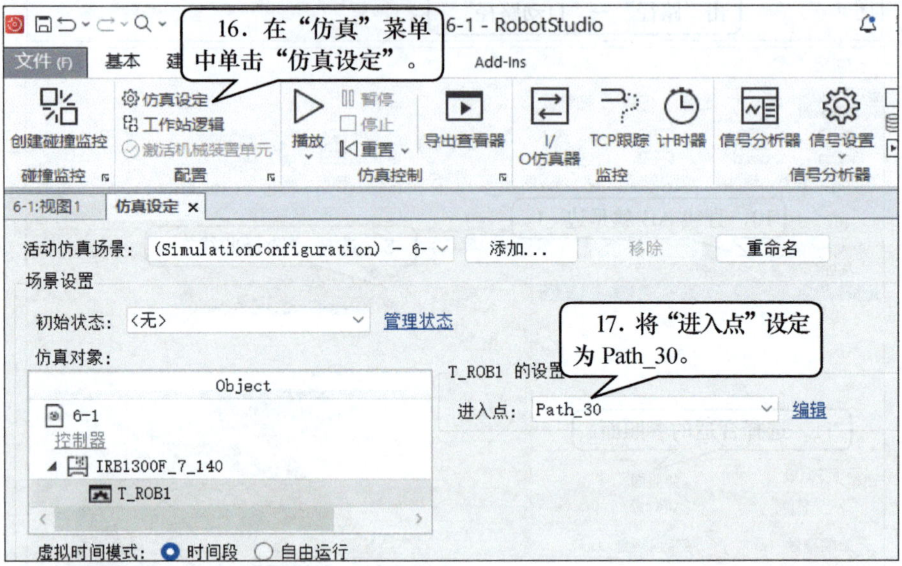

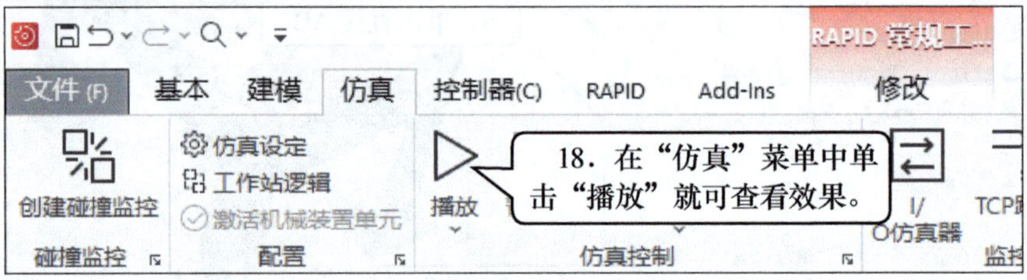

任务 6-4　创建工业机器人无碰撞路径

工作任务

- 创建工业机器人运动路径上的正方体障碍物。
- 创建工业机器人无碰撞路径。

扫一扫，看视频

为了更高效地规划与仿真生成工业机器人的运动路径，可以使用 RobotStudio 2024 的新功能“无碰撞路径”，这个功能会带来以下的便利：

1）对布局紧凑的工业机器人，可对过渡运动轨迹进行快速的路径自动生成，而无须担心与周边设备碰撞的问题。

2）对只关心点到点的搬运工业机器人，因对轨迹没有要求，可以使用无碰撞路径功能进行快速地仿真生成路径。

一、创建一个正方体

创建一个正方体的步骤如下：

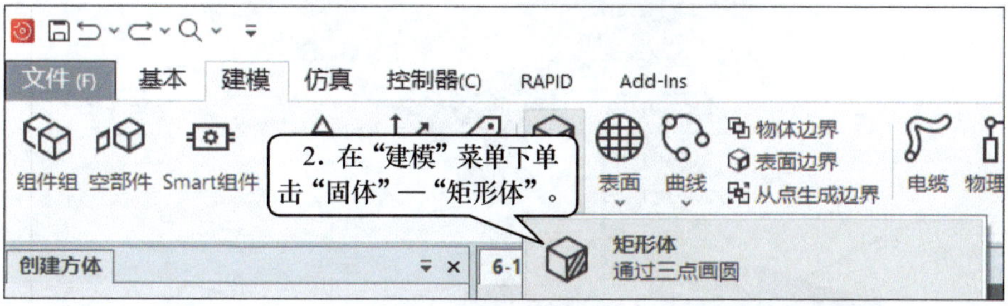

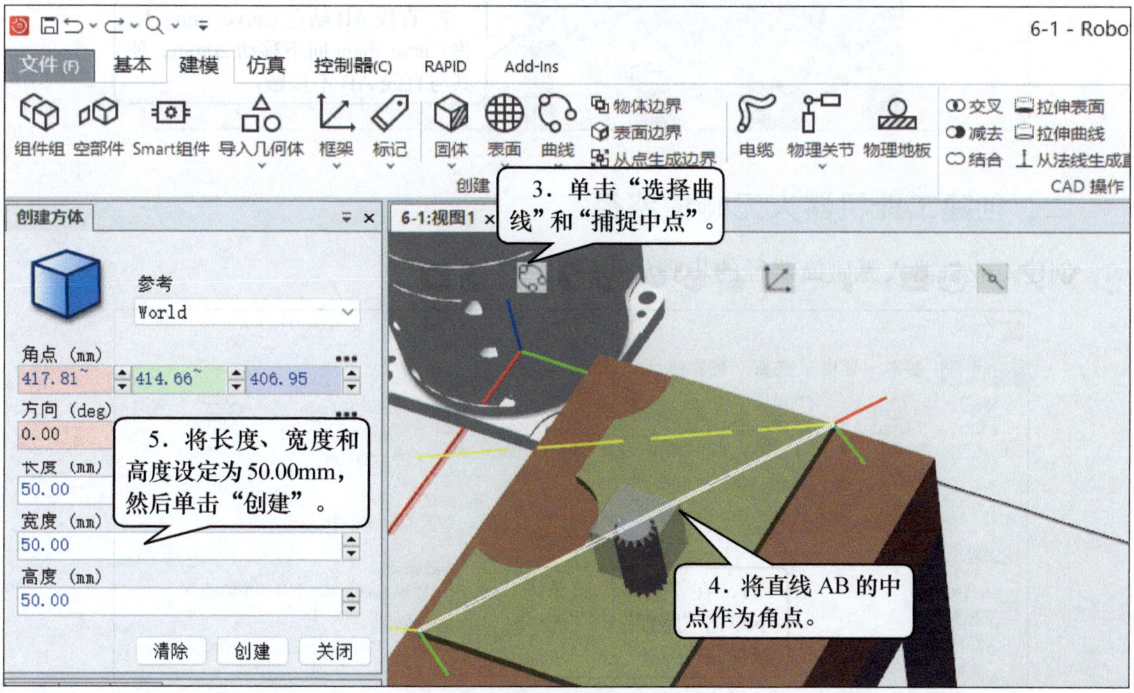

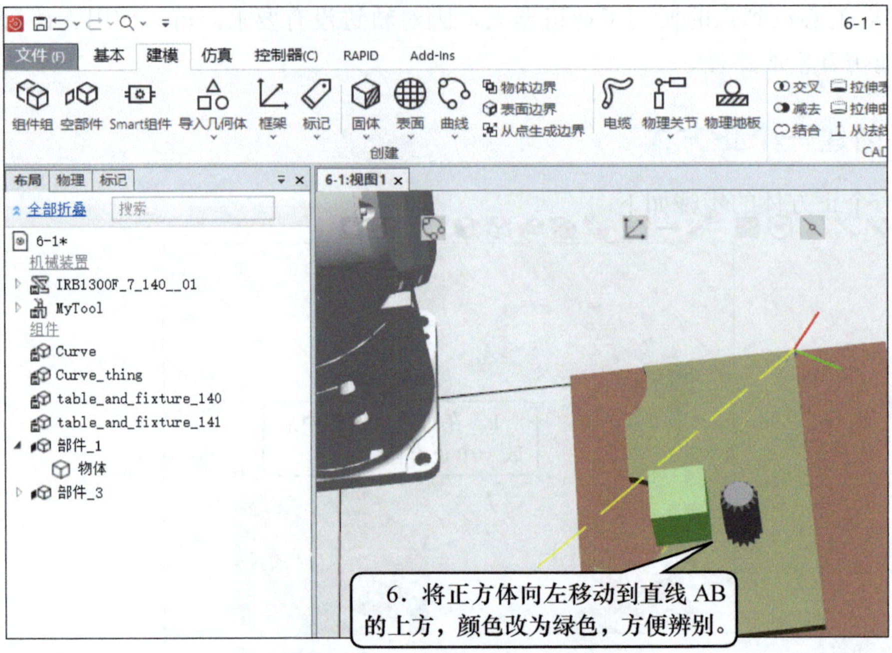

6. 将正方体向左移动到直线 AB 的上方，颜色改为绿色，方便辨别。

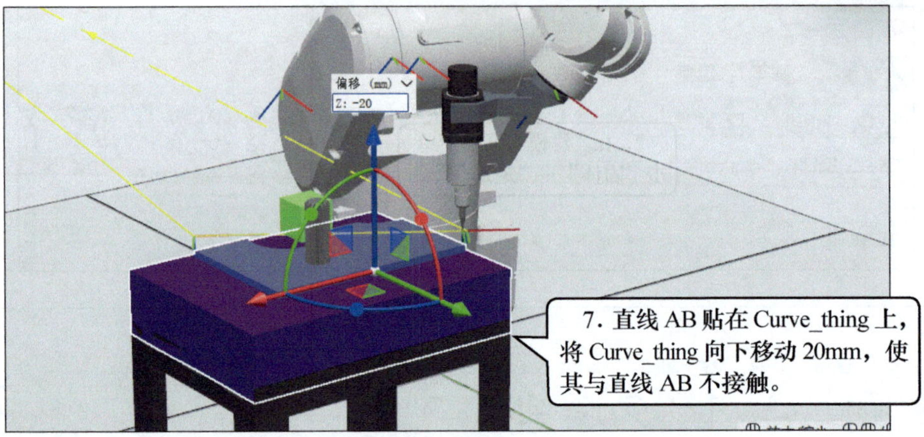

7. 直线 AB 贴在 Curve_thing 上，将 Curve_thing 向下移动 20mm，使其与直线 AB 不接触。

二、创建工业机器人无碰撞路径

创建工业机器人无碰撞路径的步骤如下：

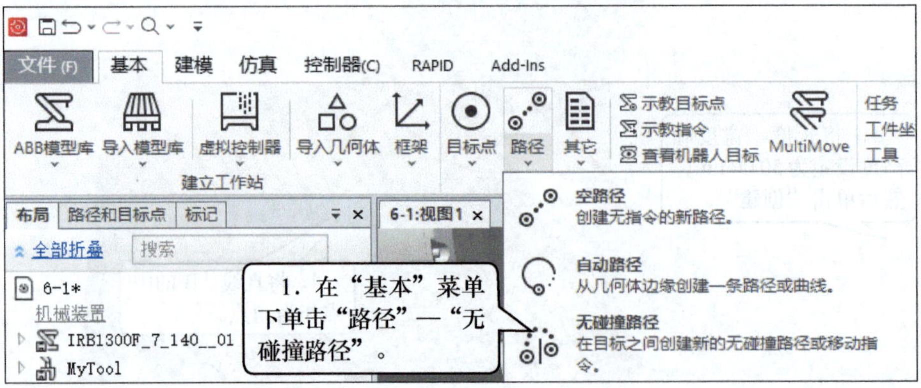

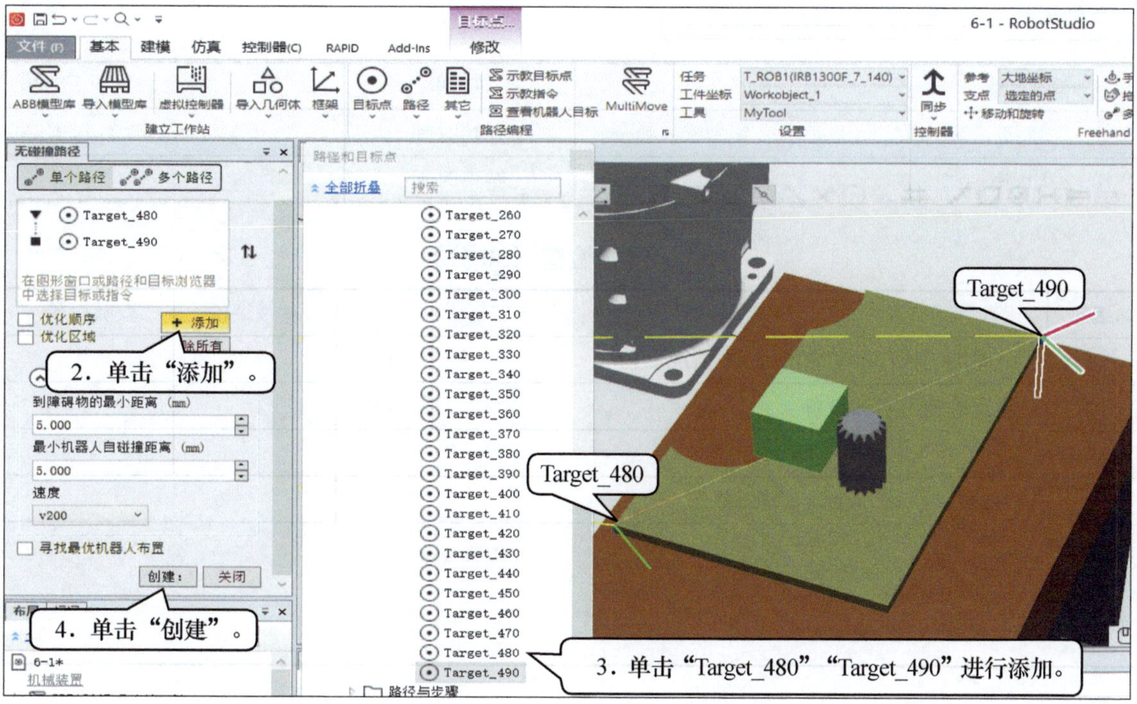
2．单击“添加”。
4．单击“创建”。
3．单击“Target_480”“Target_490”进行添加。
Target_490
Target_480

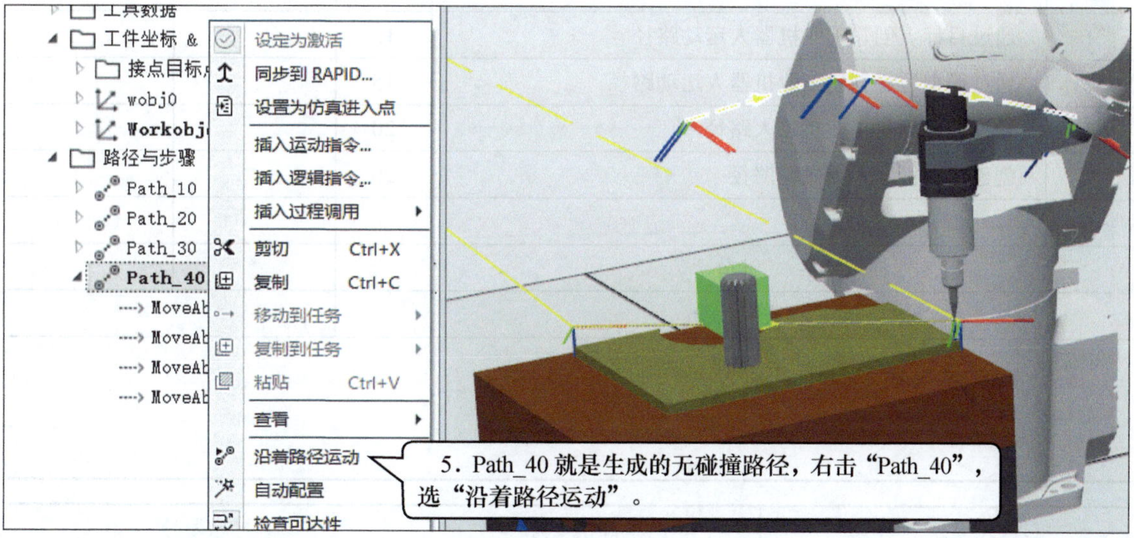
5．Path_40 就是生成的无碰撞路径，右击“Path_40”，选“沿着路径运动”。

用于生成无碰撞路径的目标点，不要与任何物体接触。比如，由工件边缘生成的目标点要作为无碰撞路径使用，就要做偏移处理。

项目6 学习情况评估表

任务编号____________________

学生姓名		日期	
班级		开始时间	
实训室		结束时间	

A 过程检查（30分）

编号	任务	分值	自我评价	教师评价
1	上课期间执行实验室5S标准情况	15		
2	能正确使用实训设备	15		
计分				
实际得分				

记录：

B 结果评价（70分）

编号	任务	分值	自我评价	教师评价
1	通过目标点创建工业机器人运动路径	15		
2	通过模型边缘创建工业机器人运动路径	15		
3	通过曲线创建工业机器人路径	20		
4	创建工业机器人无碰撞路径	20		
5				
计分				
实际得分				

记录：

过程检查实际得分	结果评价实际得分	总得分

记录：

项目 7 工业机器人与外部设备的协同应用

项目目标

- 掌握工业机器人与导轨的协同应用。
- 掌握工业机器人与变位机的协同应用。
- 掌握工业机器人与输送带的协同应用。
- 掌握多台工业机器人的协同应用。
- 掌握工业机器人与外轴的协同应用。

项目描述

在实际应用中，工业机器人常常会与外部设备进行协同应用。

1）与导轨协同，可以有效拓展工业机器人的可到达范围。

2）与变位机协同，可以更好地实现多平面路径的编程，比如焊接复杂表面工件。

3）与输送带协同，可以实现工业机器人对工件跟踪动作，从而提高节拍效率。

4）多台工业机器人的协同，能够很好地提高工业机器人之间的同步能力，降低编程的难度。

5）工业机器人添加外轴可以快速地实现超过 6 个轴的插补运动，去驱动工业机器人升降底座实现 6+1 轴的插补运动。

任务 7-1 工业机器人与导轨的协同应用

工作任务

- 创建带导轨的工业机器人系统。
- 创建运动轨迹并仿真运行。

扫一扫，看视频

在工业机器人应用中，为工业机器人系统配备导轨可大大增加工业机器人的工作范围，在处理多工位以及较大工件时非常实用。

为方便读者使用，本书所有任务中使用的模型都是 RobotStudio 中默认的自带模型，不会影响知识点的学习效果。在实际工作中，可以用真实的模型来替代进行实战。

一、创建带导轨的工业机器人系统

创建带导轨的工业机器人系统的步骤如下：

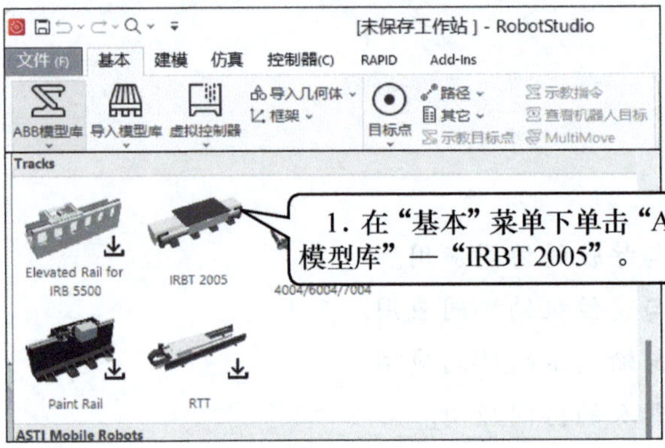

导轨与工业机器人型号的匹配关系

工业机器人与导轨是有对应的匹配关系的，其中最常用的对应关系见表 7-1，供读者参考。“ABB 模型库”中的其他型号导轨可查阅 ABB 说明书进行了解。

表 7-1 导轨与工业机器人型号的匹配关系

导轨型号	可匹配工业机器人型号
IRBT2005	IRB 1520, IRB 1600, IRB 2600, IRB 4600
IRBT4004	IRB 4400, IRB 4600
IRBT6004	IRB 6640, IRB 6660
IRBT7004	IRB 7600

注：随着新型号工业机器人的推出，导轨会匹配更多的新型号工业机器人，请留意 ABB 的官方公告。

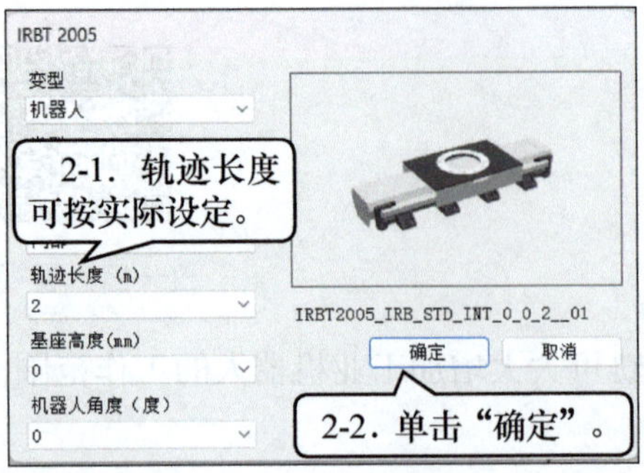

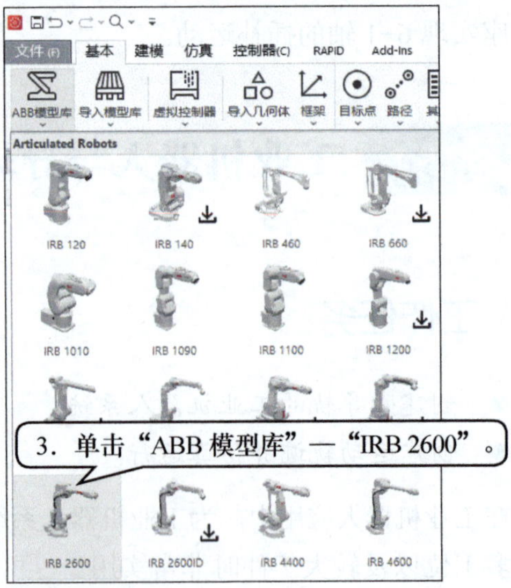

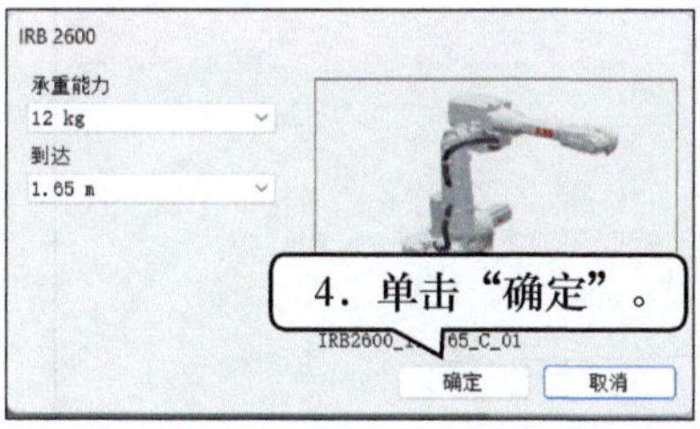

IRB 2600
承重能力
12 kg
到达
1.65 m
4. 单击“确定”。
确定
取消

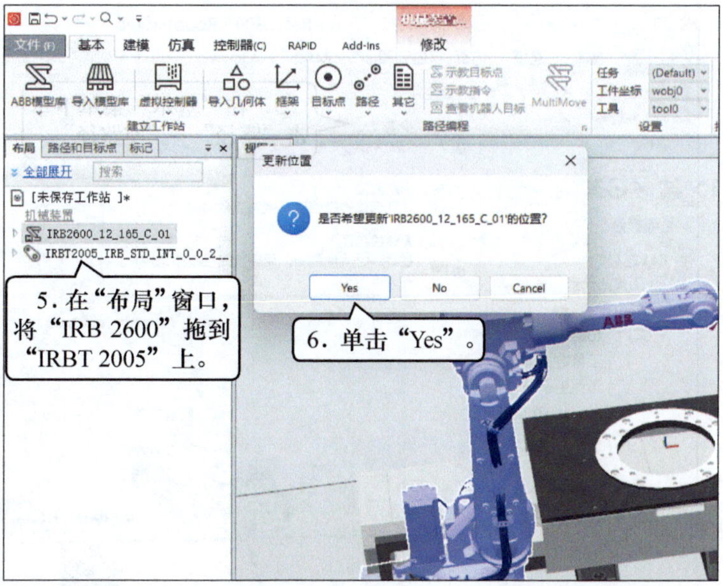

更新位置
是否希望更新'IRB2600_12_165_C_01'的位置?
Yes
No
Cancel
IRB2600_12_165_C_01
IRBT2005_IRB_STD_INT_0_0_2
5. 在“布局”窗口，将“IRB 2600”拖到“IRBT 2005”上。
6. 单击“Yes”。

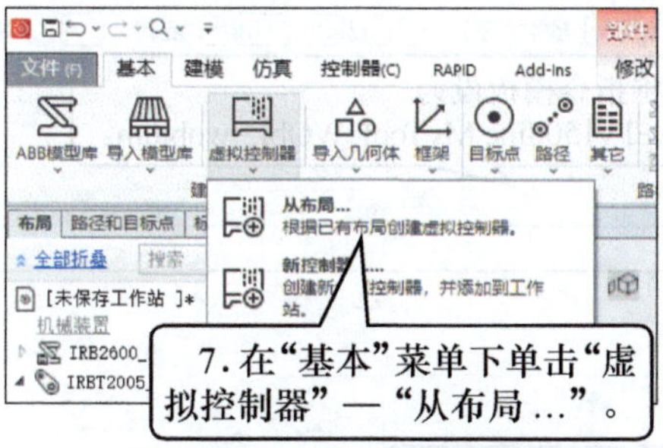

从布局...
根据已有布局创建虚拟控制器。
7. 在“基本”菜单下单击“虚拟控制器”—“从布局 ...”。

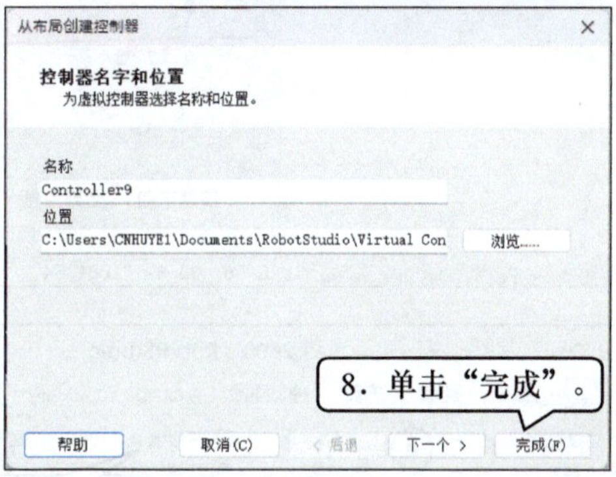

从布局创建控制器
控制器名字和位置
为虚拟控制器选择名称和位置。
名称
Controller9
位置
C:\Users\CNHUYE1\Documents\RobotStudio\Virtual Con
浏览...
8. 单击“完成”。
帮助
取消(C)
后退
下一个 >
完成(F)

二、创建运动轨迹与仿真运行

创建运动轨迹与仿真运行步骤如下：

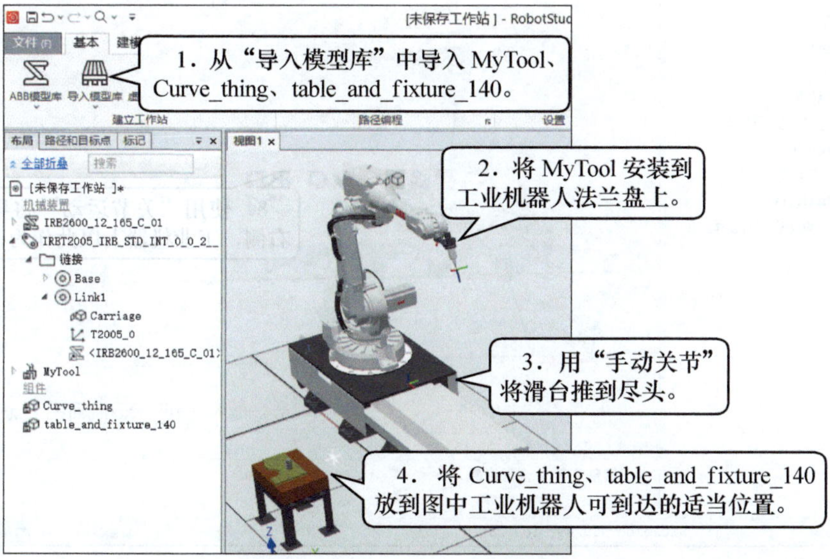

[未保存工作站] - RobotStudio
1. 从“导入模型库”中导入 MyTool、Curve_thing、table_and_fixture_140。
2. 将 MyTool 安装到工业机器人法兰盘上。
3. 用“手动关节”将滑台推到尽头。
4. 将 Curve_thing、table_and_fixture_140 放到图中工业机器人可到达的适当位置。
IRB2600_12_165_C_01
IRBT2005_IRB_STD_INT_0_0_2
链接
Base
Link1
Carriage
T2005_0
MyTool
Curve_thing
table_and_fixture_140

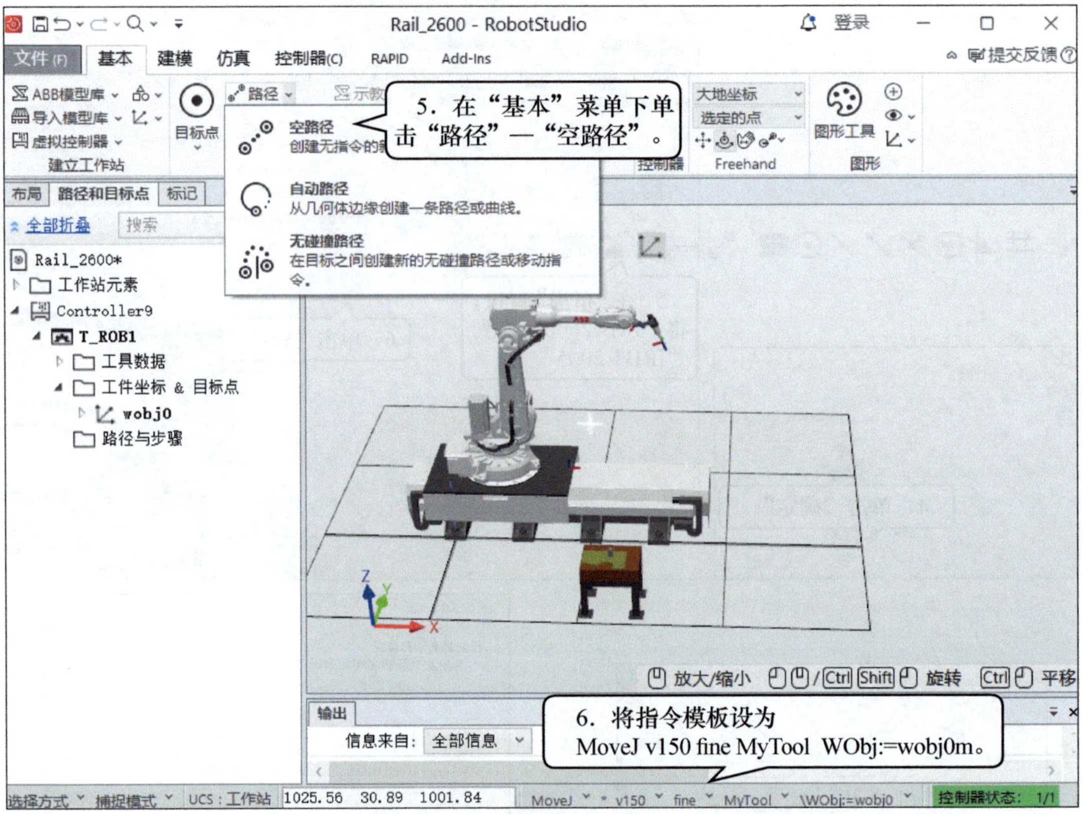
Rail_2600 - RobotStudio
5．在“基本”菜单下单击“路径”—“空路径”。
空路径
自动路径
从几何体边缘创建一条路径或曲线。
无碰撞路径
在目标之间创建新的无碰撞路径或移动指令。
6．将指令模板设为 MoveJ v150 fine MyTool WObj:=wobj0m。

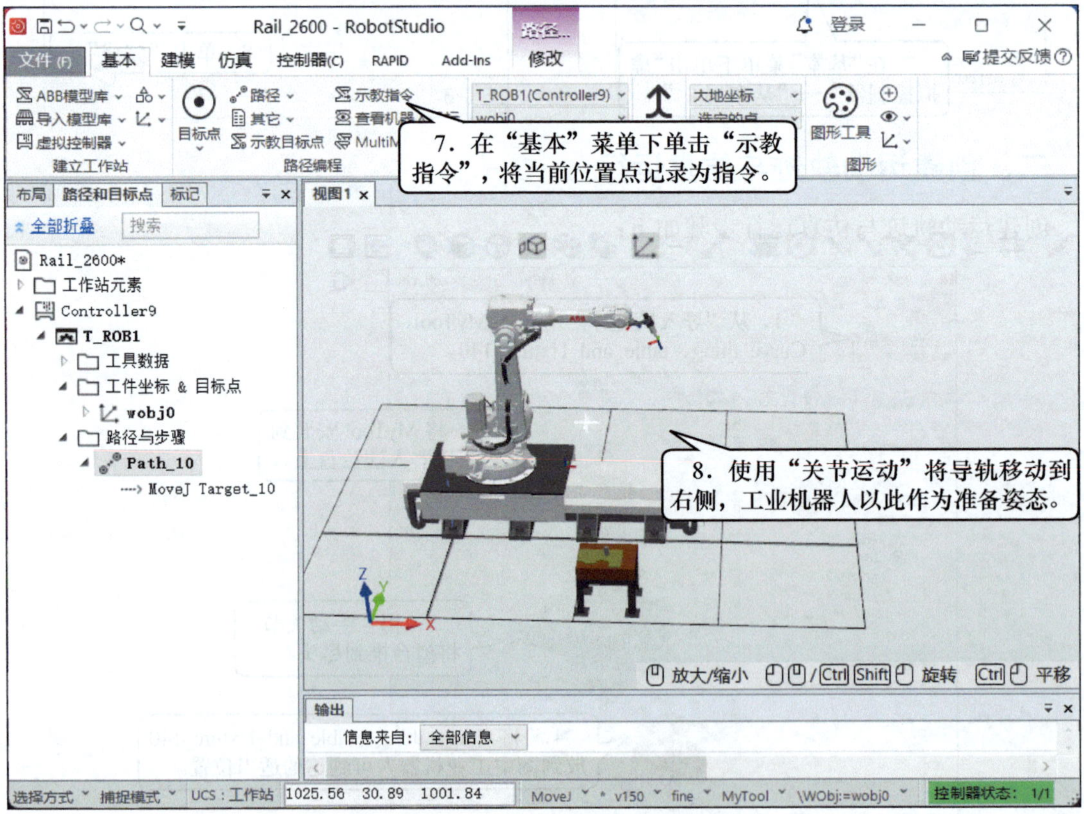
Rail_2600 - RobotStudio
7．在“基本”菜单下单击“示教指令”，将当前位置点记录为指令。
8．使用“关节运动”将导轨移动到右侧，工业机器人以此作为准备姿态。
Path_10
MoveJ Target_10

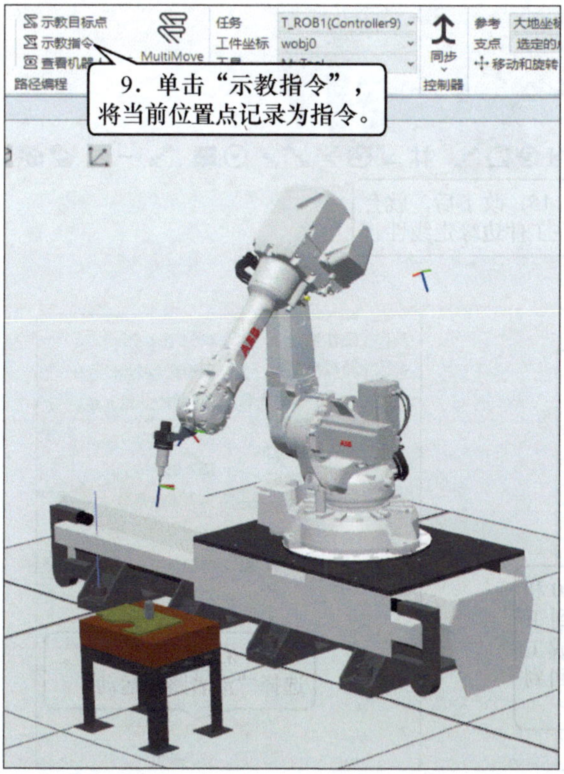

9. 单击"示教指令"，将当前位置点记录为指令。

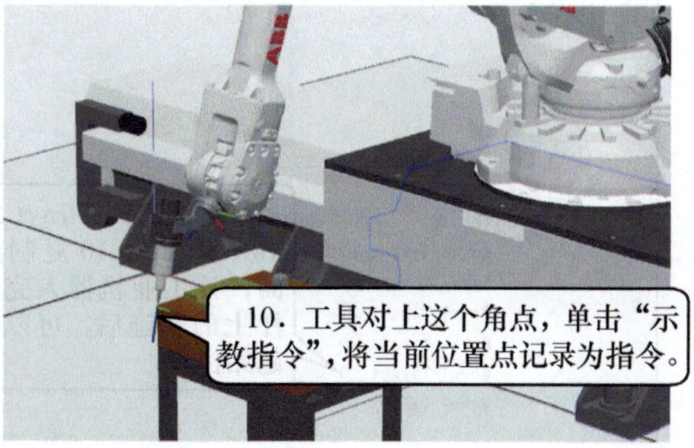

10. 工具对上这个角点，单击"示教指令"，将当前位置点记录为指令。

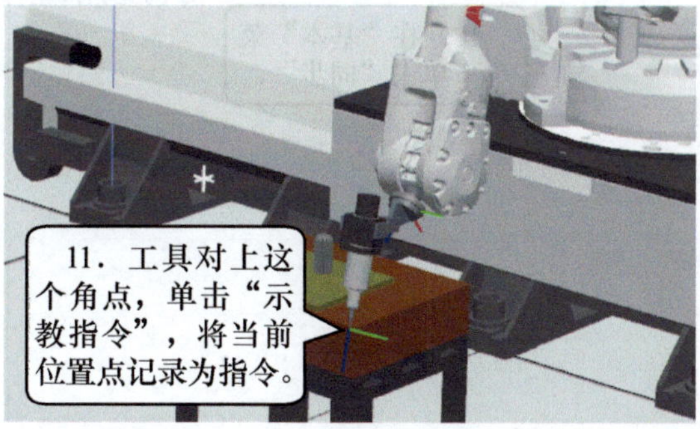

11. 工具对上这个角点，单击"示教指令"，将当前位置点记录为指令。

12. 刚才的操作共生成了4条运动指令，可以在指令上单击右键修改参数。

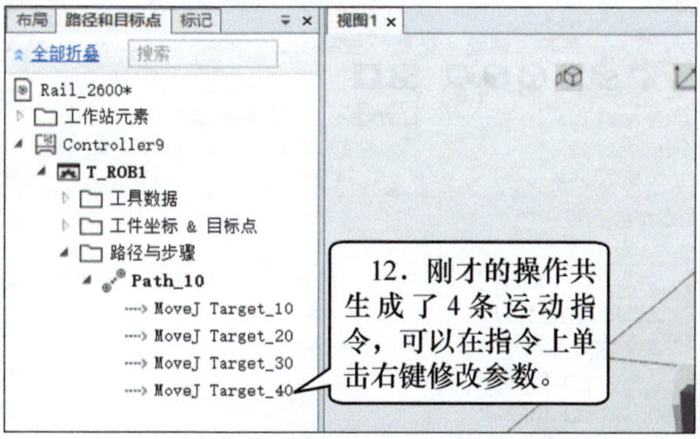

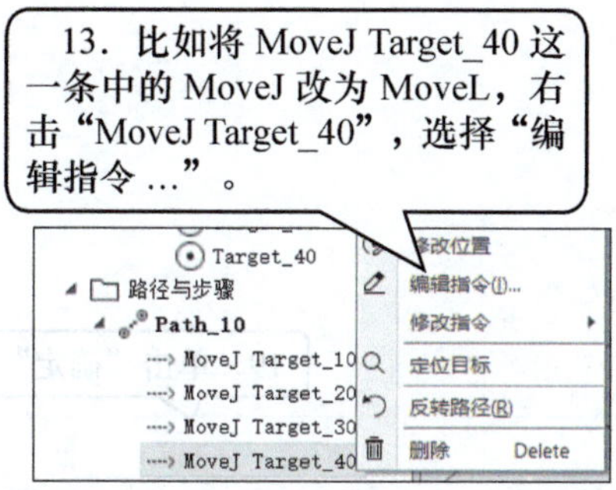

13. 比如将 MoveJ Target_40 这一条中的 MoveJ 改为 MoveL，右击"MoveJ Target_40"，选择"编辑指令 …"。

14. 将"动作类型"改为 Linear，然后单击"应用"。

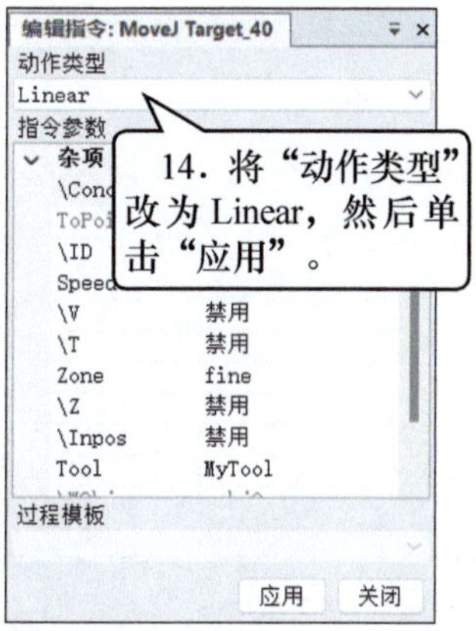

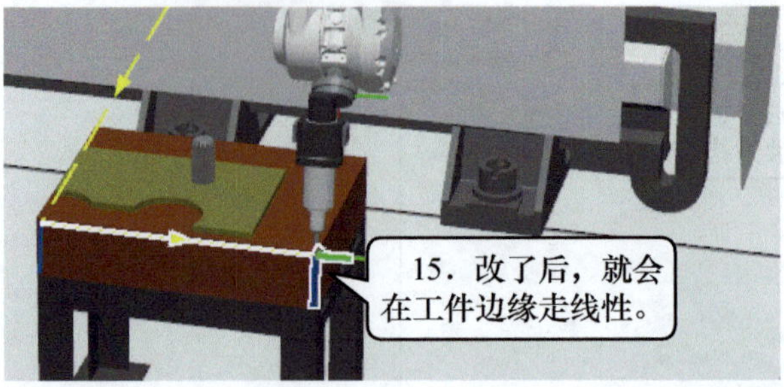

15. 改了后，就会在工件边缘走线性。

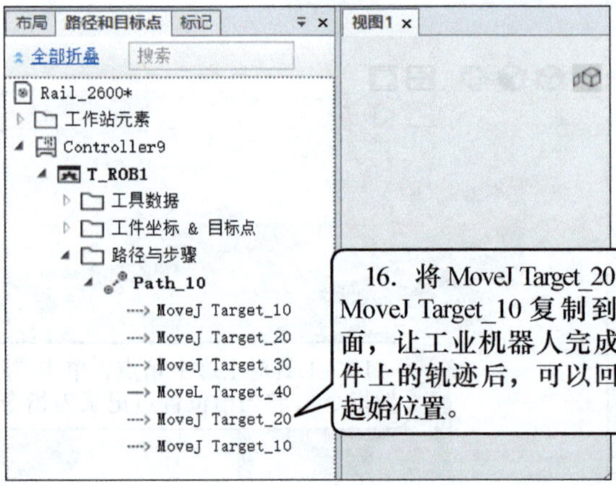

16. 将 MoveJ Target_20 和 MoveJ Target_10 复制到下面，让工业机器人完成工件上的轨迹后，可以回到起始位置。

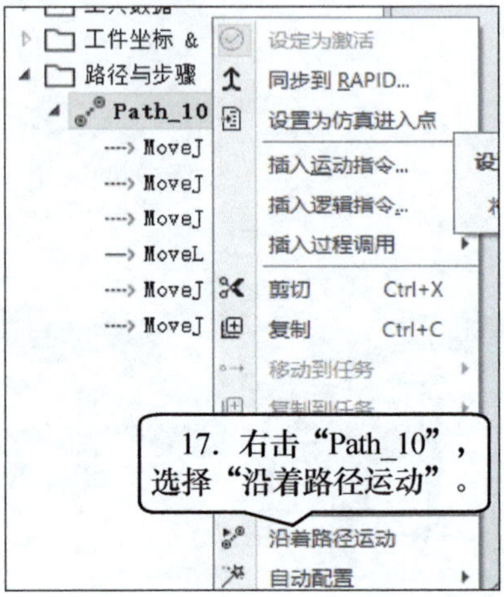

17. 右击"Path_10"，选择"沿着路径运动"。

18. 在"基本"菜单下单击"同步"。

19. 单击"确定"。

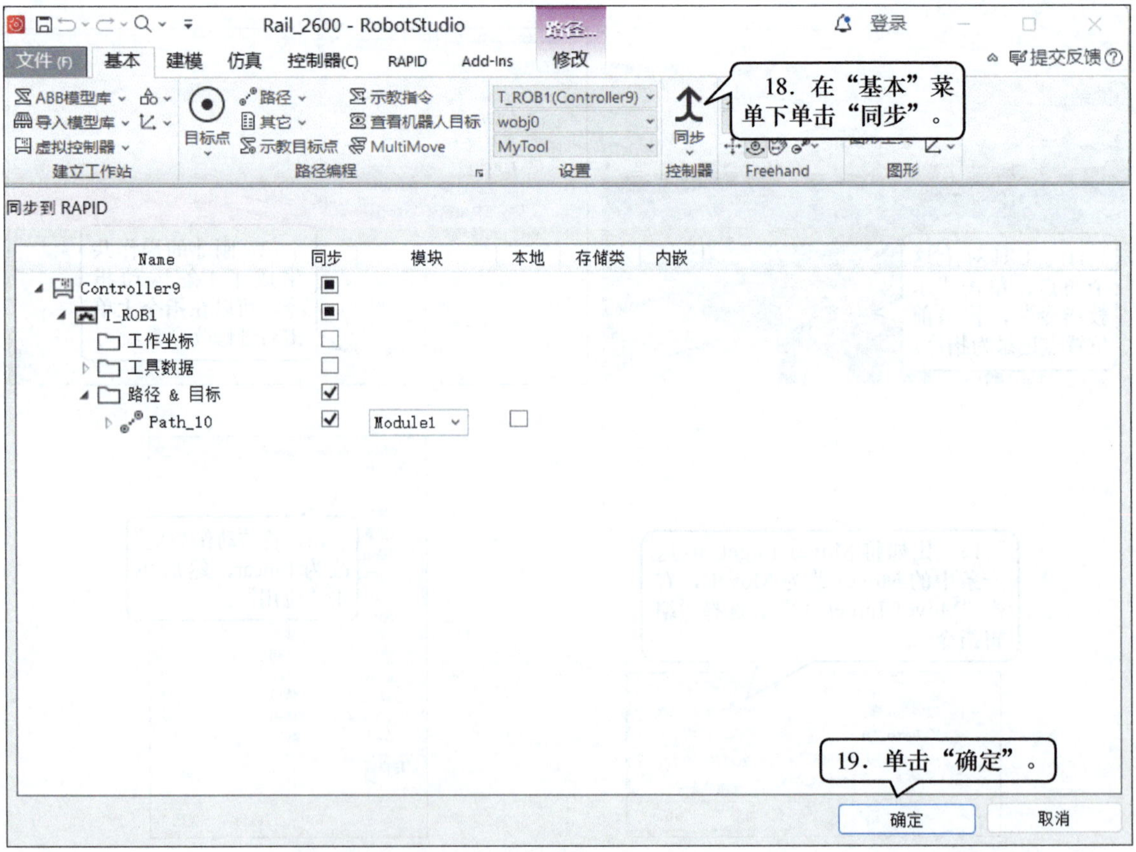

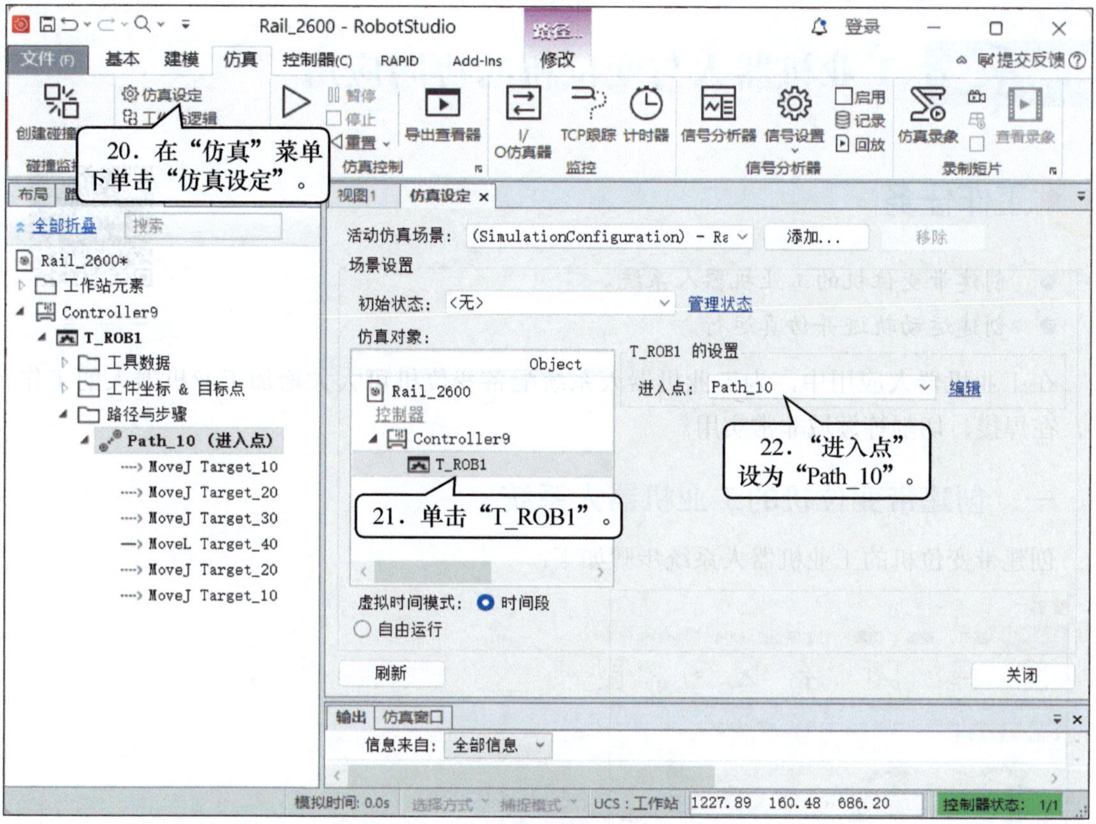
20．在“仿真”菜单下单击“仿真设定”。
21．单击“T_ROB1”。
22．“进入点”设为“Path_10”。

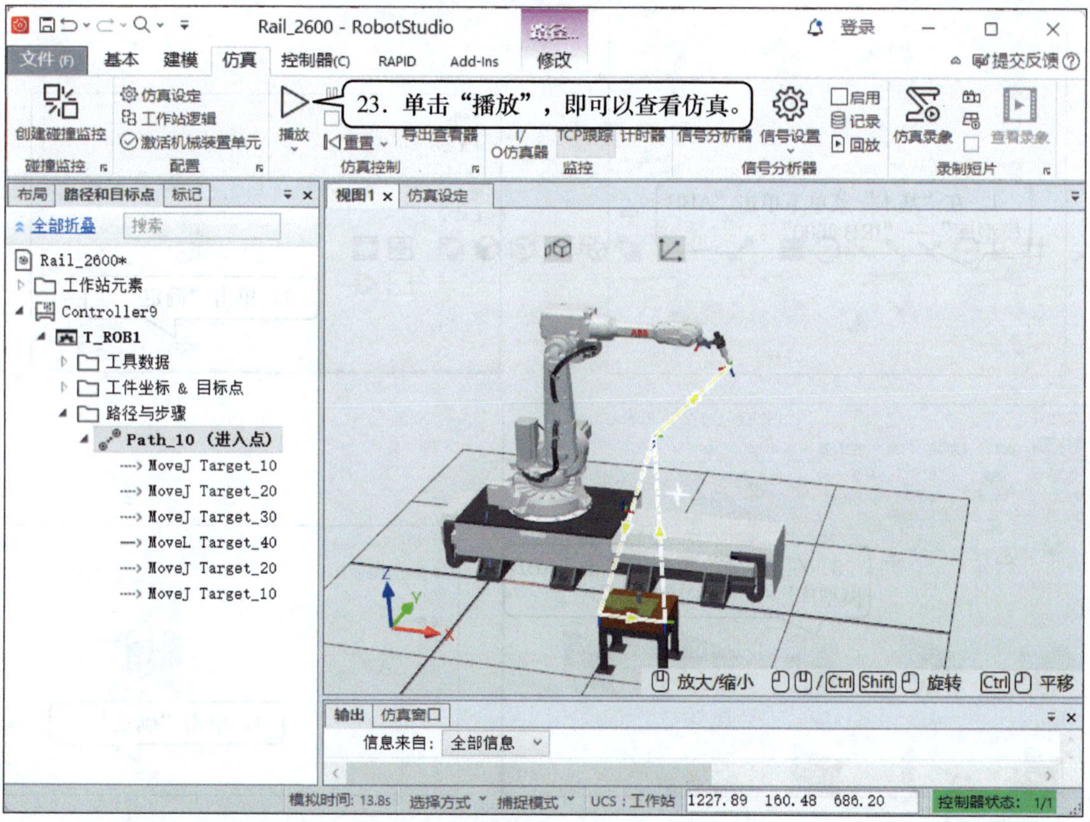
23．单击“播放”，即可以查看仿真。

任务 7-2　工业机器人与变位机的协同应用

工作任务

扫一扫，看视频

- 创建带变位机的工业机器人系统。
- 创建运动轨迹并仿真运行。

在工业机器人应用中，为工业机器人系统配备变位机可大大增加工业机器人的工作范围，在焊接、切割等领域非常实用。

一、创建带变位机的工业机器人系统

创建带变位机的工业机器人系统步骤如下：

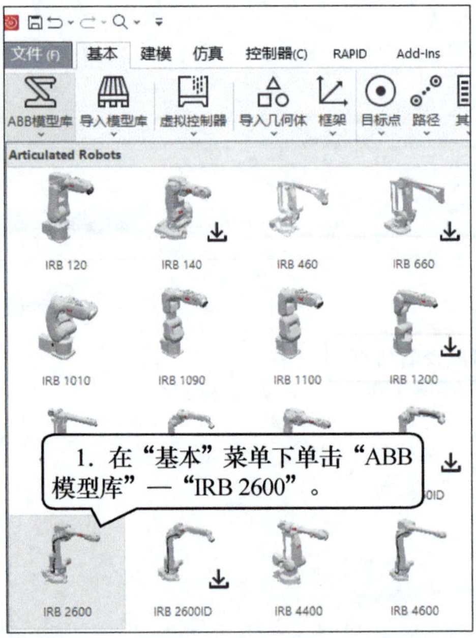

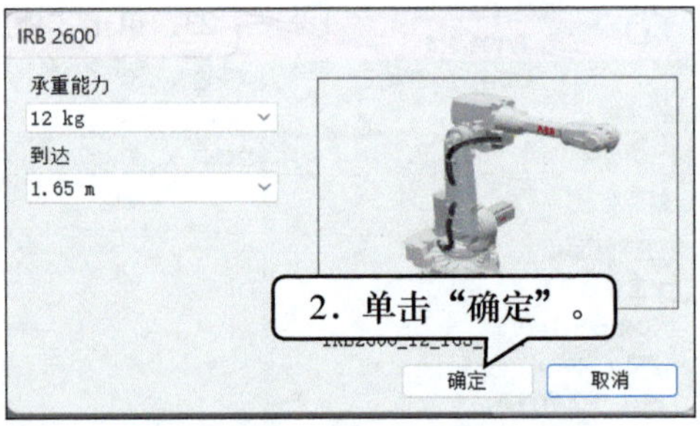

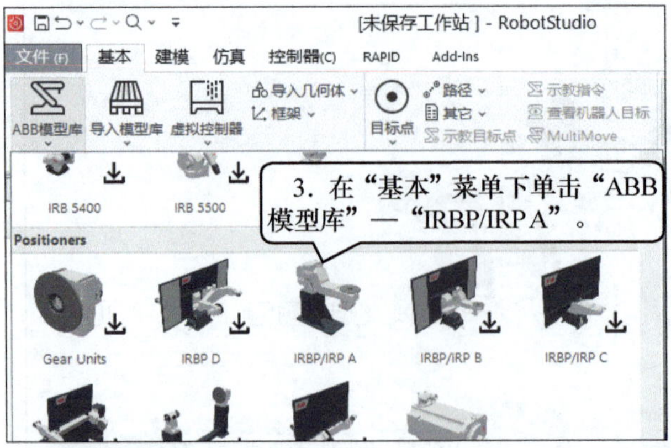

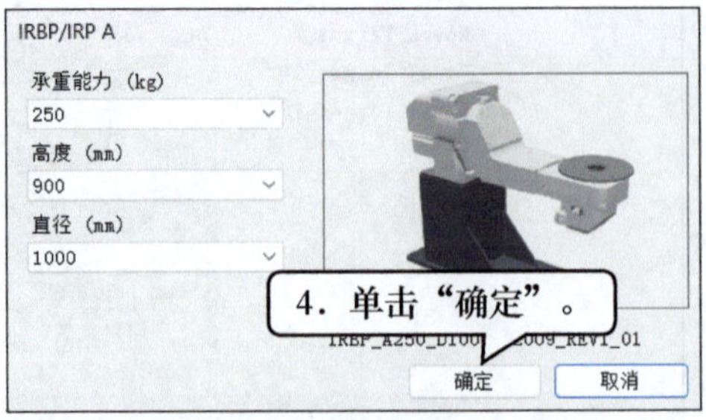

关于变位机的选型

ABB 工业机器人有丰富的变位机型号来应对各种需求。具体的工业机器人与变位机的匹配可以查看 ABB 的电子手册。从微信公众号“叶晖 yehui”，可以搜索“手册”进行下载。

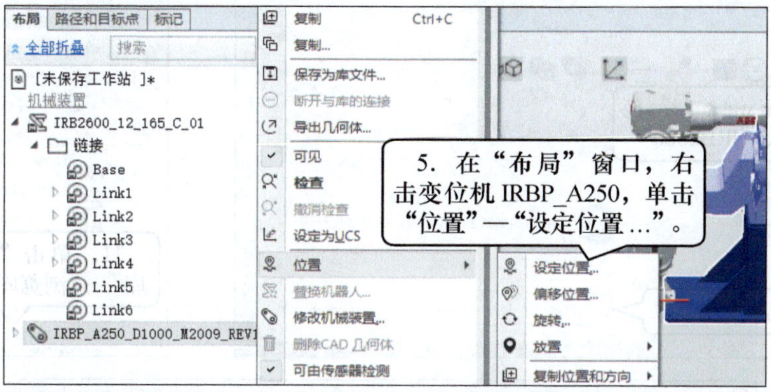
5. 在“布局”窗口，右击变位机 IRBP_A250，单击“位置”—“设定位置…”。

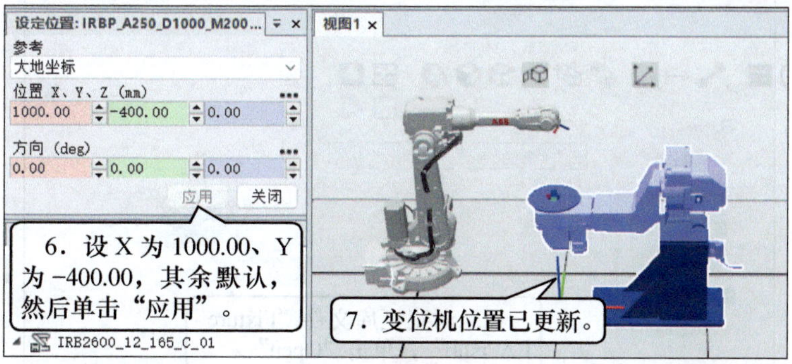
6. 设 X 为 1000.00、Y 为 -400.00，其余默认，然后单击“应用”。
7. 变位机位置已更新。

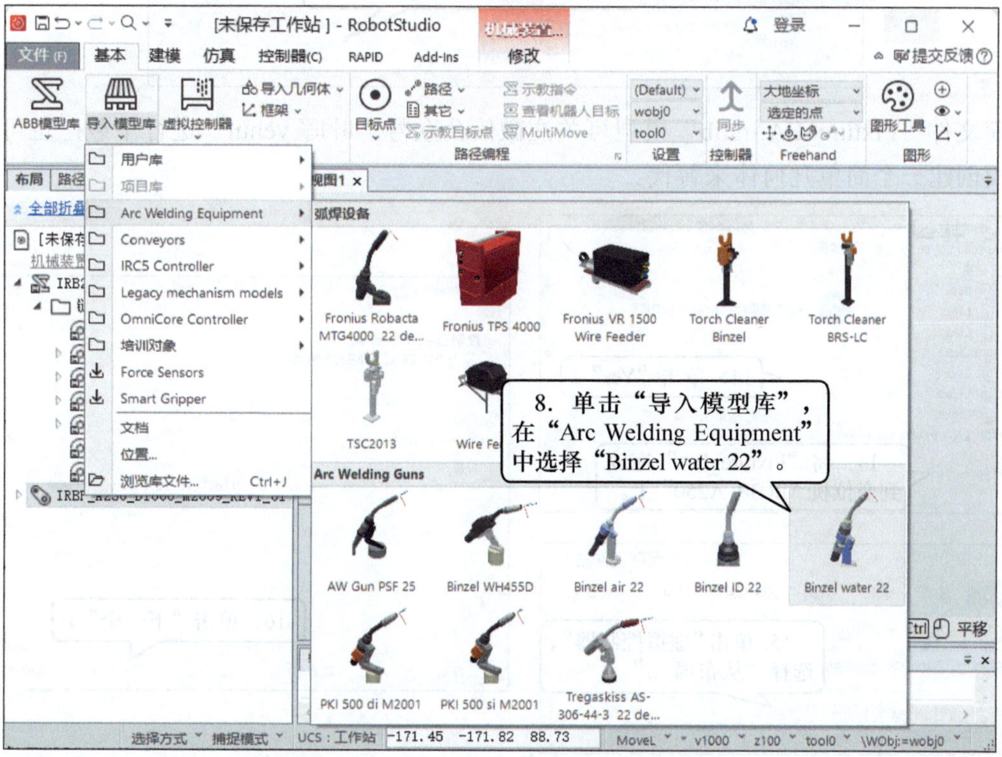
8. 单击“导入模型库”，在“Arc Welding Equipment”中选择“Binzel water 22”。

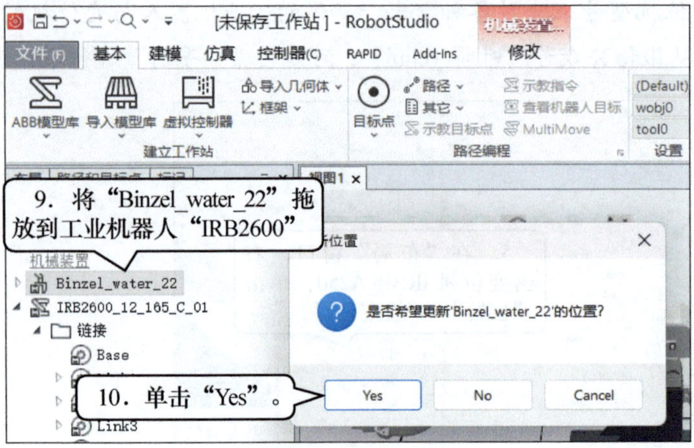

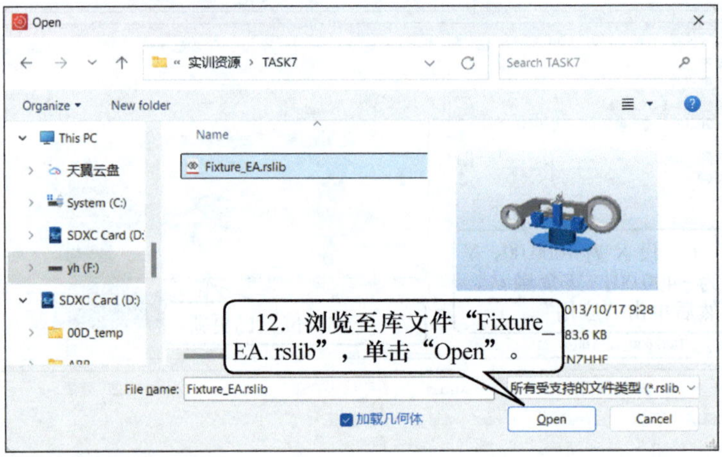

库文件“Fixture_EA. rslib”模型可关注微信公众号“叶晖 yehui”进行下载；也可以使用建模创建一个简单几何体来替代。

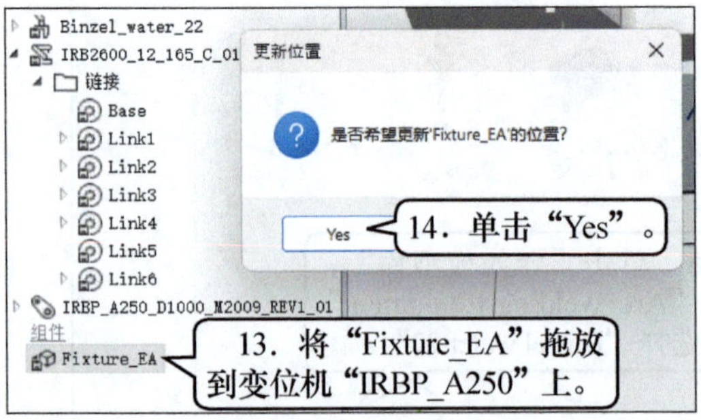

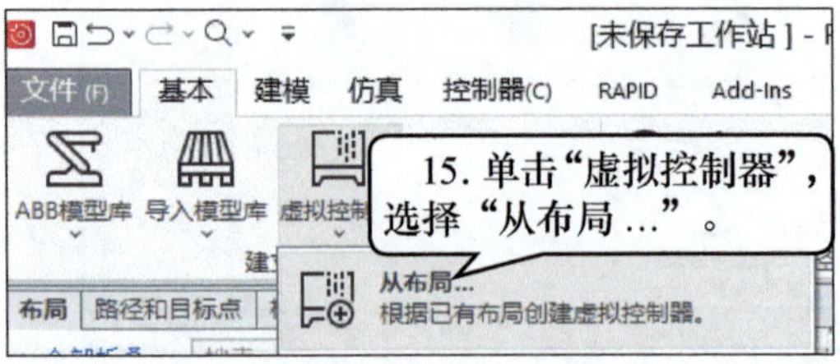

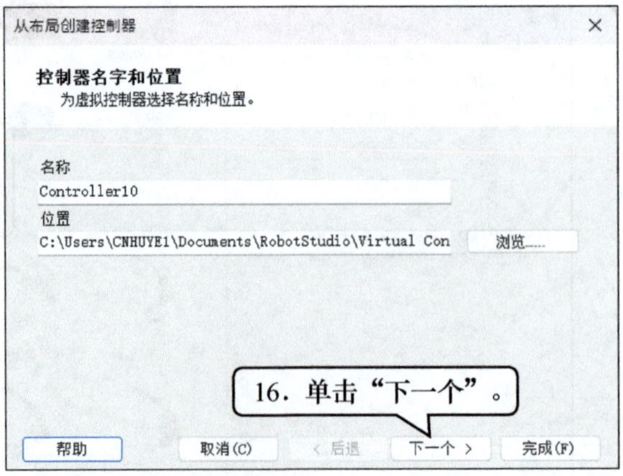

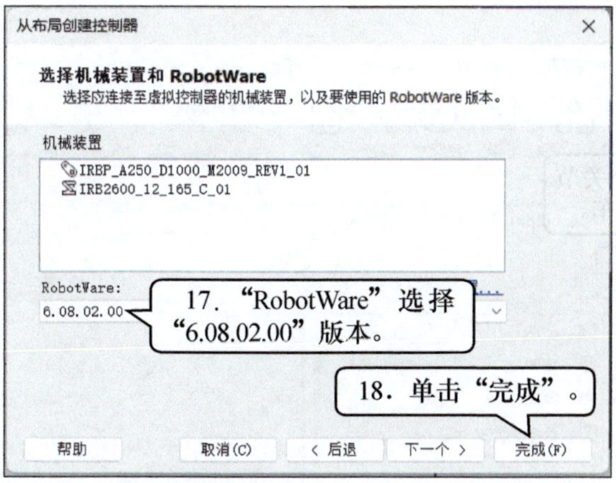

二、创建运动轨迹并仿真运行

在本任务中，使用自动路径功能生成工件上的焊接轨迹，如图 7-1 所示。

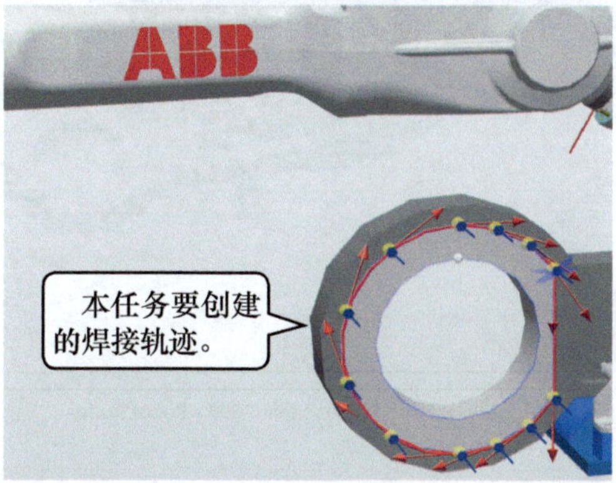

图 7-1　焊接轨迹

在带变位机的工业机器人系统中示教目标点时，需要保证变位机是激活状态才可同时将变位机的数据记录下来。具体步骤如下：

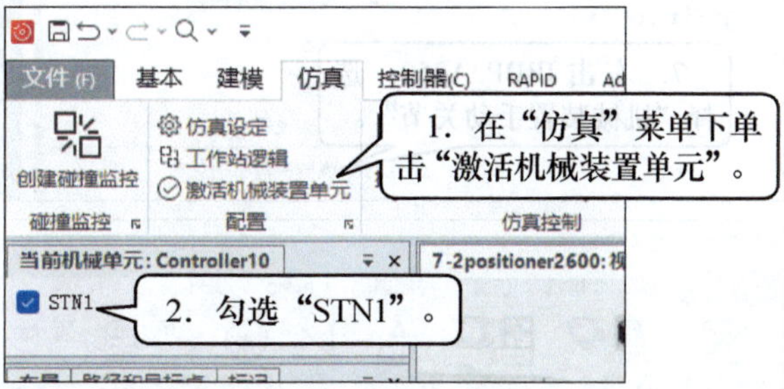

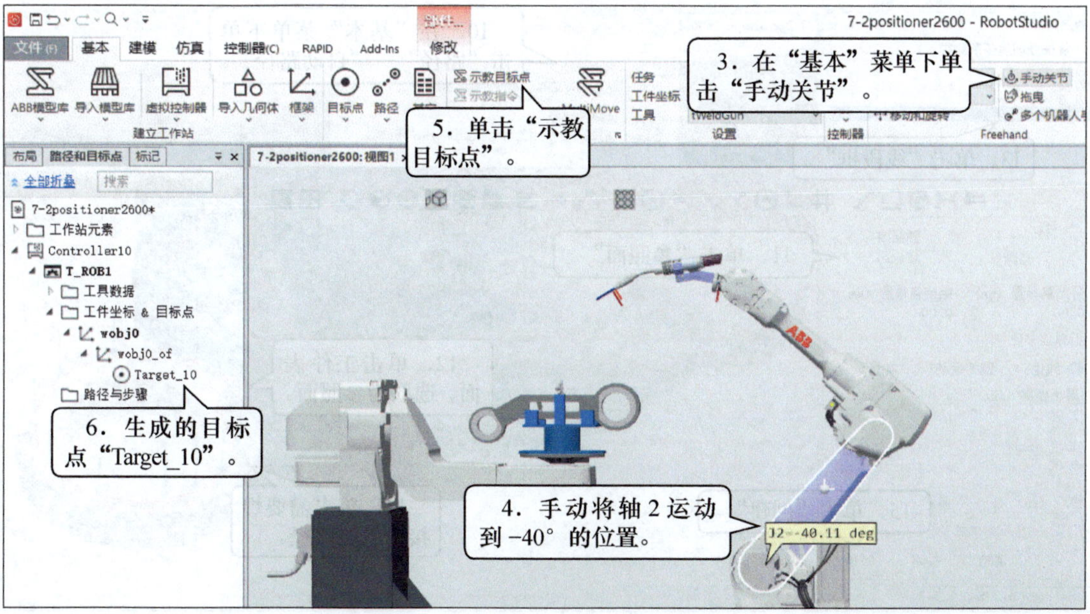

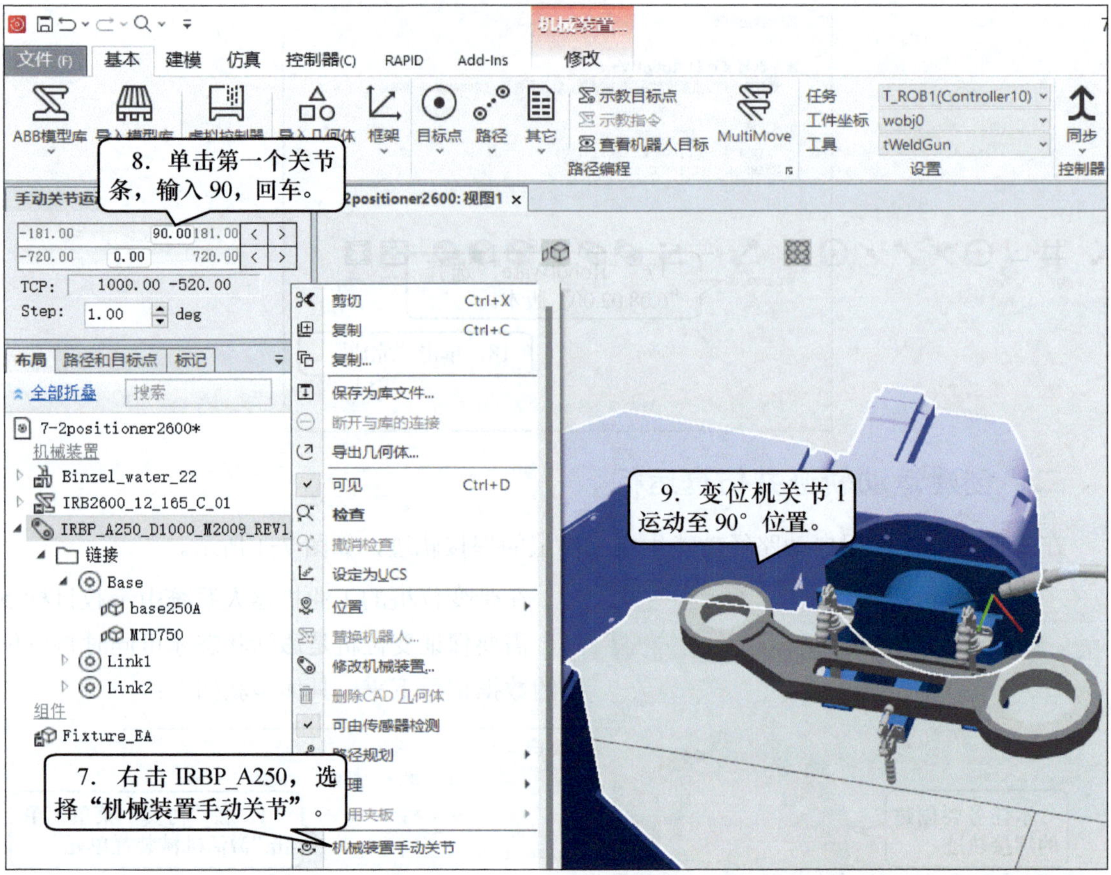
7. 右击 IRBP_A250，选择“机械装置手动关节”。
8. 单击第一个关节条，输入 90，回车。
9. 变位机关节 1 运动至 90° 位置。
机械装置手动关节

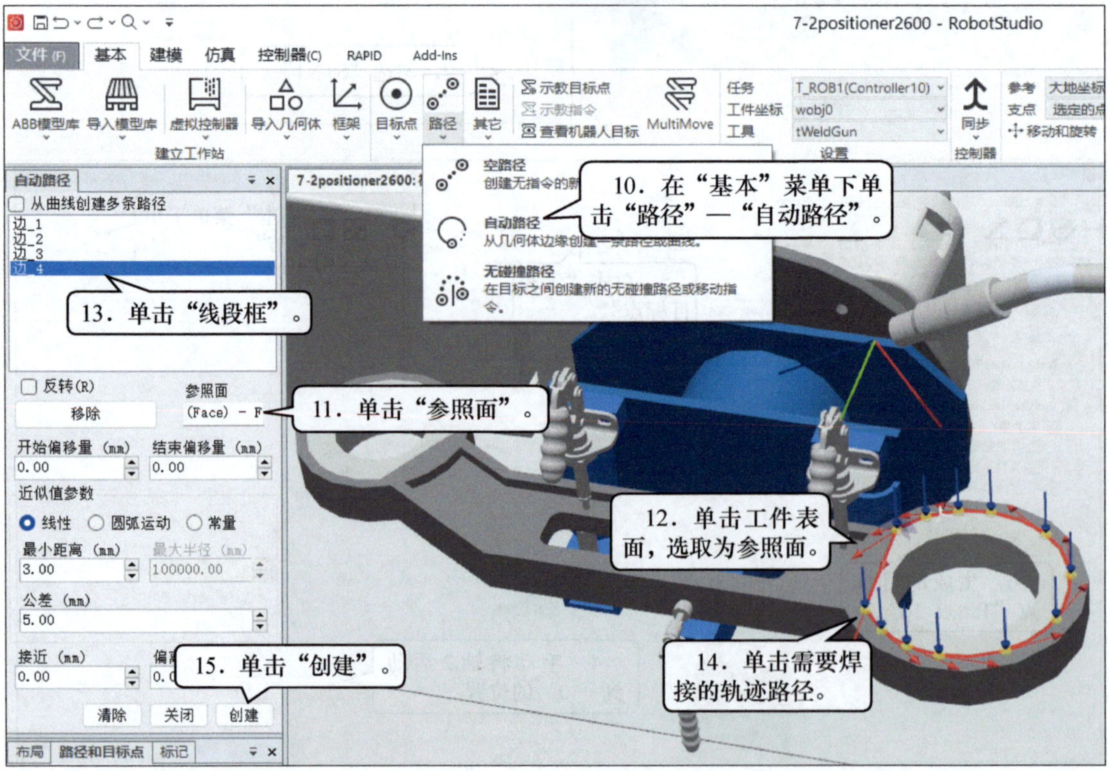
7-2positioner2600 - RobotStudio
10. 在“基本”菜单下单击“路径”—“自动路径”。
11. 单击“参照面”。
12. 单击工件表面，选取为参照面。
13. 单击“线段框”。
14. 单击需要焊接的轨迹路径。
15. 单击“创建”。
自动路径
从曲线创建多条路径
反转(R)
参照面
移除
开始偏移量 (mm)
结束偏移量 (mm)
近似值参数
线性
圆弧运动
常量
最小距离 (mm)
最大半径 (mm)
公差 (mm)
接近 (mm)
清除
关闭
创建

目标点 Target_20 ～ Target_140 是自动生成的，我们要查看目标点处的工具方向，工业机器人是否可到达。

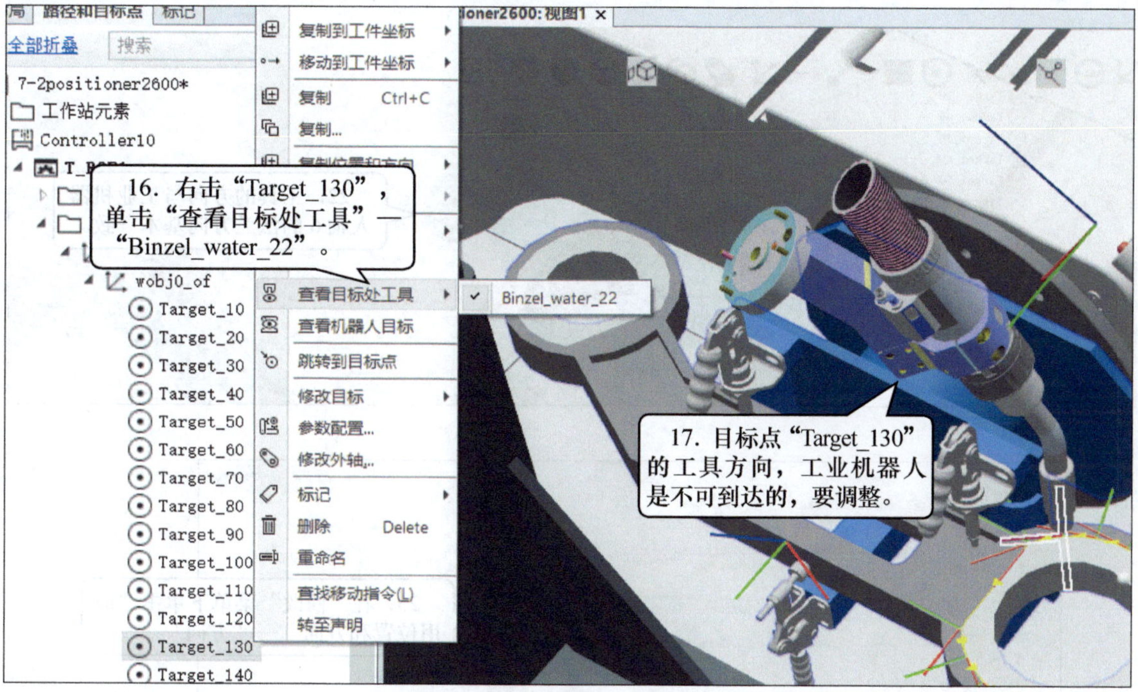

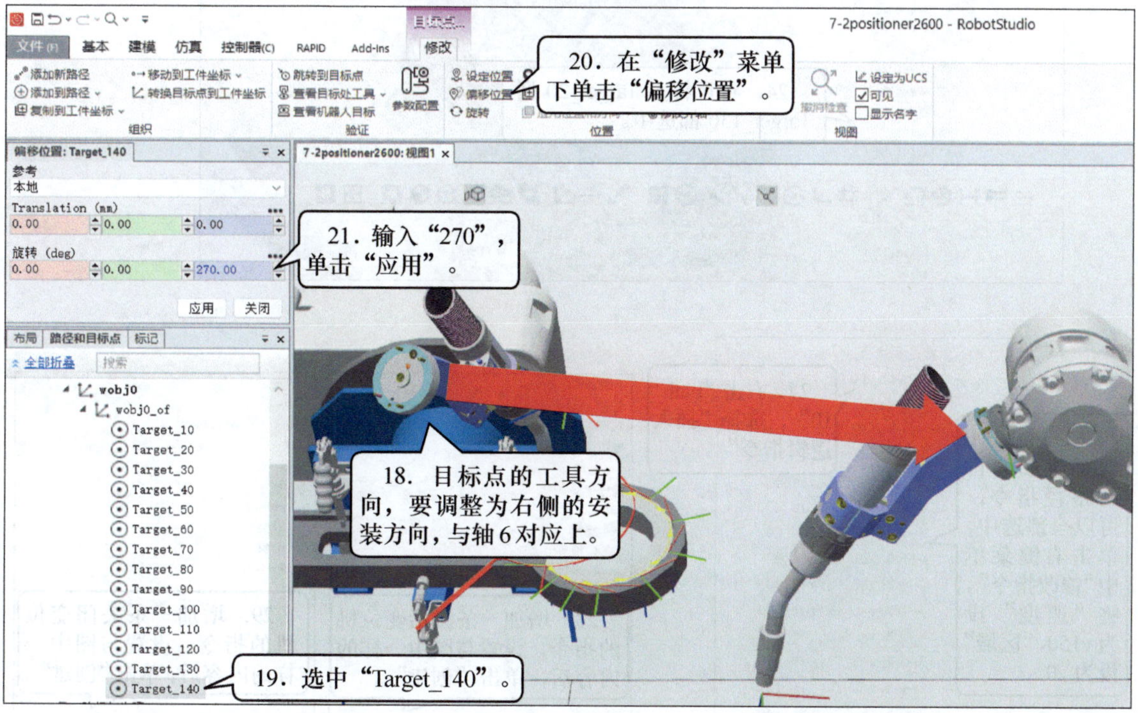

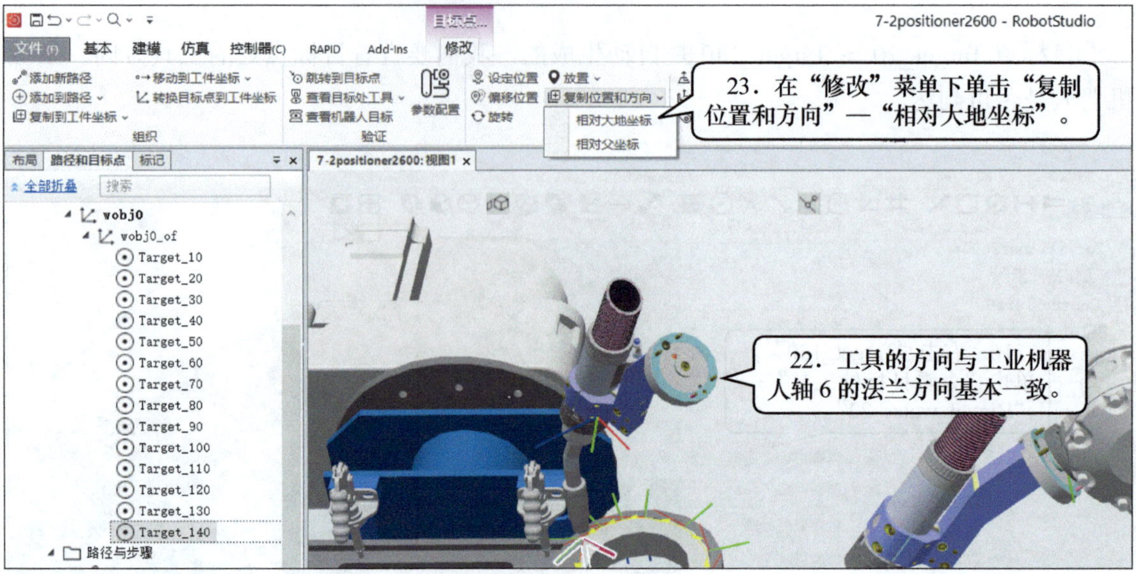

23. 在"修改"菜单下单击"复制位置和方向"—"相对大地坐标"。

22. 工具的方向与工业机器人轴6的法兰方向基本一致。

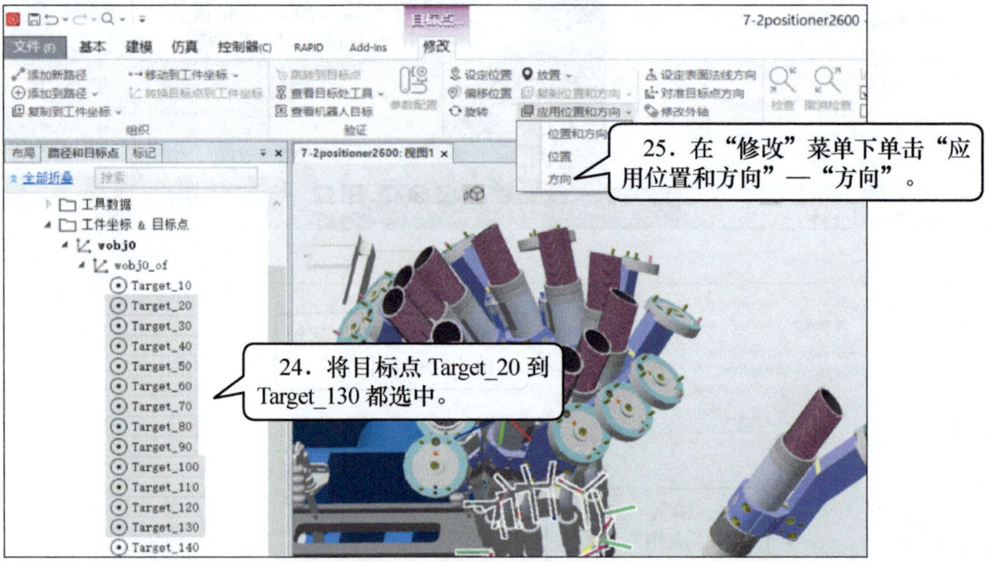

25. 在"修改"菜单下单击"应用位置和方向"—"方向"。

24. 将目标点Target_20到Target_130都选中。

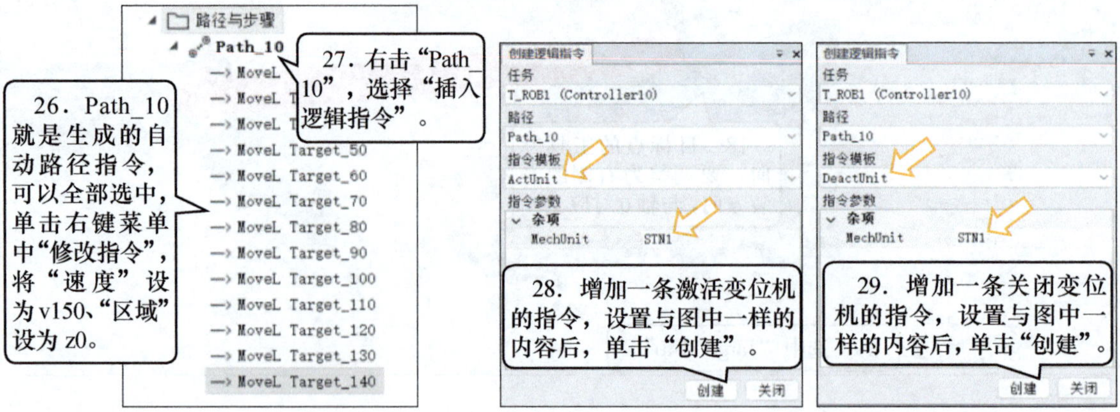

26. Path_10就是生成的自动路径指令，可以全部选中，单击右键菜单中"修改指令"，将"速度"设为v150、"区域"设为z0。

27. 右击"Path_10"，选择"插入逻辑指令"。

28. 增加一条激活变位机的指令，设置与图中一样的内容后，单击"创建"。

29. 增加一条关闭变位机的指令，设置与图中一样的内容后，单击"创建"。

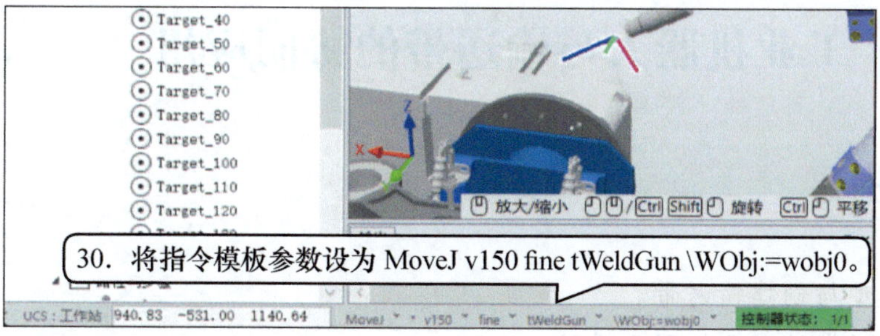

30．将指令模板参数设为 MoveJ v150 fine tWeldGun \WObj:=wobj0。

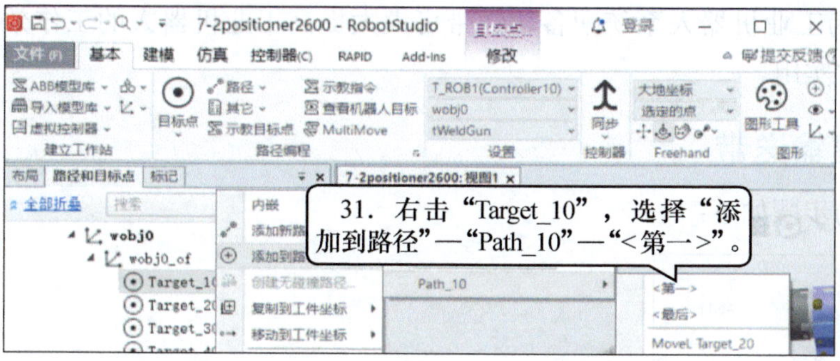

31．右击“Target_10”，选择“添加到路径”—“Path_10”—“<第一>”。

32．在“Path_10”中拖动指令，位置如图中所示的排列顺序。

33．在“基本”菜单下单击“同步”—“同步到 RAPID…”。

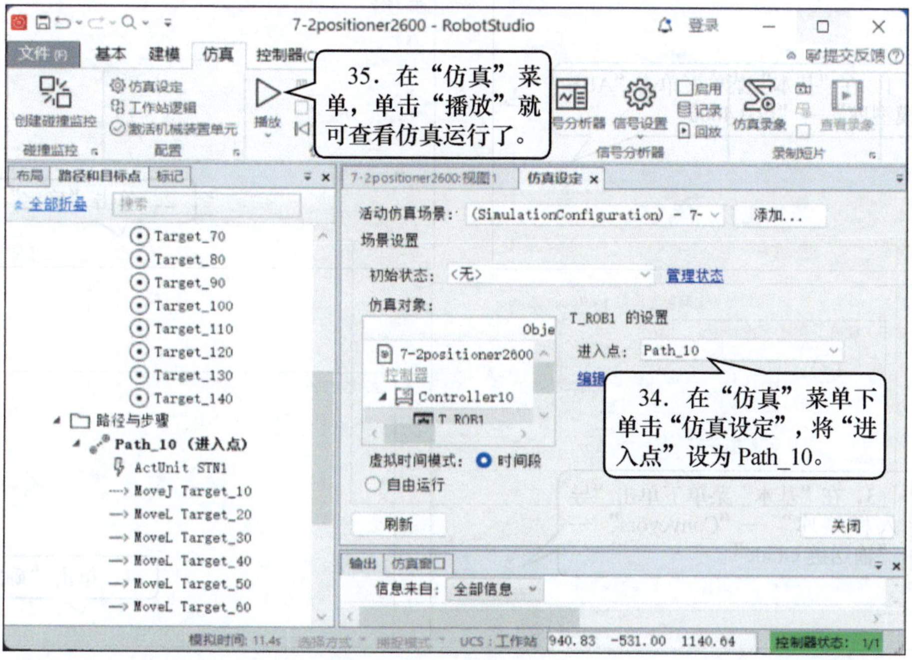

34．在“仿真”菜单下单击“仿真设定”，将“进入点”设为 Path_10。

35．在“仿真”菜单，单击“播放”就可查看仿真运行了。

任务 7-3　工业机器人与输送带的协同应用

工作任务

扫一扫，看视频

- 导入模型与创建输送带。
- 创建输送带的工业机器人系统。
- 创建运动轨迹并仿真运行。

在工业机器人应用中，为工业机器人系统配备输送带可大大提高工业机器人的工作效率，在拾取、涂胶等领域非常实用。

一、导入模型与创建输送带

导入模型与创建输送带的步骤如下：

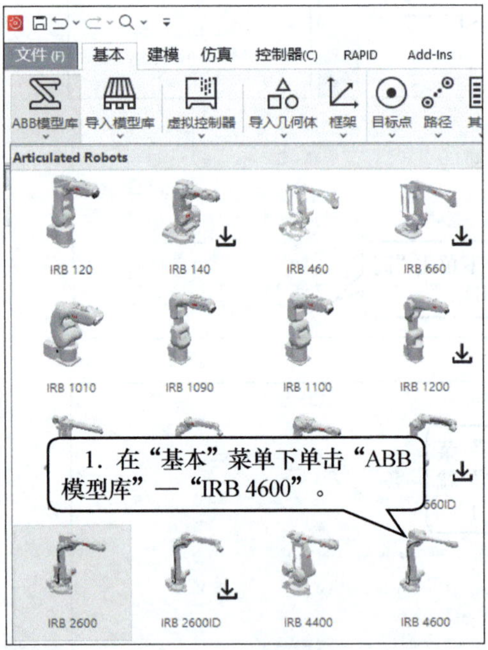

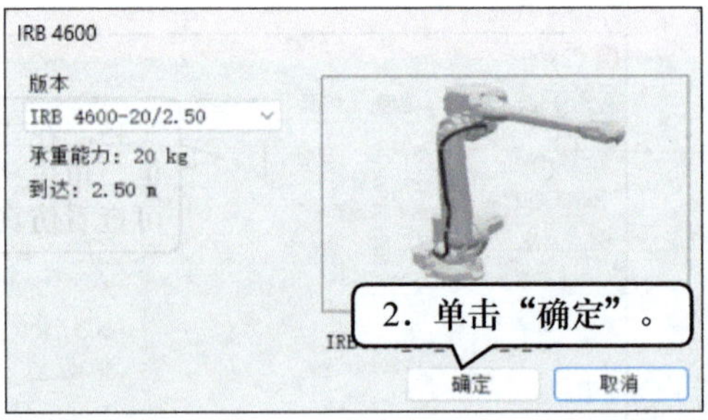

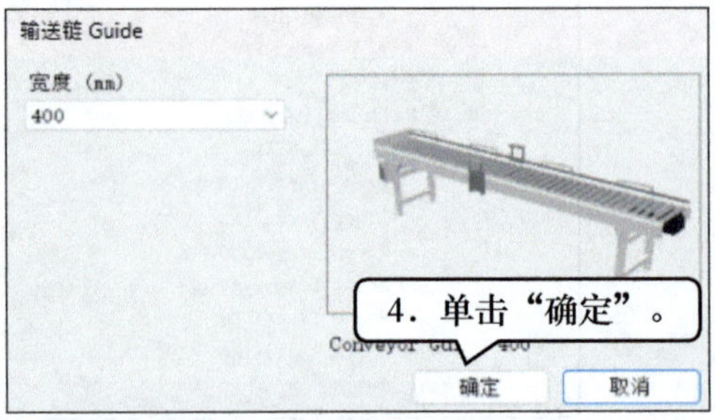

关于输送带的选型

在 RobotStudio 中，自带了常用的输送带模型供直接使用。读者也可以自主设计输送带模型，然后导入 RobotStudio 中进行配置使用。

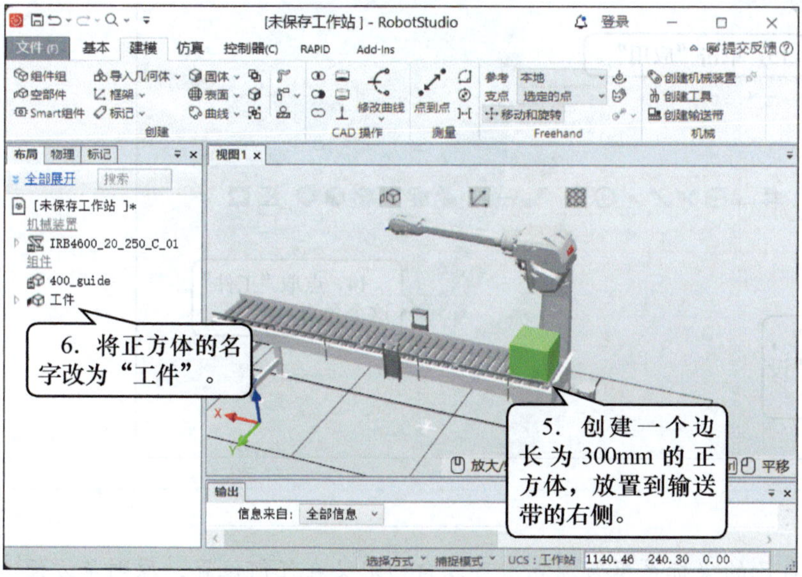

6. 将正方体的名字改为“工件”。
5. 创建一个边长为 300mm 的正方体，放置到输送带的右侧。

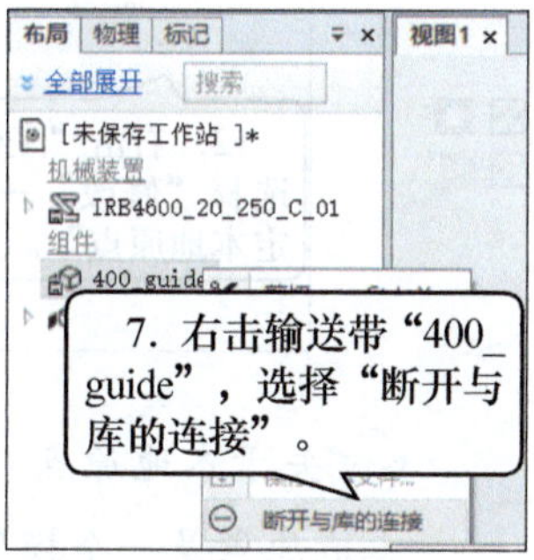

7. 右击输送带“400_guide”，选择“断开与库的连接”。

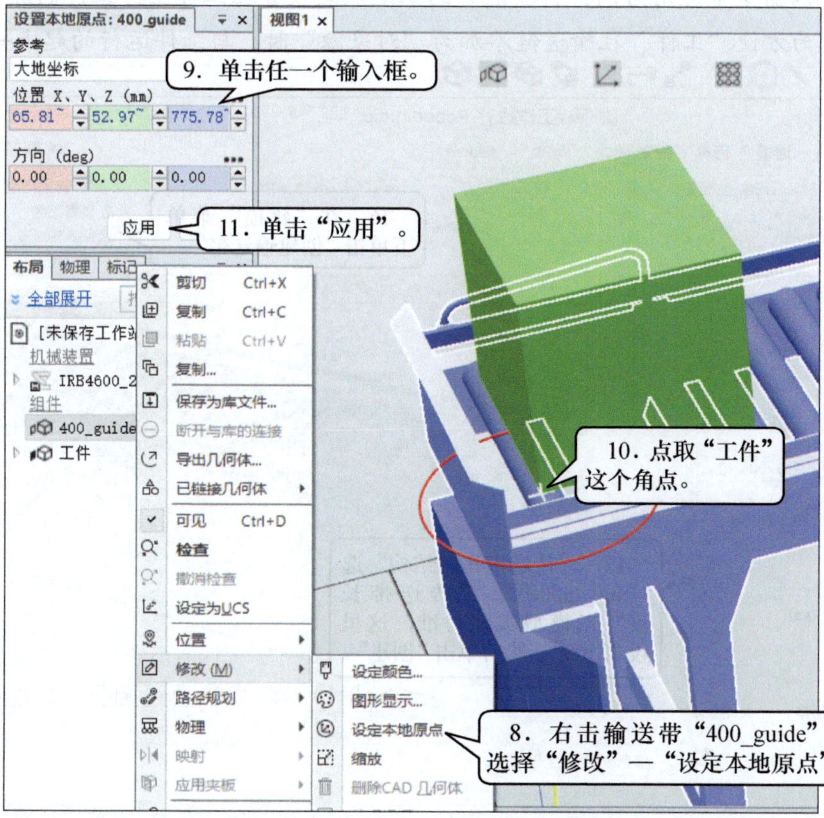

9. 单击任一个输入框。
11. 单击“应用”。
10. 点取“工件”这个角点。
8. 右击输送带“400_guide”，选择“修改”—“设定本地原点”。

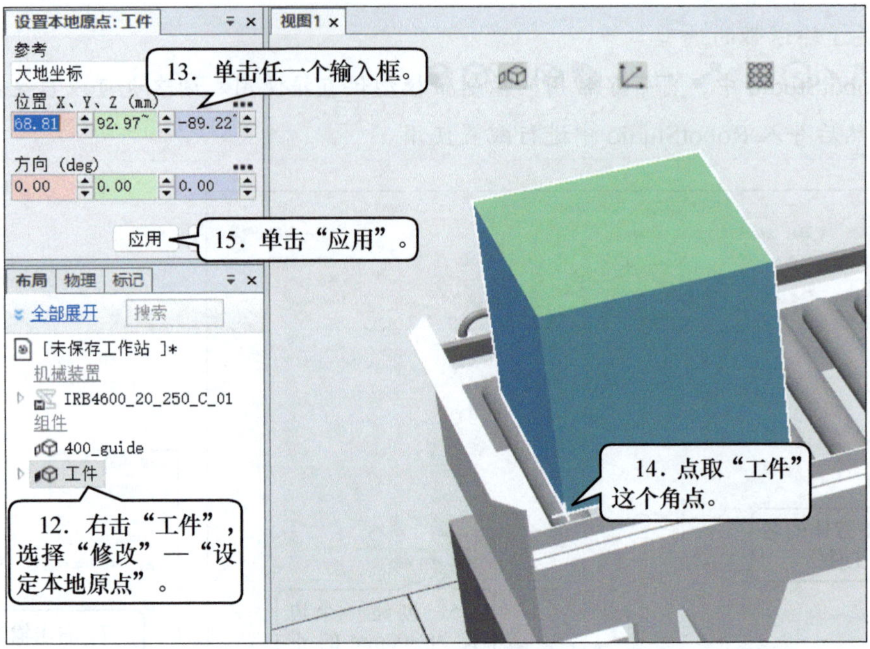

13. 单击任一个输入框。
15. 单击“应用”。
14. 点取“工件”这个角点。
12. 右击“工件”，选择“修改”—“设定本地原点”。

关于本地原点

本地原点是一个模型自己的坐标系框架原点，可以自由定义在任何位置，原则是方便编程与设置。以输送带应用为例，将输送带的本地原点设置在工件上，工件的原点与输送带的一样，是为方便“工件”往输送链添加为“对象源”时，与工件运行的起点一致。

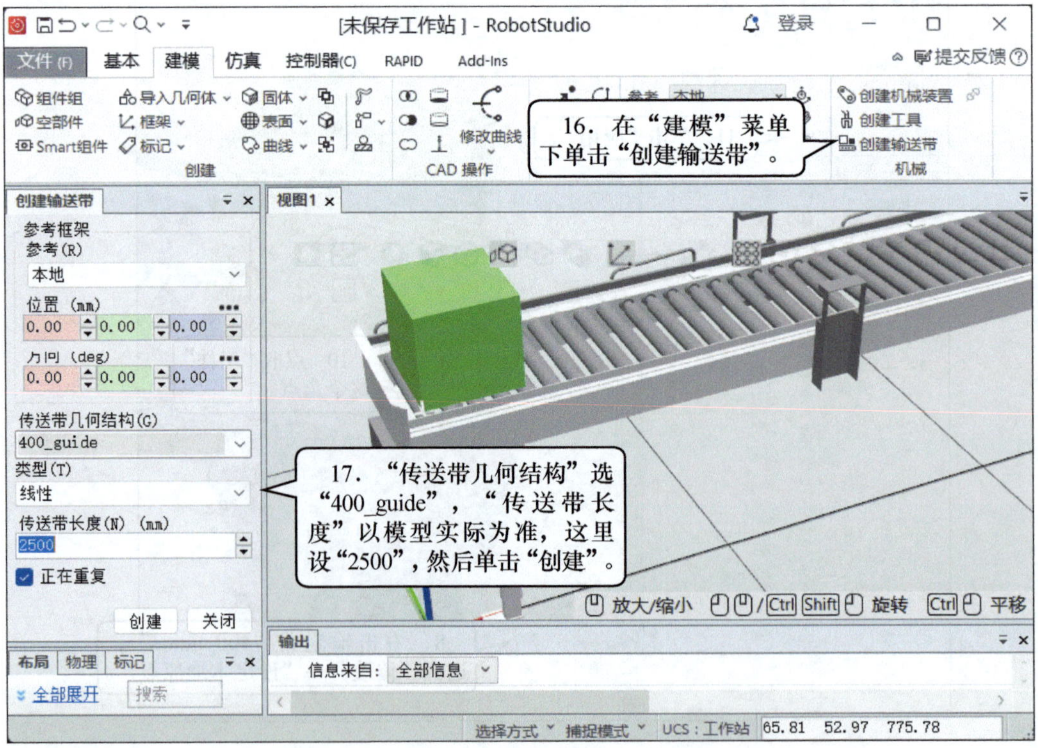

16. 在“建模”菜单下单击“创建输送带”。
17. “传送带几何结构”选“400_guide”，“传送带长度”以模型实际为准，这里设“2500”，然后单击“创建”。

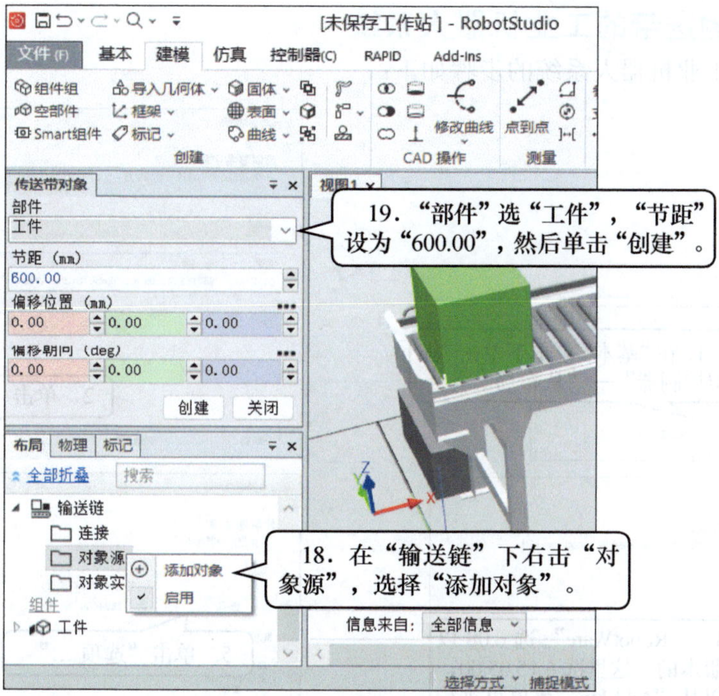
[未保存工作站] - RobotStudio
文件(F)
基本
建模
仿真
控制器(C)
RAPID
Add-Ins
组件组
空部件
Smart组件
导入几何体
框架
标记
固体
表面
曲线
修改曲线
点到点
创建
CAD 操作
测量
传送带对象
部件
工件
节距（mm）
600.00
偏移位置（mm）
0.00
0.00
0.00
偏移朝向（deg）
0.00
0.00
0.00
创建
关闭
布局
物理
标记
全部折叠
搜索
输送链
连接
对象源
对象实
组件
工件
添加对象
启用
视图1
19. “部件”选“工件”，“节距”设为“600.00”，然后单击“创建”。
18. 在“输送链”下右击“对象源”，选择“添加对象”。
信息来自：
全部信息
选择方式
捕捉模式

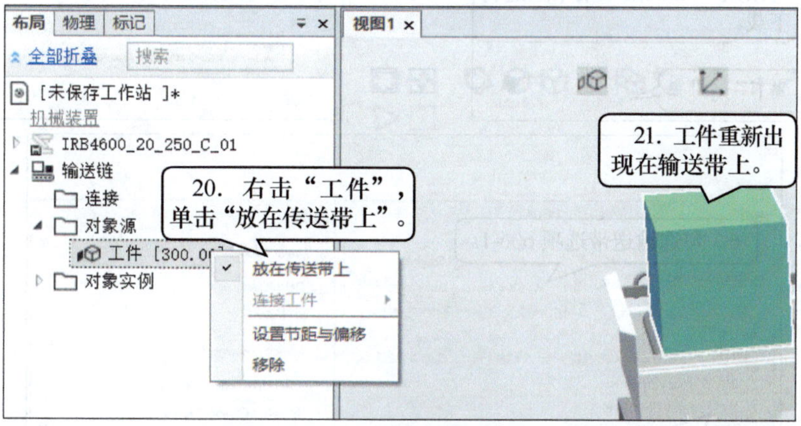
布局
物理
标记
全部折叠
搜索
[未保存工作站]*
机械装置
IRB4600_20_250_C_01
输送链
连接
对象源
工件 [300.0
对象实例
视图1
20. 右击“工件”，单击“放在传送带上”。
放在传送带上
连接工件
设置节距与偏移
移除
21. 工件重新出现在输送带上。

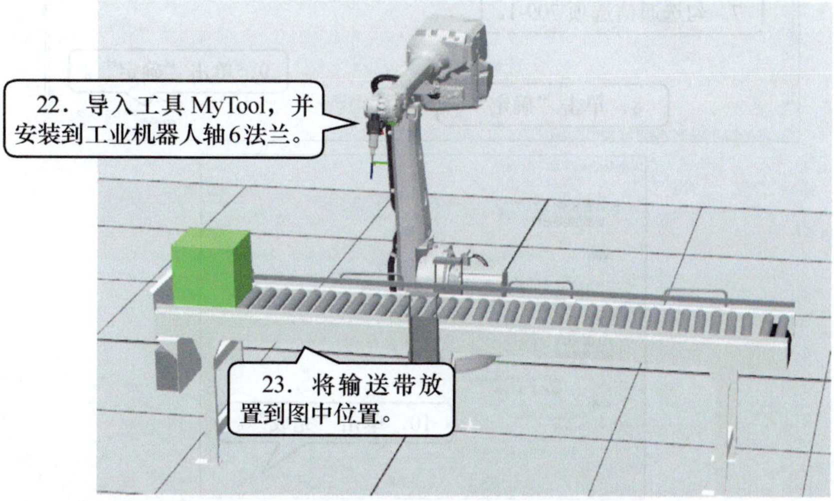
22. 导入工具 MyTool，并安装到工业机器人轴6法兰。
23. 将输送带放置到图中位置。

二、创建输送带的工业机器人系统

创建输送带工业机器人系统的步骤如下：

1. 在“基本”菜单下单击“虚拟控制器”—“从布局 ...”。
2. 单击“下一个”。
3. “RobotWare”选 6.08 以上版本的。这里选 6.15.05.00，可以从“Add-Ins”菜单里进行下载。
4. 单击“下一个”。
5. 单击“选项 ...”。
6. 勾选输送带选项 606-1。
7. 勾选通信选项 709-1。
8. 单击“确定”。
9. 单击“确定”。
10. 单击“完成”。

三、创建运动轨迹并仿真运行

创建运动轨迹并仿真运行的步骤如下：

7-3conveyor4600 - RobotStudio
1. 在“输送链”下右击“连接”，选择“创建连接”。
创建连接
在传送带与控制器之间创建连接。

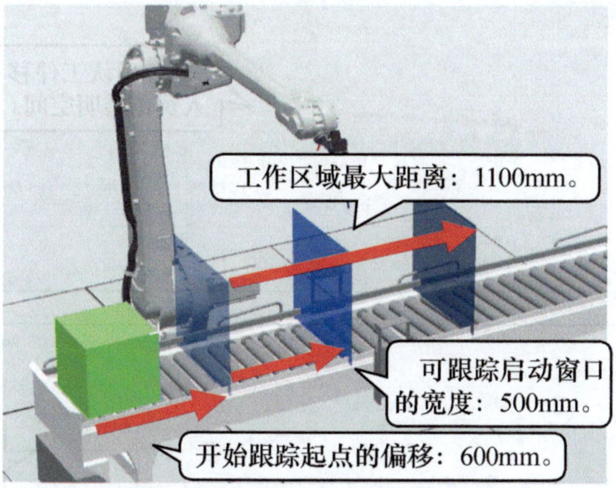
工作区域最大距离：1100mm。
可跟踪启动窗口的宽度：500mm。
开始跟踪起点的偏移：600mm。

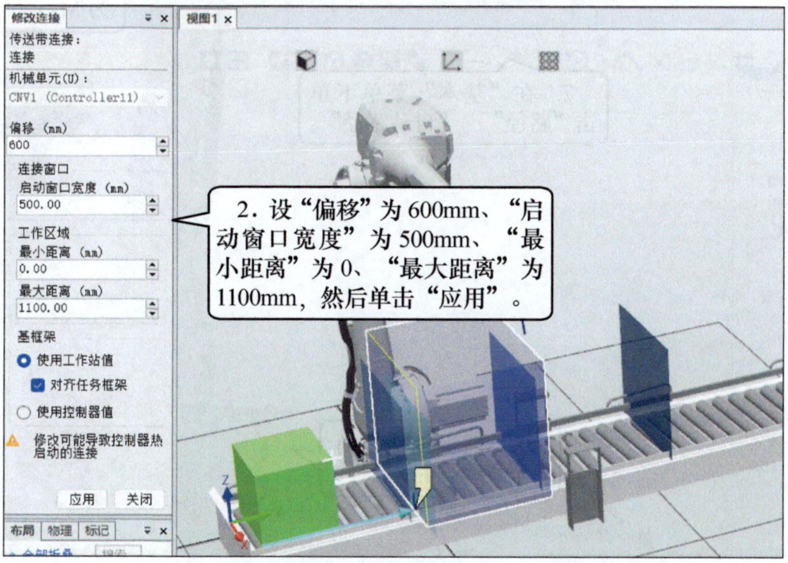
修改连接
传送带连接：
连接
机械单元(U)：
CNV1 (Controller11)
偏移 (mm)
600
连接窗口
启动窗口宽度 (mm)
500.00
工作区域
最小距离 (mm)
0.00
最大距离 (mm)
1100.00
基框架
使用工作站值
对齐任务框架
使用控制器值
修改可能导致控制器热启动的连接
应用
关闭
2. 设“偏移”为600mm、“启动窗口宽度”为500mm、“最小距离”为0、“最大距离”为1100mm，然后单击“应用”。

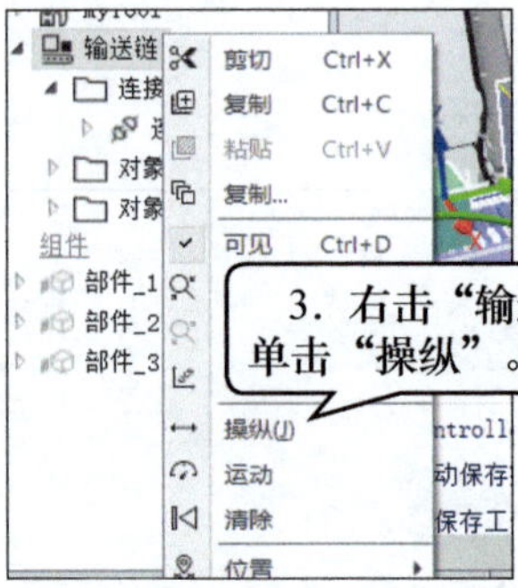

3. 右击"输送链"，单击"操纵"。

4. 拖动滑块，将工件移入黄色透明空间。

5. 确认工件移入黄色透明空间。

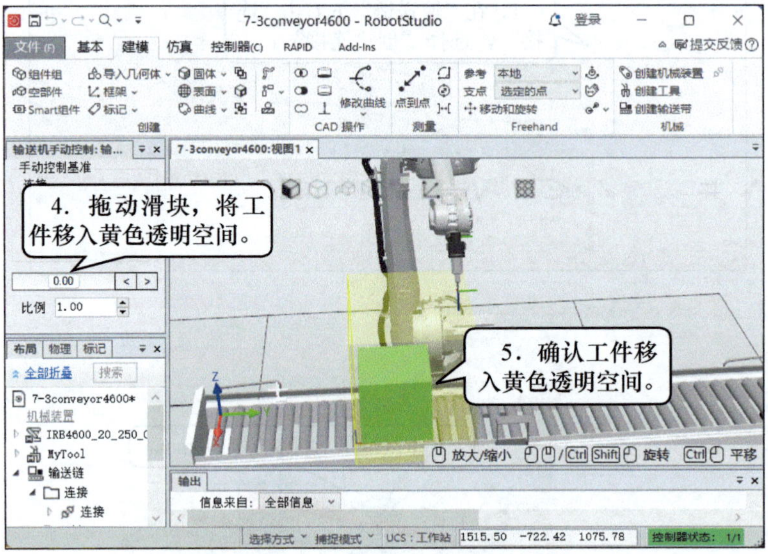

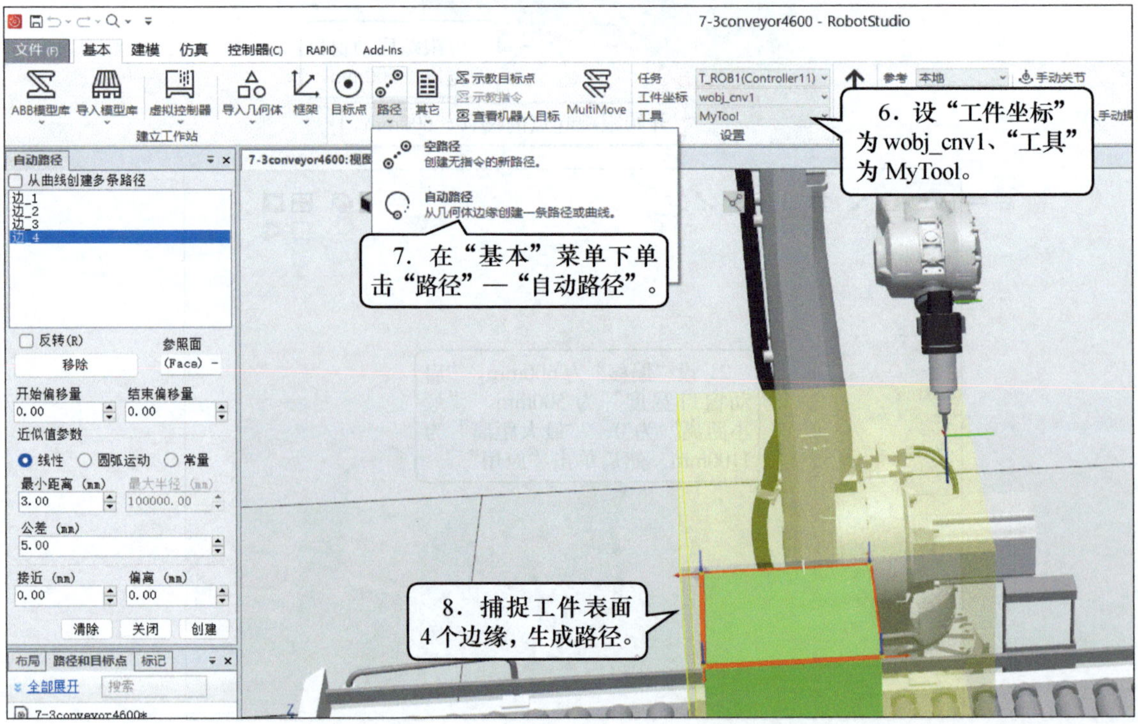

6. 设"工件坐标"为 wobj_cnv1、"工具"为 MyTool。

7. 在"基本"菜单下单击"路径"—"自动路径"。

8. 捕捉工件表面 4 个边缘，生成路径。

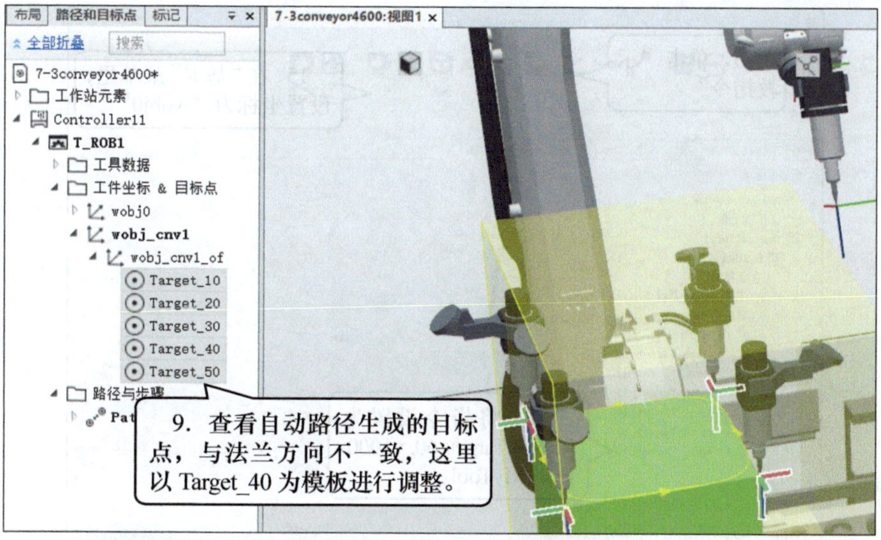

9. 查看自动路径生成的目标点，与法兰方向不一致，这里以 Target_40 为模板进行调整。

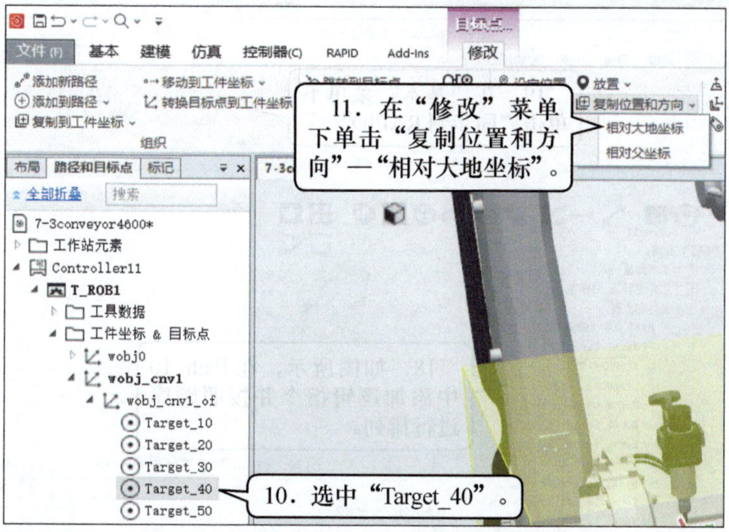

11. 在"修改"菜单下单击"复制位置和方向"—"相对大地坐标"。

相对大地坐标

相对父坐标

10. 选中"Target_40"。

13. 在"修改"菜单下单击"应用位置和方向"—"方向"。

位置和方向

位置

方向

12. 同时选中"Target_10"～"Target_50"。

14. 工具的方向都调整一致了，与工业机器人轴 6 的法兰对应。

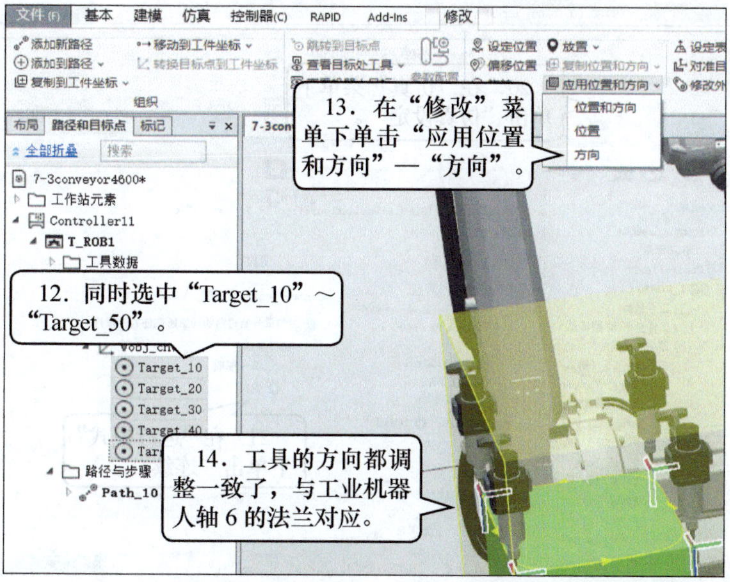

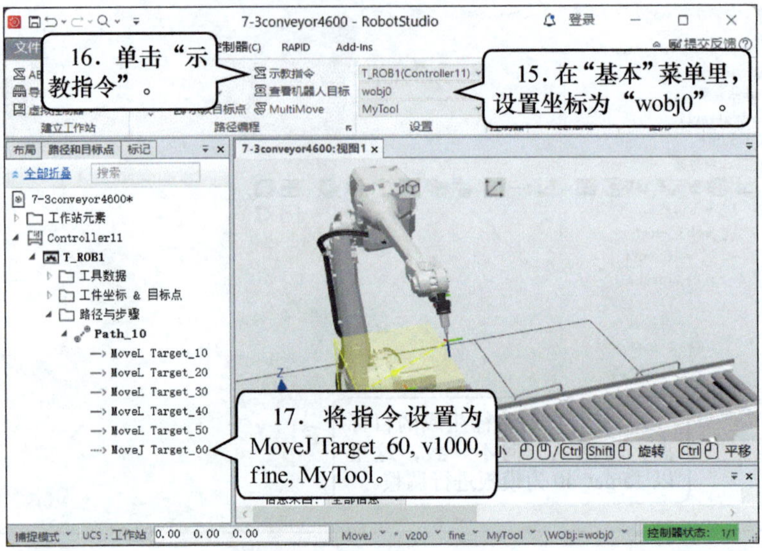

16. 单击“示教指令”。
15. 在“基本”菜单里，设置坐标为“wobj0”。
17. 将指令设置为 MoveJ Target_60, v1000, fine, MyTool。

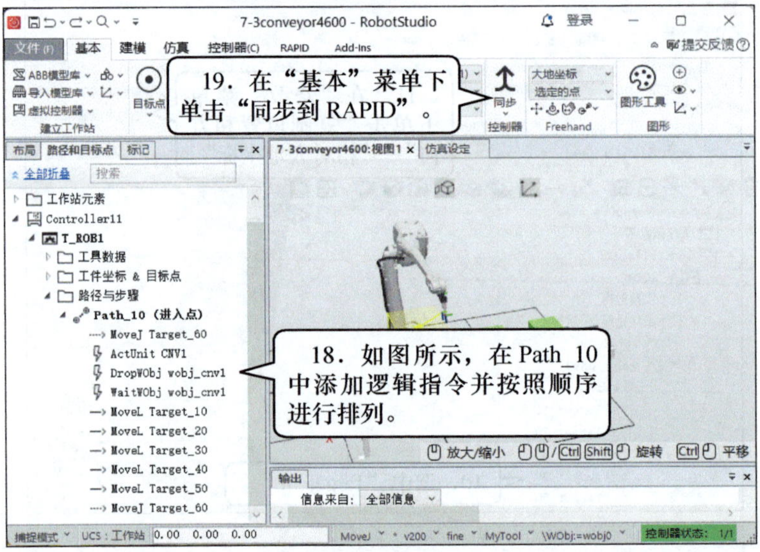

19. 在“基本”菜单下单击“同步到 RAPID”。
18. 如图所示，在 Path_10 中添加逻辑指令并按照顺序进行排列。

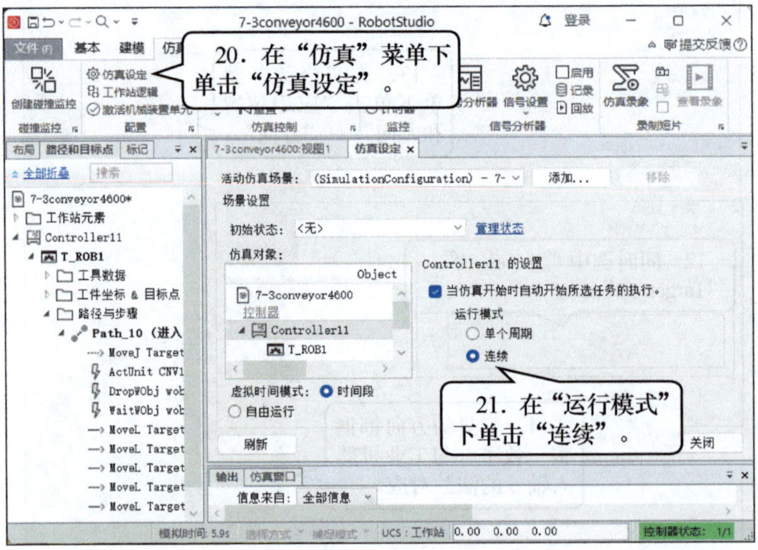

20. 在“仿真”菜单下单击“仿真设定”。
21. 在“运行模式”下单击“连续”。

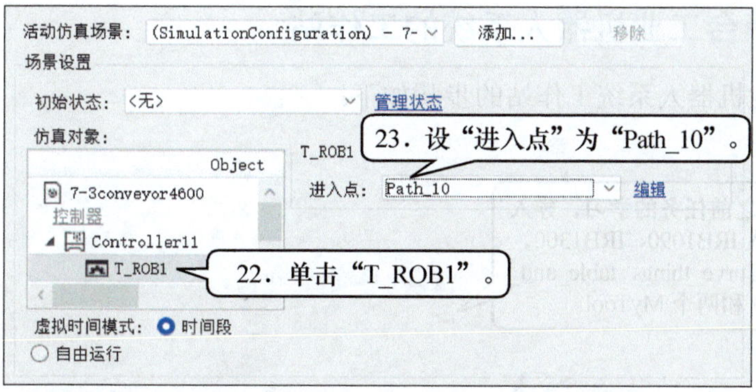

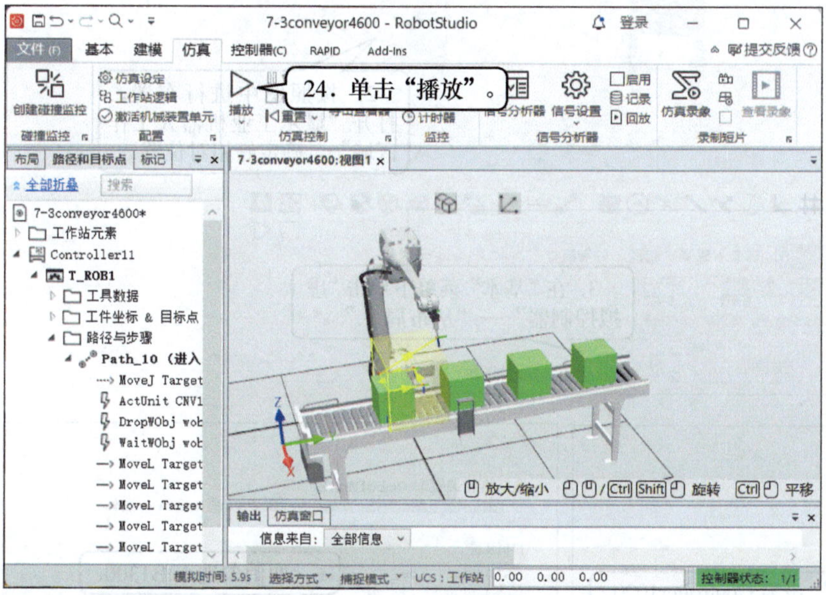

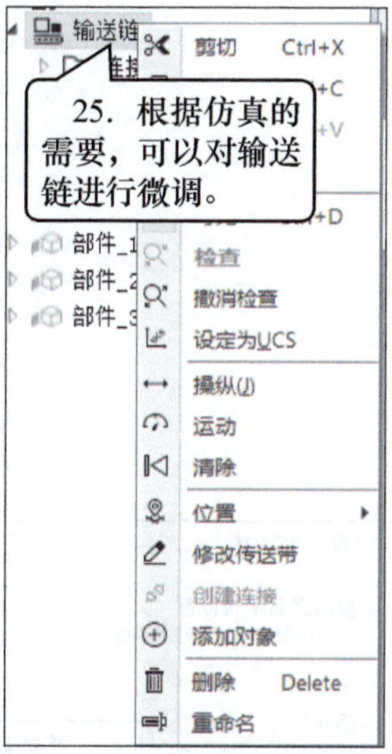

任务 7-4 多台工业机器人的协同应用

工作任务

- 创建两台工业机器人系统的工作站。
- 创建两台工业机器人之间的通信。
- 创建两台工业机器人的协同工作 RAPID 程序。

扫一扫，看视频

智能制造生产线通常会由多台工业机器人组合使用来完成工作，比如电子产品的组装就由多台工业机器人集成到一条生产线去完成一个工序的作业。本任务将在 RobotStudio 软件中创建两个工业机器人系统去对同一个工件进行涂胶的操作，并且操作两台工业机器人之间的 I/O 通信与协同，实现仿真运行。

一、创建两台工业机器人系统的工作站

创建两台工业机器人系统工作站的步骤如下：

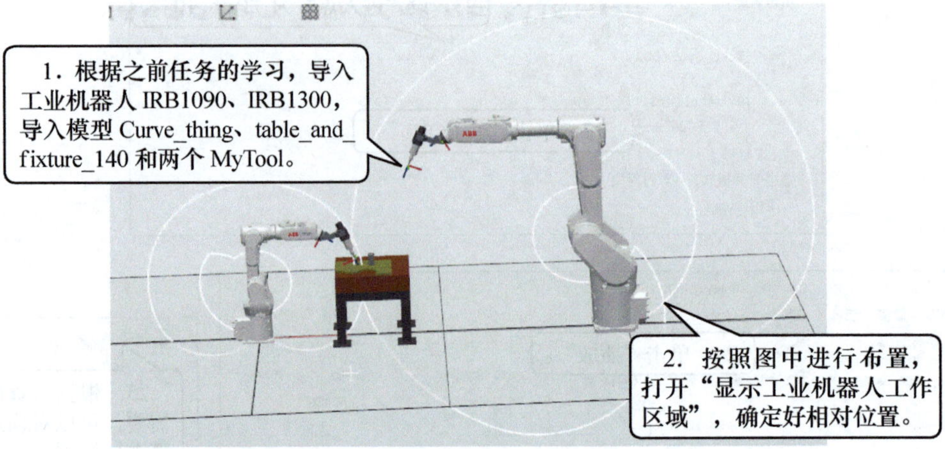

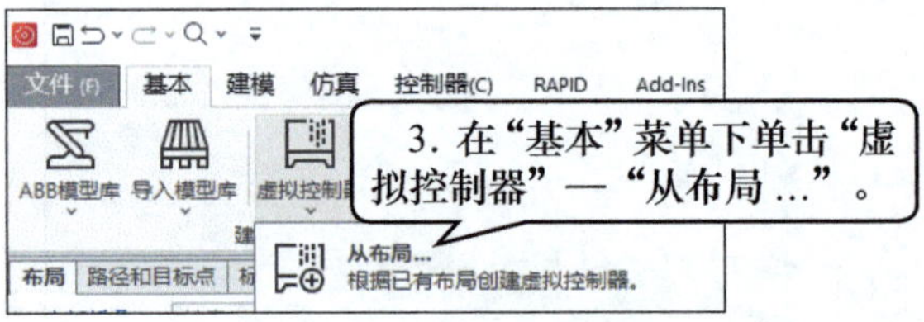

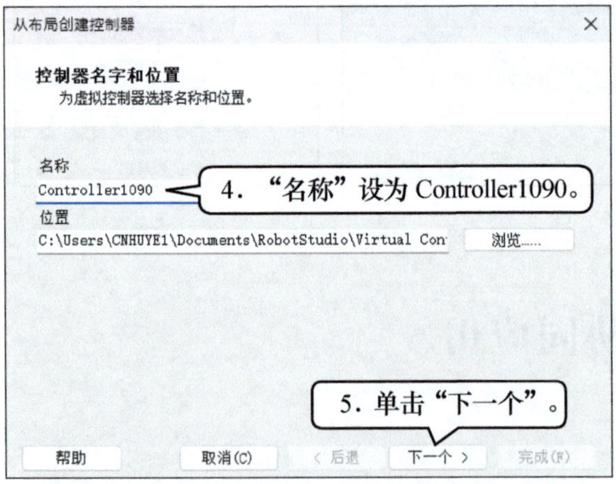

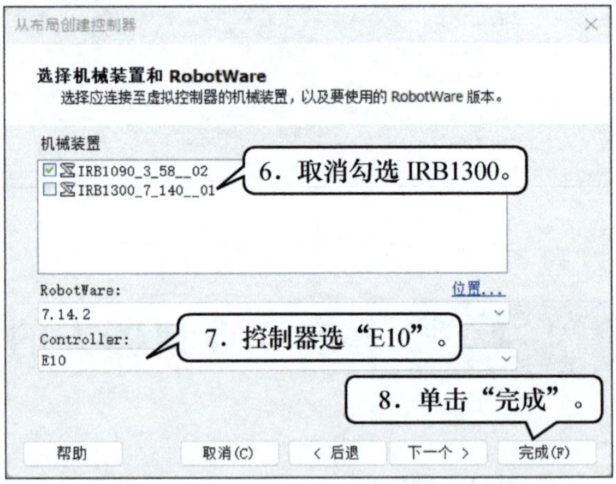

> **关于多台工业机器人系统的创建**
>
> 在Robotstudio的同一个工作站中，如果有多台工业机器人（非MultiMove），创建系统是逐个创建的。

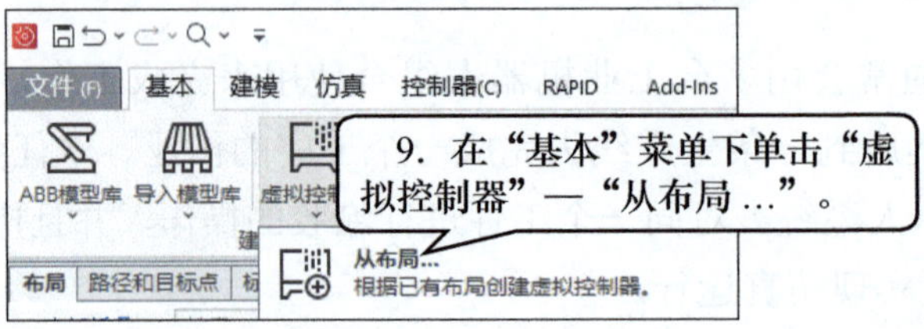

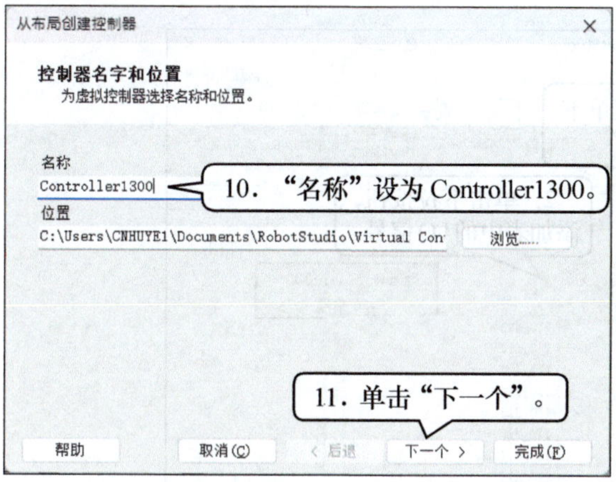

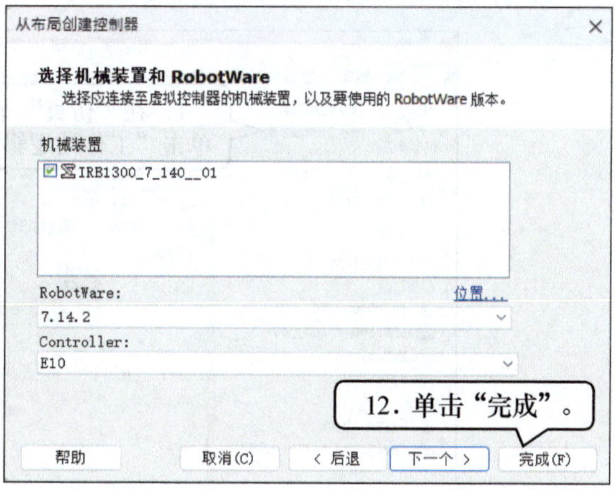

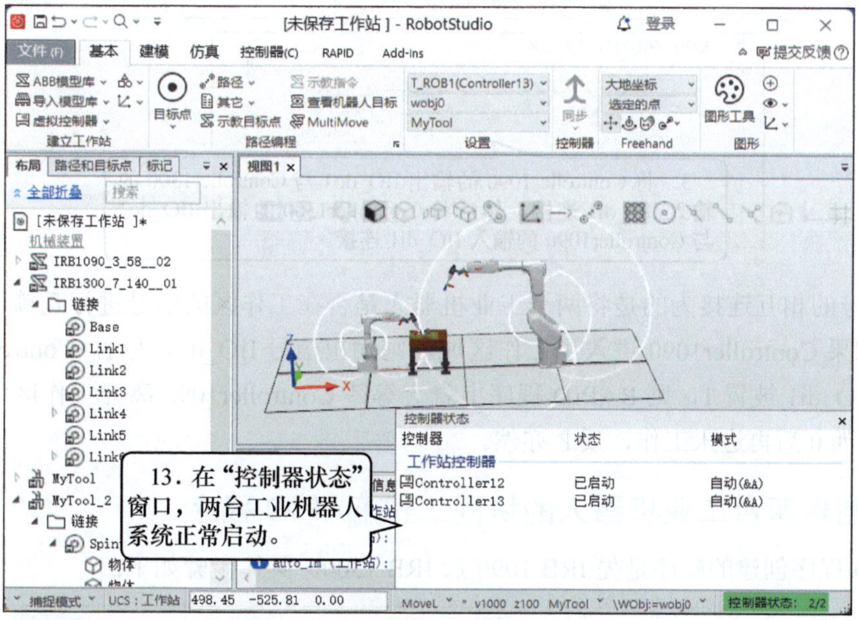

二、创建两台工业机器人之间的通信

本任务是两个工业机器人对同一个工件进行涂胶，同时运动可能会有碰撞的风险，所以使用 I/O 通信来协调工业机器人工作的先后顺序。

本任务工业机器人 IRB 1090 和 IRB 1300 选配的控制器是 E10，所以各自标配 I/O 通信 16 个输入、8 个输出。具体的设置见表 7-2。

表 7-2　工业机器人 IRB 1090 和 IRB 1300 信号设置

Controller1090 的信号列表		Controller1300 的信号列表	
IRB 1090 在工作区域内信号输出	IIO_do1	IRB 1300 在工作区域内信号输出	IIO_do1
IRB 1300 在工作区域内信号输入	IIO_di1	IRB 1090 在工作区域内信号输入	IIO_di1

创建两台工业机器人之间通信的步骤如下：

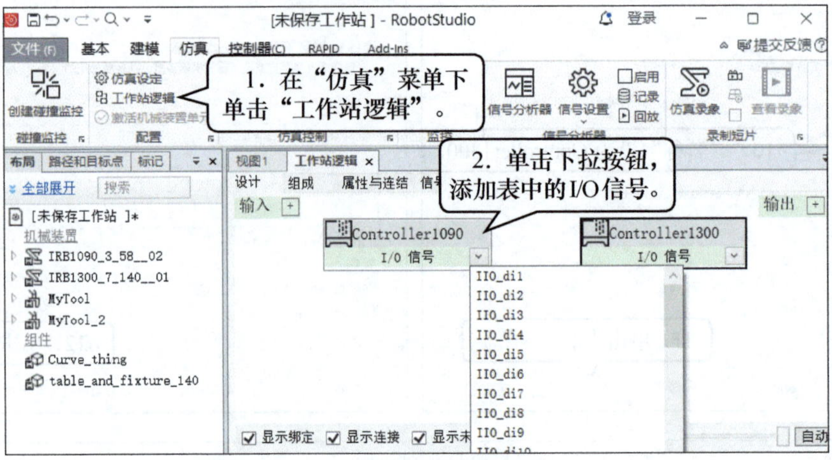
1. 在“仿真”菜单下单击“工作站逻辑”。
2. 单击下拉按钮，添加表中的I/O信号。

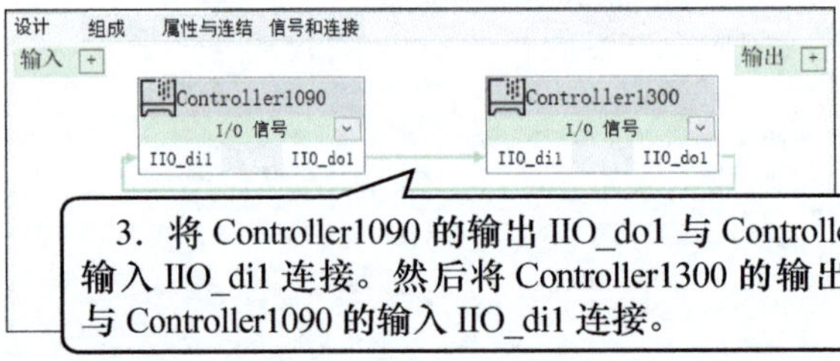
3. 将 Controller1090 的输出 IIO_do1 与 Controller1300 的输入 IIO_di1 连接。然后将 Controller1300 的输出 IIO_do1 与 Controller1090 的输入 IIO_di1 连接。

I/O 信号的相互连接为的是将两个工业机器人是否在工作区的信号进行互锁闭环。控制逻辑为，如果 Controller1090 进入了工作区域，则输出信号 IIO_do1 为 1，Controller1300 的输入信号 IIO_di1 被置 1，则 RAPID 程序上就会等待 Controller1090 离开工作区域，输出信号 IIO_do1 为 0 后再进入工作，反之亦然。

三、创建两台工业机器人的协同工作 RAPID 程序

RAPID 程序创建的顺序是先 IRB 1090 后 IRB 1300。具体步骤如下：

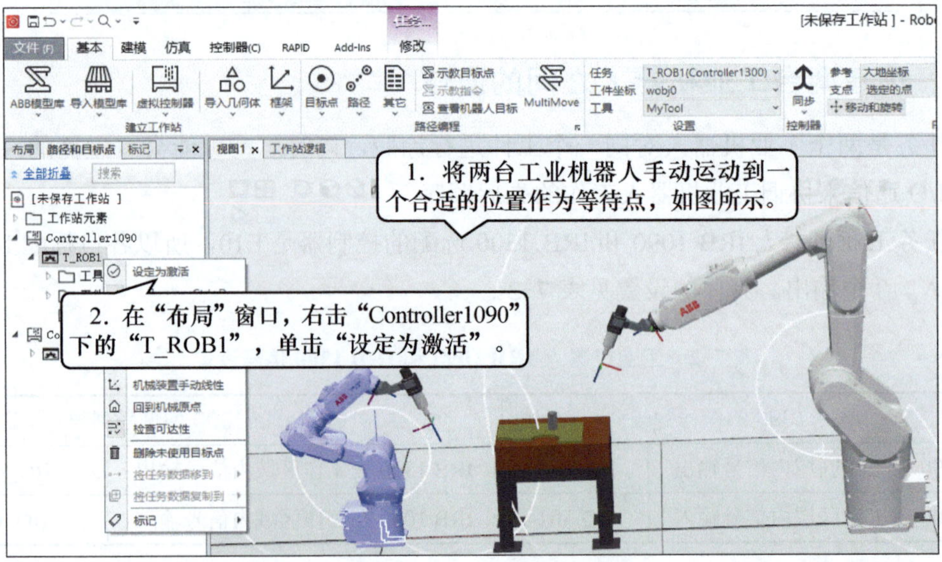
1. 将两台工业机器人手动运动到一个合适的位置作为等待点，如图所示。
2. 在“布局”窗口，右击“Controller1090”下的“T_ROB1”，单击“设定为激活”。

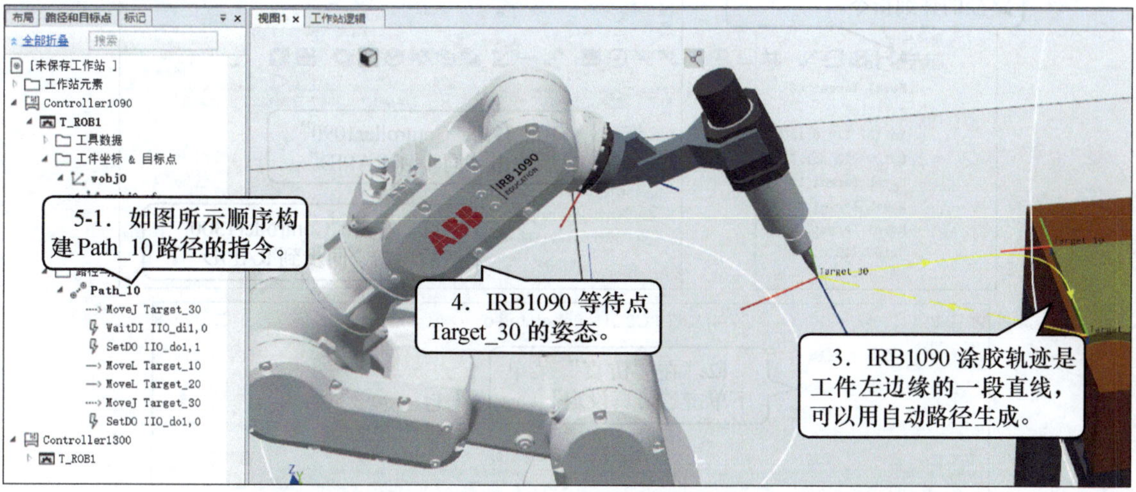

5-1. 如图所示顺序构建 Path_10 路径的指令。

4. IRB1090 等待点 Target_30 的姿态。

3. IRB1090 涂胶轨迹是工件左边缘的一段直线，可以用自动路径生成。

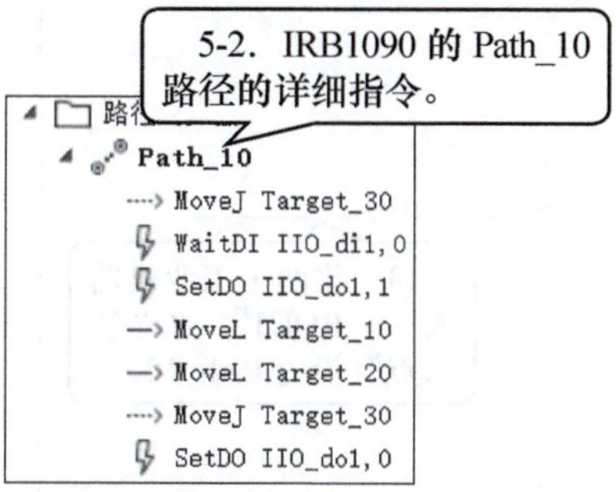

5-2. IRB1090 的 Path_10 路径的详细指令。

```
▲ ☐ 路径
  ▲ ⚙ Path_10
    ----> MoveJ Target_30
    ⚡ WaitDI IIO_di1, 0
    ⚡ SetDO IIO_do1, 1
    ---> MoveL Target_10
    ---> MoveL Target_20
    ----> MoveJ Target_30
    ⚡ SetDO IIO_do1, 0
```

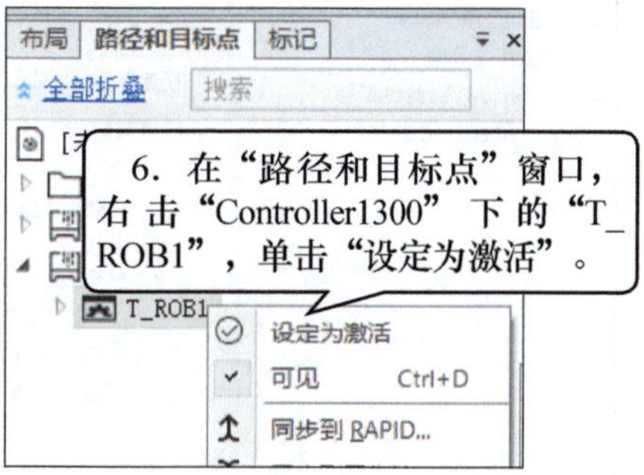

6. 在"路径和目标点"窗口，右击"Controller1300"下的"T_ROB1"，单击"设定为激活"。

9-1. 如图所示顺序构建 Path_10 路径的指令。

8. IRB1300 等待点 Target_30 的姿态。

7. IRB1300 涂胶轨迹与 IRB1090 一致，可以用自动路径生成。

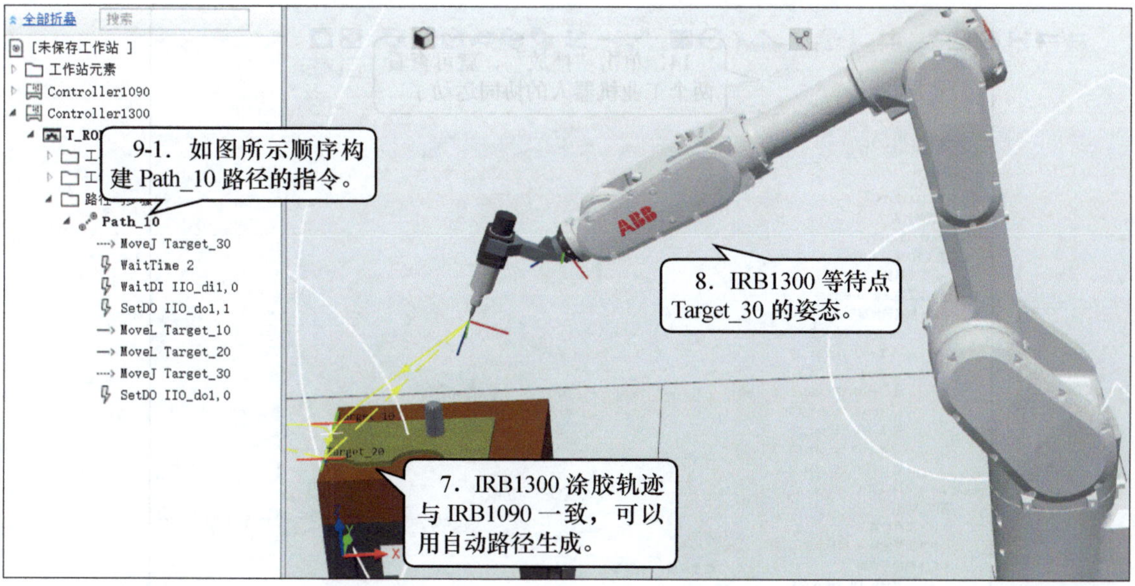

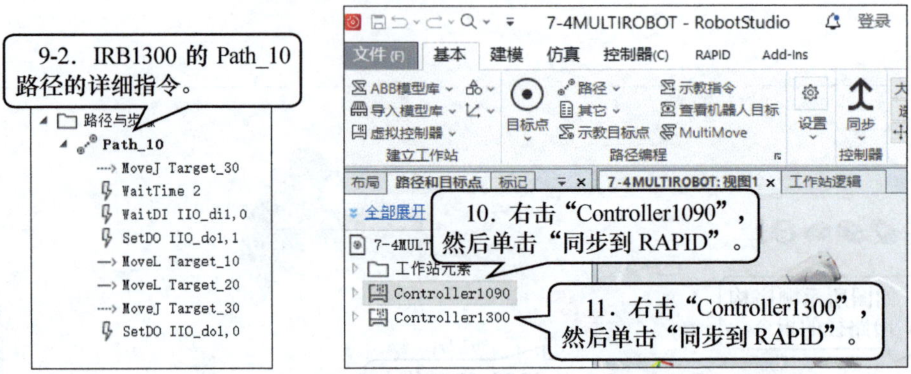
9-2．IRB1300 的 Path_10 路径的详细指令。
路径与步骤
Path_10
MoveJ Target_30
WaitTime 2
WaitDI IIO_di1,0
SetDO IIO_do1,1
MoveL Target_10
MoveL Target_20
MoveJ Target_30
SetDO IIO_do1,0
7-4MULTIROBOT - RobotStudio
10．右击“Controller1090”，然后单击“同步到 RAPID”。
11．右击“Controller1300”，然后单击“同步到 RAPID”。
Controller1090
Controller1300

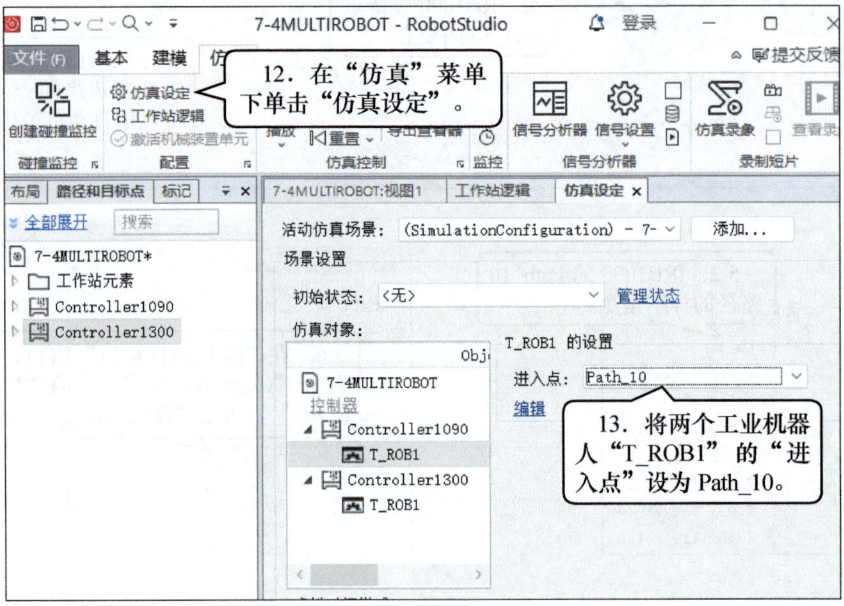
7-4MULTIROBOT - RobotStudio
12．在“仿真”菜单下单击“仿真设定”。
仿真设定
活动仿真场景：
初始状态：
仿真对象：
T_ROB1 的设置
进入点：
Path_10
13．将两个工业机器人“T_ROB1”的“进入点”设为 Path_10。
Controller1090
T_ROB1
Controller1300
T_ROB1

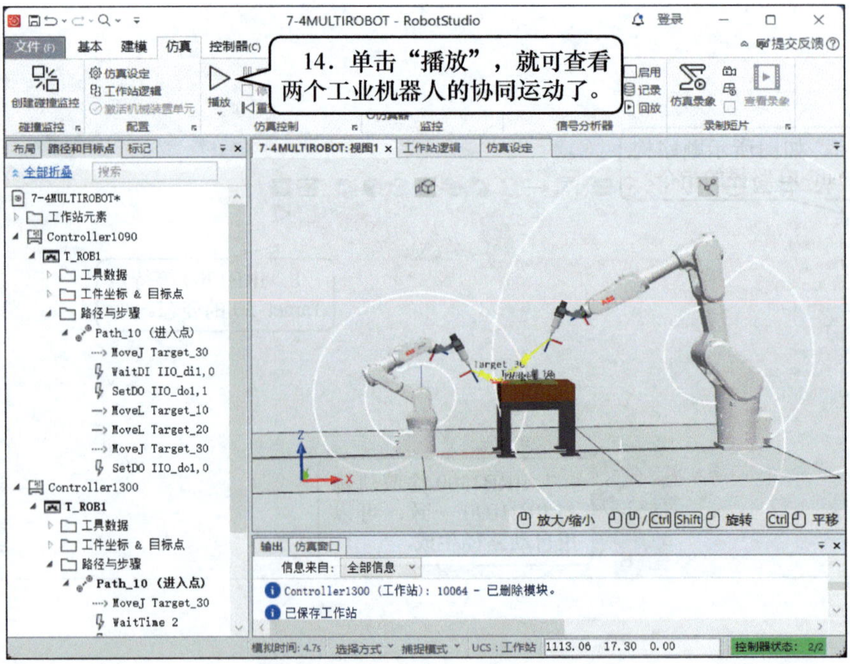
7-4MULTIROBOT - RobotStudio
14．单击“播放”，就可查看两个工业机器人的协同运动了。
Path_10 (进入点)
MoveJ Target_30
WaitDI IIO_di1,0
SetDO IIO_do1,1
MoveL Target_10
MoveL Target_20
MoveJ Target_30
SetDO IIO_do1,0
Controller1300
T_ROB1
Path_10 (进入点)
MoveJ Target_30
WaitTime 2

任务 7-5　工业机器人加外轴升降底座协同应用

A 工作任务

- 创建升降底座模型与外轴设置。
- 创建带外轴的工业机器人系统。
- 创建外轴配置。
- 编程运行测试。

扫一扫，看视频

使用 ABB 标准的伺服外轴产品就能实现 6+1 轴的插补运行控制，这是使用第三方伺服轴所无法实现的。本任务是配置一台 IRB 1200 加外轴控制的升降底座工业机器人系统。

一、软件插件的准备工作

软件插件的准备工作如下：

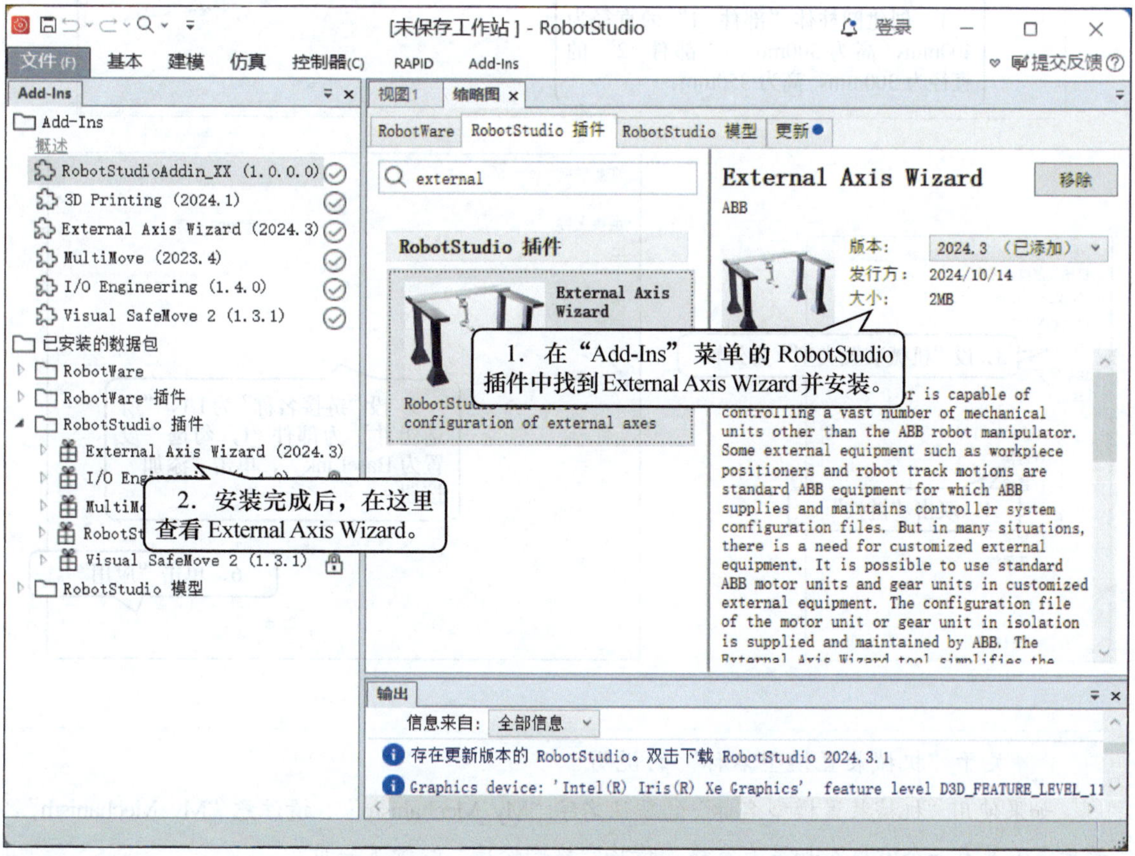

二、创建升降底座模型与外轴设置

创建升降底座模型与外轴设置步骤如下：

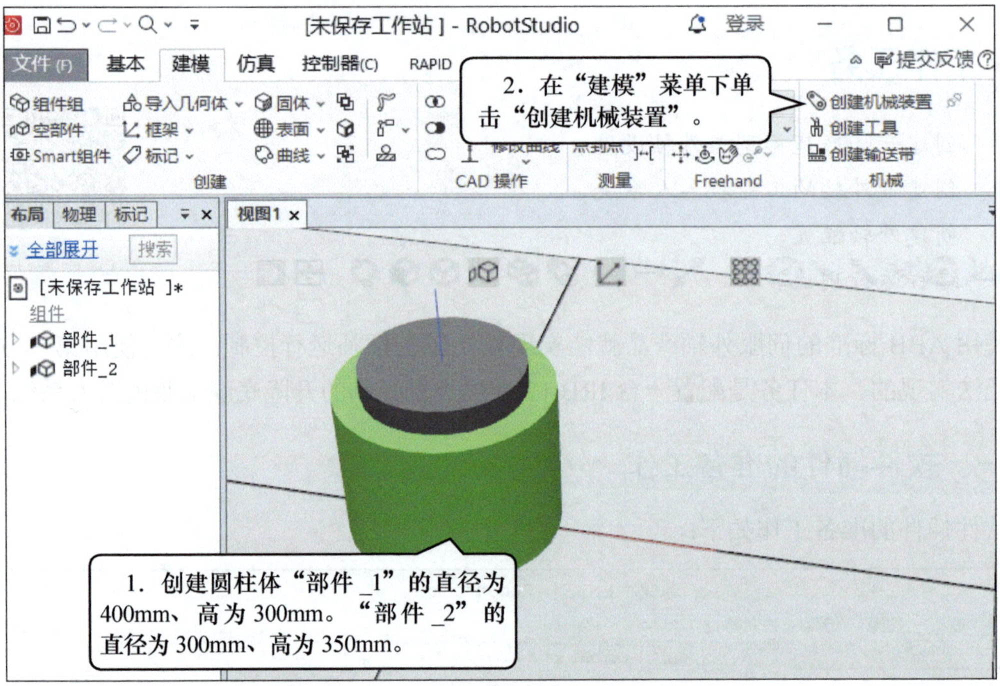

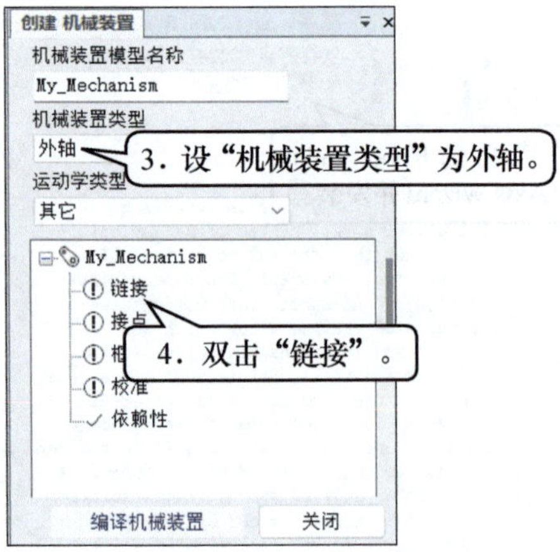

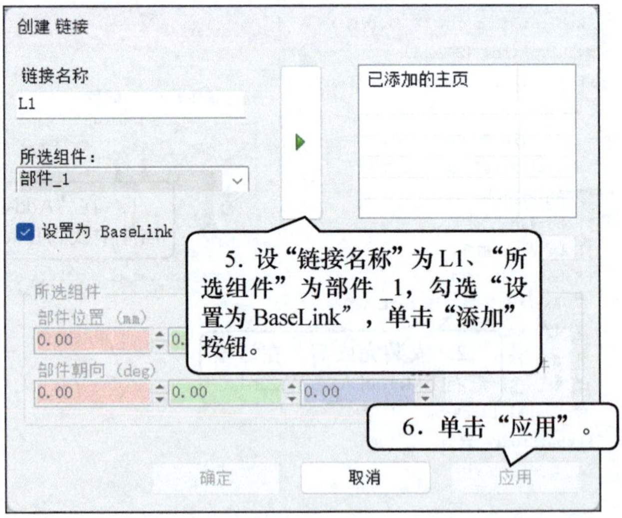

> 关于“机械装置模型名称”的说明
>
> 如果使用“机械装置模型名称”的默认名字“My_Mechanism”，请注意“My_Mechanism”最后是不是有一个空格？如果有空格，请将空格删除后，继续下一步。

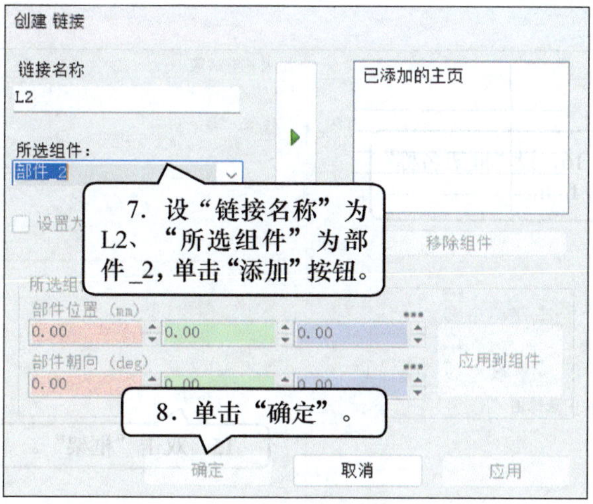
创建 链接
链接名称
L2
所选组件：
部件_2
已添加的主页
移除组件
部件位置（mm）
部件朝向（deg）
应用到组件
7. 设“链接名称”为L2、“所选组件”为部件_2，单击“添加”按钮。
8. 单击“确定”。
确定
取消
应用

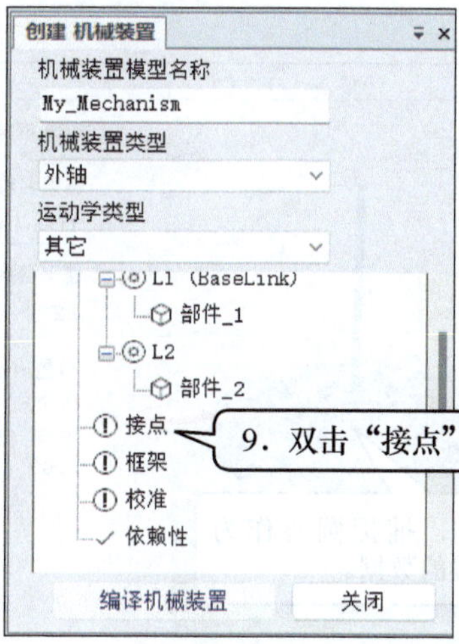
创建 机械装置
机械装置模型名称
My_Mechanism
机械装置类型
外轴
运动学类型
其它
L1 (BaseLink)
部件_1
L2
部件_2
接点
框架
校准
依赖性
9. 双击“接点”。
编译机械装置
关闭

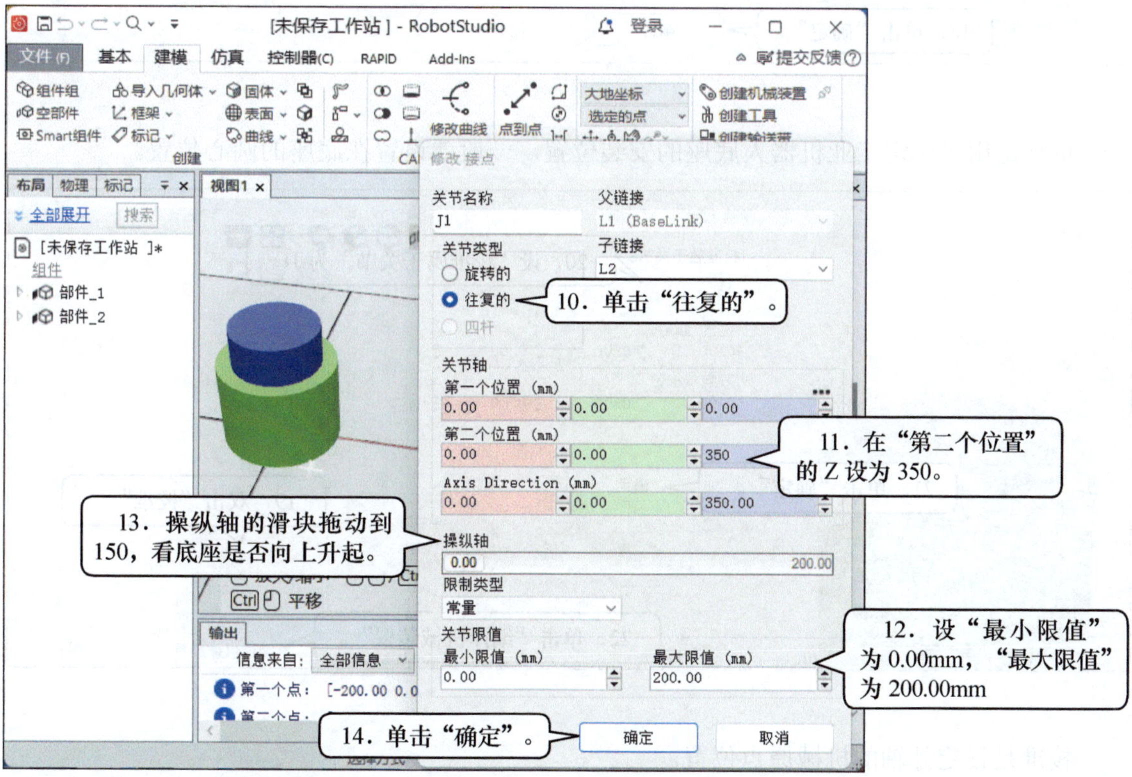
[未保存工作站] - RobotStudio
修改 接点
关节名称
J1
父链接
L1 (BaseLink)
关节类型
旋转的
往复的
四杆
子链接
L2
10. 单击“往复的”。
关节轴
第一个位置（mm）
第二个位置（mm）
Axis Direction (mm)
11. 在“第二个位置”的Z设为350。
操纵轴
13. 操纵轴的滑块拖动到150，看底座是否向上升起。
限制类型
常量
关节限值
最小限值（mm）
最大限值（mm）
12. 设“最小限值”为0.00mm，“最大限值”为200.00mm
14. 单击“确定”。
确定
取消

外轴往复运动的方向确定

外轴往复运动的轴心正方向是由第一个位置与第二个位置连线构成。本任务中，底座是直接在工作站的坐标原点上，所以对“第一个位置”无须修改，“第二个位置”在Z方向坐标为350mm，并且确定了轴运动的正方向是与工作站坐标系的Z正方向一致。

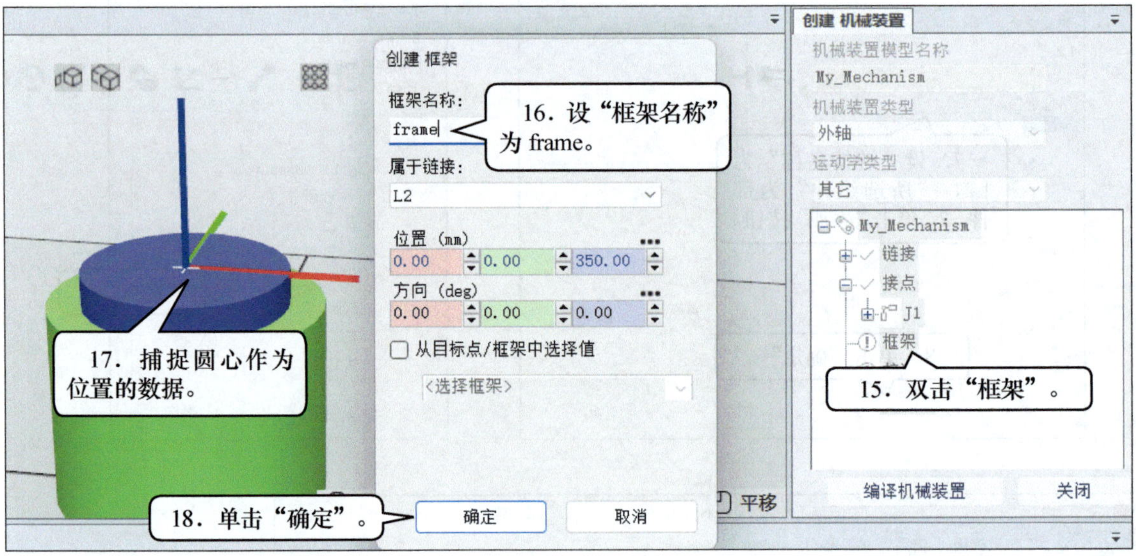

框架是用于确定工业机器人底座的安装位置，一般就设置在底座的圆心位置。

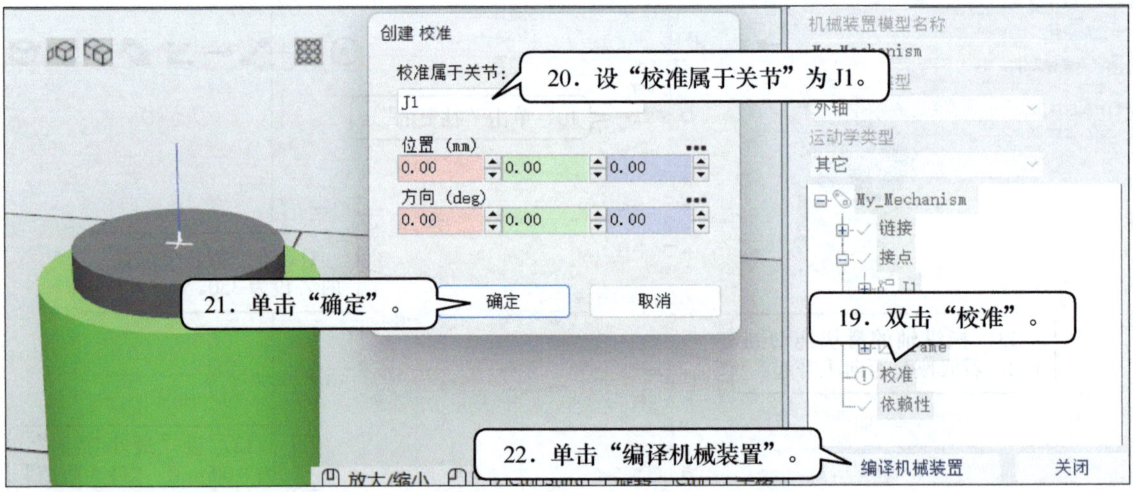

校准是设定外轴的机械原点位置。

三、创建带外轴的工业机器人系统

创建带外轴的工业机器人系统步骤如下：

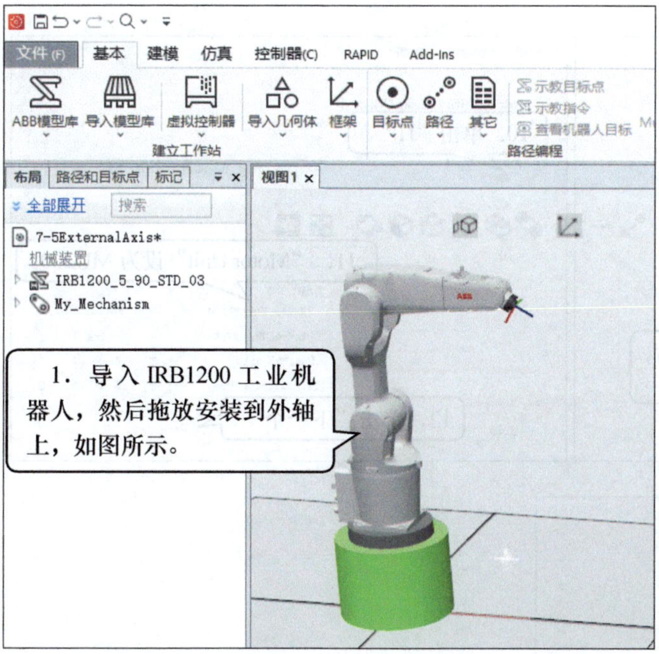

1．导入 IRB1200 工业机器人，然后拖放安装到外轴上，如图所示。

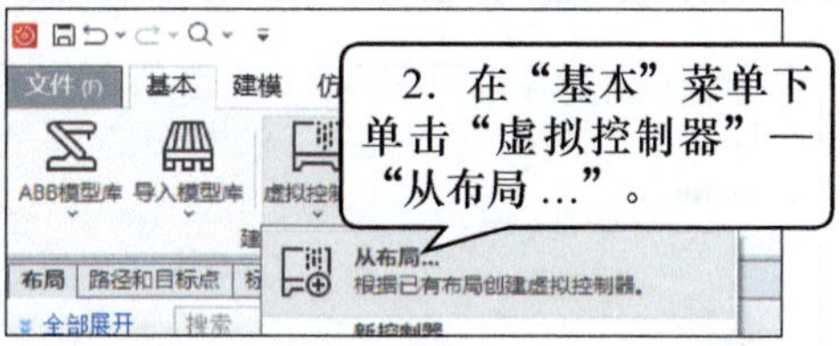

2．在"基本"菜单下单击"虚拟控制器"—"从布局 …"。

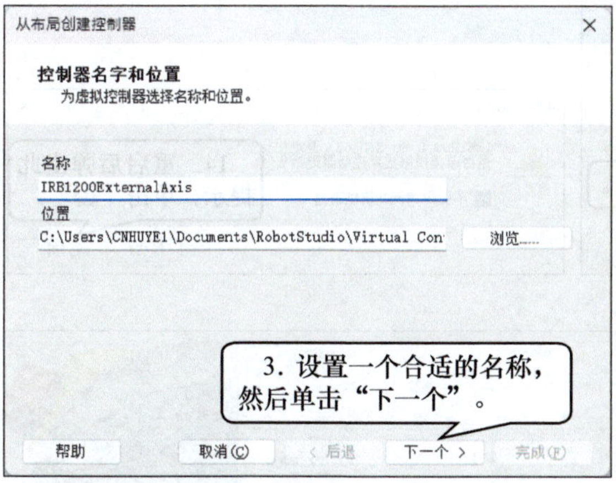

从布局创建控制器

控制器名字和位置
为虚拟控制器选择名称和位置。

名称
IRB1200ExternalAxis

位置
C:\Users\CNHUYE1\Documents\RobotStudio\Virtual Con　　浏览……

3．设置一个合适的名称，然后单击"下一个"。

| 帮助 | 取消(C) | < 后退 | 下一个 > | 完成(F) |

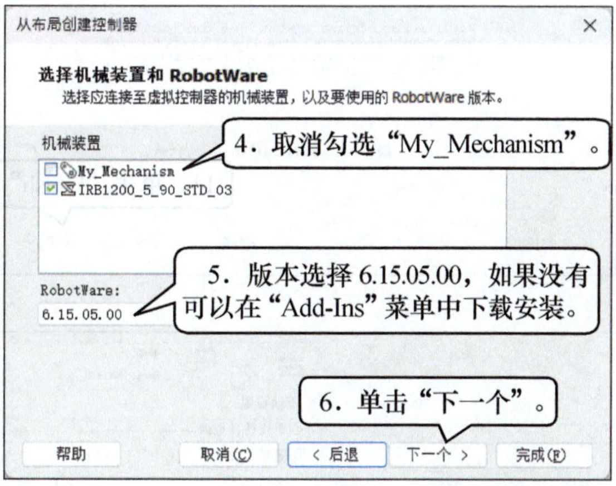

从布局创建控制器

选择机械装置和 RobotWare
选择应连接至虚拟控制器的机械装置，以及要使用的 RobotWare 版本。

机械装置
☐ My_Mechanism
☑ IRB1200_5_90_STD_03

4．取消勾选"My_Mechanism"。

RobotWare：
6.15.05.00

5．版本选择 6.15.05.00，如果没有可以在"Add-Ins"菜单中下载安装。

6．单击"下一个"。

| 帮助 | 取消(C) | < 后退 | 下一个 > | 完成(F) |

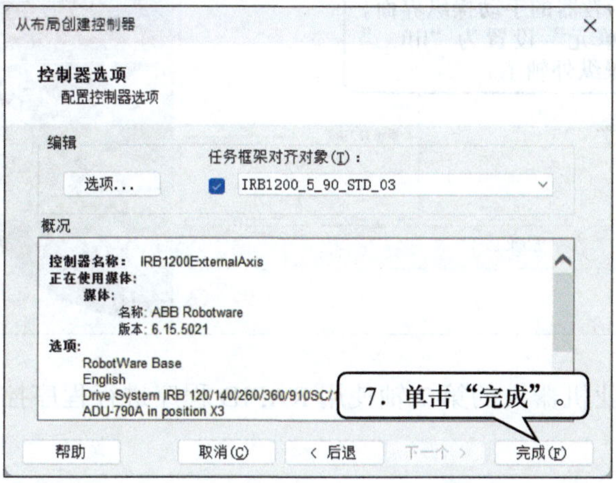

从布局创建控制器

控制器选项
配置控制器选项

编辑
选项…

任务框架对齐对象(T)：
☑ IRB1200_5_90_STD_03

概况
控制器名称：　IRB1200ExternalAxis
正在使用媒体：
　　名称：ABB Robotware
　　版本：6.15.5021
选项：
　　RobotWare Base
　　English
　　Drive System IRB 120/140/260/360/910SC/
　　ADU-790A in position X3

7．单击"完成"。

| 帮助 | 取消(C) | < 后退 | 下一个 > | 完成(F) |

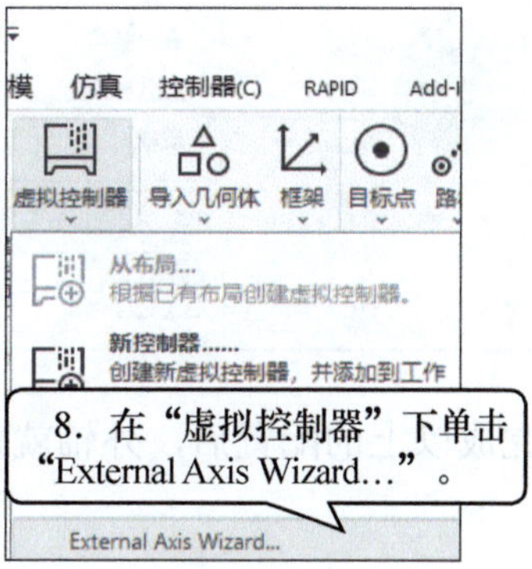

8．在"虚拟控制器"下单击"External Axis Wizard…"。

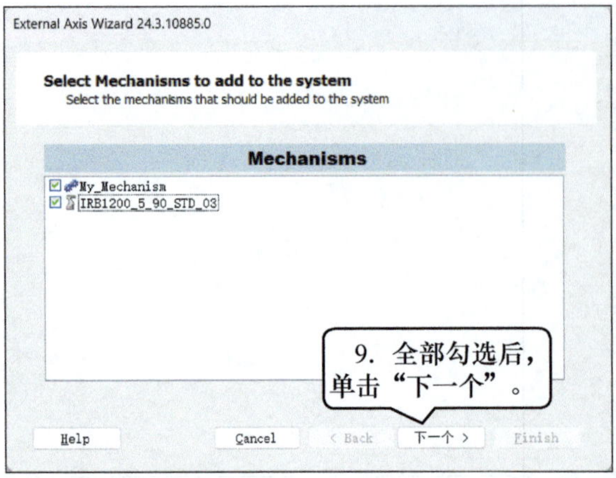
External Axis Wizard 24.3.10885.0
Select Mechanisms to add to the system
Select the mechanisms that should be added to the system
Mechanisms
My_Mechanism
IRB1200_5_90_STD_03
9. 全部勾选后，单击“下一个”。
Help
Cancel
< Back
下一个 >
Finish

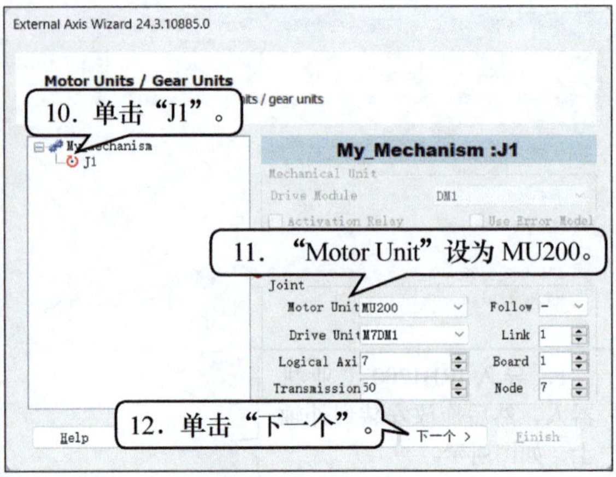
External Axis Wizard 24.3.10885.0
Motor Units / Gear Units
10. 单击“J1”。
My_Mechanism
J1
My_Mechanism :J1
11. “Motor Unit”设为MU200。
Joint
Motor Unit MU200
Drive Unit M7DM1
Logical Axi 7
Transmission 50
Follow
Link 1
Board 1
Node 7
12. 单击“下一个”。
Help
下一个 >
Finish

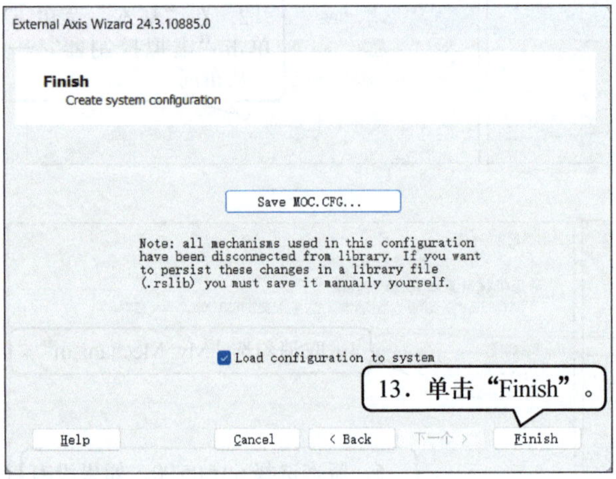
External Axis Wizard 24.3.10885.0
Finish
Create system configuration
Save MOC.CFG...
Note: all mechanisms used in this configuration have been disconnected from library. If you want to persist these changes in a library file (.rslib) you must save it manually yourself.
Load configuration to system
13. 单击“Finish”。
Help
Cancel
< Back
下一个 >
Finish

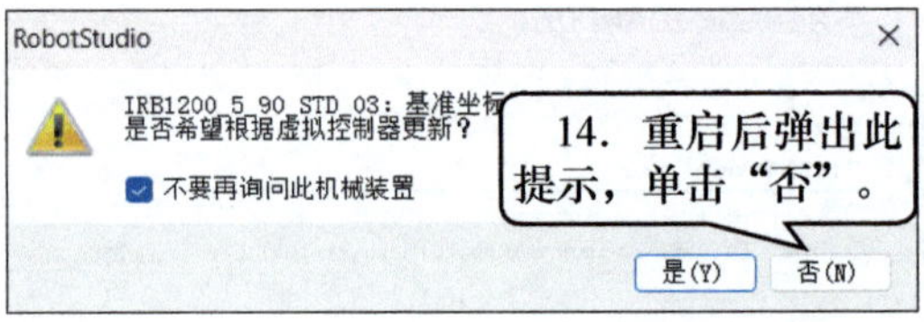
RobotStudio
IRB1200_5_90_STD_03: 基准坐标
是否希望根据虚拟控制器更新？
不要再询问此机械装置
14. 重启后弹出此提示，单击“否”。
是(Y)
否(N)

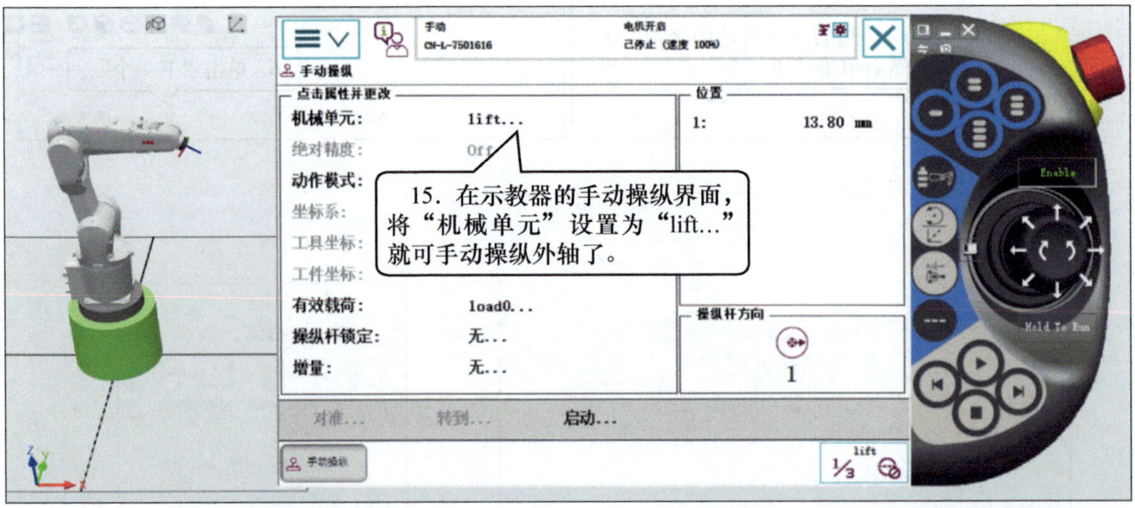
手动
电机开启
已停止 (速度 100%)
手动操纵
点击属性并更改
机械单元: lift...
绝对精度:
动作模式:
坐标系:
工具坐标:
工件坐标:
有效载荷: load0...
操纵杆锁定: 无...
增量: 无...
位置
1: 13.80 mm
操纵杆方向
1
15. 在示教器的手动操纵界面，将“机械单元”设置为“lift...”就可手动操纵外轴了。
对准...
转到...
启动...
Enable
Hold To Run

完成以上的配置后，外轴就作为工业机器人的第7轴使用RAPID程序进行程序控制与运行。

项目 7　学习情况评估表

任务编号________________

学生姓名		日期	
班级		开始时间	
实训室		结束时间	

A　过程检查（30 分）

编号	任务	分值	自我评价	教师评价
1	上课期间执行实验室 5S 标准情况	15		
2	能正确使用实训设备	15		
计分				
实际得分				

记录：

B　结果评价（70 分）

编号	任务	分值	自我评价	教师评价
1	创建工业机器人与导轨的协同应用	15		
2	创建工业机器人与变位机的协同应用	15		
3	创建工业机器人与输送带的协同应用	10		
4	创建多台工业机器人的协同应用	15		
5	创建工业机器人与外轴的协同应用	15		
计分				
实际得分				

记录：

过程检查实际得分	结果评价实际得分	总得分

记录：

项目 8 工业机器人工作站物理特性与 Smart 组件的应用

项目目标

- 掌握对模型进行物理特性与材料属性的设定。
- 掌握模型运动的控制操作。
- 掌握 Smart 组件：传感器的应用。
- 掌握 Smart 组件：夹具操作的应用。
- 了解软件自带 Smart 组件的功能。
- 掌握工业机器人电缆仿真的应用。
- 掌握物理关节的应用

项目描述

为了有一个更为逼真的虚拟仿真效果，除了逼真的工业机器人运动，我们还希望在工业机器人虚拟工作站中的模型比如工件的流动、机械装置的动作和传感器等，能尽量还原真实物理世界的特性。

RobotStudio 软件具有模型物理特性设定功能，包括材料、地球引力等物理特性。通过对模型物理特性的设定，使得关节、缆线和零件等物件在仿真期间遵循物理规则。这一功能允许用户模拟物件的物理行为，如动态运动、碰撞检测和响应，从而优化工业机器人工作站的设计和性能。

在对模型的互动控制方面，RobotStudio 提供了功能 Smart 组件。Smart 组件是 RobotStudio 对象，具有内置功能和逻辑，用于模拟不属于虚拟控制器组成部分的组件。RobotStudio 默认提供一套用于基本动作、信号逻辑、算法、参数建模和传感器等的基本 Smart 组件。这些组件可以用于搭建由用户定义且功能更复杂的 Smart 组件，这类功能包括夹具动作、对象在输送链上移动和组件的逻辑控制等。Smart 组件可以保存为库文件，以备重复调用。

在 RobotStudio 中进行电缆仿真具有重要意义。首先，它可以在虚拟环境中提前规划电缆的布局，确保电缆在工业机器人运动过程中不会发生缠绕、碰撞或过度拉伸等问题，从而提高系统的可靠性和安全性。其次，通过仿真可以优化电缆的路径和长度，减少材料浪费，降低生产成本。此外，仿真还能帮助工程师提前发现潜在的设计缺陷，缩短现场调试时间，提高工作效率。

RobotStudio 中物理关节仿真能够模拟关节的真实运动行为，帮助工程师提前发现关节运动中的潜在问题，如运动范围超出限制、关节碰撞等。通过物理关节仿真，可以精确设置关节的运动参数，从而仿真优化工业机器人工作站。

任务 8-1　运用物理特性创建无动力物流滑道

工作任务

扫一扫，看视频

- 创建无动力物流滑道模型。
- 创建工件模型。
- 设置滑道与工件的物理特性。
- 创建 Smart 组件：工件的复制。
- 了解 Smart 组件的功能。

在工业机器人的物流应用中，无动力物流滑道是一种经济实惠、应用广泛的装置。本任务将创建一个无动力物流滑道并实现工件在滑道上运动的仿真。

一、创建无动力物流滑道和工件模型

创建无动力物流滑道和工件模型的步骤如下：

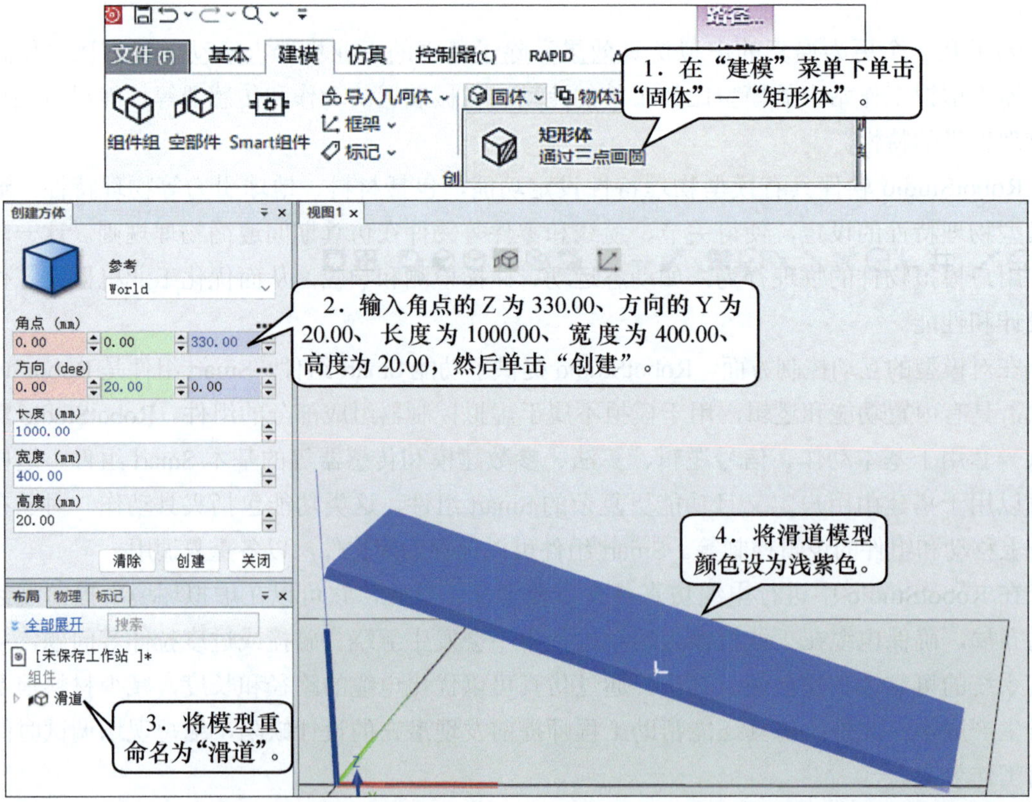

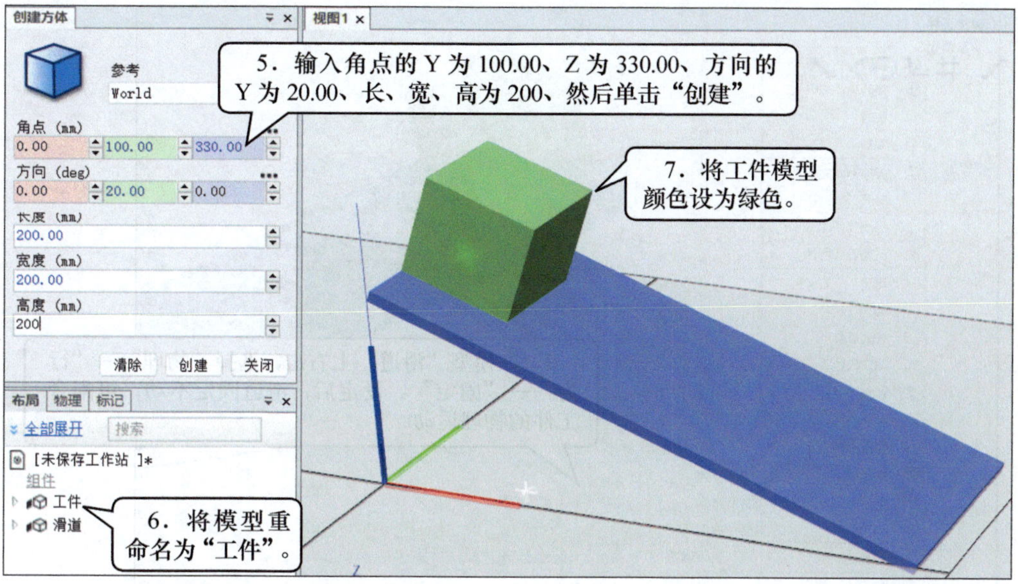

二、设置滑道与工件的物理特性

接下来设置滑道与工件这两个模型的物理特性，使其能遵循物理规则而运动。此任务要实现工件放置在滑道的顶端，在地心引力的作用下滑落到滑道的末端。为了更符合实际，要对滑道的摩擦系数进行适当的设定。具体步骤如下：

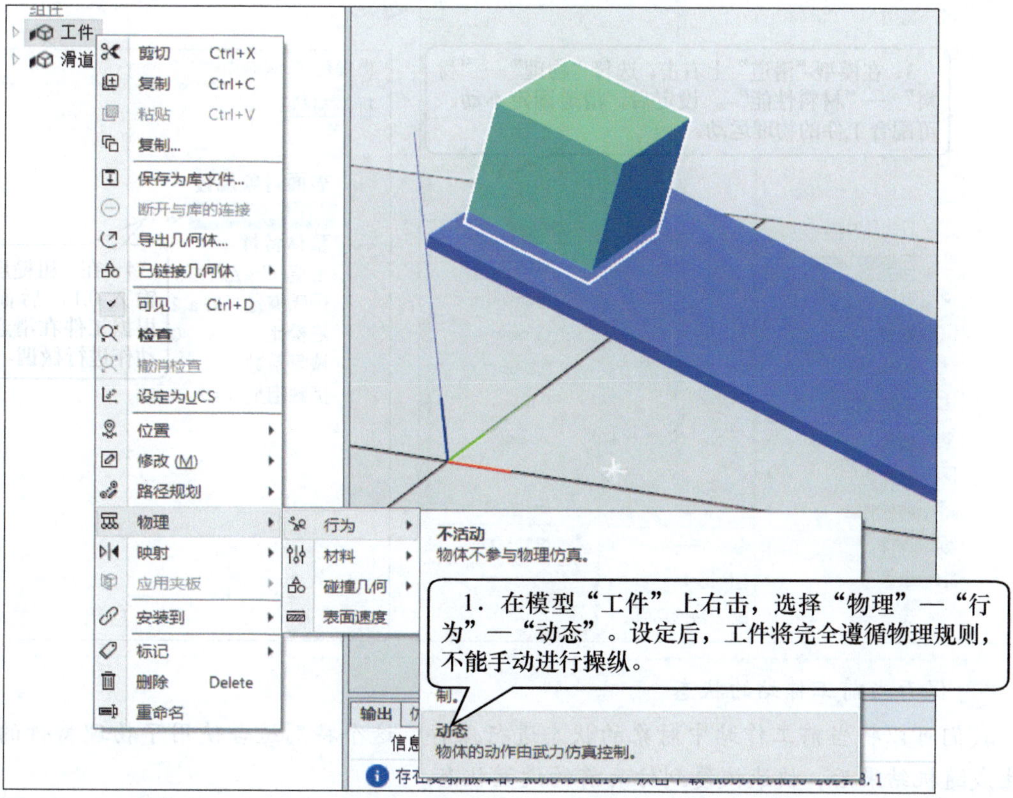

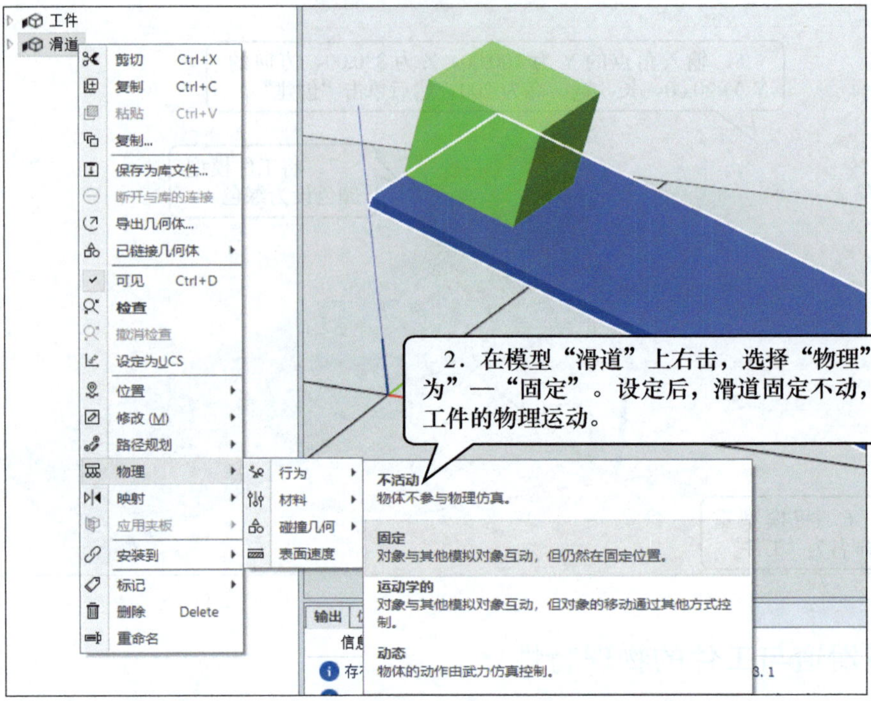

我们须对滑道的摩擦系数进行适当的设定，工件的摩擦系数也应根据实际情况进行设定。为了简化这个匹配的过程，只设定滑道的摩擦系数。

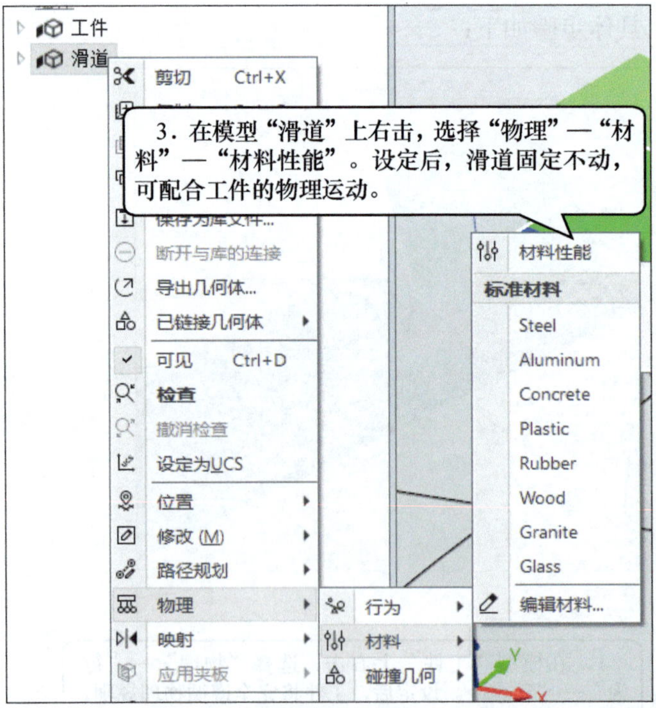

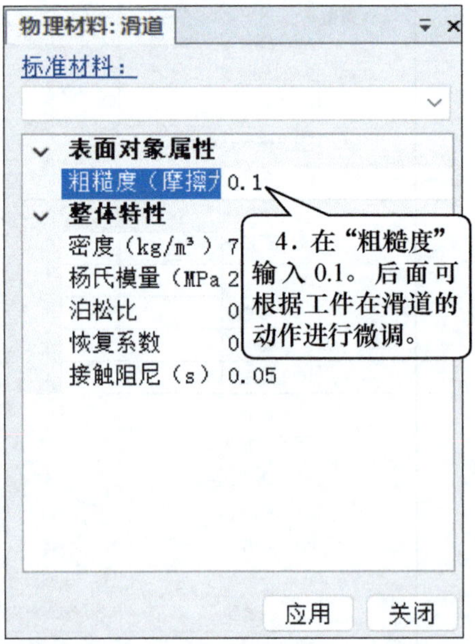

保存当前工作站的状态

我们可以将当前工作站中对象的状态进行保存。这个特别适合使用了物理特性的仿真生成随机结果后，快速恢复到仿真前的设置状态。

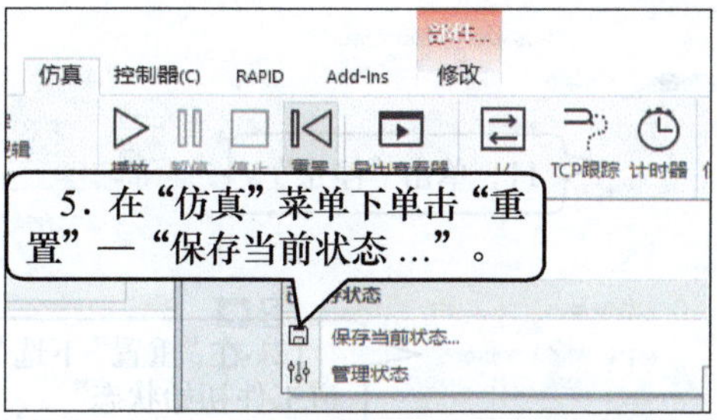

5. 在"仿真"菜单下单击"重置"—"保存当前状态…"。

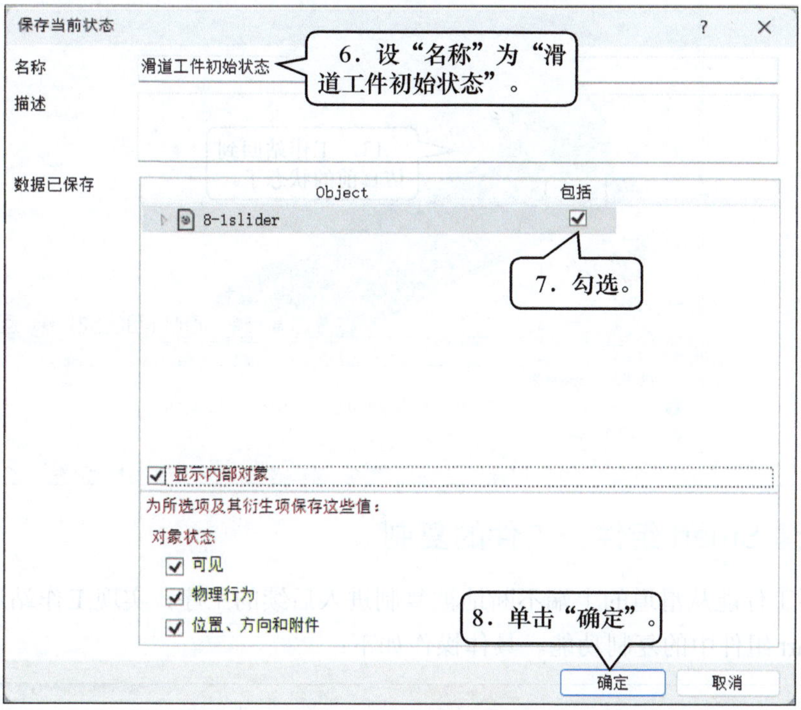

保存当前状态

名称　滑道工件初始状态

6. 设"名称"为"滑道工件初始状态"。

描述

数据已保存

Object　包括

▷ 🔲 8-1slider　☑

7. 勾选。

☑ 显示内部对象

为所选项及其衍生项保存这些值：

对象状态
☑ 可见
☑ 物理行为
☑ 位置、方向和附件

8. 单击"确定"。

确定　取消

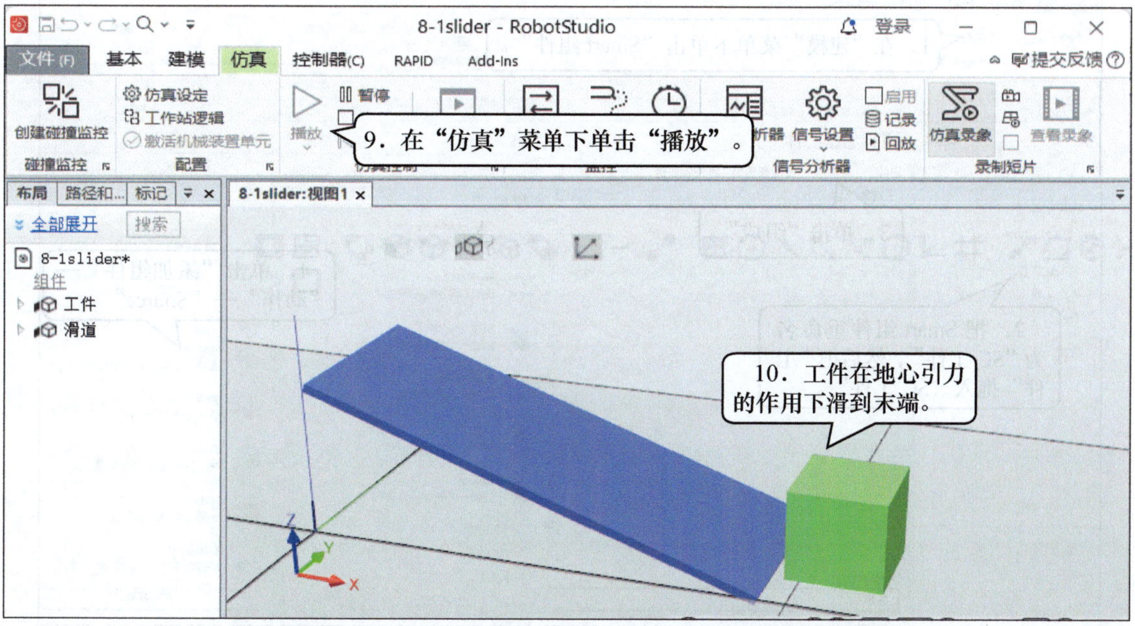

8-1slider - RobotStudio

文件(F)　基本　建模　仿真　控制器(C)　RAPID　Add-Ins

创建碰撞监控　仿真设定　工作站逻辑　激活机械装置单元　播放　暂停　信号分析器　信号设置　仿真录象　查看录象

碰撞监控　配置　仿真控制　监控　信号分析器　录制短片

9. 在"仿真"菜单下单击"播放"。

布局　路径和…　标记

全部展开　搜索

🔲 8-1slider*
　组件
　▷ 工件
　▷ 滑道

8-1slider:视图1

10. 工件在地心引力的作用下滑到末端。

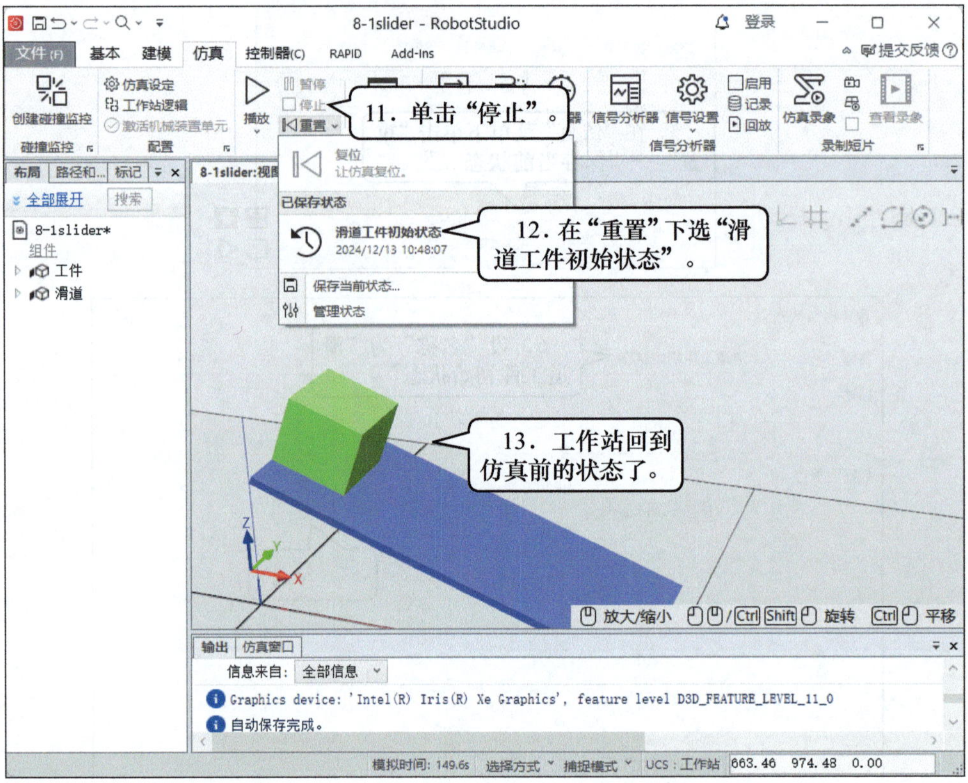
11. 单击“停止”。
12. 在“重置”下选“滑道工件初始状态”。
13. 工作站回到仿真前的状态了。

三、创建 Smart 组件：工件的复制

如果需要工件能从滑道的上端不断地被复制进入后续的工序，实现工作站连续的运行，就要使用 Smart 组件中的复制功能。具体操作如下：

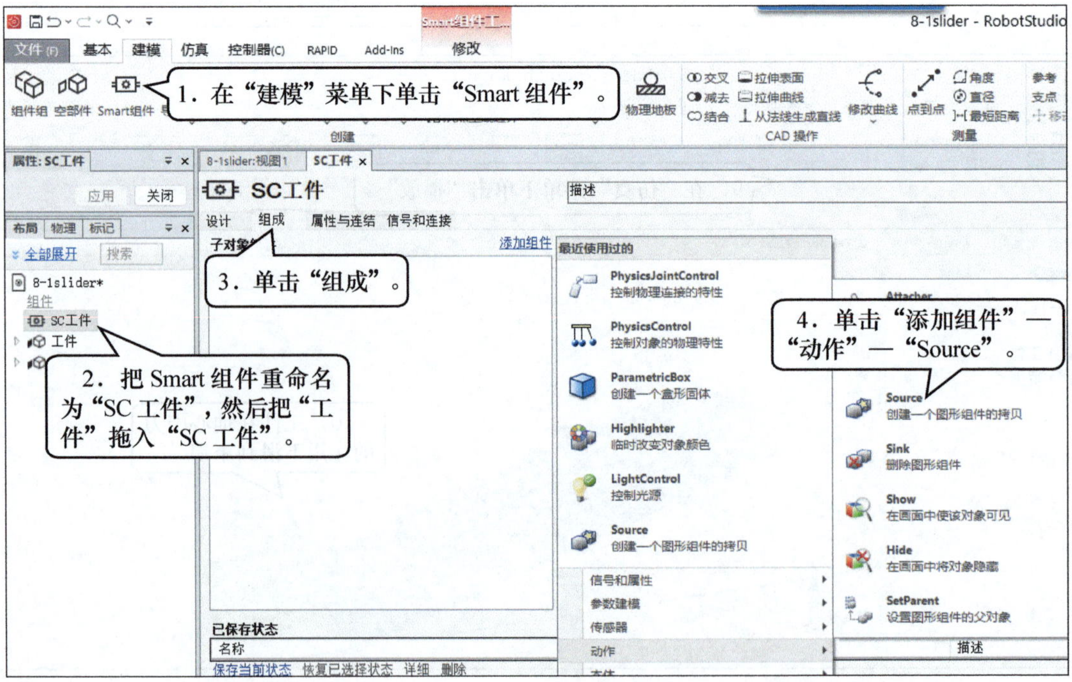
1. 在“建模”菜单下单击“Smart 组件”。
2. 把 Smart 组件重命名为“SC 工件”，然后把“工件”拖入“SC 工件”。
3. 单击“组成”。
4. 单击“添加组件”—“动作”—“Source”。

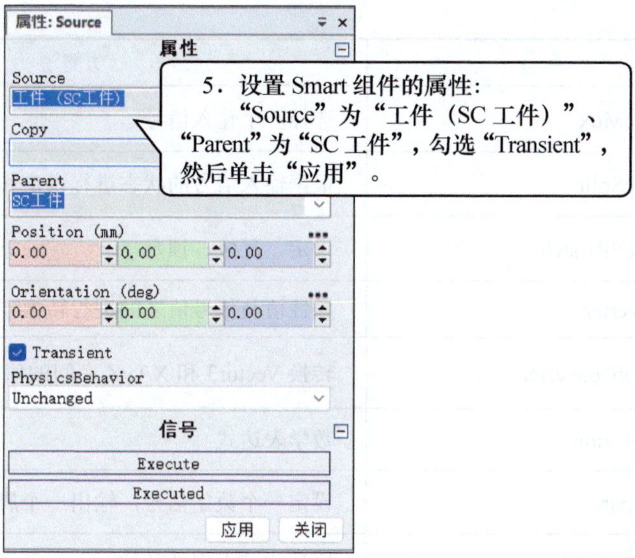

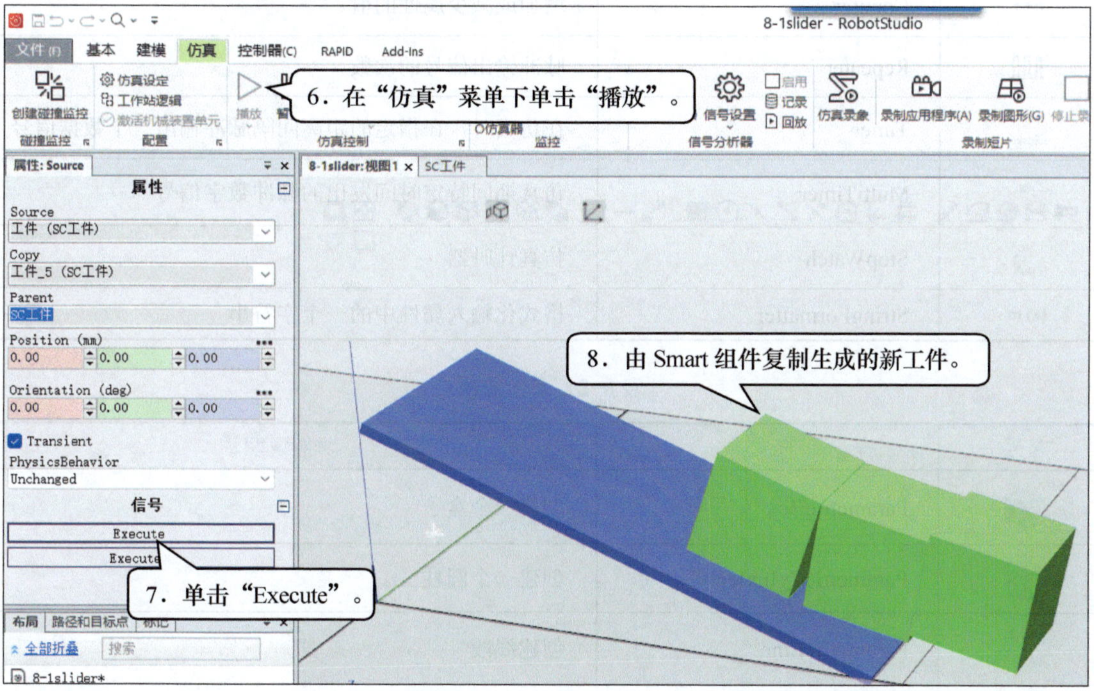

四、了解 Smart 组件的功能

RobotStudio 中自带基本的 Smart 组件按功能分类及功能说明见表 8-1 ～表 8-10。

表 8-1　信号与属性

符号	名称	功能说明
	LogicGate	进行数字信号的逻辑运算
	LogicExpression	逻辑运算表达式

（续）

符号	名称	功能说明
⟁	LogicMux	选择一个输入信号
⟮	LogicSplit	根据输入信号的状态进行设定和脉冲输出信号
⟲	LogicSRLatch	设定、复位、锁定
⇌	Converter	属性值与信号值之间进行转换
a,b,c=xyz	VectorConverter	转换 Vector3 和 X/U/Z 之间的值
$\frac{a+b}{c}$	Expression	数学表达式
a!=b	Comparer	设定一个数字信号，输出一个属性的比较结果
a++	Counter	增加或减少属性的值
ⅢⅢ	Repeater	脉冲输出信号的次数
⧗	Timer	在仿真时，在指定的距离间隔脉冲输出一个数据信号
⧉	MultiTimer	仿真期间特定时间发出的脉冲数字信号
⏱	StopWatch	仿真计时器
{x} m	StringFormatter	格式化输入属性中的一个字符串

表8-2 参数建模

符号	名称	功能说明
⬛	ParametricBox	创建一个盒子
⬤	ParametricCylinder	创建一个圆柱
╱	ParametricLine	创建线段
◉	ParametricCircle	创建圆
⬆	LinearExtrusion	面拉伸或线段沿着向量方向
⬗	LinearRepeater	创建模型组件的线性排列复制品
⬗	MatrixRepeater	创建模型组件的阵列复制品
↻	CircularRepeater	创建模型组件圆形排列复制品

表 8-3　传感器

符号	名称	功能说明
	CollsionSensor	对象之间的碰撞监控
	LineSensor	检测是否有任何对象与两点之间的线段相交
	PlaneSensor	监测对象与平面相交
	VolumeSensor	检测是否有任务对象进入某个空间
	PositionSensor	在仿真过程中对对象进行位置的监控
	ClosestObject	查找最接近参考点或其他接近的对象
	JoinSensor	仿真期间监控机械接点值
	GetParent	获取对象的父对象

表 8-4　动作

符号	名称	功能说明
	Attacher	安装一个对象
	Detacher	拆除一个已安装的对象
	Source	创建一个图形组件的复制品
	Sink	删除图形组件
	Show	在界面中使对象可见
	Hide	在界面中将对象隐藏
	SetParent	设置图形组件的父对象

表 8-5　本体

符号	名称	功能说明
	LinearMover	线性移动一个对象
	LinearMover2	移动一个对象到指定位置
	Rotator	按指定速度，对象绕着轴旋转
	Rotator2	对象绕着一个轴旋转指定的角度

（续）

符号	名称	功能说明
	PoseMover	运动机械装置到一个已定义的姿态
	JointMover	机械装置关节运动
	Positioner	设定对象的位置与方向
	MoveAlongCurve	沿几何曲线移动对象（使用常量偏移）

表 8-6 控制器

符号	名称	功能说明
	RapidVariable	设置或获得 RAPID 变量的值

表 8-7 物理

符号	名称	功能说明
	PhysicsControl	控制对象的物理特性
	PhysicsJointControl	控制物理连接的特性

表 8-8 PLC

符号	名称	功能说明
	OpcUaClient	设置 OPC UA 客户端
	SIMITConnection	连接西门子 SIMIT

表 8-9 虚拟现实

符号	名称	功能说明
	VrHandController	在 VR 中，用手柄移动的组件
	VrSession	添加按钮到 VR 菜单，并在用户退出或进入 VR 时发出信号
	VrTeleporter	将 VR 用户传送到组件所在的位置

表 8-10 其他

符号	名称	功能说明
	Queue	将对象排入队列，可使用组合进行控制
a!=b	ObjectComparer	设定一个数字信号输出对象的比较结果
	GraphieSwitch	双击图形在两个部件之间进行转换

（续）

符号	名称	功能说明
	Highlighter	临时改变对象颜色
	MoveToViewpoint	切换到已定义的视角上
	Logger	在输出窗口显示信息
	SoundPlayer	播放声音
	Random	生成一个随机数
	StopSimulation	停止仿真
	TraceTCP	开启 / 关闭工业机器人的 TCP 跟踪
	SimulationEvents	仿真开始和停止时发出的脉冲信号
	LightControl	控制光源
	MarkupControl	控制一个图形标记
	ApplicationWindowPanel	仿真中，在一个面板上显示信息
	ColorTable	颜色表储存颜色
	ConveyorControl	用 I/O 信号控制输送链
	DataTable	存储对象的清单
	ExecuteCommand	执行一个 RobotStudio 指令
	PaintApplicator	涂画一个对象

任务 8-2　输送链的运动设定：表面速度

工作任务

- 设置输送链的物理特性。
- 用 Smart 组件控制输送链的运动。

扫一扫，看视频

在工业机器人的物流应用中，除了无动力物流滑道，还会使用带动力的输送链来输送工件。本任务将创建工件从无动力物流滑道滑动到输送链进行运送。

一、设置输送链的物理特性

设置输送链物理特性的步骤如下：

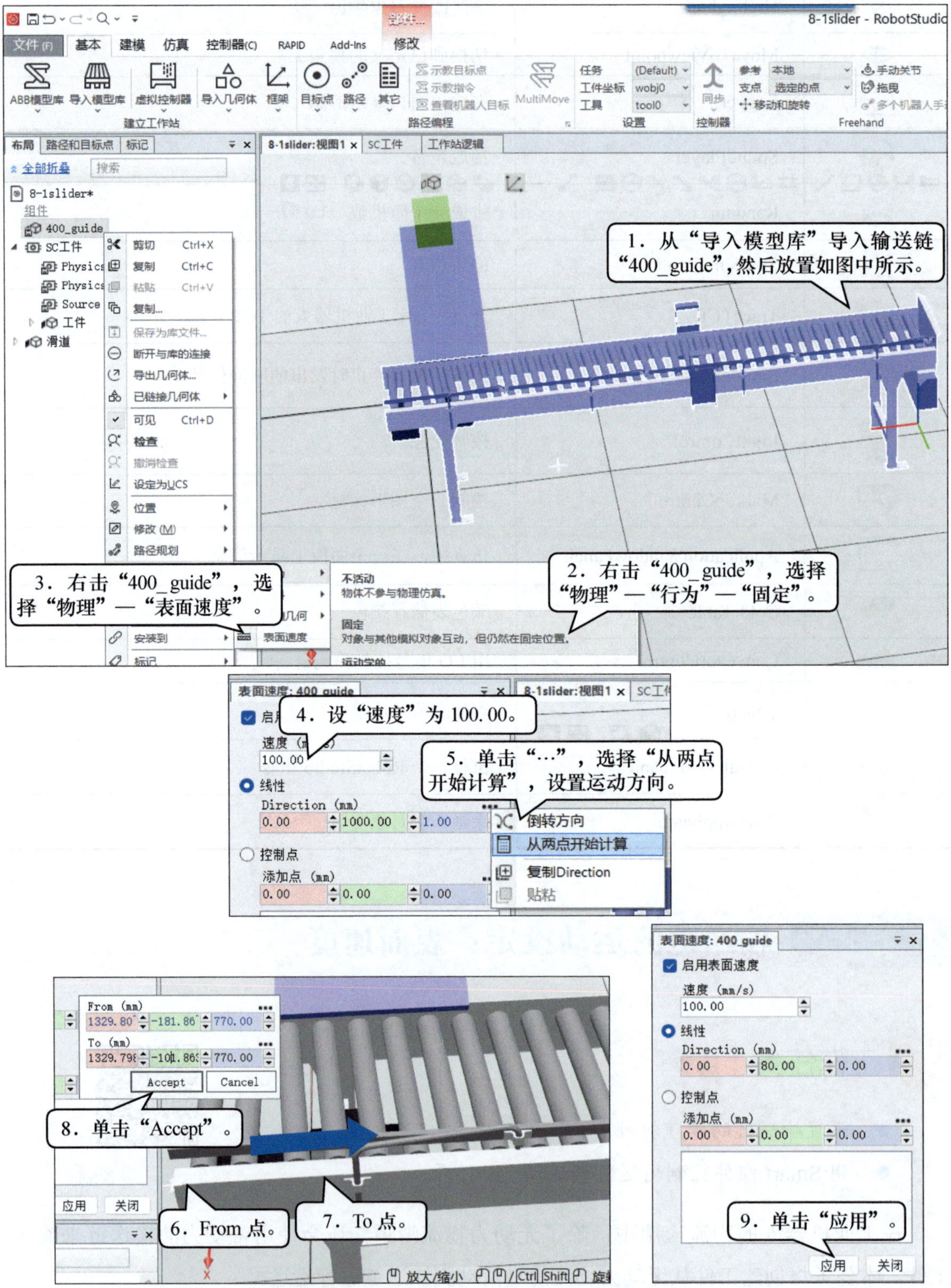
1．从“导入模型库”导入输送链“400_guide”，然后放置如图中所示。
2．右击“400_guide”，选择“物理”—“行为”—“固定”。
3．右击“400_guide”，选择“物理”—“表面速度”。
4．设“速度”为 100. 00。
5．单击“…”，选择“从两点开始计算”，设置运动方向。
6．From 点。
7．To 点。
8．单击“Accept”。
9．单击“应用”。

二、用 Smart 组件控制输送链的运动

接下来用 Smart 组件的物理特性控制功能来控制输送链的运动 / 停止。具体操作如下：

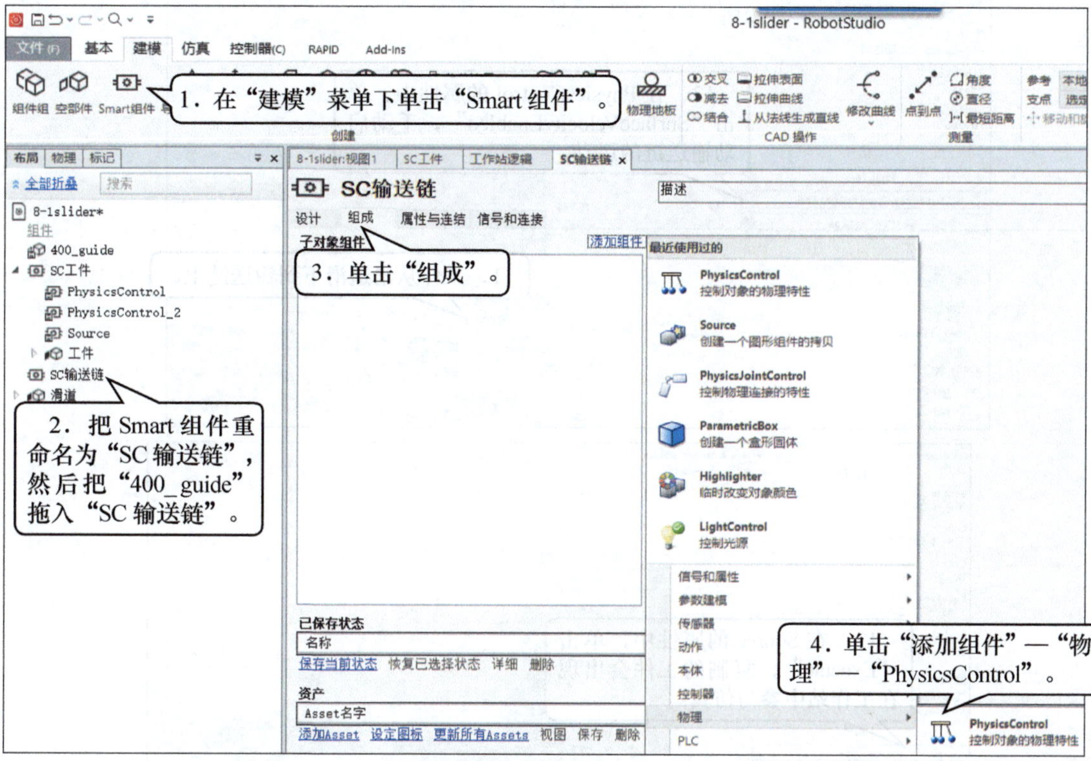
1. 在“建模”菜单下单击“Smart 组件”。
2. 把 Smart 组件重命名为“SC 输送链”，然后把“400_guide”拖入“SC 输送链”。
3. 单击“组成”。
4. 单击“添加组件”—“物理”—“PhysicsControl”。

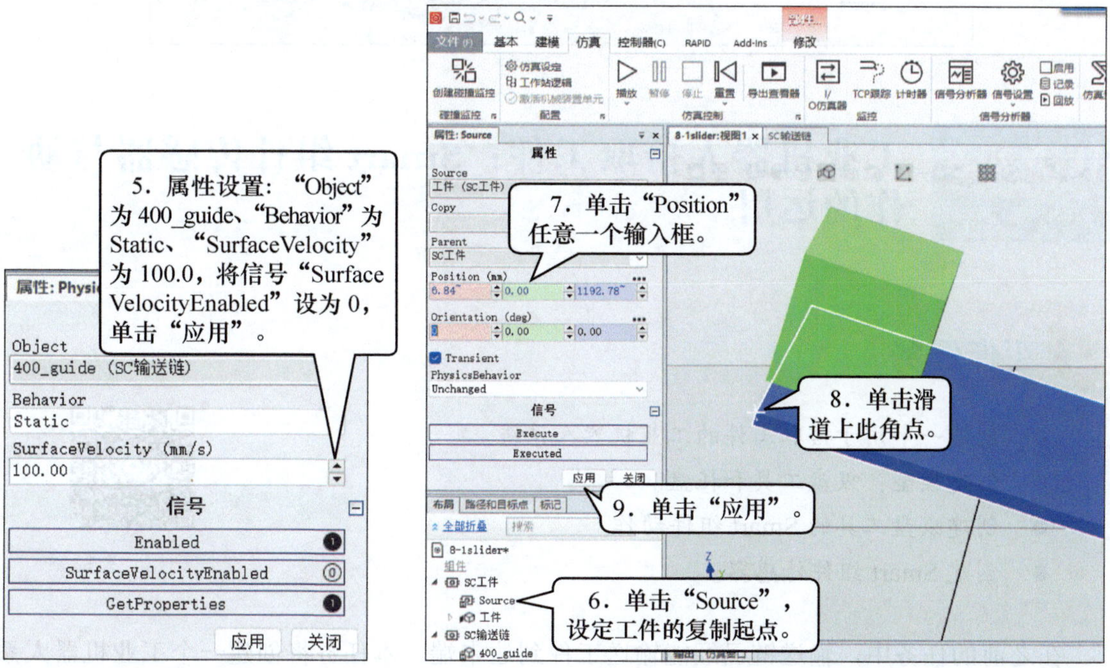
5. 属性设置：“Object”为 400_guide、“Behavior”为 Static、“SurfaceVelocity”为 100.0，将信号“SurfaceVelocityEnabled”设为 0，单击“应用”。
6. 单击“Source”，设定工件的复制起点。
7. 单击“Position”任意一个输入框。
8. 单击滑道上此角点。
9. 单击“应用”。

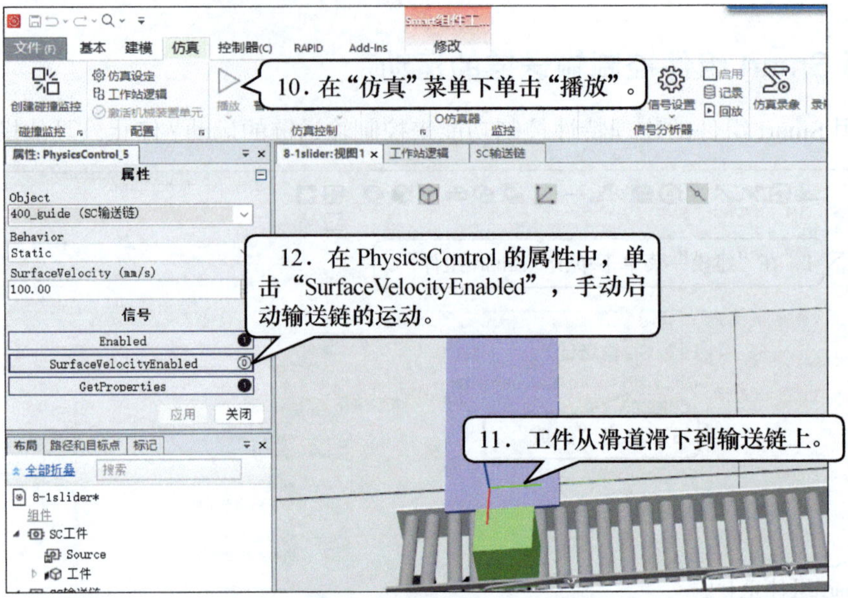
10. 在“仿真”菜单下单击“播放”。
12. 在 PhysicsControl 的属性中，单击“SurfaceVelocityEnabled”，手动启动输送链的运动。
11. 工件从滑道滑下到输送链上。

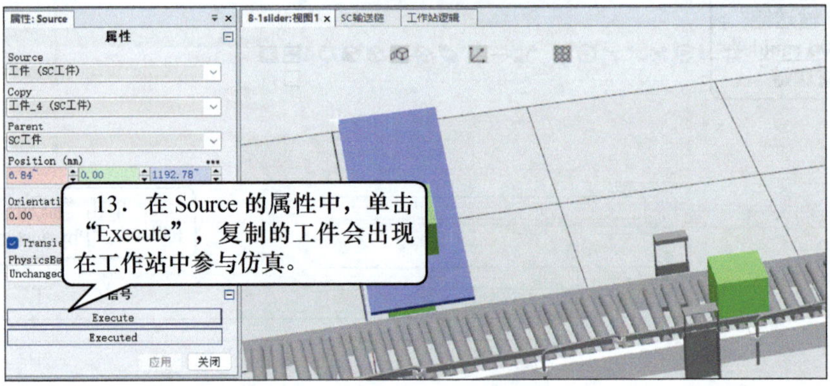
13. 在 Source 的属性中，单击“Execute”，复制的工件会出现在工作站中参与仿真。

任务 8-3　工业机器人拾取工件：Smart 组件传感器与动作的运用

工作任务

- 创建一个用于拾取工件的工业机器人系统。
- 创建模型：吸盘工具和托盘。
- 创建吸盘工具的 Smart 组件动作。
- 创建 Smart 组件传感器。

扫一扫，看视频

在之前的任务中，输送链已经能输送工件到达末端。本任务将创建一个工业机器人系统，将工件拾取起来进行放置。为了让读者更高效简洁地阅读，之前任务中已有详细说明的操作，会做一定的简化。本书配套的视频里，有完整的操作过程演示，读者可以扫描上面的二维码进行学习。

一、创建一个用于拾取工件的工业机器人系统

创建一个用于拾取工件的工业机器人系统的具体操作如下：

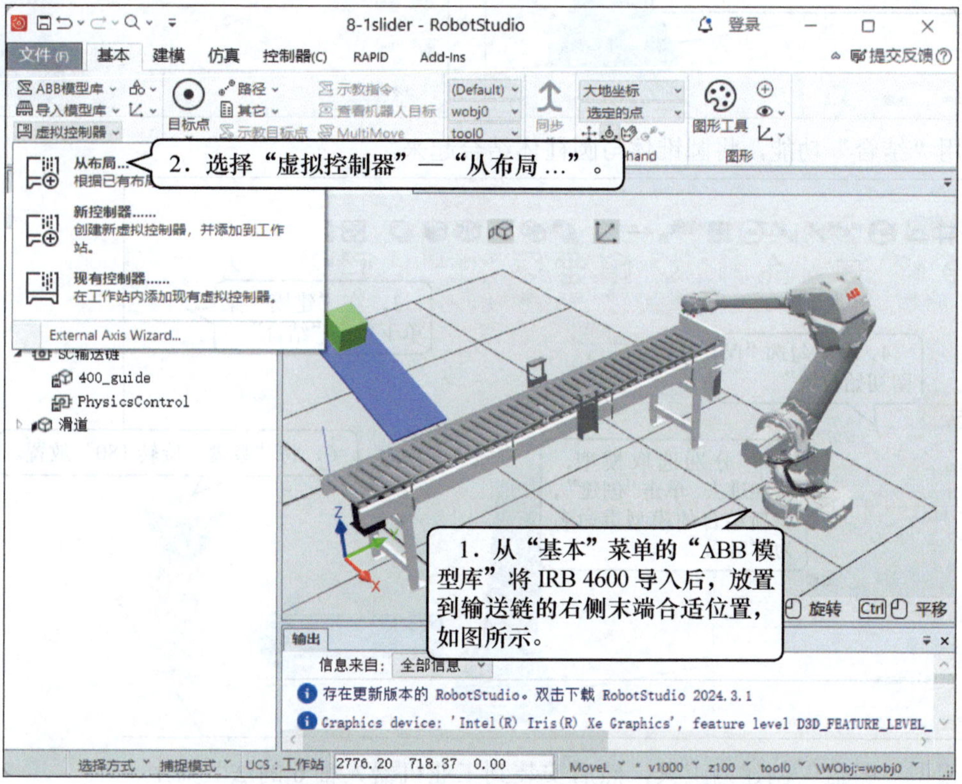

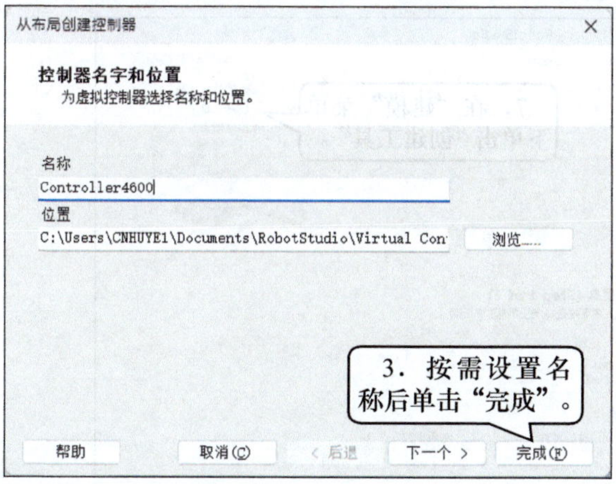

二、创建模型：吸盘工具和托盘

吸盘工具需要我们进行建模，并安装到工业机器人轴 6 的法兰盘上。托盘可直接使用模型库里的托盘模型。具体操作如下：

1．创建一个圆锥体，直径为 80.00mm，高度为 100.00mm，颜色设为蓝色。

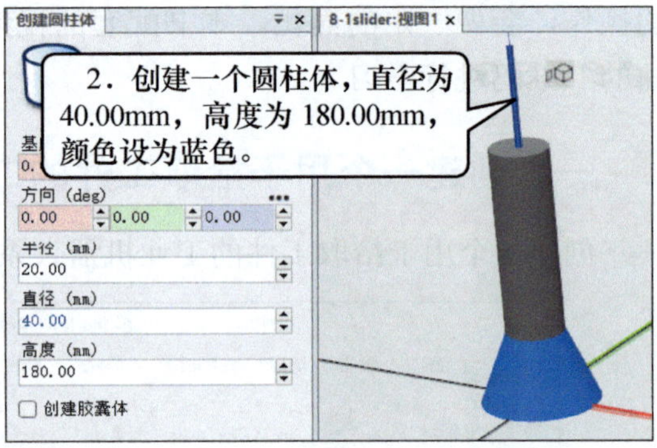
2．创建一个圆柱体，直径为 40.00mm，高度为 180.00mm，颜色设为蓝色。

使用“结合”功能，将圆锥体与圆柱体结合起来。

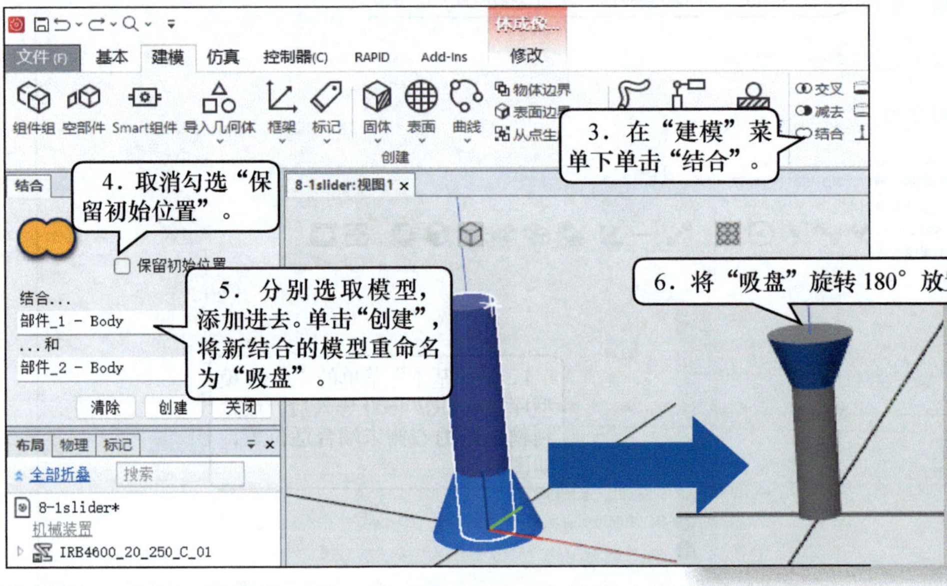
3．在“建模”菜单下单击“结合”。
4．取消勾选“保留初始位置”。
5．分别选取模型，添加进去。单击“创建”，将新结合的模型重命名为“吸盘”。
6．将“吸盘”旋转 180° 放置。

将模型“吸盘”创建为工具，然后安装到工业机器人轴 6 的法兰盘上。

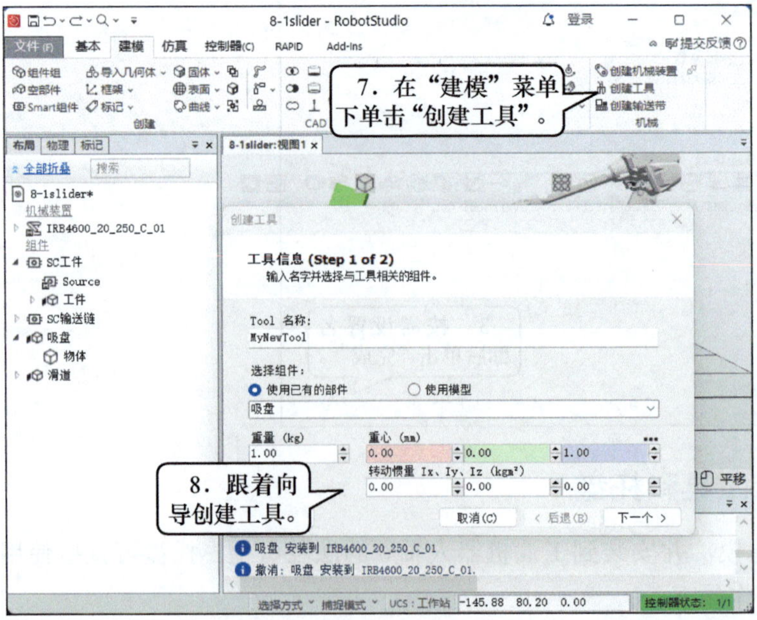
7．在“建模”菜单下单击“创建工具”。
8．跟着向导创建工具。

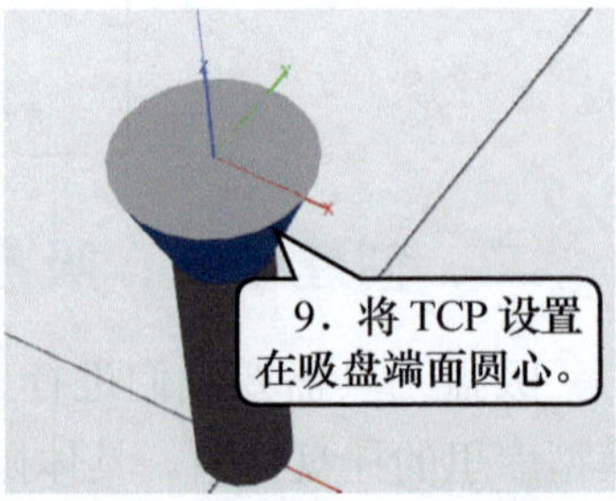
9．将 TCP 设置在吸盘端面圆心。

继续创建工具的 Smart 组件，用于仿真工具的拾取动作。

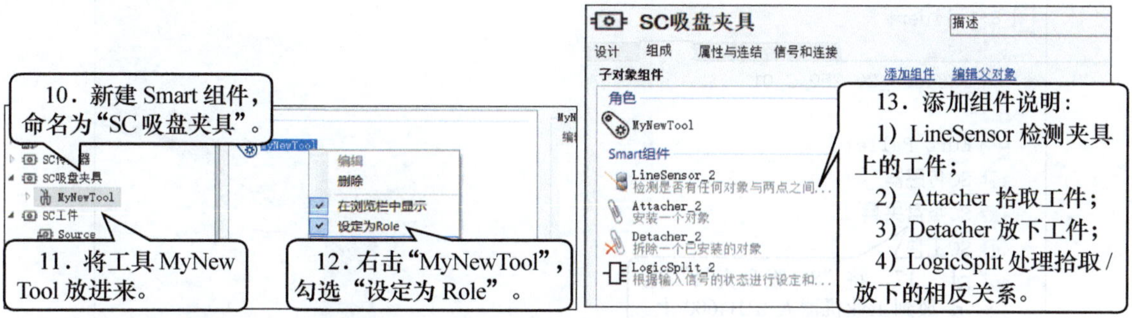
10．新建 Smart 组件，命名为“SC 吸盘夹具”。
11．将工具 MyNew Tool 放进来。
12．右击“MyNewTool”，勾选“设定为 Role”。
13．添加组件说明：
1）LineSensor 检测夹具上的工件；
2）Attacher 拾取工件；
3）Detacher 放下工件；
4）LogicSplit 处理拾取 / 放下的相反关系。

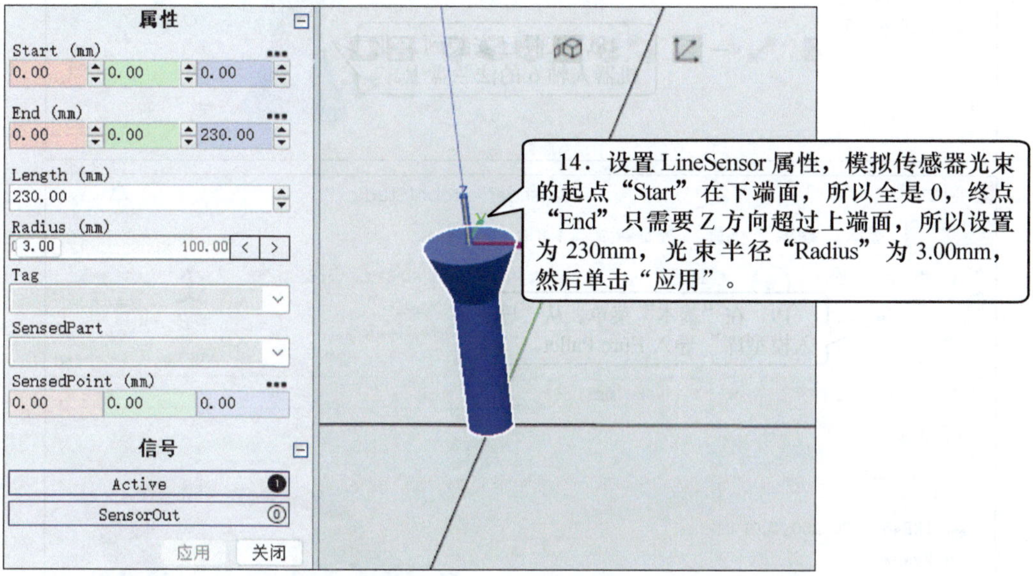
14．设置 LineSensor 属性，模拟传感器光束的起点“Start”在下端面，所以全是 0，终点“End”只需要 Z 方向超过上端面，所以设置为 230mm，光束半径“Radius”为 3.00mm，然后单击“应用”。

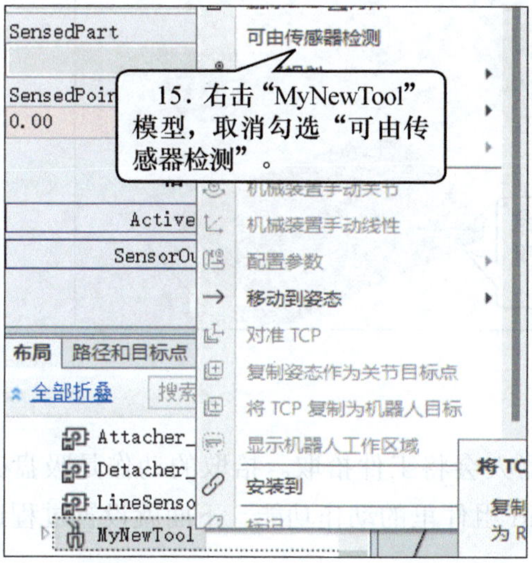
15．右击“MyNewTool”模型，取消勾选“可由传感器检测”。

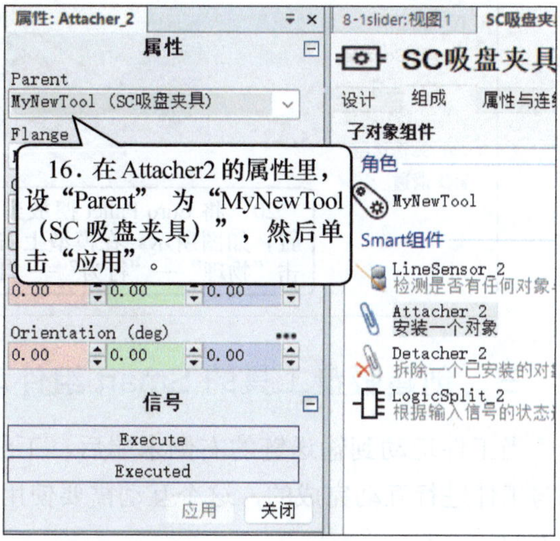
16．在 Attacher2 的属性里，设“Parent”为“MyNewTool（SC 吸盘夹具）”，然后单击“应用”。

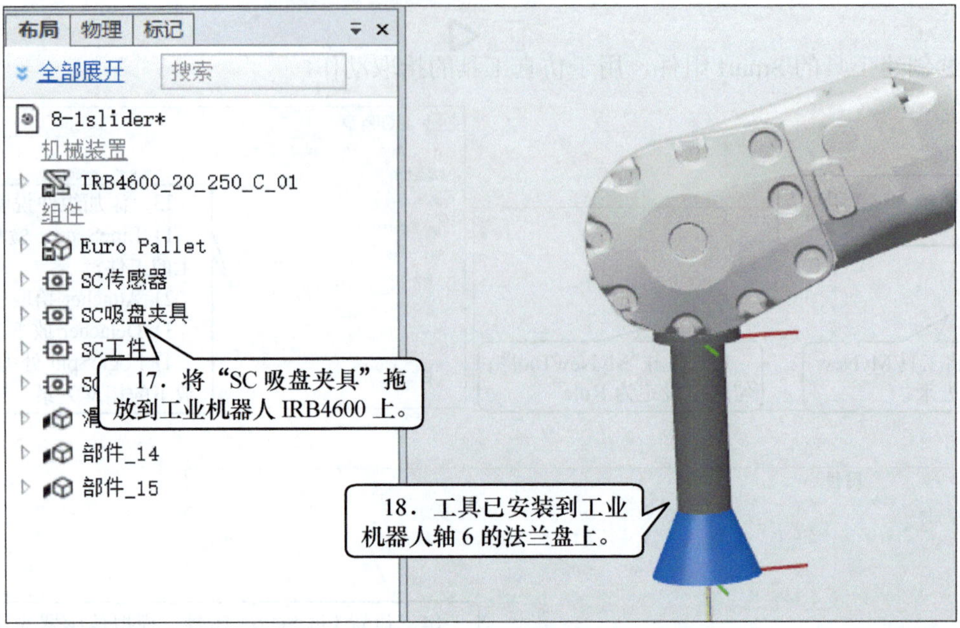

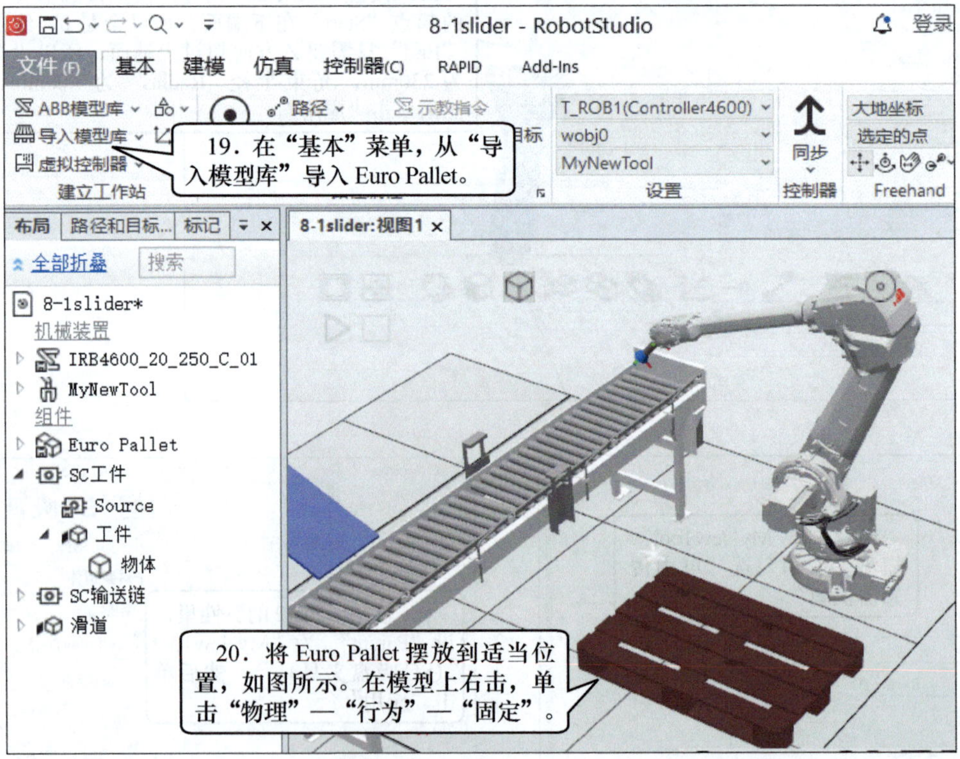

三、创建吸盘工具的 Smart 组件动作

当工件运动到输送链的右侧末端后，工业机器人会将工件拾取。拾取的动作是吸盘工具与工件进行互动完成的，这个互动需要使用 Smart 组件里的动作功能。下面就设置过程进行说明。

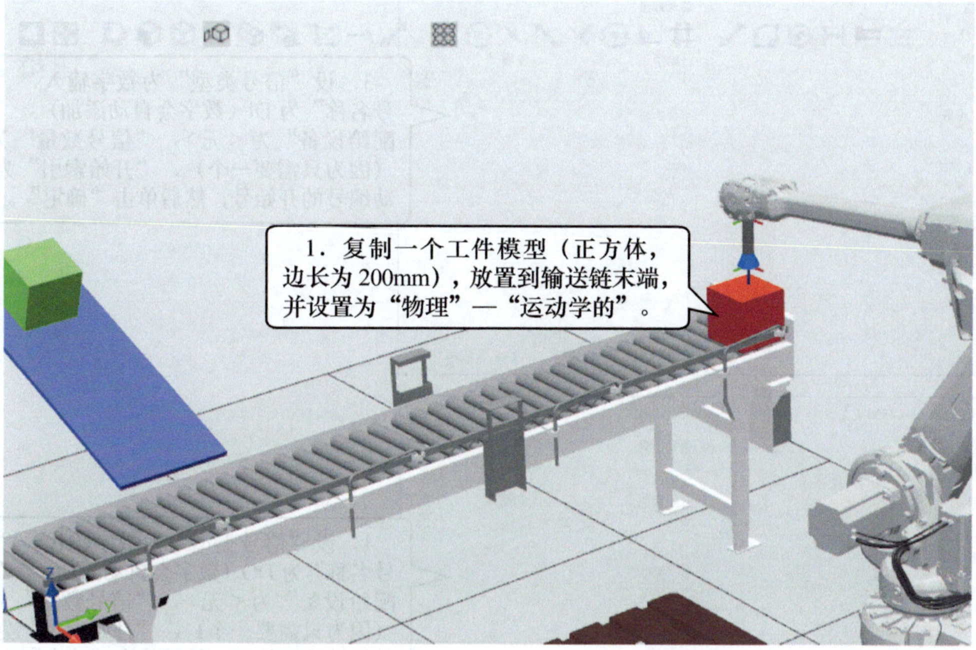

需要在工业机器人系统的 I/O 中简易地配置两个用于仿真输送链与吸盘夹具操作的信号。配置的两个信号的名称、类型及说明见表 8-11。

表 8-11　配置的两个信号的名称、类型及说明

I/O 信号名称	信号类型	说明
DI0	数字输入	在输送链末端检测到工件
DO0	数字输出	吸盘工具工作

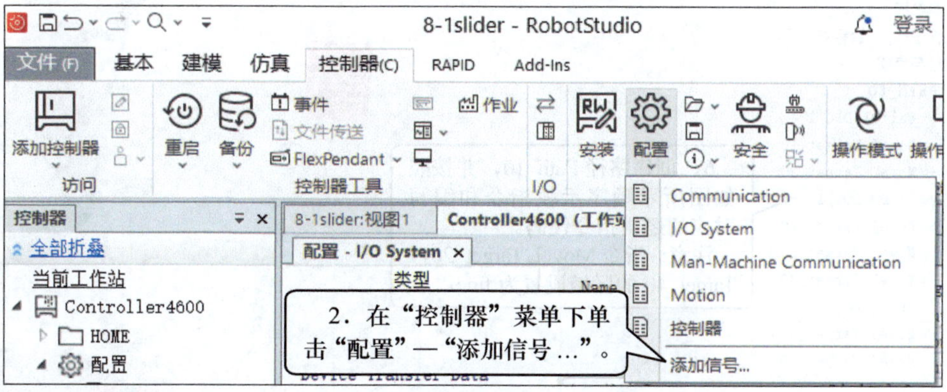

3．设“信号类型”为数字输入、“信号名称”为 DI（数字会自动添加）、“分配给设备”为 <无>、“信号数量”为 1（因为只需要一个）、“开始索引”为自动编号的开始号，然后单击“确定”。

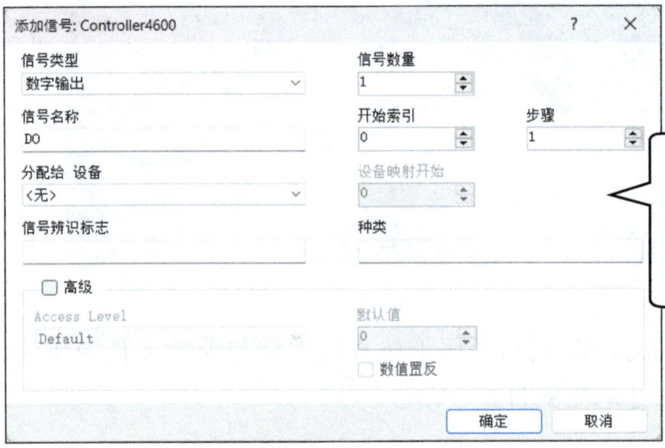

4．设“信号类型”为数字输出、“信号名称”为 DO（数字会自动添加）、“分配给设备”为 <无>、“信号数量”为 1（因为只需要一个）、“开始索引”为自动编号的开始号，然后单击“确定”。

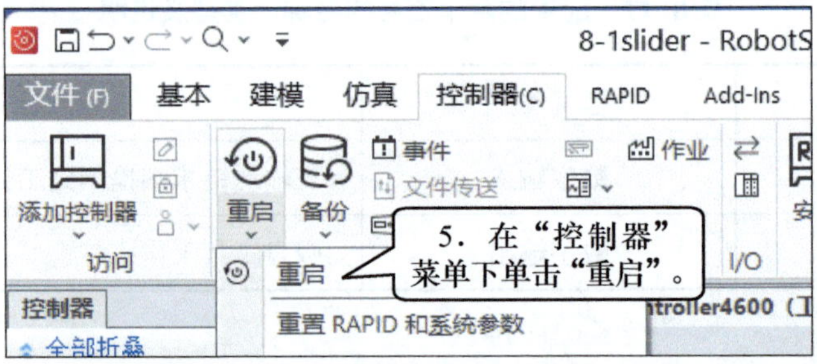

5．在“控制器”菜单下单击“重启”。

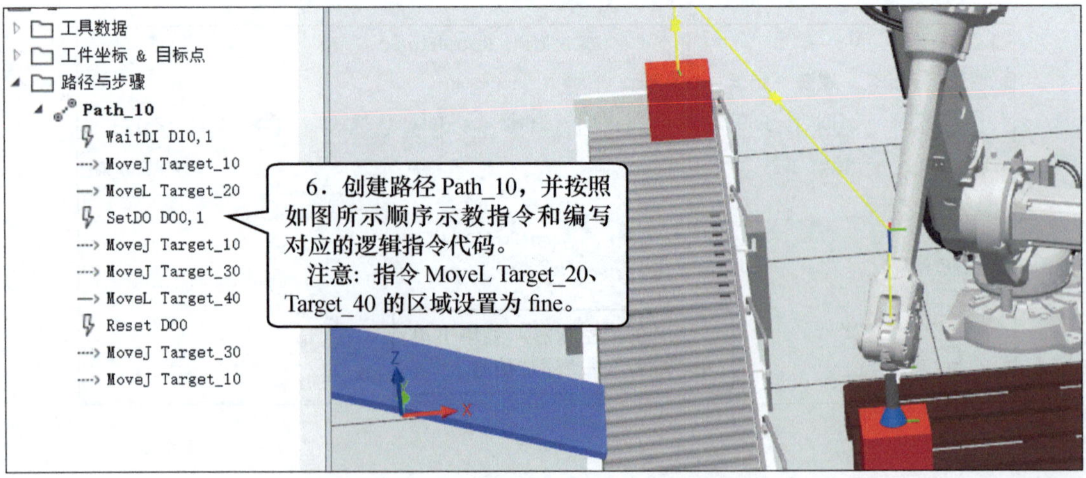

6．创建路径 Path_10，并按照如图所示顺序示教指令和编写对应的逻辑指令代码。

注意：指令 MoveL Target_20、Target_40 的区域设置为 fine。

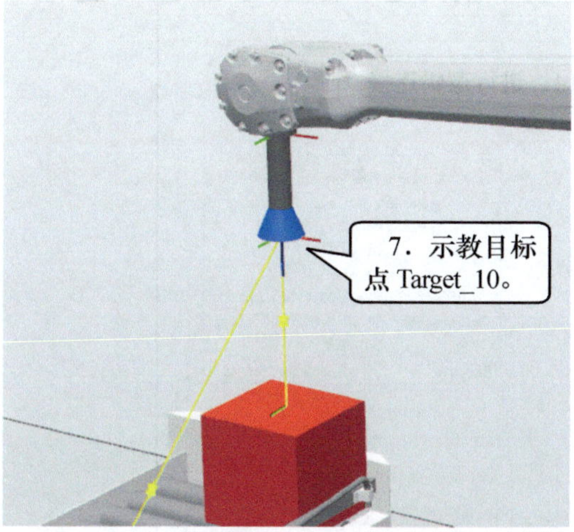
7. 示教目标点 Target_10。

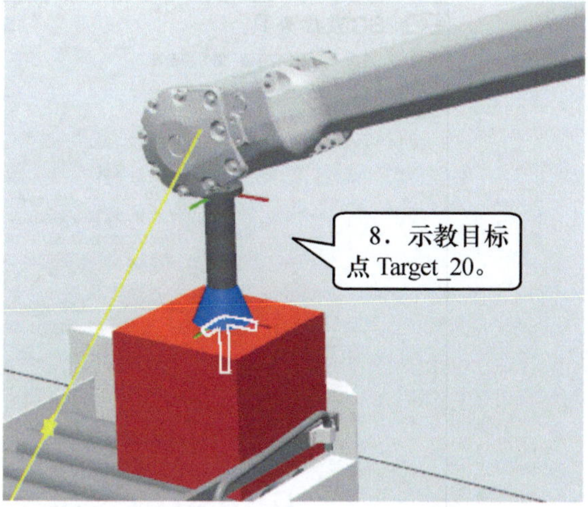
8. 示教目标点 Target_20。

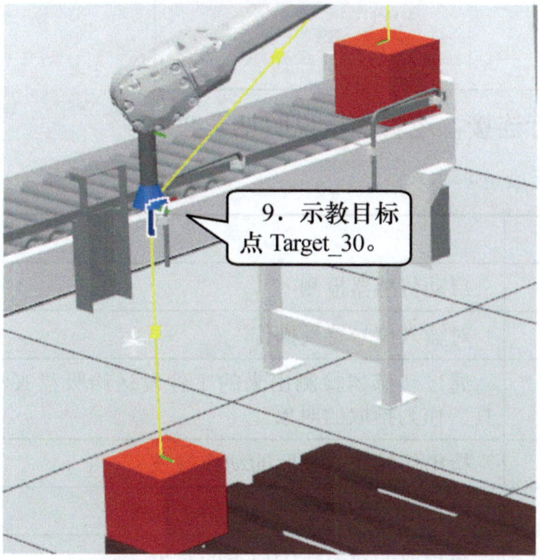
9. 示教目标点 Target_30。

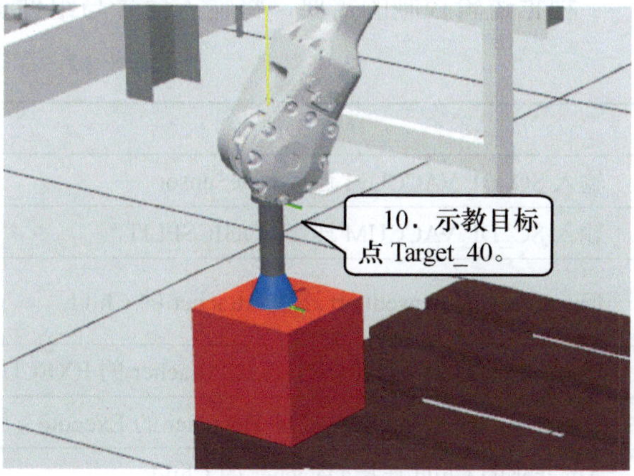
10. 示教目标点 Target_40。

编辑好工业机器人的程序后，需要做 Smart 组件“SC 吸盘夹具”内部的逻辑连接，实现吸盘夹具将工件拾取 / 放下的动态效果。

SC吸盘夹具
设计
组成
属性与连结
信号和连接
属性
输入
11. 在组件“SC 吸盘夹具”的“设计”标签，单击“输入”。
Length (230.00 mm)

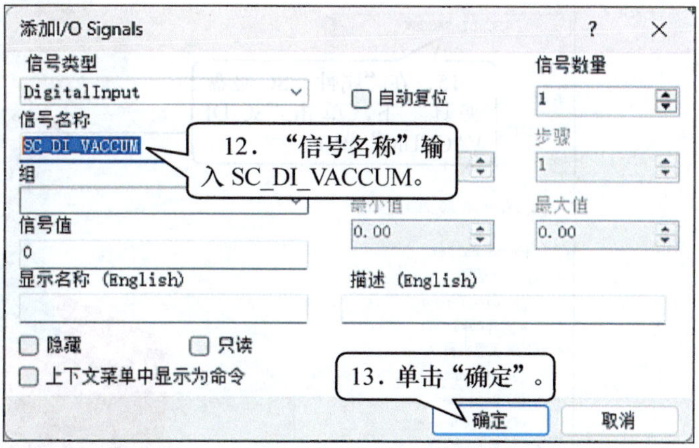
添加I/O Signals
信号类型
DigitalInput
自动复位
信号数量
1
信号名称
SC_DI_VACCUM
12. “信号名称”输入 SC_DI_VACCUM。
步骤
1
组
最小值
0.00
最大值
0.00
信号值
0
显示名称 (English)
描述 (English)
隐藏
只读
上下文菜单中显示为命令
13. 单击“确定”。
确定
取消

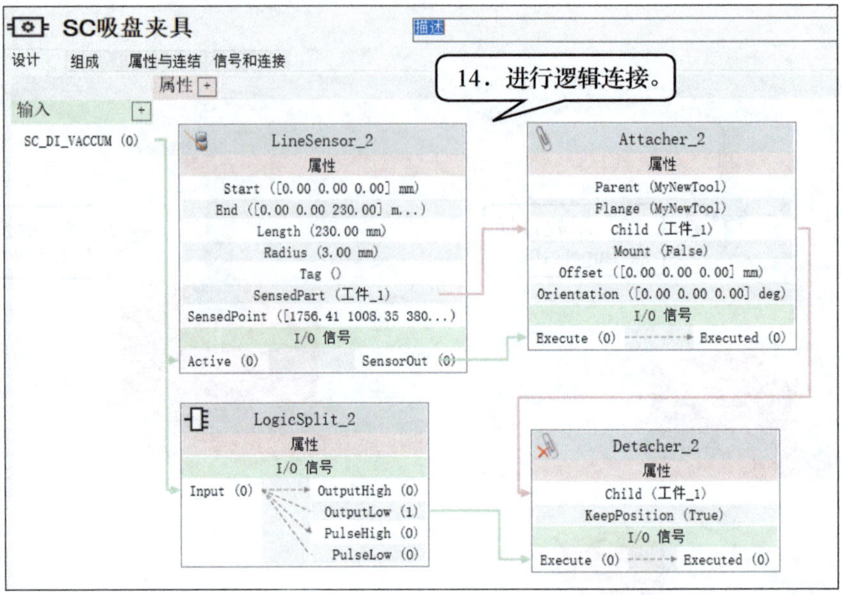

根据逻辑控制的需要，将输入信号与组件进行连接，逻辑连接说明见表 8-12。

表 8-12　逻辑连接说明

逻辑连接	说明
输入 SC_DI_VACCUM 连接 LineSensor	启动传感器检测
输入 SC_DI_VACCUM 连接 LOGICSPLIT	对输入信号置反操作
Linesensor 的 SensedPart 连接 Attacher 的 Child	通过传感器检测出来的工件发送给吸盘夹具，作为拾取的对象
Linesensor 的 SENSOROUT 连接 Attacher 的 EXECUTE	检出信号作为拾取的动作触发
LogicSplit 的 OutputLow 连接 Detacher 的 Execute	用拾取置反的信号控制将工件放下
Attacher 的 Child 连接 Detacher 的 Child	将拾取的对象作为放下的对象

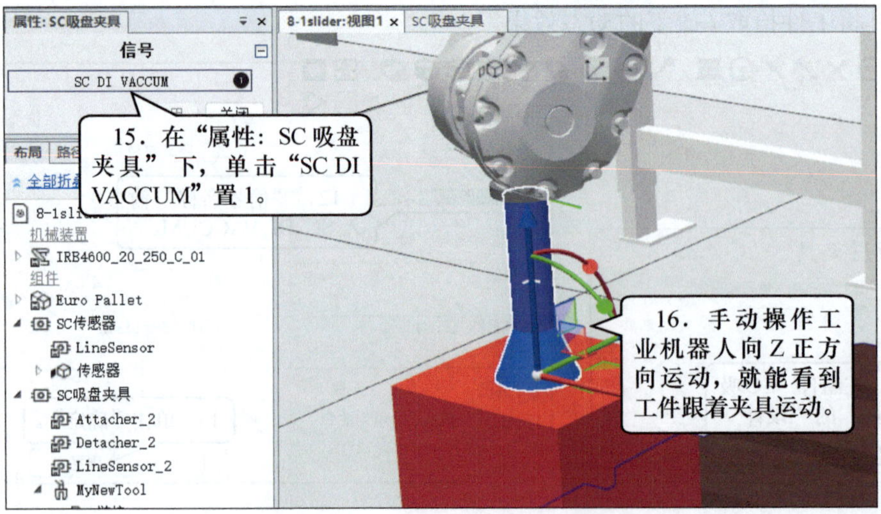

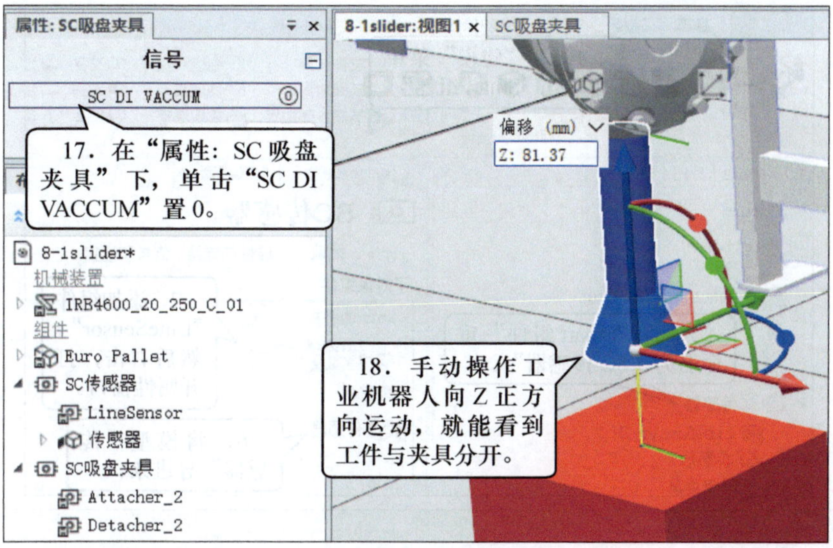
属性: SC吸盘夹具
信号
SC DI VACCUM
17. 在“属性：SC 吸盘夹具”下，单击“SC DI VACCUM”置 0。
8-1slider*
机械装置
IRB4600_20_250_C_01
组件
Euro Pallet
SC传感器
LineSensor
传感器
SC吸盘夹具
Attacher_2
Detacher_2
8-1slider:视图1
SC吸盘夹具
偏移 (mm)
Z: 81.37
18. 手动操作工业机器人向 Z 正方向运动，就能看到工件与夹具分开。

四、创建用于输送链的 Smart 组件传感器

在真实的物理场景中，传感器将工件运动到输送链末端的信号发送到工业机器人，工业机器人就会拾取到位的工件到垛板上。

下面用 Smart 组件创建传感器来实现检测功能。具体操作如下：

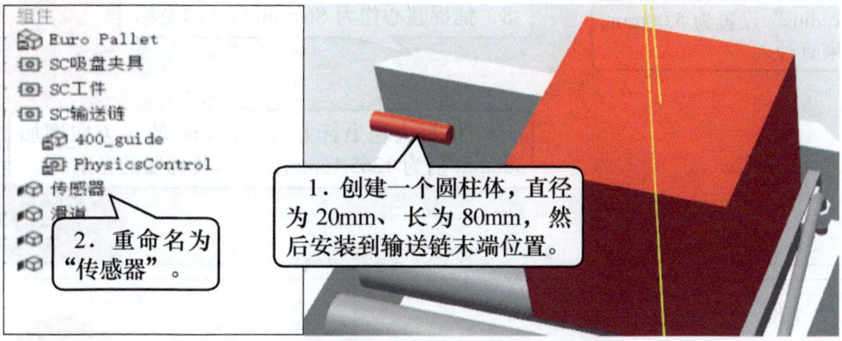
组件
Euro Pallet
SC吸盘夹具
SC工件
SC输送链
400_guide
PhysicsControl
传感器
1. 创建一个圆柱体，直径为 20mm、长为 80mm，然后安装到输送链末端位置。
2. 重命名为“传感器”。

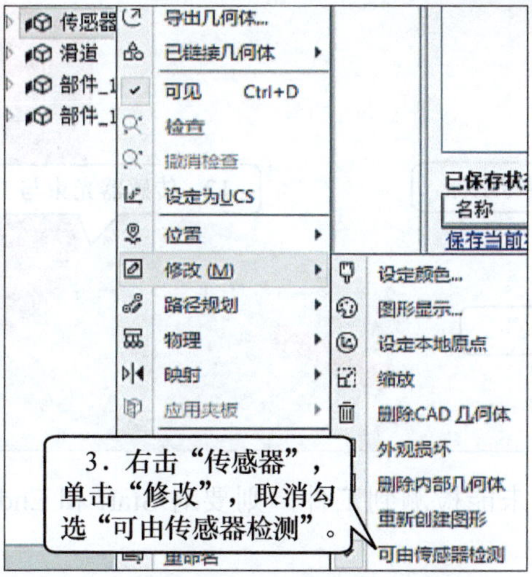
传感器
滑道
导出几何体...
已链接几何体
可见 Ctrl+D
检查
撤消检查
设定为UCS
位置
修改 (M)
路径规划
物理
映射
应用夹板
设定颜色...
图形显示...
设定本地原点
缩放
删除CAD 几何体
外观损坏
删除内部几何体
重新创建图形
可由传感器检测
名称
3. 右击“传感器”，单击“修改”，取消勾选“可由传感器检测”。

4．在“建模”菜单下单击“Smart 组件”。
5．将“Smart 组件”重命名为“SC 传感器”。
6．将模型“传感器”导进来。
7．添加组件“LineSensor”，然后右击，打开属性窗口。
8．捕捉圆心作为 Start 和 End 的坐标
9．根据大地坐标方向，在 End 的 X 方向增加 300mm 后为 1265.16mm，模拟传感器的光束。
10．“Radius”设置为 5.00mm，是模型光束直径。
11．单击“Active”。
12．传感器光束与工件有相交。
13．可看到被检测到的模型与坐标。

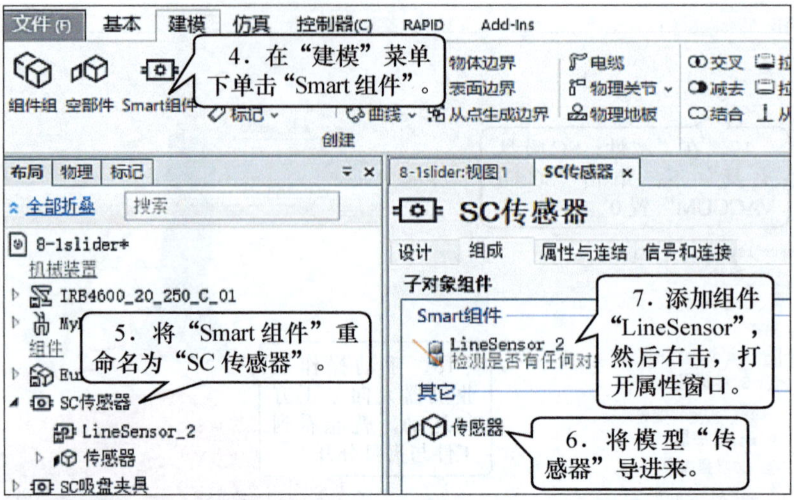

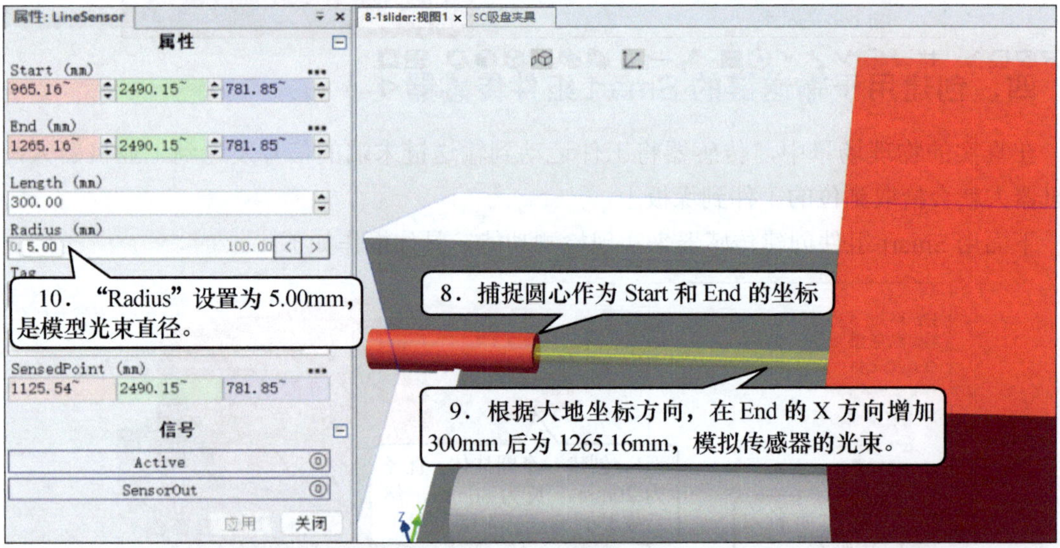

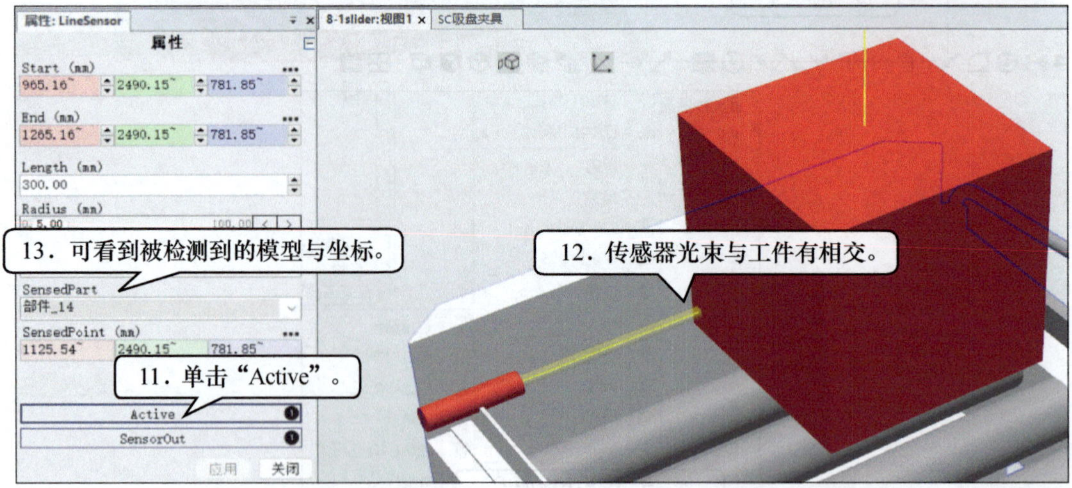

如果单击“Active”后未能检测到工件，则要对 Start 和 End 的坐标进行适当调整，使光束与工件有一个好的相交。

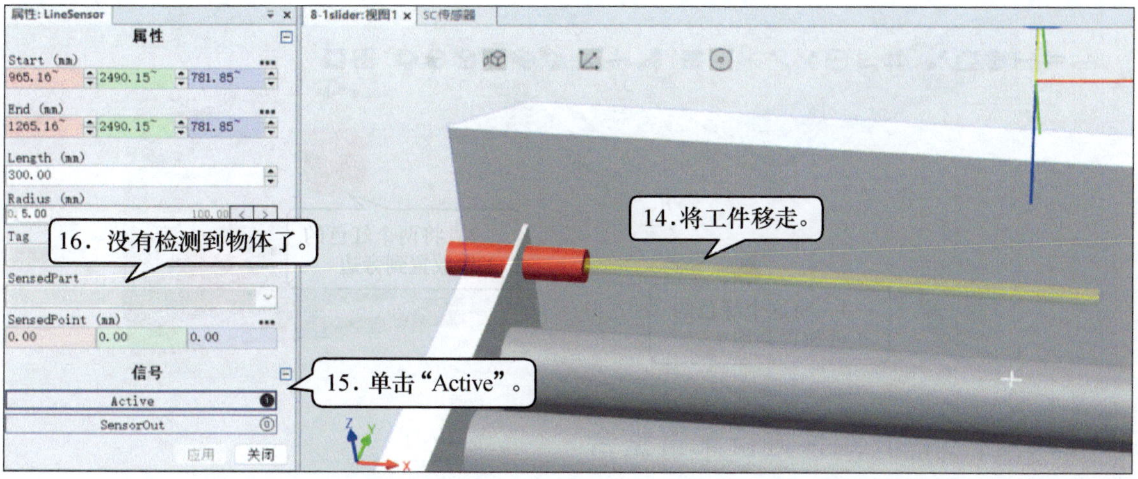

> 使用 LineSensor 的注意事项：
>
> 1）要将当作传感器的模型设置为不能被传感器检测到。
>
> 2）设置模拟传感器光束时，要确保光束不被物体完全覆盖，即留有部分在物体之外。

任务 8-4　工作站逻辑的综合实战

工作任务

- 准备仿真运行的环境。
- 将 Smart 组件进行整合。
- 工作站逻辑构建。
- 运行测试。

扫一扫，看视频

前面的任务创建了一些模型来辅助调试功能，现在需要清理，以便为仿真运行做好准备。之前的 Smart 组件都是单独存在的，在工作站整体运行时，它们之间需要协同，因此需要对各个单独的 Smart 组件进行整合，然后进行逻辑关联操作，以便它们协同工作。

一、准备仿真运行的环境

准备仿真运行环境的具体操作如下：

二、将 Smart 组件进行配置整合

1）SC 传感器的设置。具体操作如下：

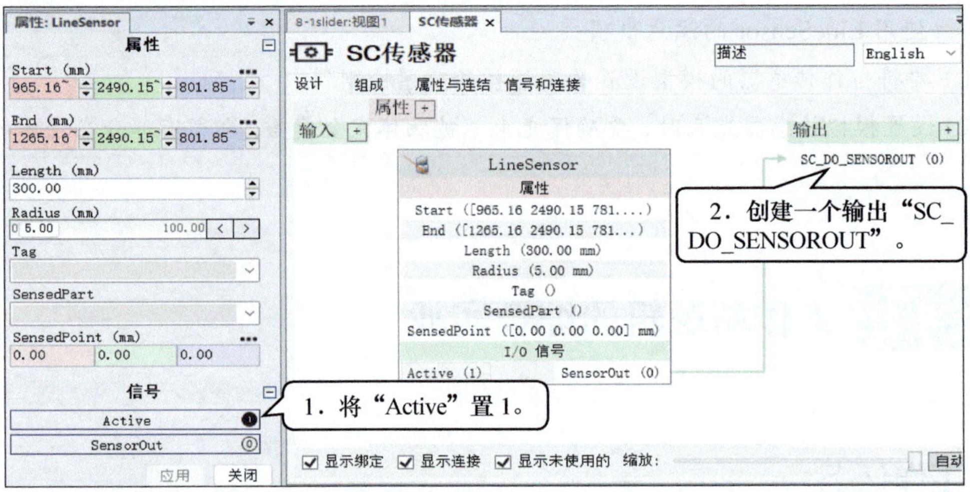

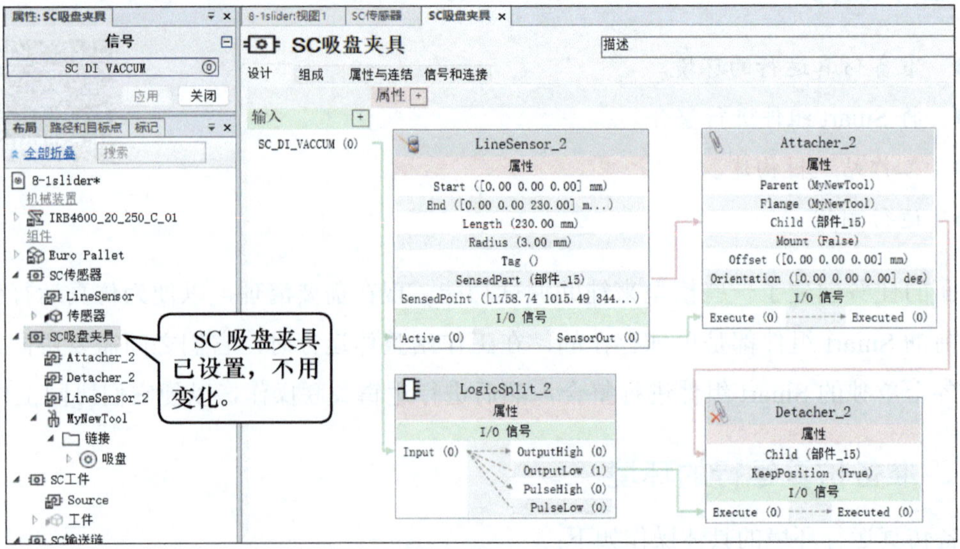

SC 传感器设置的逻辑连接说明见表 8-13。

表 8-13　SC 传感器设置的逻辑连接说明

逻辑连接	说明
LineSensor 的 SensorOut 连接到输出 SC_DO_SENSOROUT	将检出工件信号发送给工业机器人系统

2）SC 工件的设置。具体如下：

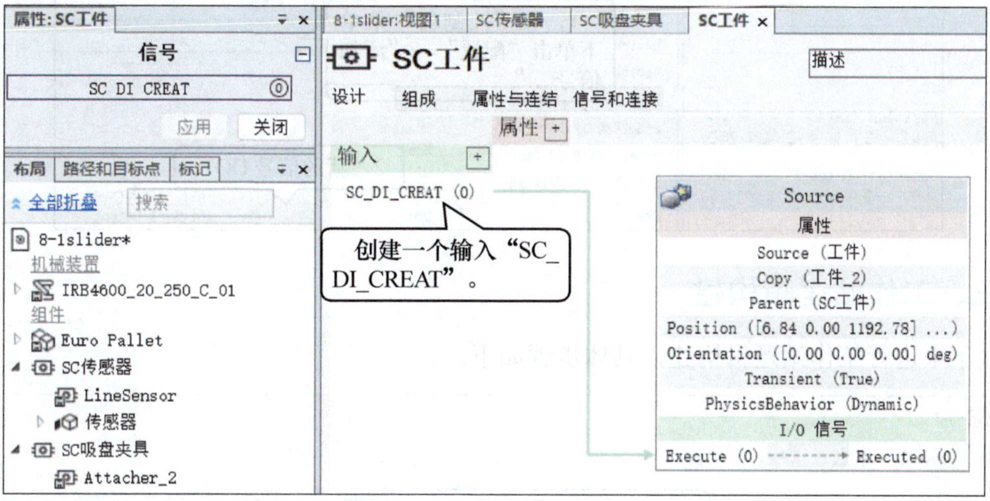

SC 工件设置的逻辑连接说明见表 8-14。

表 8-14　SC 工件设置的逻辑连接说明

逻辑连接	说明
输入 SC_DI_CREAT 连接到 Source 的 Execute	工业机器人系统输入请求复制一个工件

3）SC 输送链的设置。具体如下：

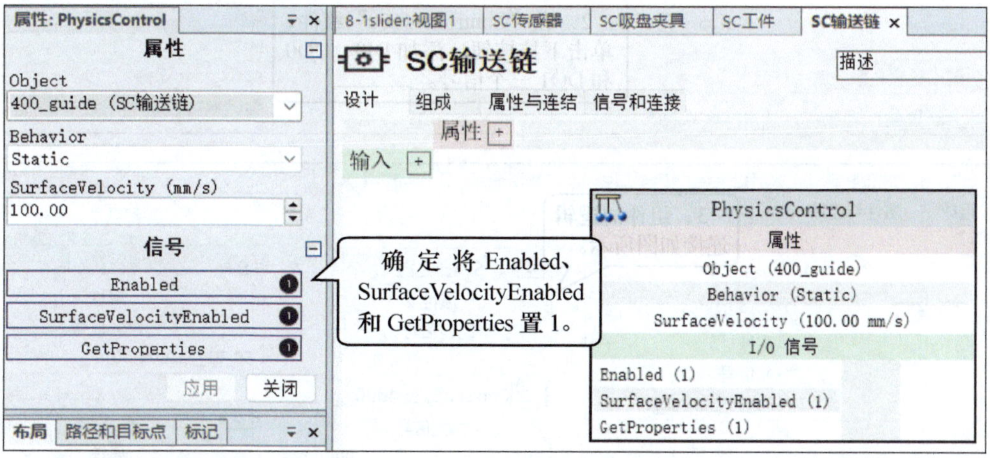

在工业机器人控制器里，为了控制 Smart 组件复制一个新工件，须添加一个数字输出信号 DO1 进行对应，具体操作如下：

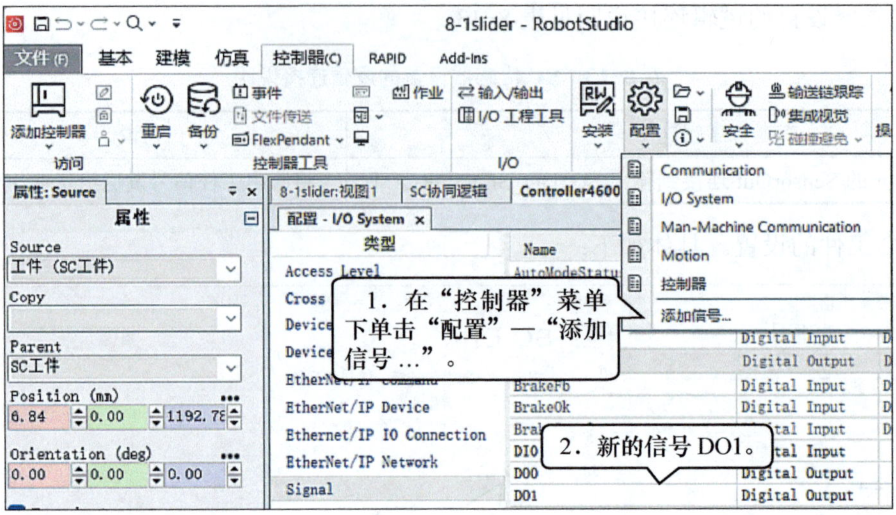
8-1slider - RobotStudio
1. 在“控制器”菜单下单击“配置”—“添加信号…”。
2. 新的信号 DO1。

三、工作站逻辑构建

接下来进行工作站逻辑构建，具体步骤如下：

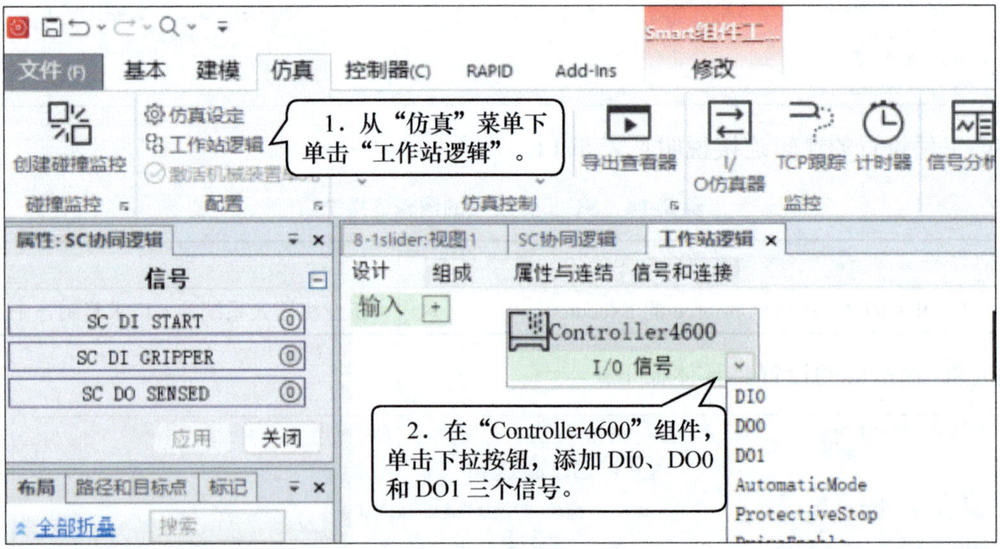
1. 从“仿真”菜单下单击“工作站逻辑”。
2. 在“Controller4600”组件，单击下拉按钮，添加 DI0、DO0 和 DO1 三个信号。

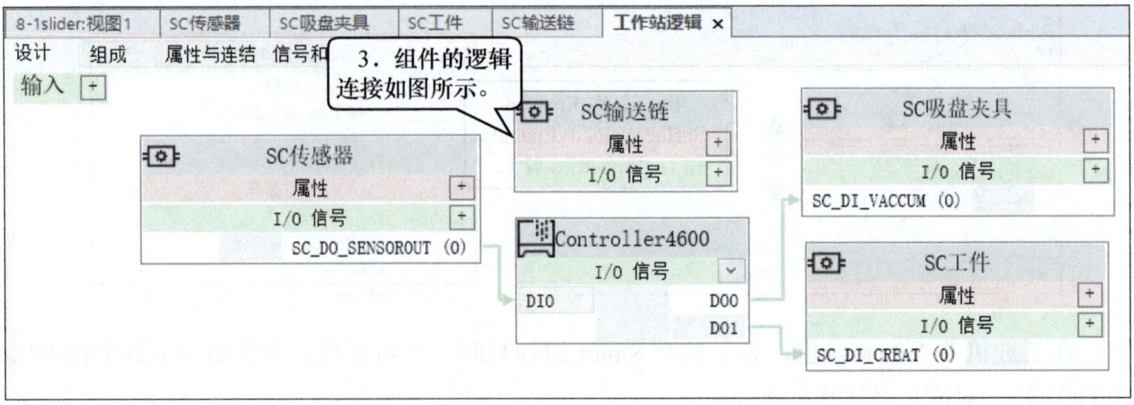
3. 组件的逻辑连接如图所示。
SC传感器
SC_DO_SENSOROUT (0)
SC输送链
Controller4600
DI0
DO0
DO1
SC吸盘夹具
SC_DI_VACCUM (0)
SC工件
SC_DI_CREAT (0)

添加的三个信号说明见表 8-15。

表 8-15　添加的三个信号说明

I/O 信号名称	信号类型	说明	备注
DI0	数字输入	在输送链末端检测到工件	已有
DO0	数字输出	吸盘工具工作	已有
DO1	数字输出	控制复制新工件	新增

工业机器人控制器与 Smart 组件之间的逻辑连接说明见表 8-16。

表 8-16　工业机器人控制器与 Smart 组件之间的逻辑连接说明

逻辑连接	说明
CONTROLLER4600 的 DO1 连接 SC 工件的输入 sc_di_creat	工业机器人控制复制生成一个新的工件
CONTROLLER4600 的 DO0 连接 SC 吸盘夹具的输入 sc_di_VACCUM	工业机器人控制吸盘夹具的动作。置 1 表示吸盘夹具工作，置 0 表示吸盘夹具关闭
CONTROLLER4600 的 DI0 连接到 SC 传感器的 SC_DO_SENSorout	传感器的信号发送到工业机器人控制器

四、运行测试

运行测试步骤如下：

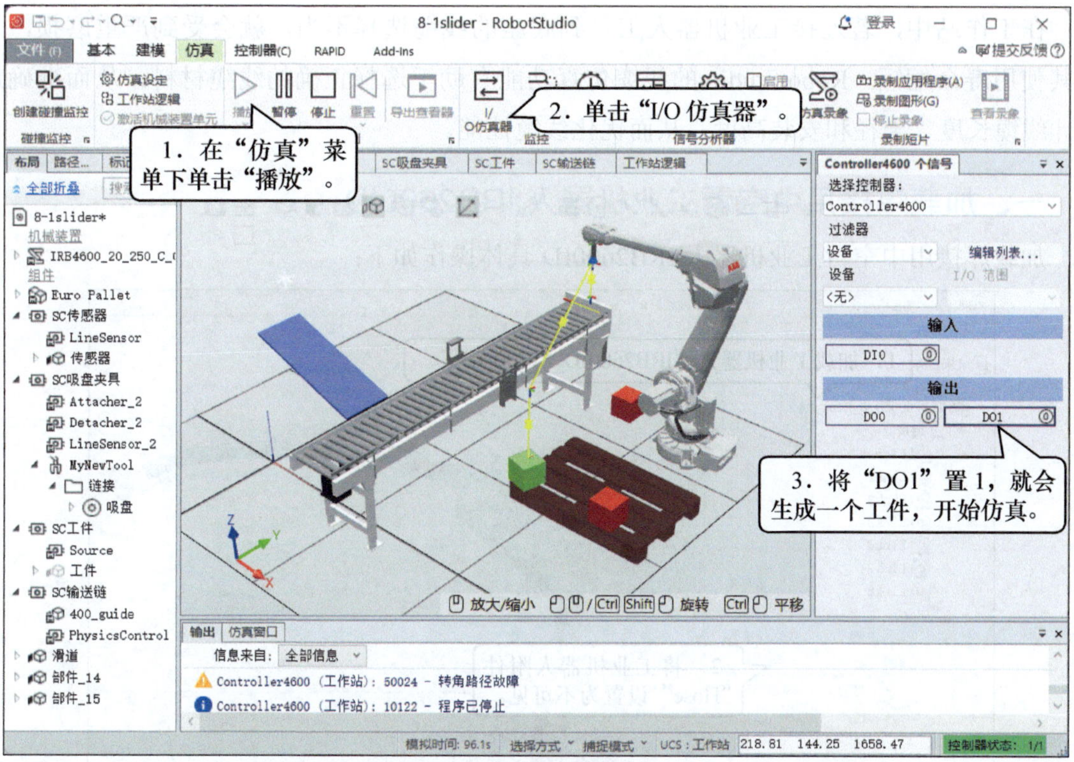
8-1slider - RobotStudio
1. 在“仿真”菜单下单击“播放”。
2. 单击“I/O 仿真器”。
3. 将“DO1”置 1，就会生成一个工件，开始仿真。
Controller4600 个信号
输入
DI0
输出
DO0
DO1

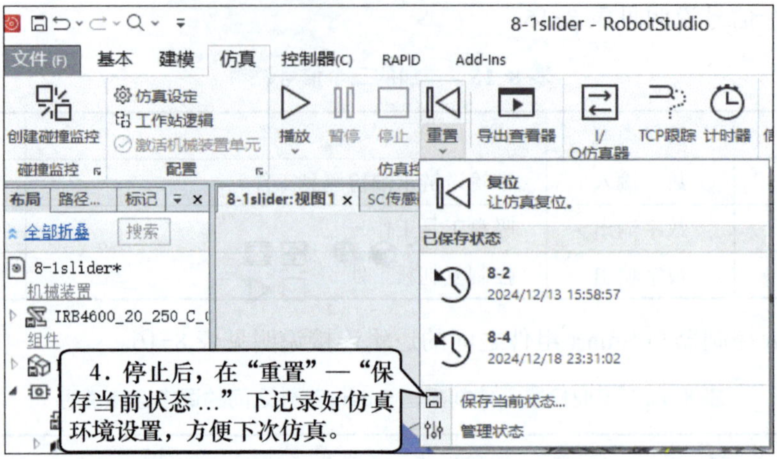

任务 8-5　工业机器人电缆仿真：柔性对象的物理特性

工作任务

- 加载焊接用中空臂工业机器人 IRB2600ID。
- 设置轴 4、轴 6 的焊接线缆。
- 运行测试。

扫一扫，看视频

在工作站中，若连接工业机器人工具到底座的线缆选择不当，就会受到严重磨损，导致其使用寿命缩短。RobotStudio 的线缆仿真功能有助于选择正确的线缆材料，从而准确地设计线缆长度、半径和安装高度，从而优化线缆性能。

一、加载焊接用中空臂工业机器人 IRB2600ID

加载焊接用中空臂工业机器人 IRB2600ID 具体操作如下：

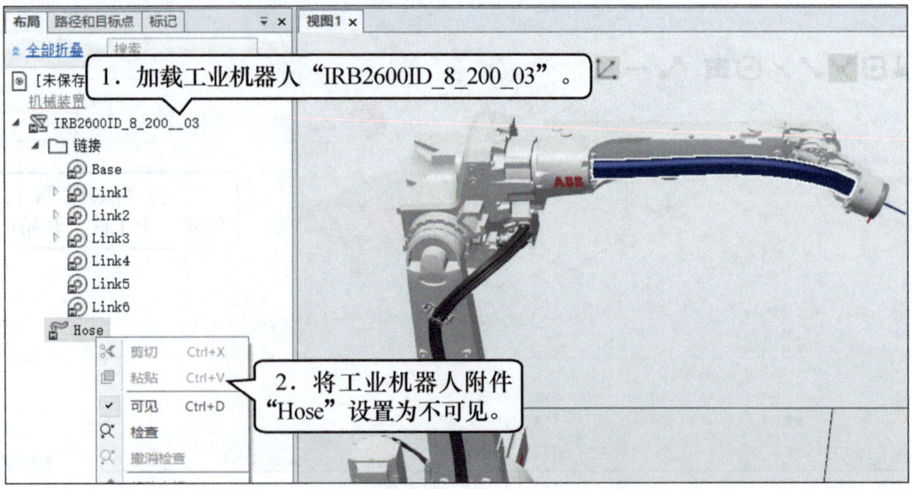

因为是焊接专用的中空臂工业机器人，所以已在模型上默认配置了柔性电缆模型 Hose。本任务就是要模仿重做一条替代的电缆，所以将原来的电缆设置为不可见。当完成替代电缆创建后，可以与系统默认的电缆进行对比与改进。

要在此 IRB2600 工业机器人本体模型的轴 4 和轴 6 连接电缆的端面添加圆形的曲线，以便电缆设置两个端口时准确捕捉管道的端面。

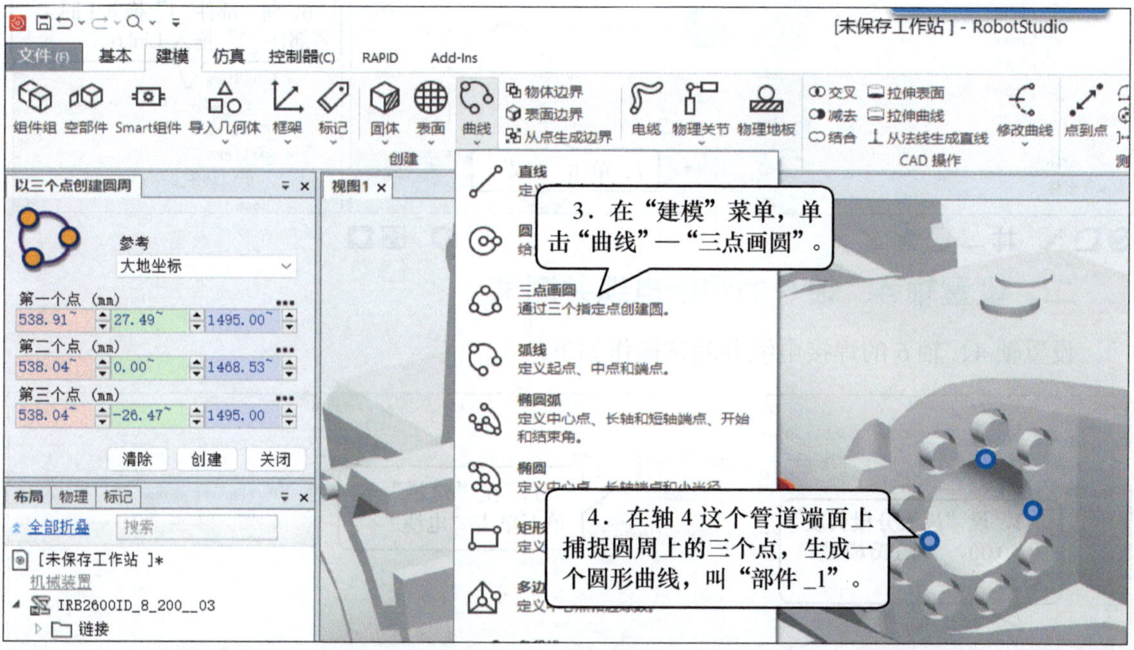

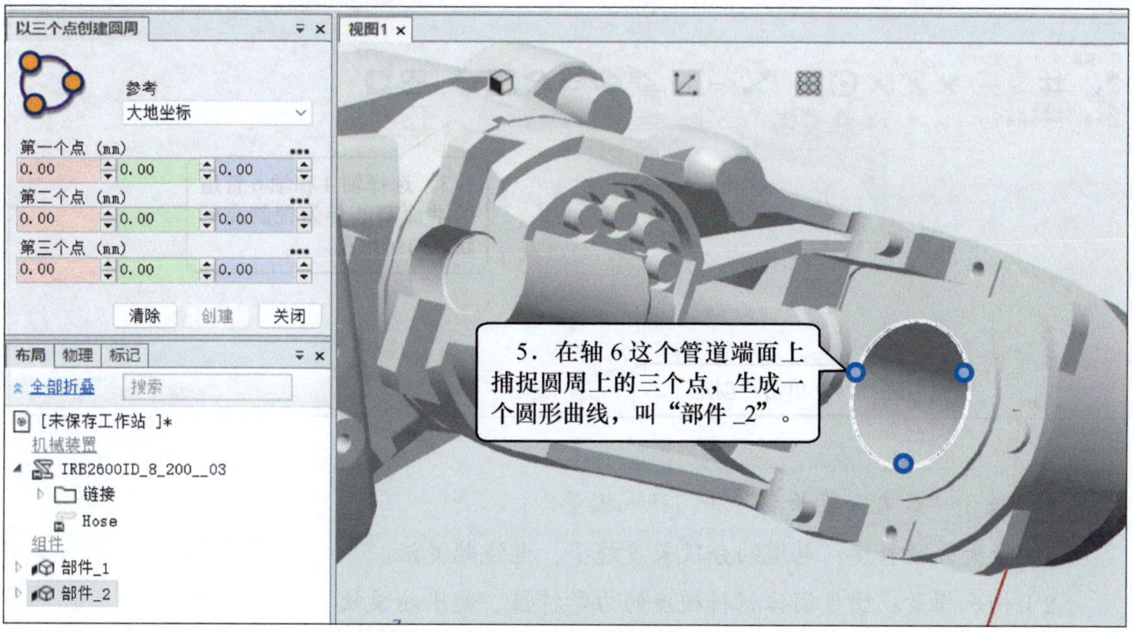

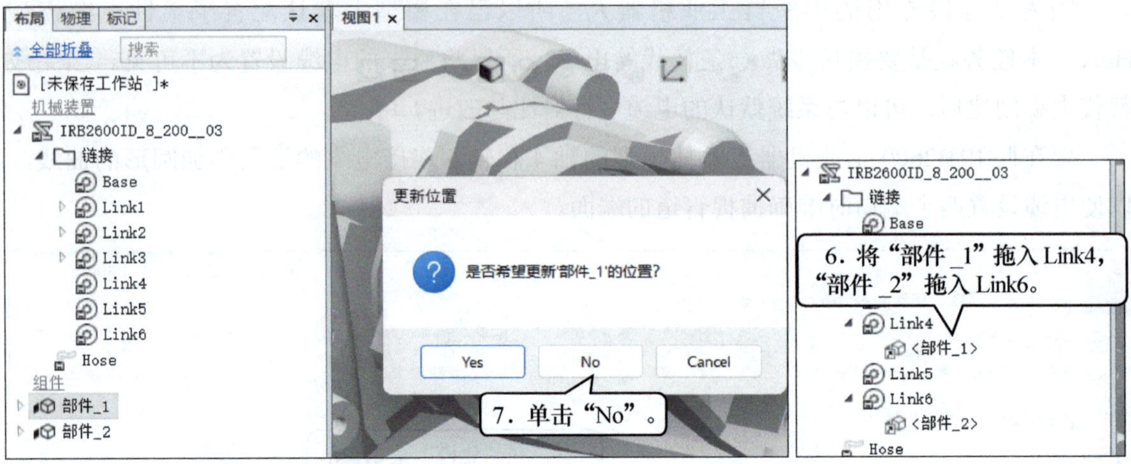

二、设置轴 4、轴 6 的焊接电缆并测试

设置轴 4、轴 6 的焊接电缆并测试操作如下：

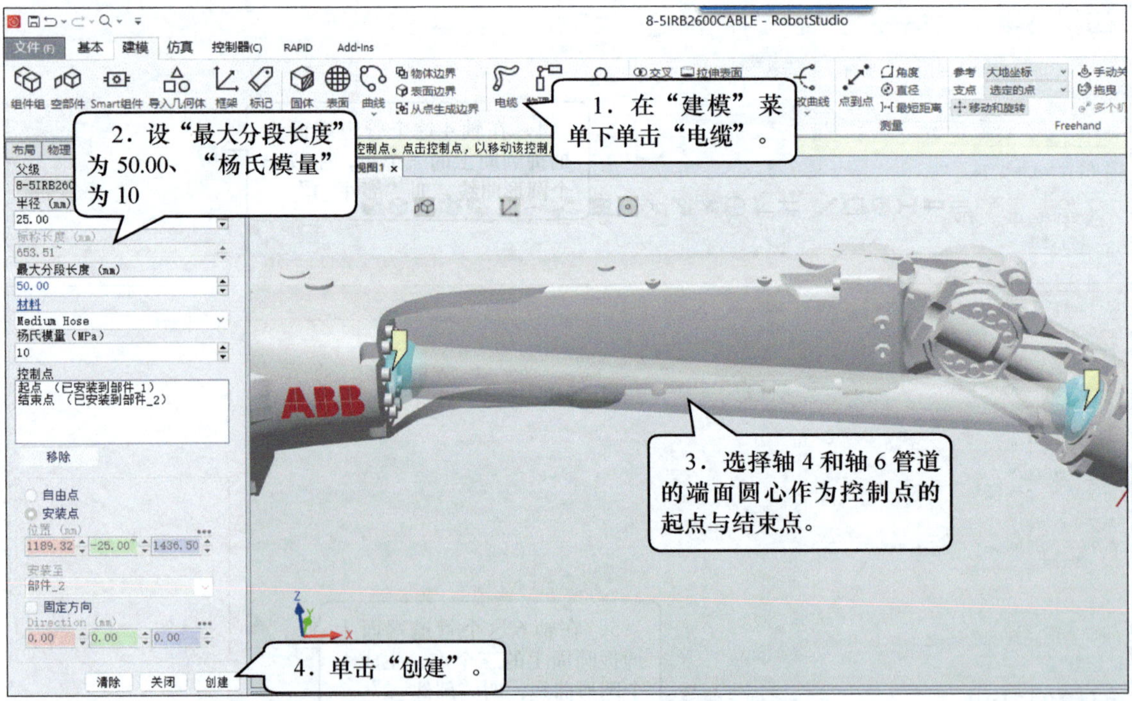
8-5IRB2600CABLE - RobotStudio
1. 在“建模”菜单下单击“电缆”。
2. 设“最大分段长度”为 50.00、“杨氏模量”为 10
3. 选择轴 4 和轴 6 管道的端面圆心作为控制点的起点与结束点。
4. 单击“创建”。

关于“最大分段长度”和“杨氏模量”：

1）最大分段长度：电缆的分段长度越小，电缆越灵活。

2）杨氏模量：衡量固体材料硬度的力学特性，越小越柔软。

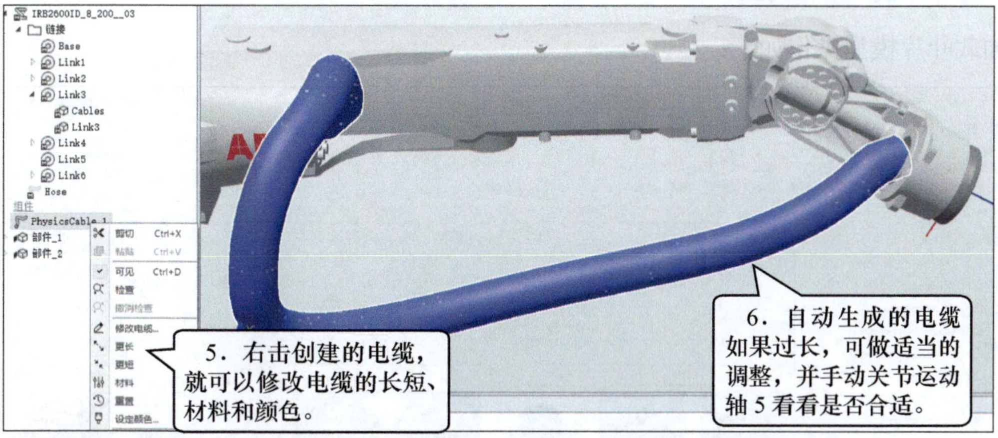
5. 右击创建的电缆，就可以修改电缆的长短、材料和颜色。
6. 自动生成的电缆如果过长，可做适当的调整，并手动关节运动轴 5 看看是否合适。

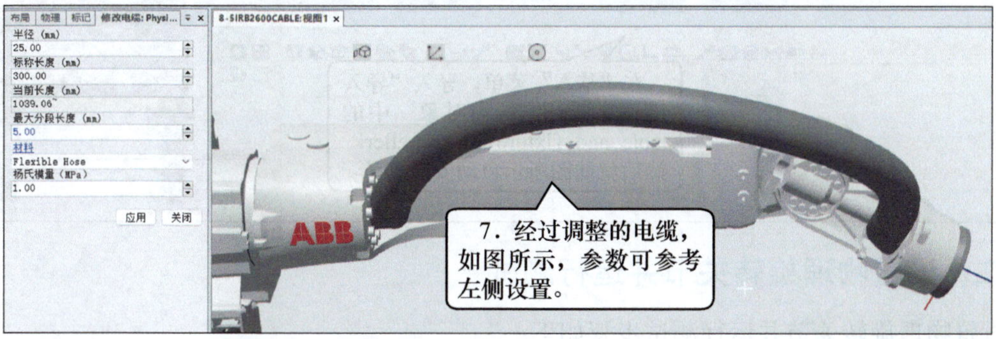
7. 经过调整的电缆，如图所示，参数可参考左侧设置。

任务 8-6 仿真叶片连续旋转运动：物理关节的应用

工作任务

- 加载叶片模型。
- 设置物理旋转关节。
- 运行测试。

扫一扫，看视频

在 RobotStudio 中提供了物理关节功能，用于仿真物理真实世界中两物体之间的关节活动，比如驱动叶片做旋转运动。

物理关节与机械装置有何区别？

物理关节创建的物体运动会更体现物理真实世界的随机情况。而机械装置是需要比较确定的输入进行驱动，并且运动是相对符合所制定的规则的。

本任务创建一个叶片在仿真后就连接旋转的运动。

一、加载叶片模型

加载叶片模型操作如下：

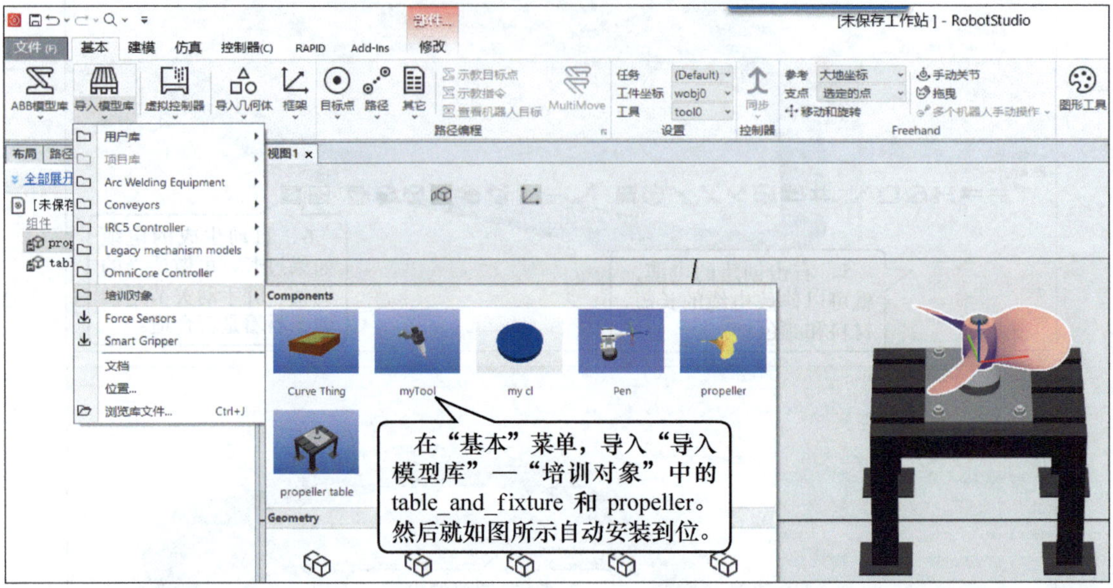
在“基本”菜单，导入“导入模型库”—“培训对象”中的 table_and_fixture 和 propeller。然后就如图所示自动安装到位。

二、设置物理旋转关节并运行测试

设置物理旋转关节并运行测试步骤如下：

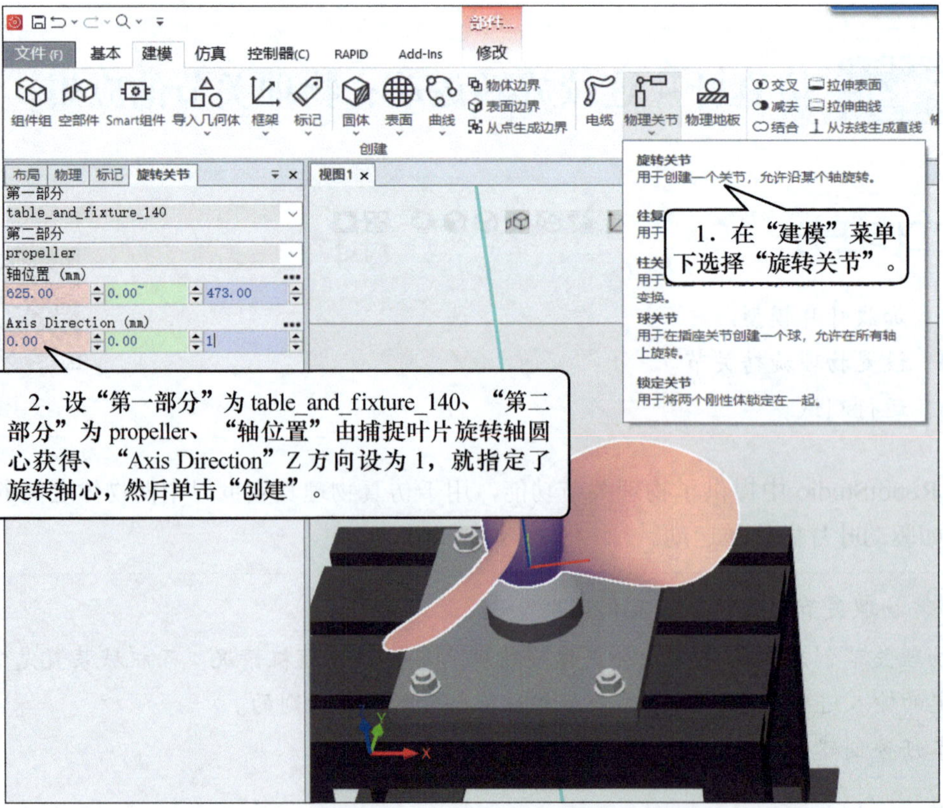
1. 在“建模”菜单下选择“旋转关节”。
2. 设“第一部分”为 table_and_fixture_140、“第二部分”为 propeller、“轴位置”由捕捉叶片旋转轴圆心获得、“Axis Direction” Z 方向设为 1，就指定了旋转轴心，然后单击“创建”。

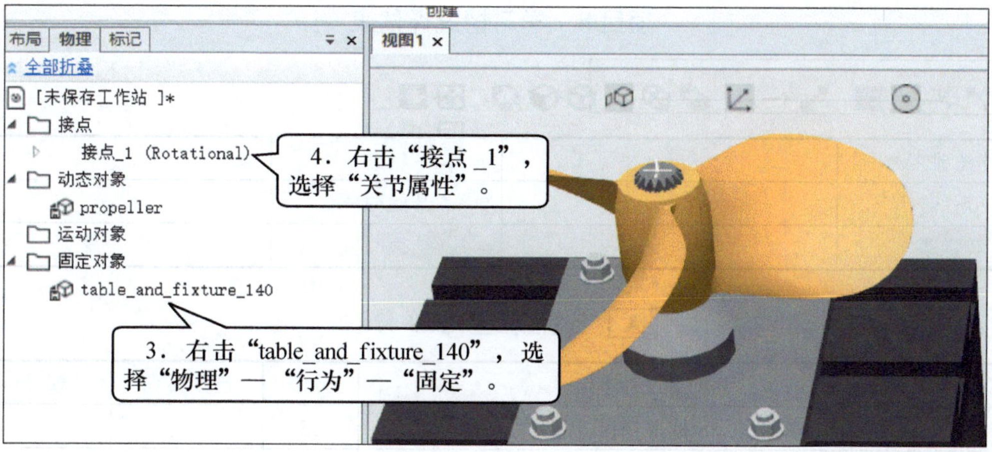

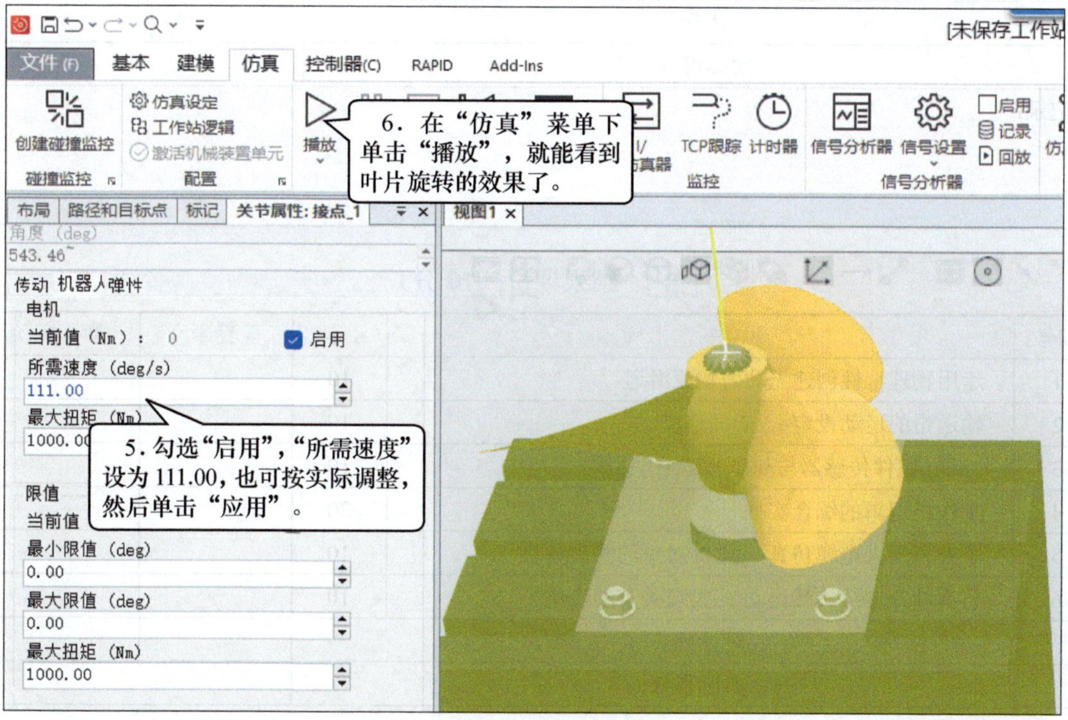

在关节属性里，还有其他参数（图 8-1），读者可以进行尝试。更详细的说明可以查看 ABB 电子说明书，或关注微信公众号“叶晖 yehui”，搜索“手册”就可获得最新手册的下载链接。

其他类型的关节，也可以参考以上的操作进行一一的验证。

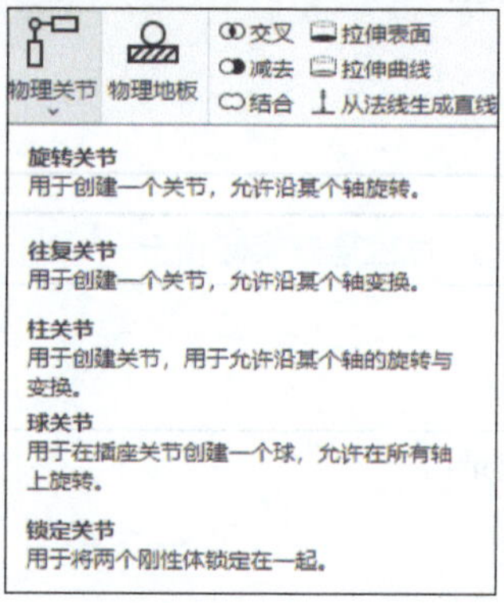

图 8-1　关节属性其他参数

项目8　学习情况评估表

任务编号________________

学生姓名		日期	
班级		开始时间	
实训室		结束时间	

A　过程检查（30分）

编号	任务	分值	自我评价	教师评价
1	上课期间执行实验室5S标准情况	15		
2	能正确使用实训设备	15		
计分				
实际得分				

记录：

B　结果评价（70分）

编号	任务	分值	自我评价	教师评价
1	运用物理特性创建无动力物流滑道	10		
2	输送带的运动设定：表面速度	10		
3	Smart组件传感器与动作的运用	10		
4	工作站逻辑的综合实战	20		
5	工业机器人电缆仿真：柔性对象的物理特性	10		
6	仿真叶片连续旋转运动：物理关节的应用	10		
计分				
实际得分				

记录：

过程检查实际得分	结果评价实际得分	总得分

记录：

项目 9 RobotStudio 在线调试真实工业机器人

项目目标

- 掌握与工业机器人进行连接的操作。
- 掌握在线备份的操作。
- 掌握在线进行 RAPID 程序编辑的操作。
- 掌握在线进行系统参数编辑与修改的操作。
- 掌握在线进行文件传输的操作。
- 掌握在线监控示教器及工业机器人动作的状态。
- 掌握进行用户权限的管理。
- 掌握使用 RobotStudio 进行工业机器人系统的安装与维护。

项目描述

ABB 工业机器人软件 RobotStudio 的在线功能允许用户通过计算机与真实工业机器人建立连接，实现对工业机器人的监控、设置、编程与管理。用户可以通过“添加控制器”按钮连接到真实或虚拟控制器，实现一键连接或手动输入 IP 地址进行连接。在在线模式下，RobotStudio 能够连接到实际的工业机器人控制器，使得用户可以进行在线编程、调试和优化工业机器人程序。

此外，在线监视器功能可以远程监视与真实控制器连接的工业机器人，显示控制器的 3D 布局，并可通过动作可视化增强用户现实感知度。通过在线功能，用户可以便捷地进行程序修改、参数设定、文件传送及备份恢复的操作，使调试与维护工作更加高效。

此在线功能免费并持续保持升级更新，保证能与最新的硬件进行适配。

任务 9-1 使用 RobotStudio 与工业机器人进行连接并获取权限

工作任务

- 建立 RobotStudio 与工业机器人的连接。
- 获取 RobotStudio 在线控制权限

扫一扫，看视频

一、建立 RobotStudio 与工业机器人的连接

请将随机所附带的网线一端连接到计算机的网线端口，另一端与工业机器人的专用网线端口进行连接。具体操作如下：

1．单击网线的一端连接到计算机的网线接口，并设置成自动获取 IP。

IRC5 控制器连接网线的接口如下：

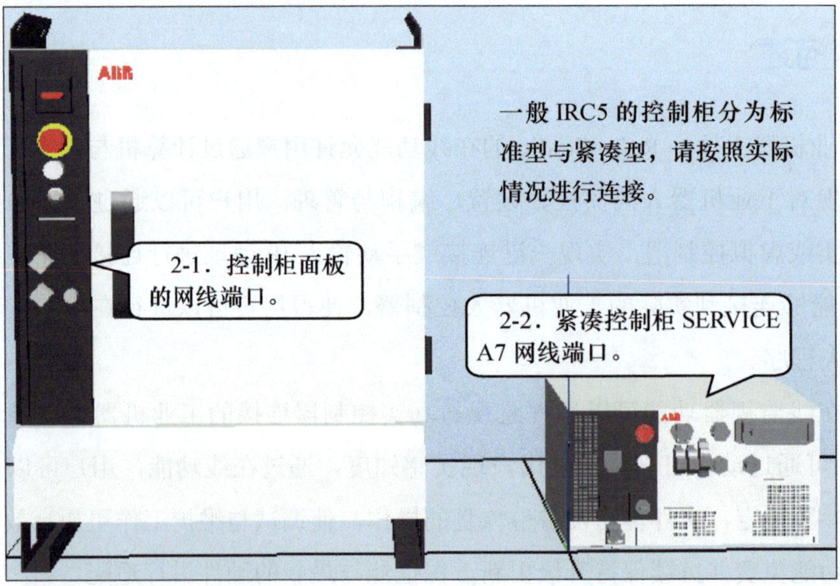
一般 IRC5 的控制柜分为标准型与紧凑型，请按照实际情况进行连接。
2-1．控制柜面板的网线端口。
2-2．紧凑控制柜 SERVICE A7 网线端口。

OmniCore 控制器连接网线的接口如下：

3-2．E10 控制柜面板的网线端口 MGMT。

3-4．C30 控制柜面板的网线端口 MGMT。

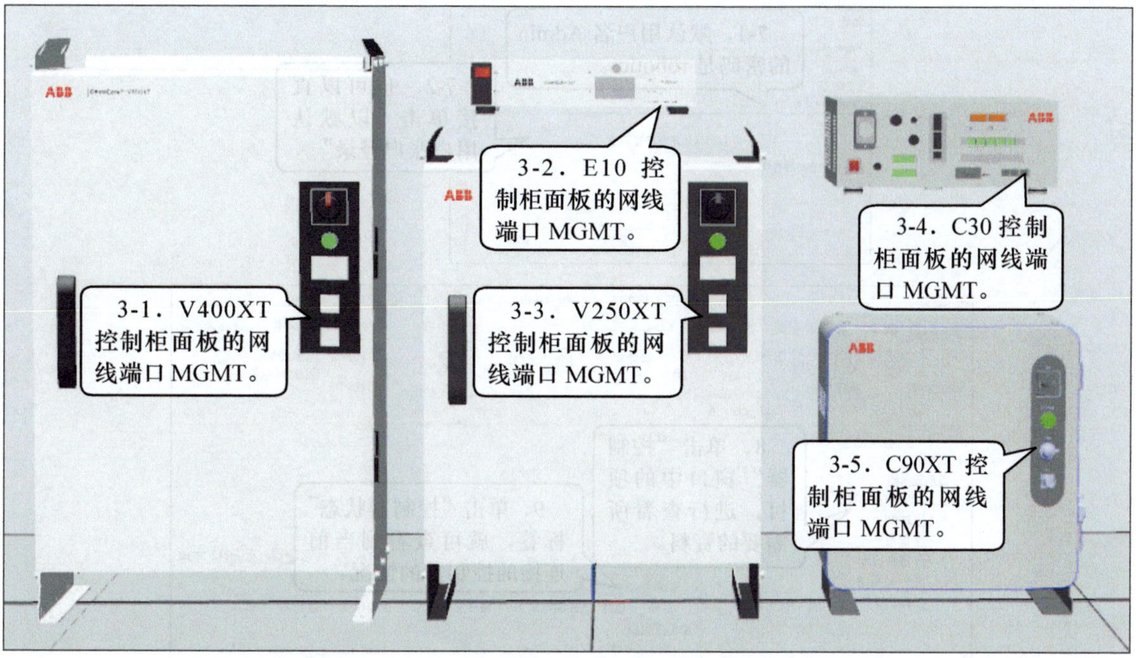

3-1．V400XT 控制柜面板的网线端口 MGMT。

3-3．V250XT 控制柜面板的网线端口 MGMT。

3-5．C90XT 控制柜面板的网线端口 MGMT。

4．在"控制器"菜单下单击"添加控制器"—"连接到控制器…"。

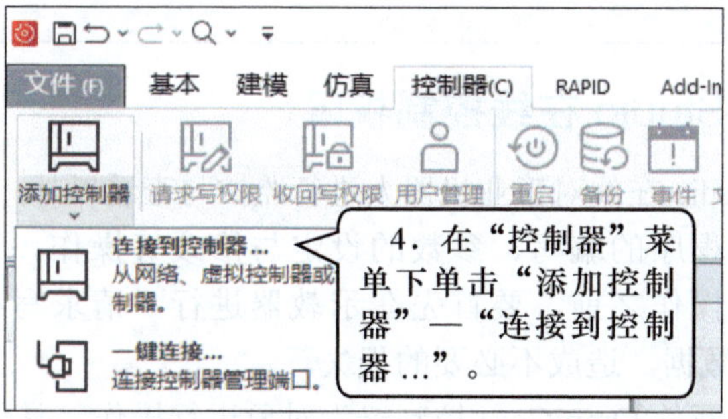

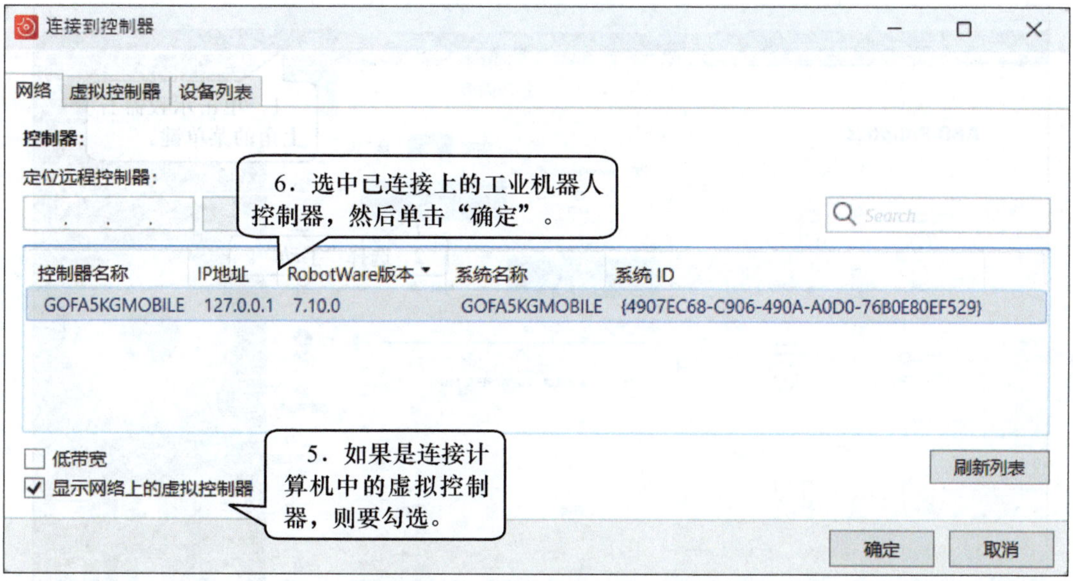

6．选中已连接上的工业机器人控制器，然后单击"确定"。

控制器名称	IP地址	RobotWare版本	系统名称	系统 ID
GOFA5KGMOBILE	127.0.0.1	7.10.0	GOFA5KGMOBILE	{4907EC68-C906-490A-A0D0-76B0E80EF529}

5．如果是连接计算机中的虚拟控制器，则要勾选。

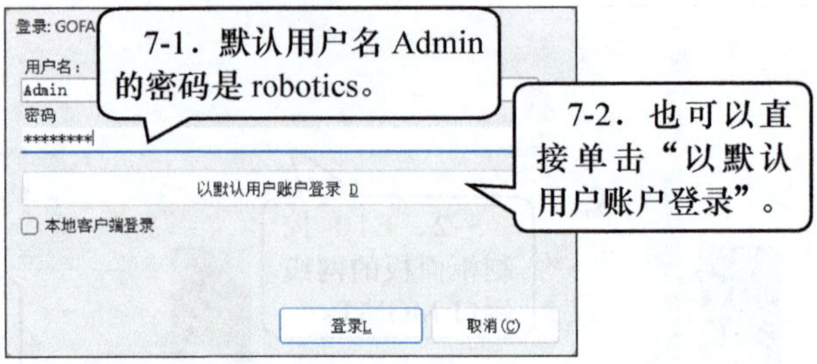
7-1. 默认用户名 Admin 的密码是 robotics。
7-2. 也可以直接单击“以默认用户账户登录”。
以默认用户账户登录
本地客户端登录
登录
取消

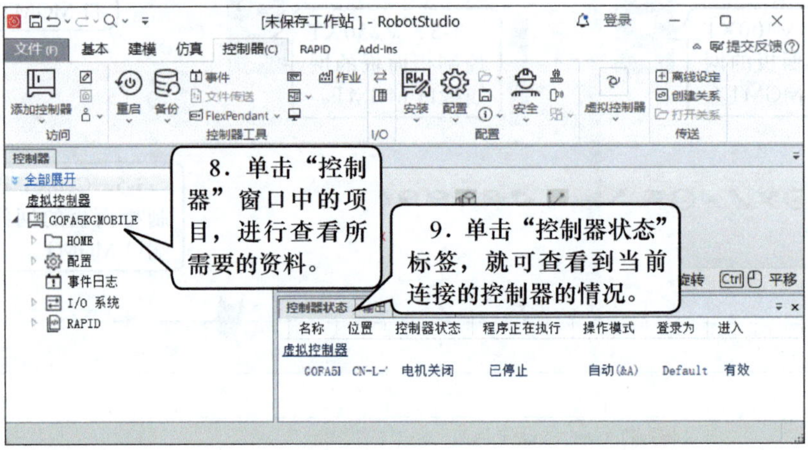
8. 单击“控制器”窗口中的项目，进行查看所需要的资料。
9. 单击“控制器状态”标签，就可查看到当前连接的控制器的情况。
控制器状态
名称　位置　控制器状态　程序正在执行　操作模式　登录为　进入
虚拟控制器
GOFA5I　CN-L-　电机关闭　已停止　自动(&A)　Default　有效

二、获取 RobotStudio 在线控制权限

除了能通过 RobotStudio 在线对工业机器人进行监控与查看以外，还可以通过 RobotStudio 在线对工业机器人进行程序的编写、参数的设定与修改等操作。为了安全，在对工业机器人控制器数据进行写操作之前，要首先在示教器进行“请求写权限”的操作，防止在 RobotStudio 中错误修改数据，造成不必要的损失。

以 ABB 工业机器人新款 OmniCore 控制器为对象进行操作。具体如下：

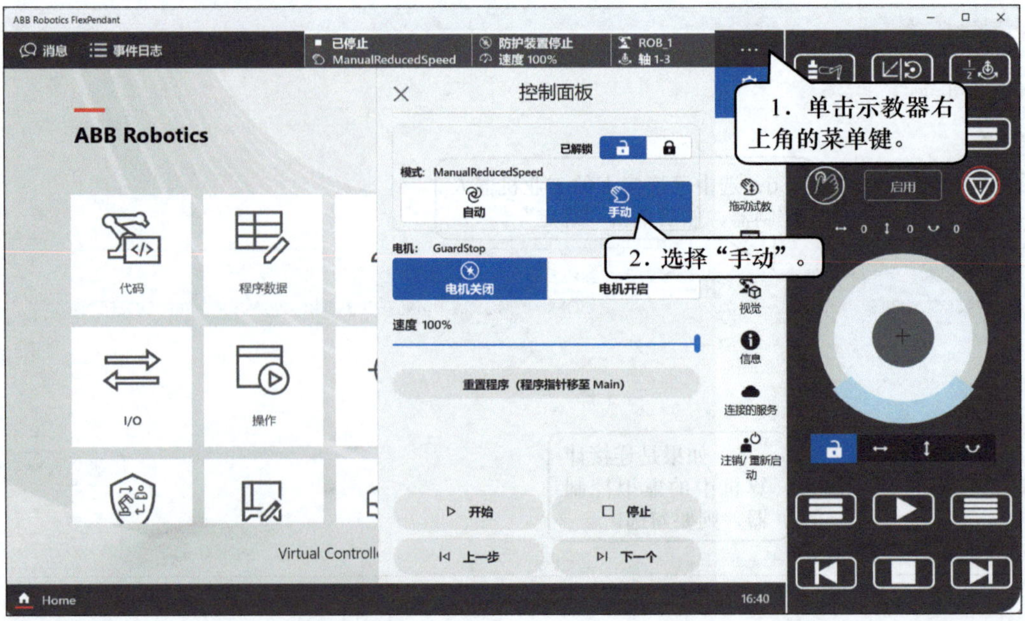
1. 单击示教器右上角的菜单键。
2. 选择“手动”。
控制面板
ABB Robotics
自动
手动
电机关闭
电机开启
开始
停止

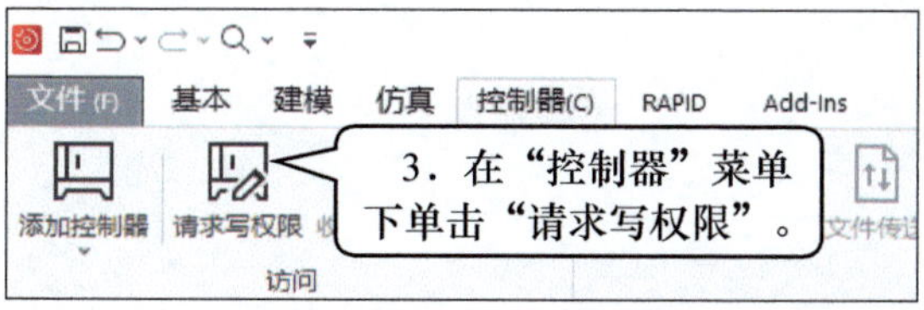
文件 (F)
基本
建模
仿真
控制器(C)
RAPID
Add-Ins
添加控制器
请求写权限
访问
文件传送
3. 在“控制器”菜单下单击“请求写权限”。

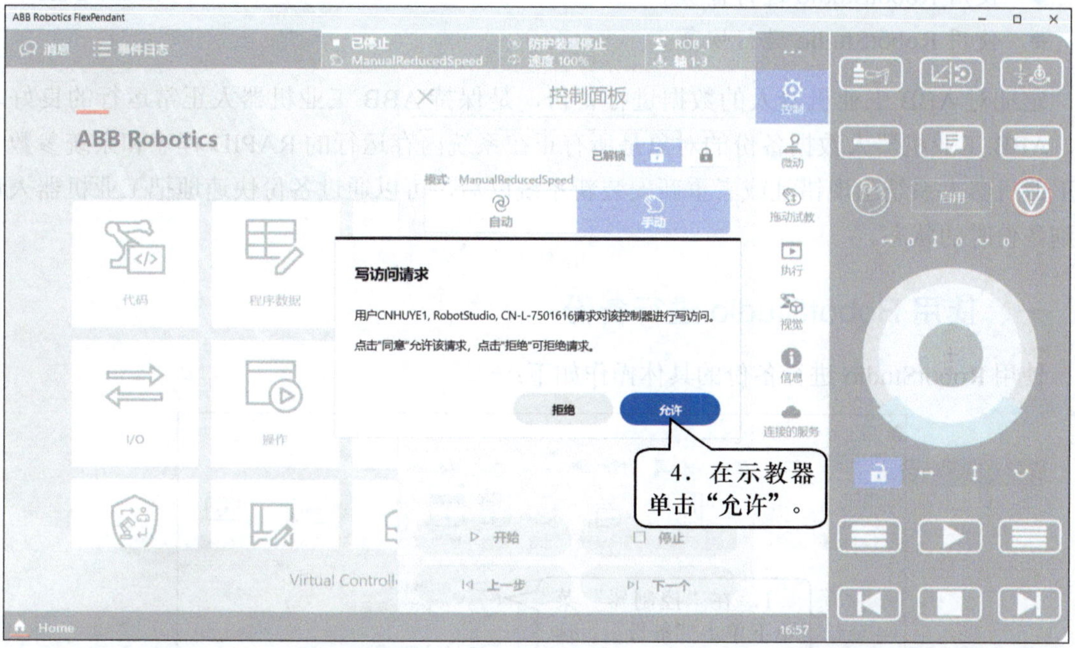
ABB Robotics FlexPendant
ABB Robotics
控制面板
模式 ManualReducedSpeed
自动
手动
写访问请求
用户CNHUYE1, RobotStudio, CN-L-7501616请求对该控制器进行写访问。
点击“同意”允许该请求，点击“拒绝”可拒绝请求。
拒绝
允许
4. 在示教器单击“允许”。

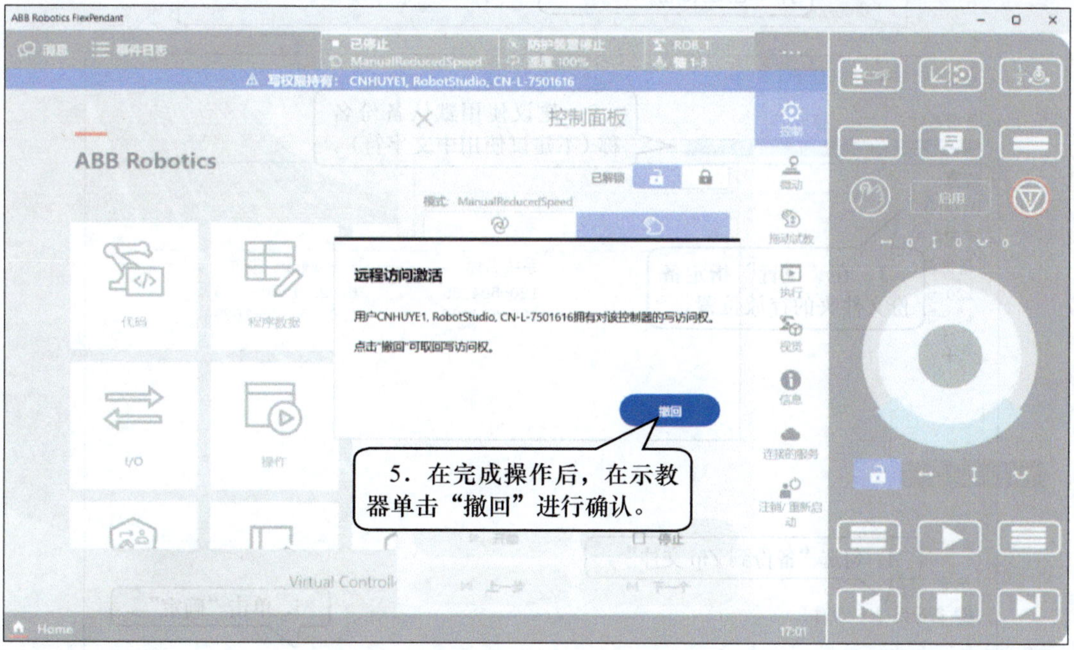
ABB Robotics FlexPendant
写权限持有：CNHUYE1, RobotStudio, CN-L-7501616
ABB Robotics
控制面板
远程访问激活
用户CNHUYE1, RobotStudio, CN-L-7501616拥有对该控制器的写访问权。
点击“撤回”可取回写访问权。
撤回
5. 在完成操作后，在示教器单击“撤回”进行确认。

任务 9-2 使用 RobotStudio 进行备份与恢复

工作任务

- 使用 RobotStudio 进行备份。
- 使用 RobotStudio 进行恢复。

扫一扫，看视频

定期对 ABB 工业机器人的数据进行备份，是保持 ABB 工业机器人正常运行的良好习惯。ABB 工业机器人数据备份的对象是所有正在系统内存运行的 RAPID 程序和系统参数。当工业机器人系统出现错乱或者重新安装新系统以后，可以通过备份快速地把工业机器人恢复到备份时的状态。

一、使用 RobotStudio 进行备份

使用 RobotStudio 进行备份的具体操作如下：

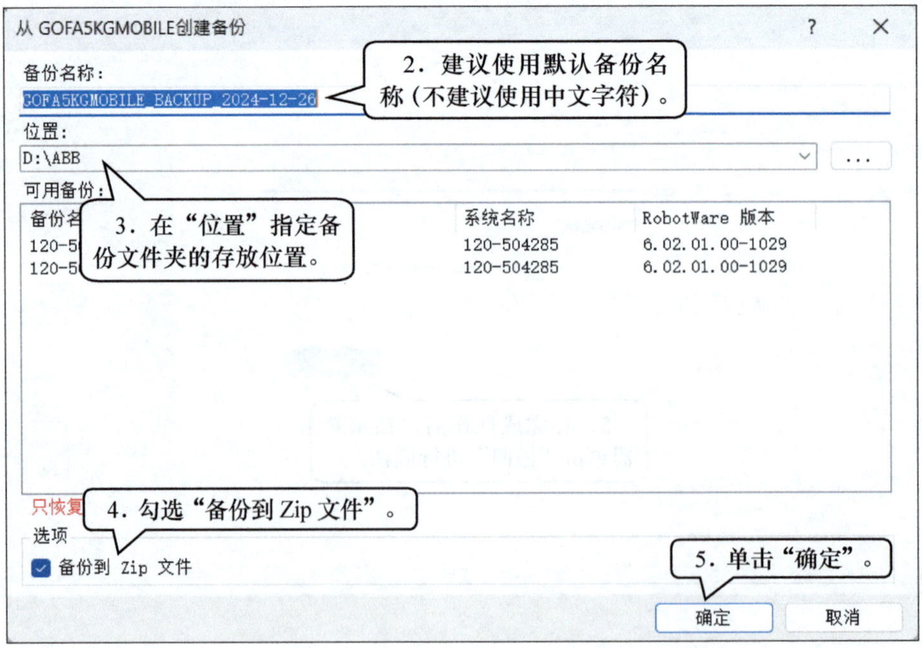

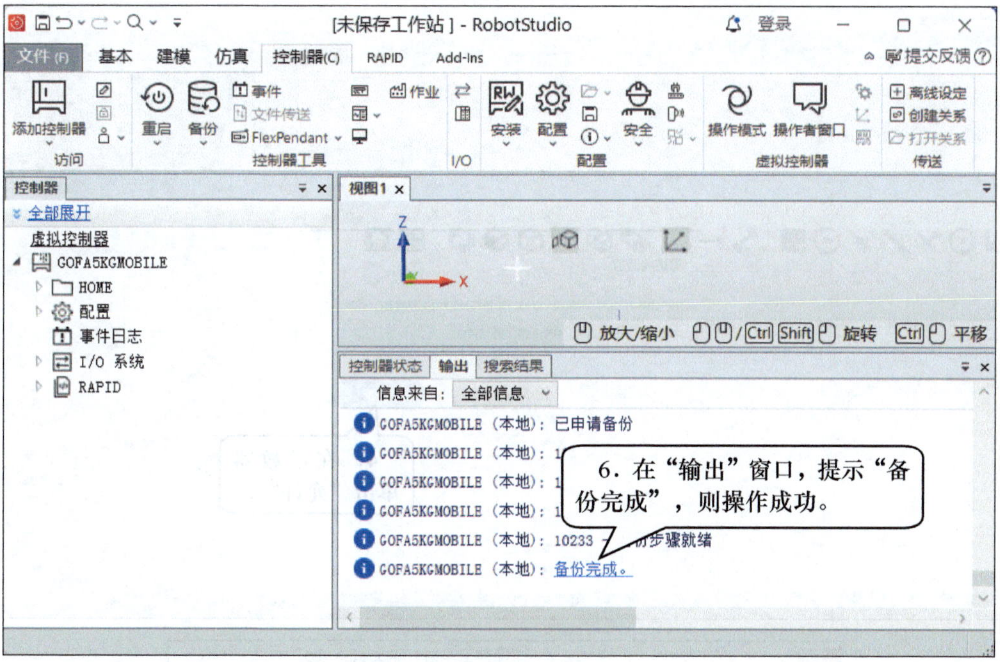
[未保存工作站] - RobotStudio
GOFA5KGMOBILE（本地）：已申请备份
GOFA5KGMOBILE（本地）：备份完成。
6. 在“输出”窗口，提示“备份完成”，则操作成功。

二、使用 RobotStudio 进行恢复

使用 RobotStudio 进行恢复的操作如下：

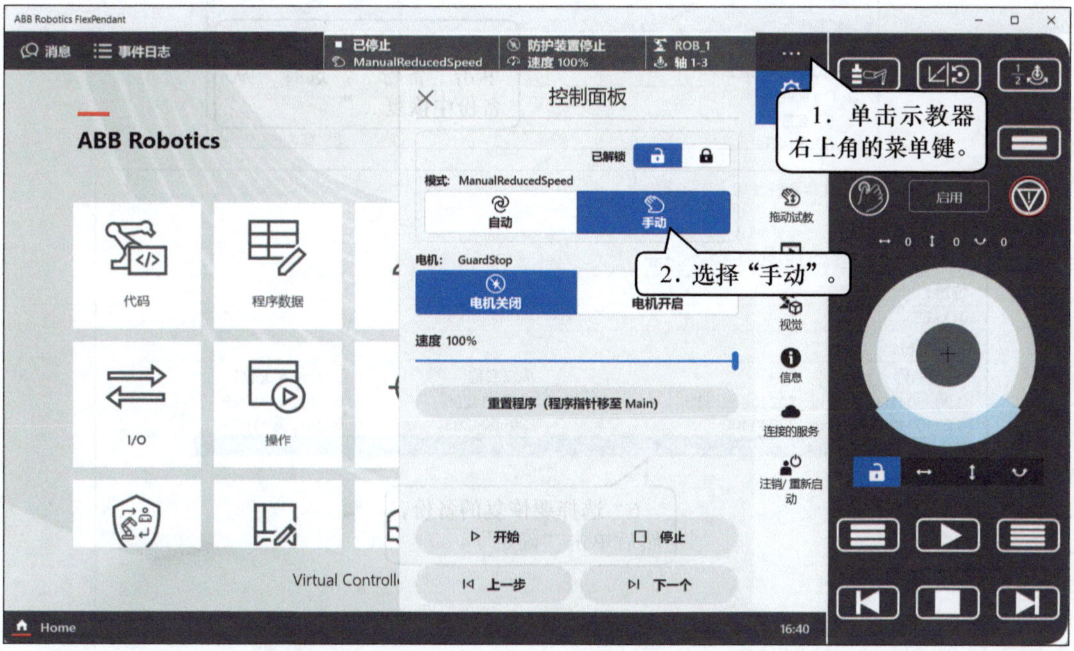
ABB Robotics FlexPendant
ABB Robotics
控制面板
1. 单击示教器右上角的菜单键。
2. 选择“手动”。

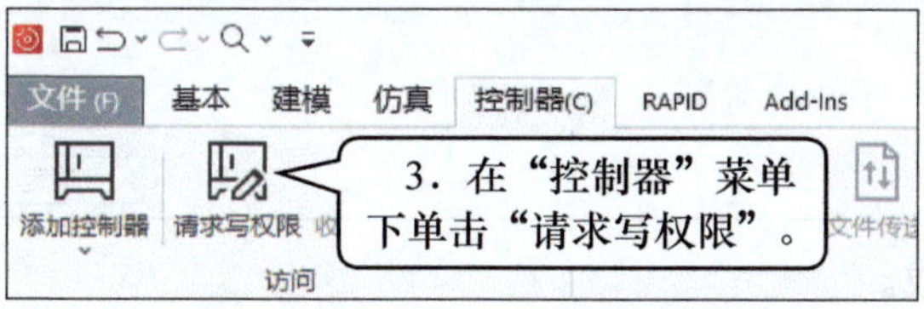
添加控制器
请求写权限
3. 在“控制器”菜单下单击“请求写权限”。

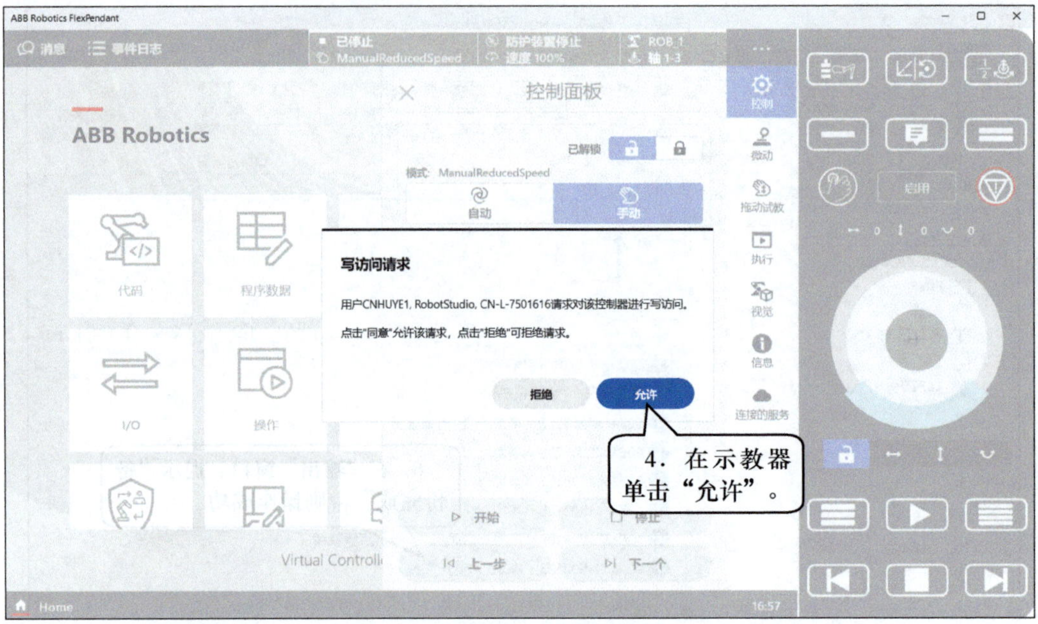

4．在示教器单击"允许"。

5．在"控制器"菜单下单击"备份"，选择"从备份中恢复…"。

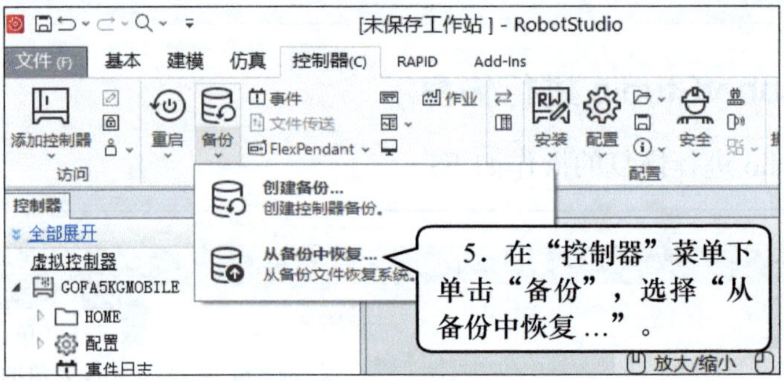

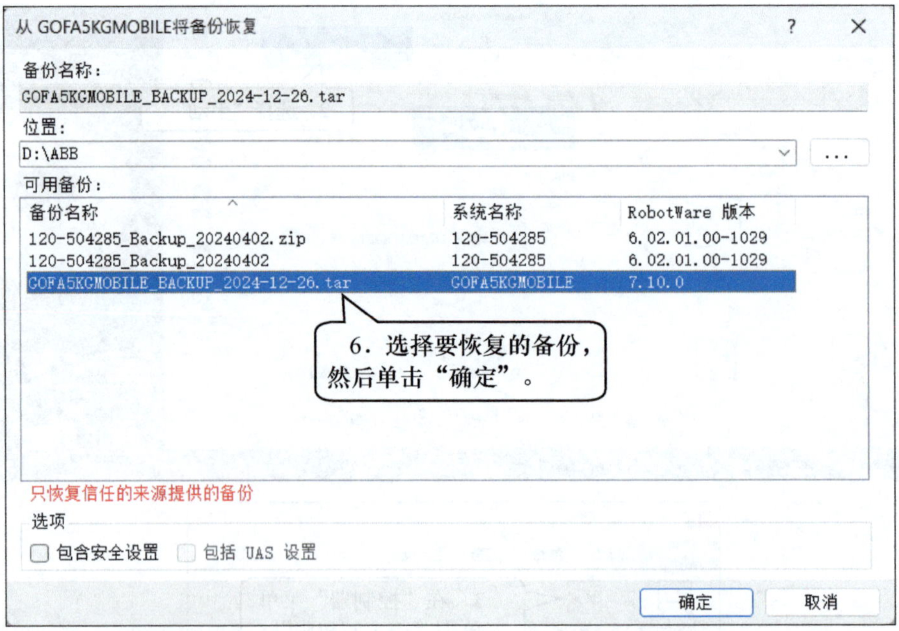

6．选择要恢复的备份，然后单击"确定"。

至此，恢复操作完成。

任务 9-3　使用 RobotStudio 在线编辑 RAPID 程序

工作任务

- 在线修改 RAPID 程序。
- 在线添加 RAPID 程序指令。

扫一扫，看视频

在工业机器人的实际运行中，为了配合实际的需要，经常会在线对 RAPID 程序进行微小的调整，包括修改或增减程序指令。下面就这两方面的内容进行操作。

一、修改等待时间指令 WaitTime

将程序中的等待时间从 2s 调整为 3s。首先建立起 RobotStudio 与工业机器人的连接，然后请求写权限，具体步骤请参考任务 9-1 中的详细说明。接着进行如下操作：

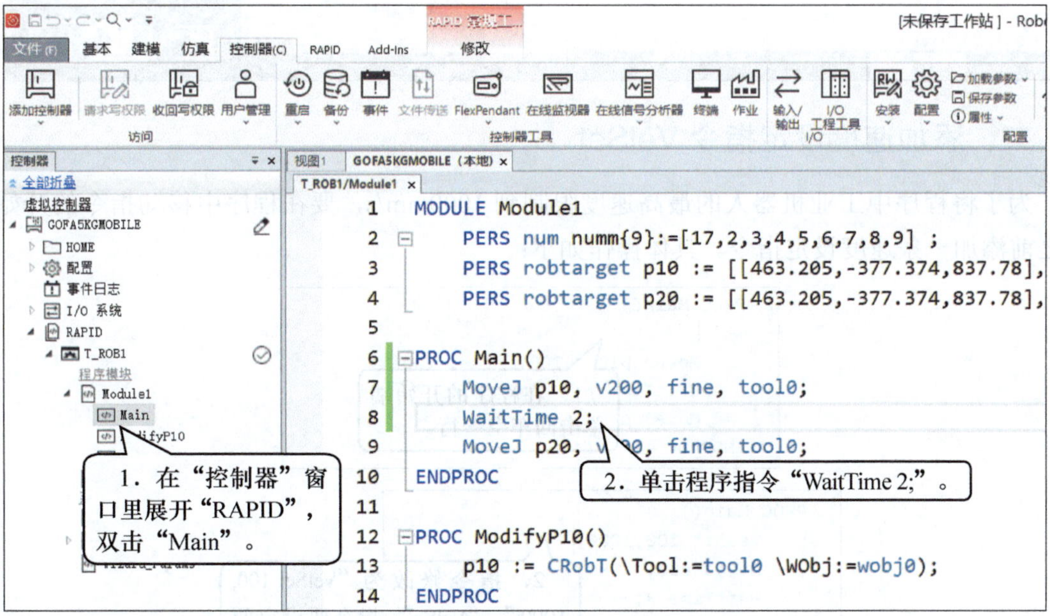

MODULE Module1
PERS num numm{9}:=[17,2,3,4,5,6,7,8,9] ;
PERS robtarget p10 := [[463.205,-377.374,837.78],
PERS robtarget p20 := [[463.205,-377.374,837.78],
PROC Main()
MoveJ p10, v200, fine, tool0;
WaitTime 2;
ENDPROC
PROC ModifyP10()
p10 := CRobT(\Tool:=tool0 \WObj:=wobj0);
ENDPROC
1．在“控制器”窗口里展开“RAPID”，双击“Main”。
2．单击程序指令“WaitTime 2;”。

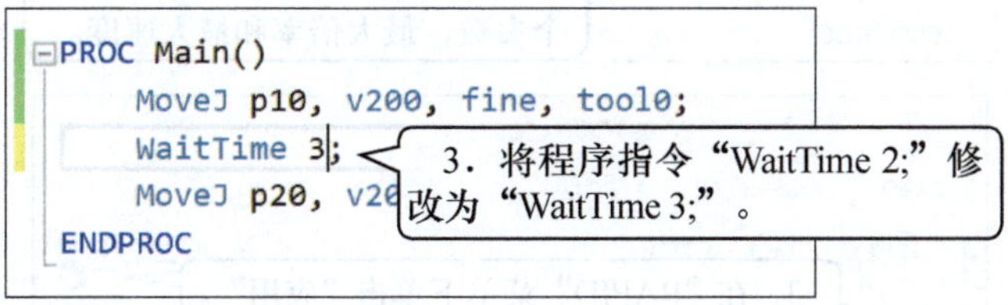

PROC Main()
MoveJ p10, v200, fine, tool0;
WaitTime 3;
ENDPROC
3．将程序指令“WaitTime 2;”修改为“WaitTime 3;”。

4. 在"RAPID"菜单下单击"应用"。

```
 6  PROC Main()
 7      MoveJ p10, v200, fine, tool0;
 8      WaitTime 3;
 9      MoveJ p20, v200, fine, tool0;
10  ENDPROC
11
12  PROC Modif
13      p10 :=                        :=wol
14  ENDPROC
15
16  PROC ModifyP20()
17      p20 := CRobT(\Tool:=tool0 \WObj:=wol
18  ENDPROC
19  ENDMODULE
```

5. 在示教器中，查看指令已修改。

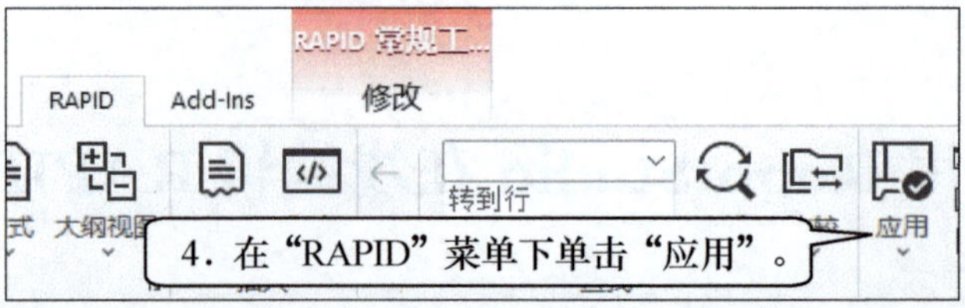

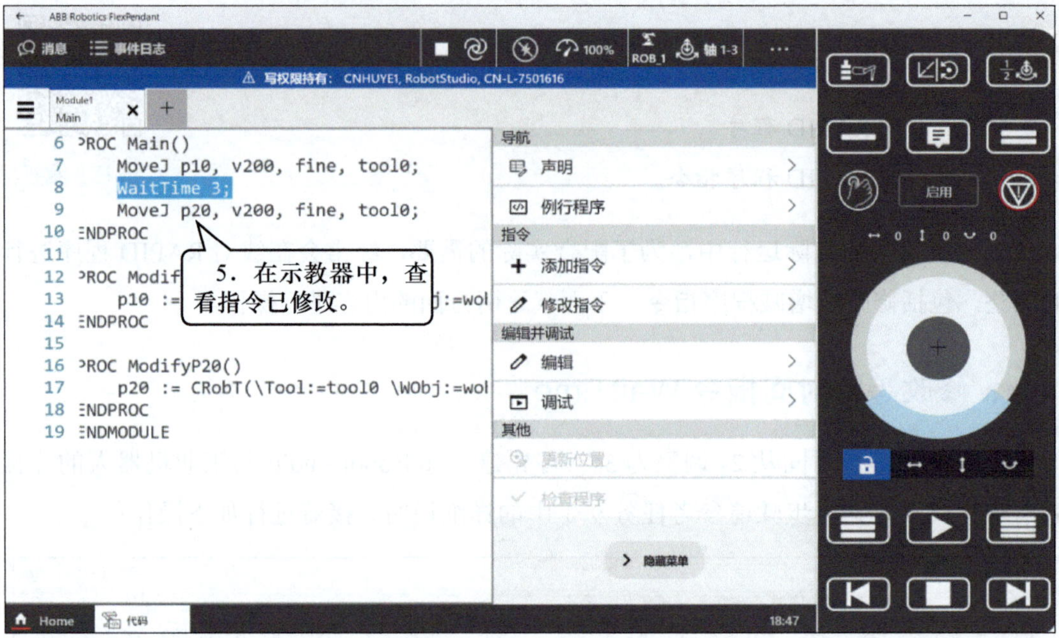

二、添加速度设定指令 VelSet

为了将程序中工业机器人的最高速度限制到 1000mm/s，要在程序中移动指令的开始位置之前添加一条速度设定指令。具体操作如下：

```
PROC Main()

    MoveJ p10, v200, fine, tool0;
    WaitTim
    MoveJ p
ENDPROC
```

1. 在程序的开始端单击回车空一行。

```
PROC Main()
    VelSet 100,1000;
    MoveJ p10, v200
    WaitTime 3;
    MoveJ p20, v200
ENDPROC
```

2. 指令修改为"VelSet 100, 1000;""VelSet"指令要设定两个参数，最大倍率和最大速度。

3. 在"RAPID"菜单下单击"应用"。

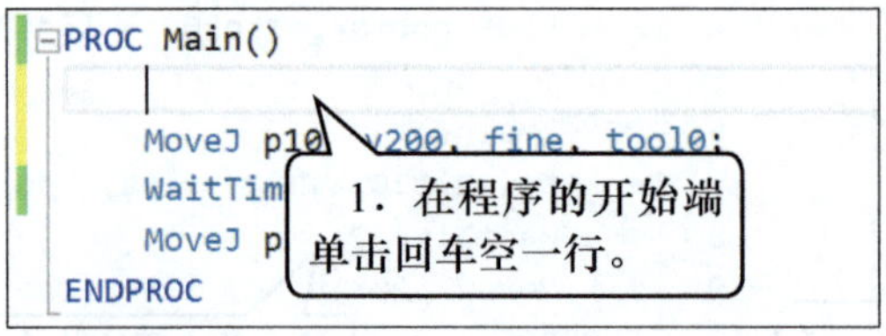

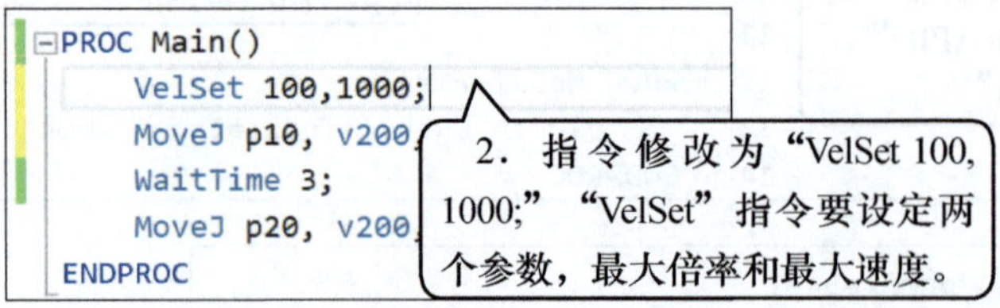

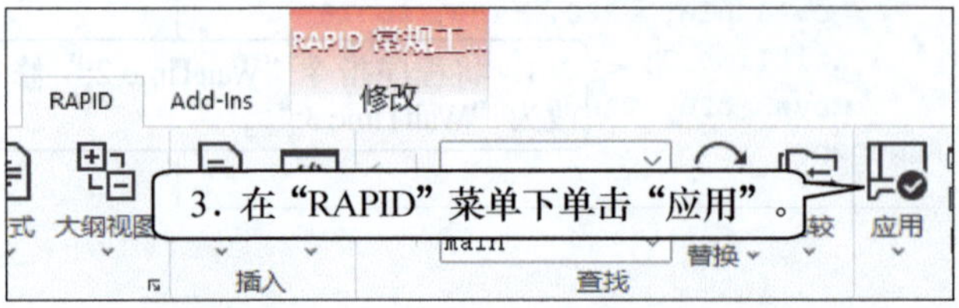

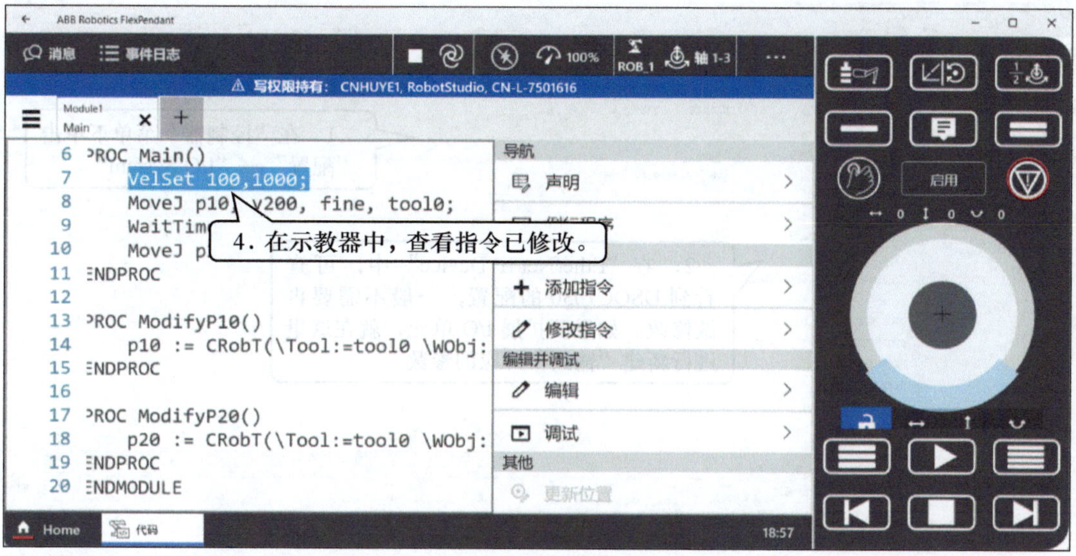
ABB Robotics FlexPendant
消息
事件日志
100%
ROB_1
轴 1-3
写权限持有：CNHUYE1, RobotStudio, CN-L-7501616
Module1
Main
PROC Main()
VelSet 100,1000;
MoveJ p10, v200, fine, tool0;
WaitTim
MoveJ p
ENDPROC
PROC ModifyP10()
p10 := CRobT(\Tool:=tool0 \WObj:
ENDPROC
PROC ModifyP20()
p20 := CRobT(\Tool:=tool0 \WObj:
ENDPROC
ENDMODULE
4. 在示教器中，查看指令已修改。
导航
声明
添加指令
修改指令
编辑并调试
编辑
调试
其他
更新位置
启用
Home
代码
18:57

任务 9-4　使用 RobotStudio 在线编辑 I/O 信号

工作任务

- 在线编辑 I/O 单元。
- 在线编辑 I/O 信号。

扫一扫，看视频

工业机器人与外部设备的通信是通过 ABB 标准的 I/O 或现场总线的方式进行的，其中又以 ABB 标准 I/O 板最常用，所以下面以 ABB 工业机器人 OmniCore 控制柜为例来学习 I/O 单元与 I/O 信号基本的在线编辑操作。

一、查看编辑 I/O 单元相关的配置参数

首先建立 RobotStudio 与控制器的连接，具体操作参考任务 9-1。

以连接 OmniCore C30 控制器为例，此控制器标配 I/O 单元 DSQC1030，包含 16 个数字输入 DI 和 16 个数字输出 DO。关于 DSQC1030 硬件的详细规格参数说明，请参考机械工业出版社出版的《工业机器人实操与应用技巧（OmniCore 版）》。查看编辑 I/O 单元相关配置参数的具体操作如下：

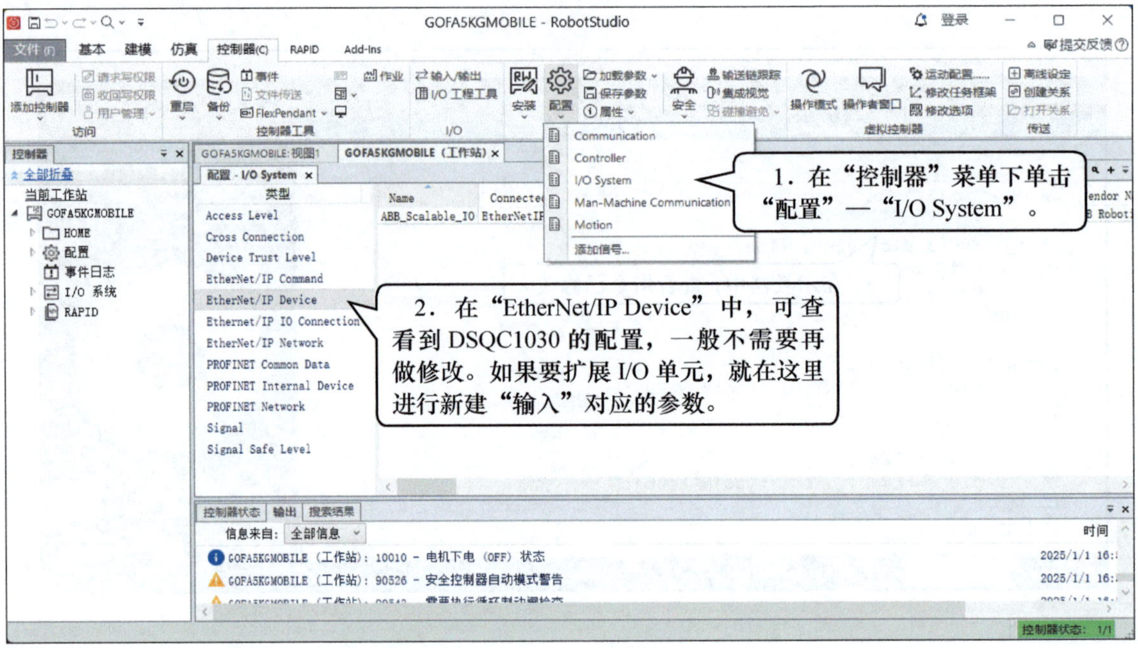
GOFA5KGMOBILE - RobotStudio
Communication
Controller
I/O System
Man-Machine Communication
Motion
1. 在“控制器”菜单下单击“配置”—“I/O System”。
配置 - I/O System
Access Level
Cross Connection
Device Trust Level
EtherNet/IP Command
EtherNet/IP Device
Ethernet/IP IO Connection
EtherNet/IP Network
PROFINET Common Data
PROFINET Internal Device
PROFINET Network
Signal
Signal Safe Level
2. 在“EtherNet/IP Device”中，可查看到 DSQC1030 的配置，一般不需要再做修改。如果要扩展 I/O 单元，就在这里进行新建“输入”对应的参数。

二、查看编辑 I/O 信号相关的配置参数

查看编辑 I/O 信号相关配置参数的具体操作如下：

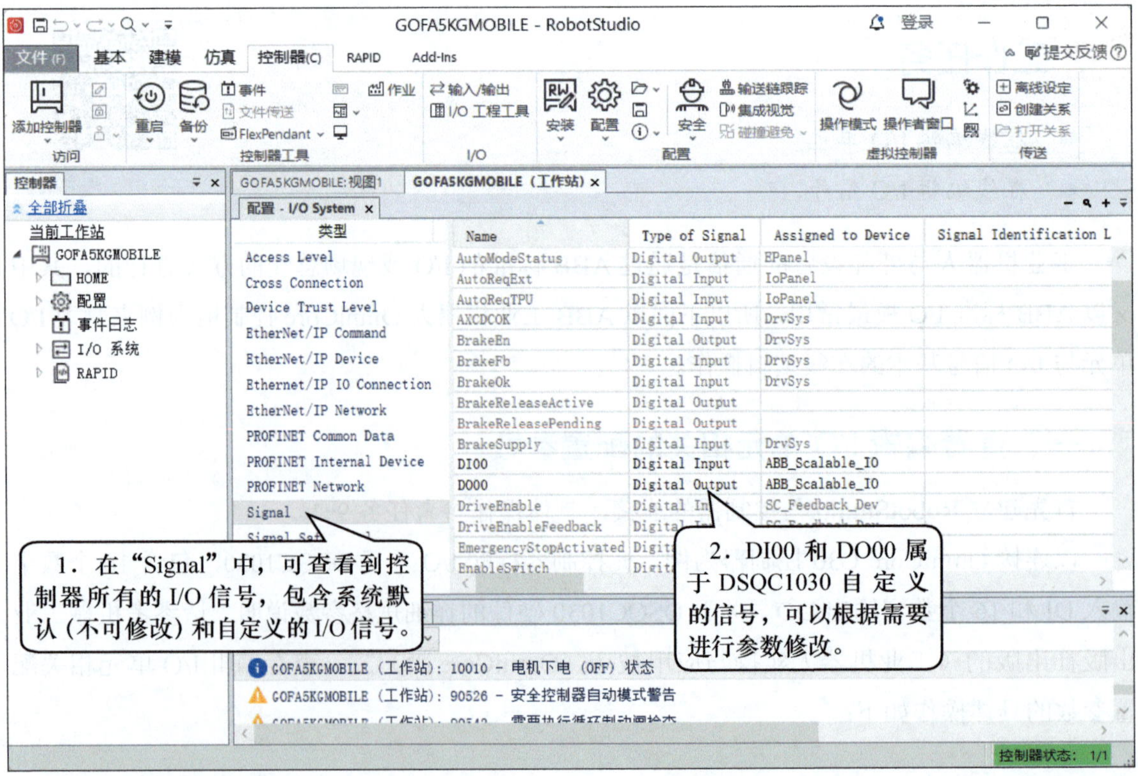
GOFA5KGMOBILE - RobotStudio
配置 - I/O System
Name
Type of Signal
Assigned to Device
Signal Identification L
DI00
Digital Input
ABB_Scalable_IO
DO00
Digital Output
ABB_Scalable_IO
1. 在“Signal”中，可查看到控制器所有的 I/O 信号，包含系统默认（不可修改）和自定义的 I/O 信号。
2. DI00 和 DO00 属于 DSQC1030 自定义的信号，可以根据需要进行参数修改。

任务 9-5　使用 RobotStudio 在线文件传送

工作任务

- 在线进行文件传送

扫一扫，看视频

可以通过 RobotStudio 进行文件的快捷传送。在对工业机器人硬盘中的文件进行传送操作时，一定要清楚被传送的文件的作用，否则可能造成工业机器人系统的崩溃。

建立好 RobotStudio 与工业机器人的连接并且获取写以后，请按照下面进行从 PC 发送文件到工业机器人控制器硬盘的操作。

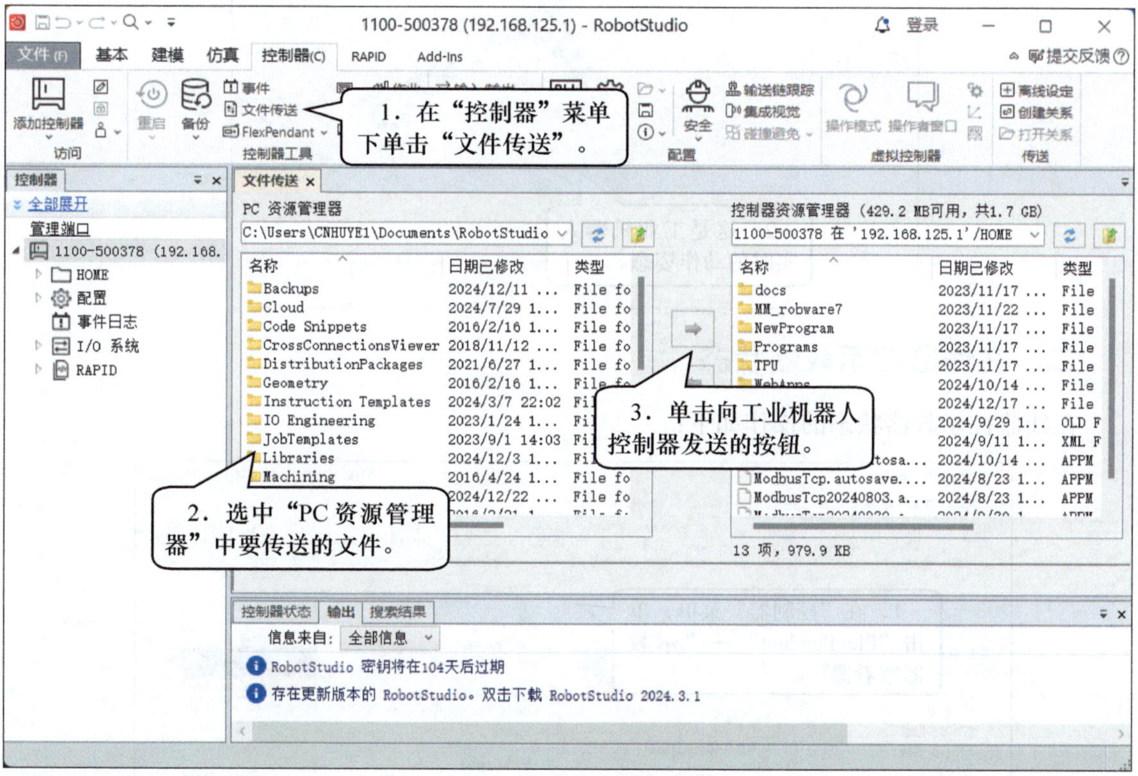
1100-500378 (192.168.125.1) - RobotStudio
1. 在“控制器”菜单下单击“文件传送”。
2. 选中“PC 资源管理器”中要传送的文件。
3. 单击向工业机器人控制器发送的按钮。
PC 资源管理器
控制器资源管理器（429.2 MB可用，共1.7 GB）

任务 9-6　使用 RobotStudio 在线监控工业机器人和示教器状态

工作任务

- 在线监控工业机器人的状态。
- 在线监控示教器的状态。

扫一扫，看视频

在 RobotStudio 中，在线可以监控工业机器人的实时动作姿态和示教器的实时界面显示。

一、在线监控工业机器人状态

在线监控工业机器人状态的操作如下：

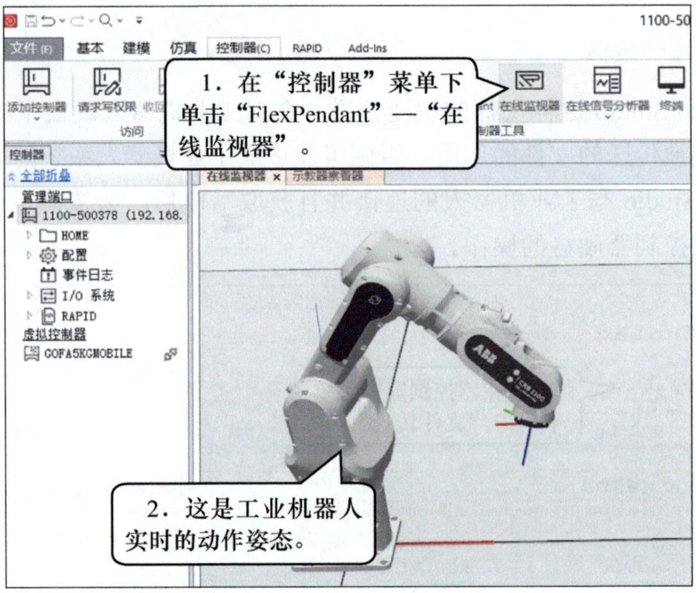
1. 在“控制器”菜单下单击“FlexPendant”—“在线监视器”。
2. 这是工业机器人实时的动作姿态。

二、在线监控示教器状态

在线监控示教器状态的操作如下：

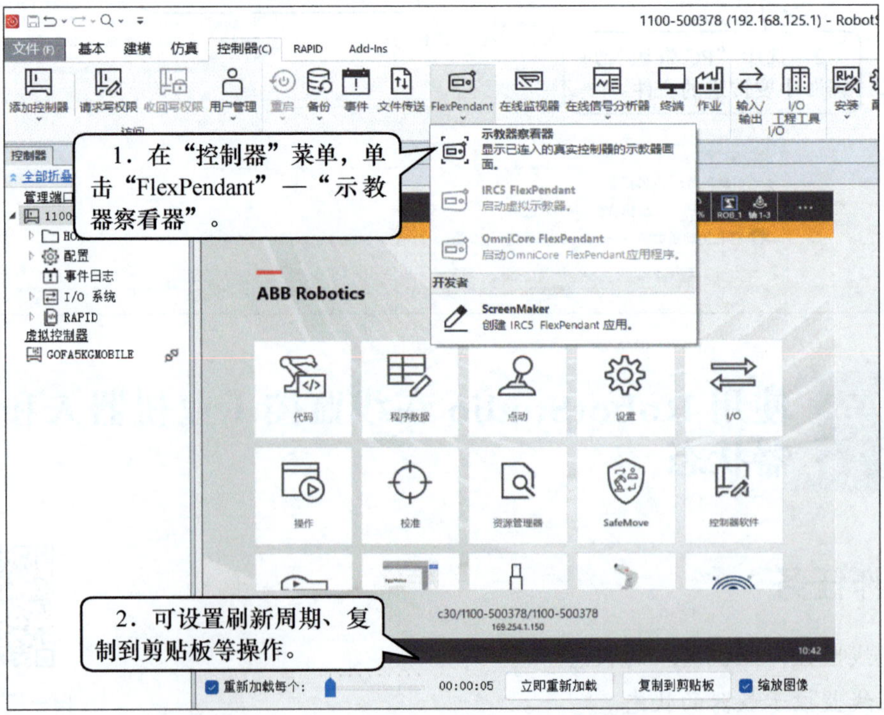
1. 在“控制器”菜单，单击“FlexPendant”—“示教器察看器”。
2. 可设置刷新周期、复制到剪贴板等操作。

任务 9-7 使用 RobotStudio 在线设定用户操作管理权限

工作任务

- 为控制器添加一个管理员操作权限。
- 设定需要的用户操作权限。
- 更改 Default User 的角色。

扫一扫，看视频

在控制器中的误操作可能会引起工业机器人系统的错乱，从而影响工业机器人的正常运行，因此有必要为控制器设定不同用户的操作权限。为一台新的工业机器人设定示教器的用户操作权限，一般的操作步骤如下：

1）为控制器添加一个管理员操作权限。

2）设定需要的用户操作权限。

3）更改 Default User 的角色。

一、为示教器添加一个管理员操作权限

为示教器添加一个管理员操作权限的目的是为系统多创建一个具有所有权限的用户，为意外权限丢失时，多一层保障。

首先将 RobotStudio 连接控制器，然后根据以下的步骤进行操作。

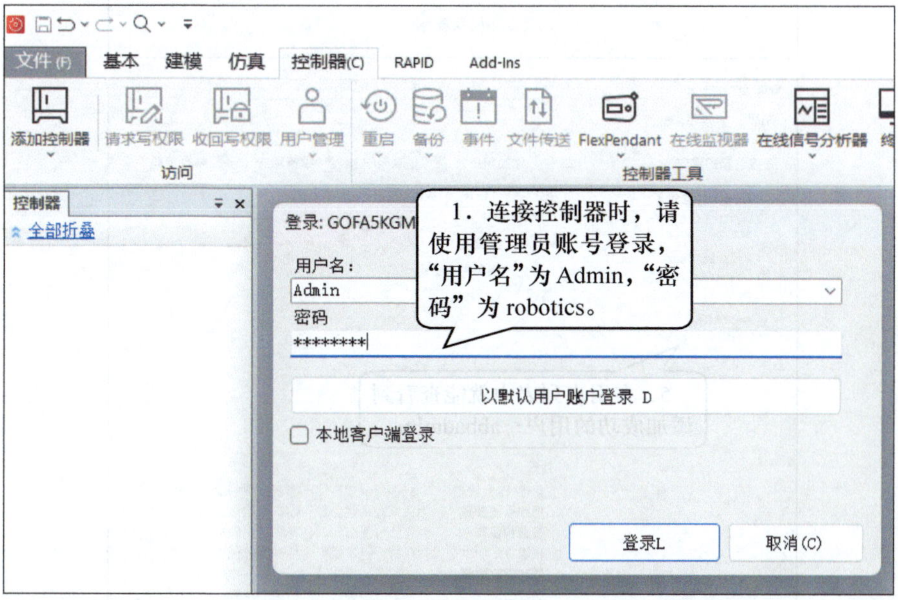

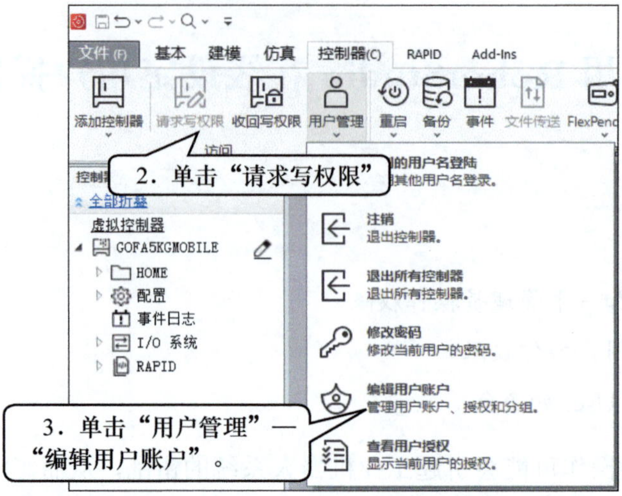

文件 (F)
基本
建模
仿真
控制器(C)
RAPID
Add-Ins
添加控制器
请求写权限
收回写权限
用户管理
重启
备份
事件
文件传送
FlexPend
访问
2．单击“请求写权限”
注销
退出控制器。
退出所有控制器
退出所有控制器。
修改密码
修改当前用户的密码。
编辑用户账户
管理用户账户、授权和分组。
查看用户授权
显示当前用户的授权。
全部折叠
虚拟控制器
GOFA5KGMOBILE
HOME
配置
事件日志
I/O 系统
RAPID
3．单击“用户管理”—“编辑用户账户”。

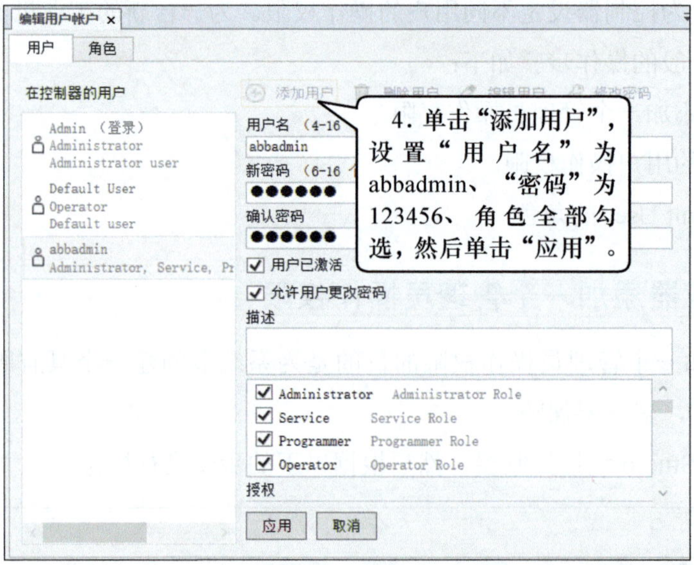

编辑用户帐户
用户
角色
在控制器的用户
Admin （登录）
Administrator
Administrator user
Default User
Operator
Default user
abbadmin
Administrator, Service, Pr
用户名 （4-16
abbadmin
新密码 （6-16
确认密码
用户已激活
允许用户更改密码
描述
Administrator　Administrator Role
Service　Service Role
Programmer　Programmer Role
Operator　Operator Role
授权
应用
取消
4．单击“添加用户”，设置“用户名”为abbadmin、“密码”为123456、角色全部勾选，然后单击“应用”。

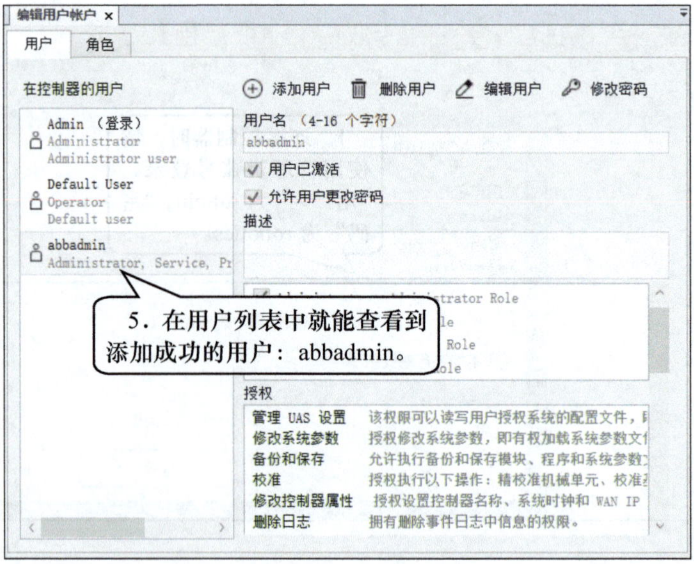

编辑用户帐户
用户
角色
在控制器的用户
添加用户
删除用户
编辑用户
修改密码
Admin （登录）
Administrator
Administrator user
Default User
Operator
Default user
abbadmin
Administrator, Service, Pr
用户名 （4-16 个字符）
abbadmin
用户已激活
允许用户更改密码
描述
授权
管理 UAS 设置
修改系统参数
备份和保存
校准
修改控制器属性
删除日志
拥有删除事件日志中信息的权限。
5．在用户列表中就能查看到添加成功的用户：abbadmin。

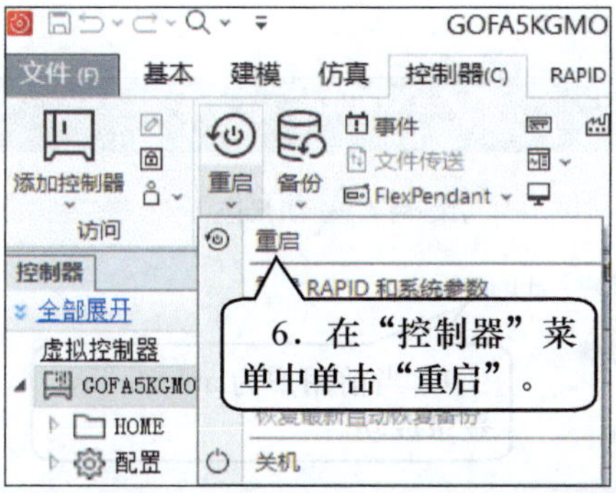
6．在“控制器”菜单中单击“重启”。

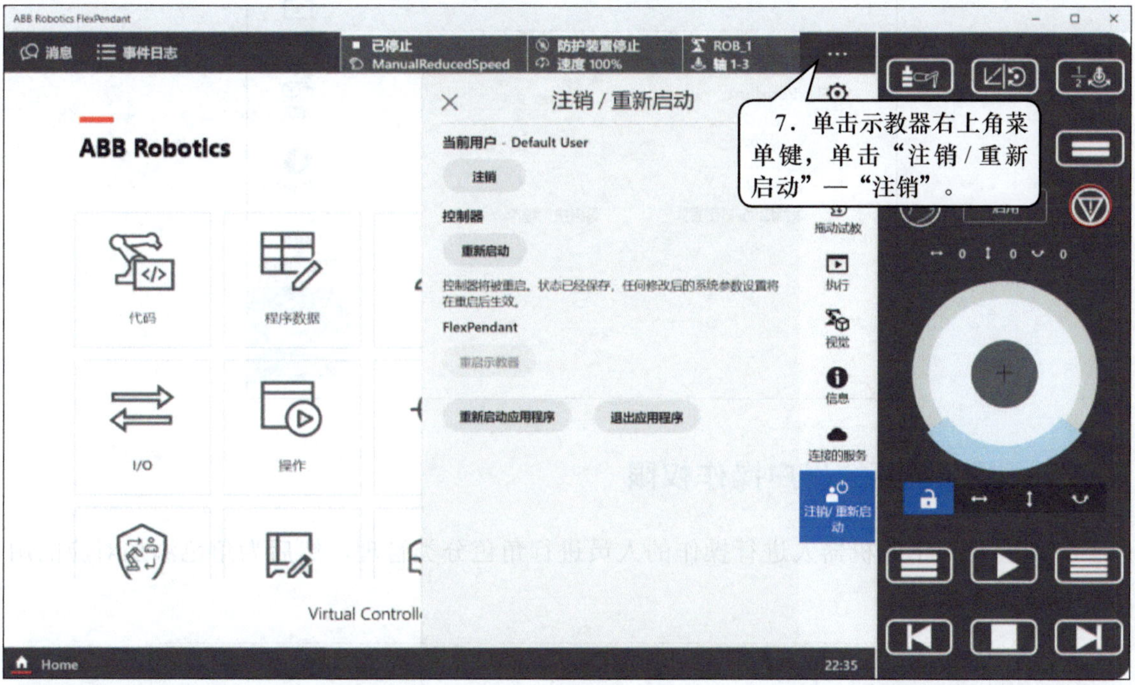
7．单击示教器右上角菜单键，单击“注销 / 重新启动”—“注销”。

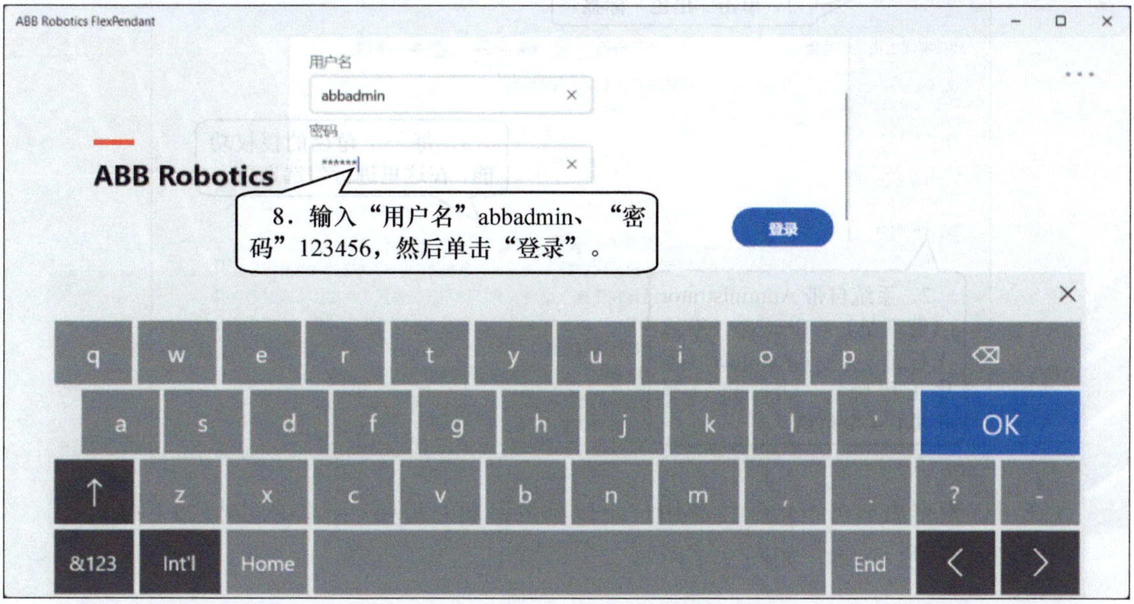
8．输入“用户名”abbadmin、“密码”123456，然后单击“登录”。

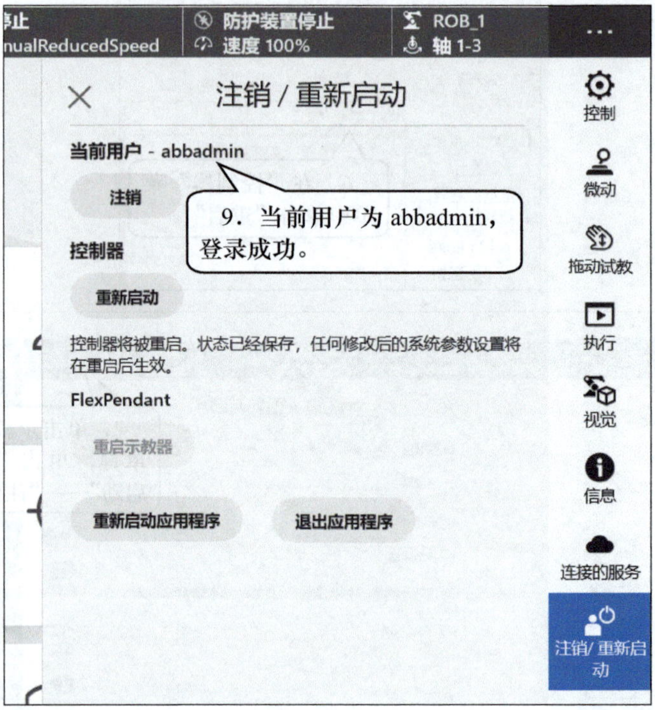

二、设定需要的用户操作权限

一般会将对工业机器人进行操作的人员进行角色分类管理，然后为角色添加对应的用户。具体操作如下：

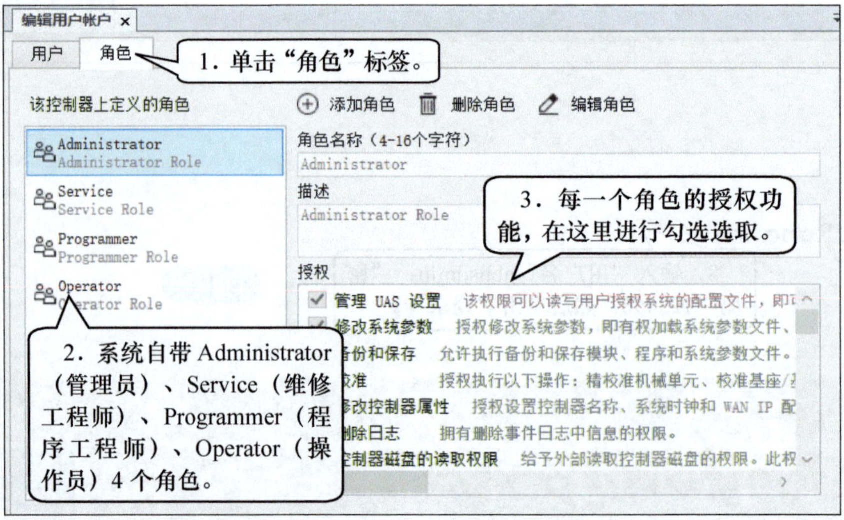

现在可以根据需要，设定角色和用户，以满足管理的需要。具体的步骤如下：

1）创建新角色 super，如图 9-1 所示。

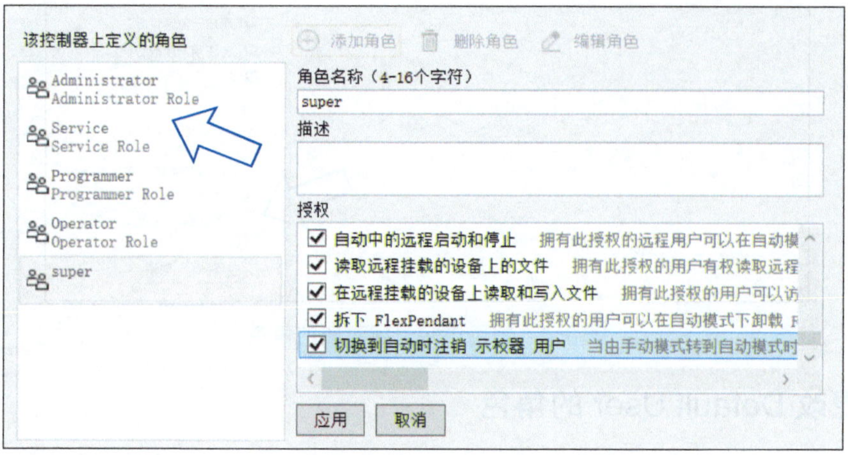

图 9-1　创建新角色 super

2）设定新角色的授权。这里设定一个拥有全部权限的角色，如图 9-2 所示。

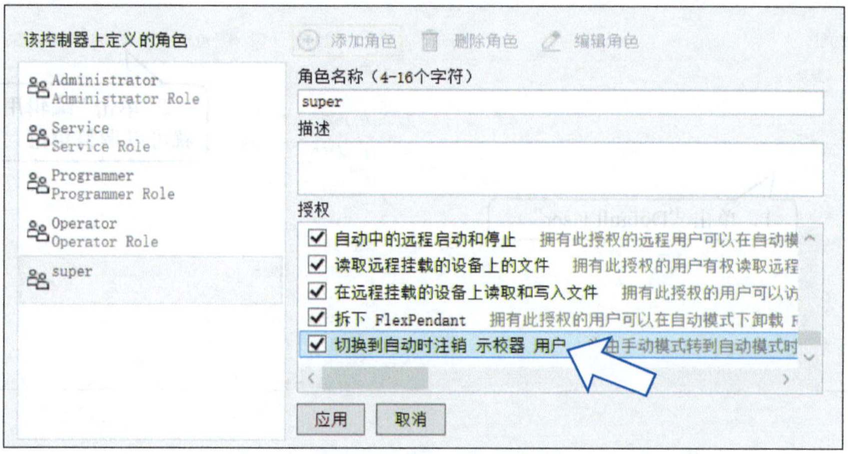

图 9-2　设定新角色的授权

3）创建新的用户 superman，密码为 123456（可以自定义），如图 9-3 所示。

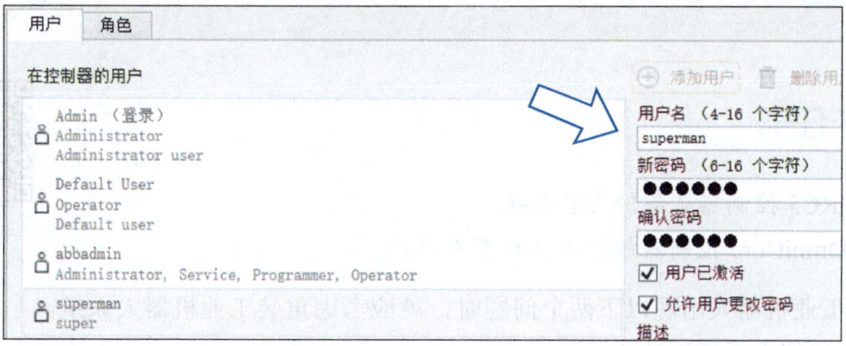

图 9-3　创建新的用户和密码

4）将用户归类到对应的角色，如图 9-4 所示。

5）重启系统，测试权限是否正常。

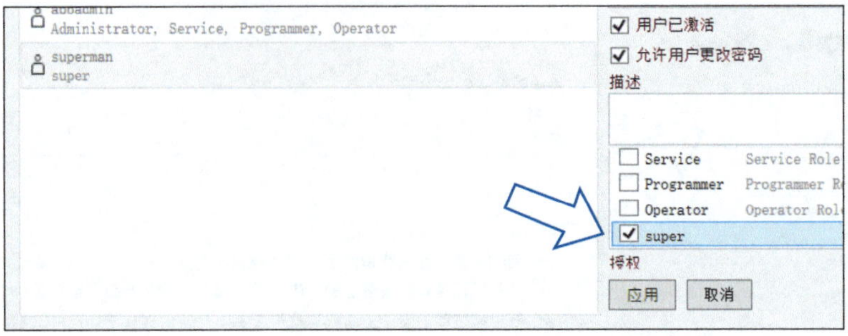

图 9-4　将用户归类到对应的角色

三、更改 Default User 的角色

用户 Default User 的角色默认为“Operator 操作员”，可以通过调整角色来重新分配其权限。一般来说，应尽量减少授权权限，以防误操作的发生。具体操作如下：

任务 9-8　使用 RobotStudio 在线安装与维护工业机器人系统

工作任务

- 为 IRC5 控制器从备份安装系统。
- 为 OmniCore 控制器维护工业机器人系统。

扫一扫，看视频

一般当工业机器人出现以下两个问题时，就应考虑重装工业机器人系统。

1）工业机器人系统无法启动。

2）需要为当前的工业机器人系统添加新的功能选项。

因为 IRC5 与 OmniCore 控制器的工业机器人系统的管理操作上是有区别的，所以会分别进行介绍。

一、为 IRC5 控制器从备份安装系统

为 IRC5 控制器从备份安装系统的操作如下：

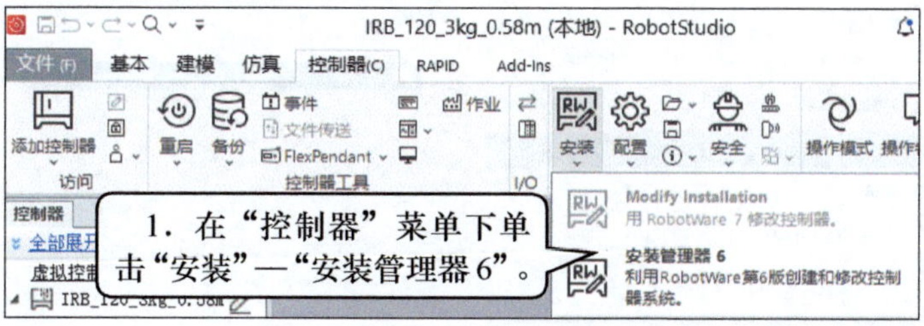
IRB_120_3kg_0.58m (本地) - RobotStudio
1. 在“控制器”菜单下单击“安装”—“安装管理器 6”。
Modify Installation
安装管理器 6
利用RobotWare第6版创建和修改控制器系统。

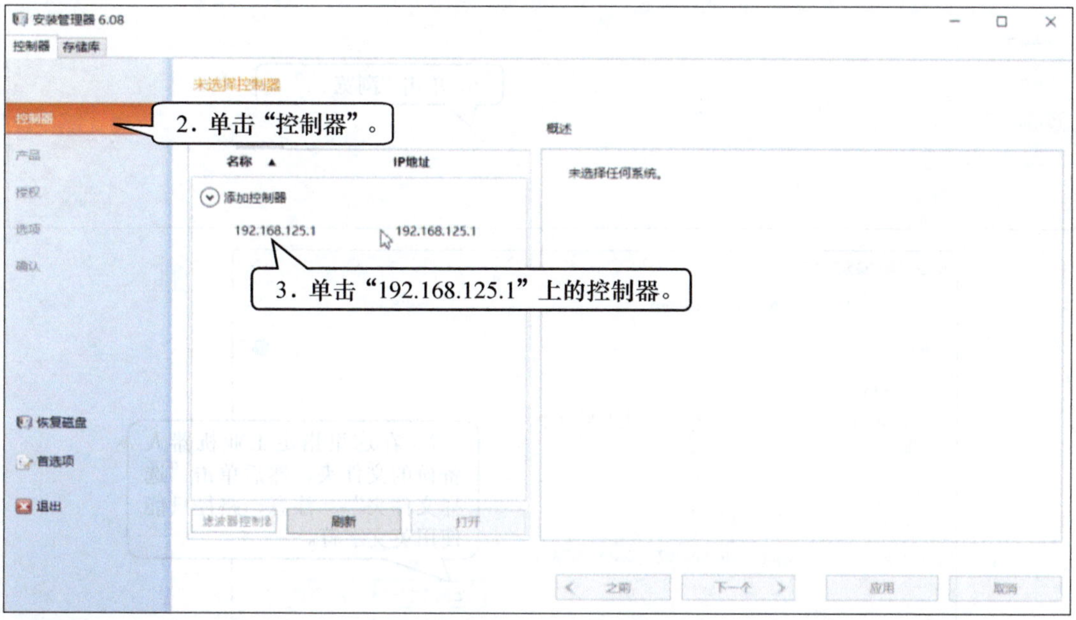
安装管理器 6.08
2. 单击“控制器”。
3. 单击“192.168.125.1”上的控制器。
192.168.125.1

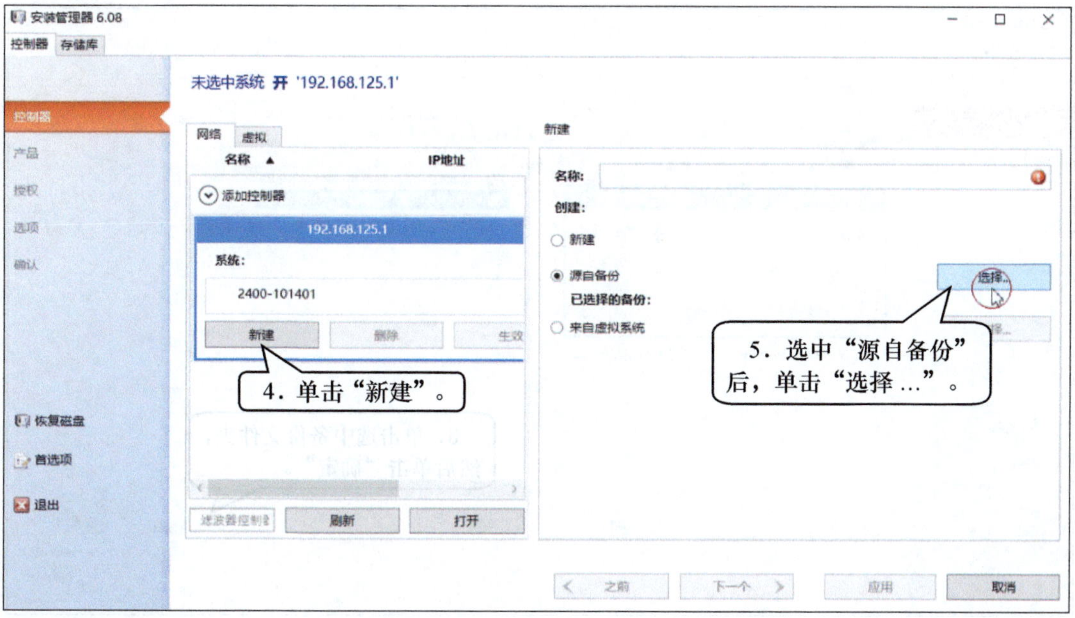
安装管理器 6.08
未选中系统 开 '192.168.125.1'
4. 单击“新建”。
5. 选中“源自备份”后，单击“选择 ...”。

安装管理器 6.08
控制器
存储库
未选中系统 开 '192.168.125.1'
选择备份
C:\Users\CNDAGE1\Documents\RobotStudio
192.168.125.1
系统：
2400-101401
新建
恢复磁盘
首选项
退出
6. 单击“浏览...”。
浏览......
刷新
打开
确定
取消
之前
下一个
应用

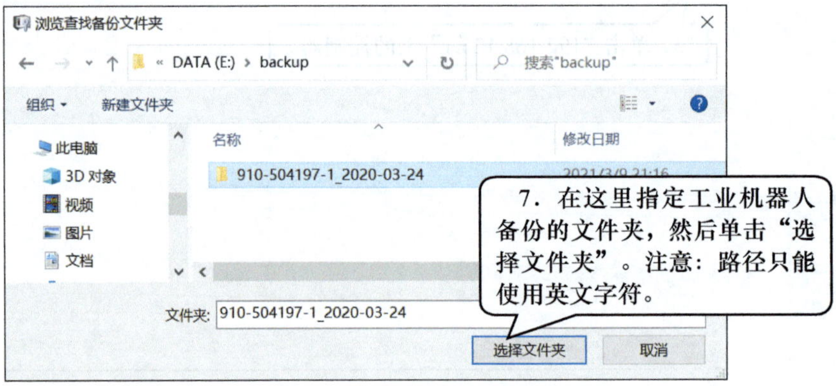
浏览查找备份文件夹
DATA (E:) › backup
搜索"backup"
组织
新建文件夹
此电脑
3D 对象
视频
图片
文档
名称
修改日期
910-504197-1_2020-03-24
7. 在这里指定工业机器人备份的文件夹，然后单击“选择文件夹”。注意：路径只能使用英文字符。
文件夹:
910-504197-1_2020-03-24
选择文件夹
取消

安装管理器 6.08.01
控制器
存储库
未选择控制器
选择备份
C:\Users\yh\Documents\RobotStudio
E:\backup\910-504197-1_2020-03-24
Systems
C:\Users\yh\Docu...
系统：
System1200
新建
删除
My Robot Systems
C:\Users\yh\Docu...
恢复磁盘
首选项
退出
8. 单击选中备份文件夹，然后单击“确定”。
浏览......
刷新
确定
取消
之前
下一个
应用

9．输入此新建系统的名称，然后单击"下一个"。

10．这里查看的是构成此系统所需的软件产品，然后单击"下一个"。

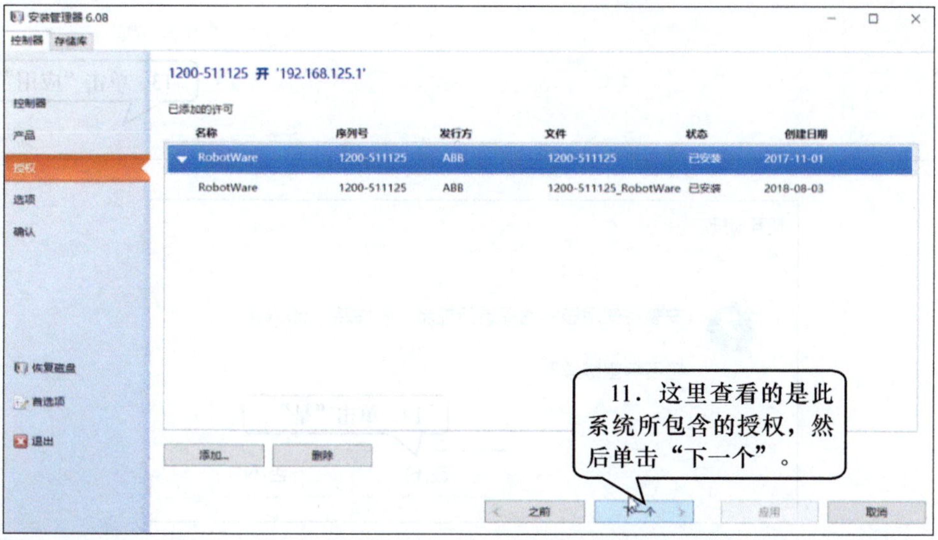

11．这里查看的是此系统所包含的授权，然后单击"下一个"。

安装管理器 6.08
控制器
存储库
1200-511125 开 '192.168.125.1'
控制器
产品
授权
选项
确认
系统选项
传动模块
应用
System Options
RobotWare Base
RobotWare Base
Default Language
English
French
German
Spanish
Italian
Chinese
Portuguese
Dutch
Swedish
Danish
Czech
Finnish
Korean
Japanese
Russian
Polish
Turkish
恢复磁盘
首选项
退出
恢复
添加设置
12．这里查看的是此系统所包含的选项详情，然后单击“下一个”。
之前
下一个
应用
取消

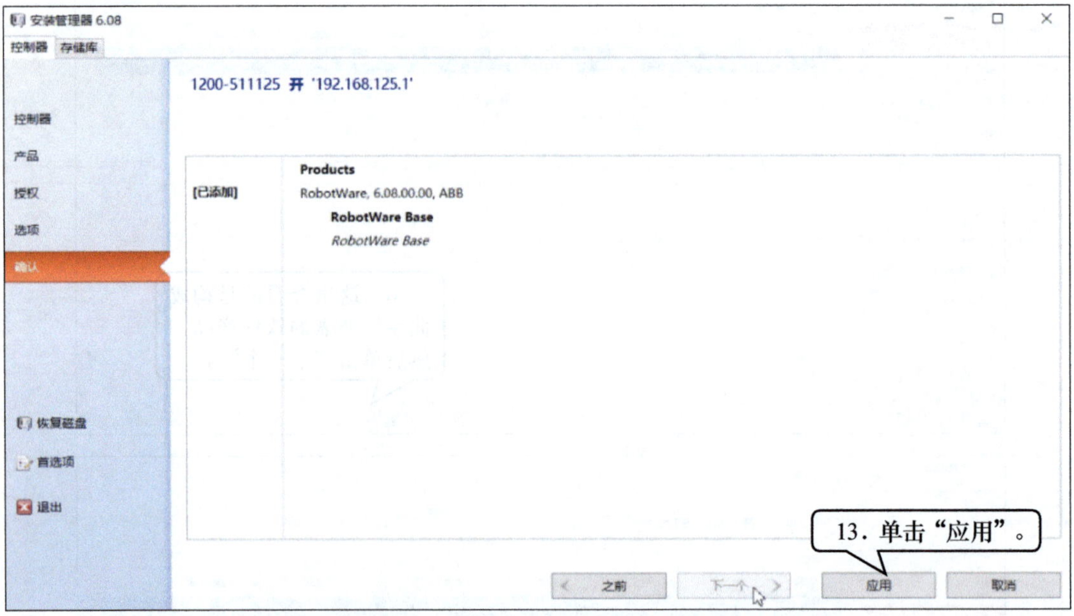
安装管理器 6.08
控制器
存储库
1200-511125 开 '192.168.125.1'
控制器
产品
授权
选项
确认
Products
[已添加]
RobotWare, 6.08.00.00, ABB
RobotWare Base
RobotWare Base
恢复磁盘
首选项
退出
13．单击“应用”。
之前
下一个
应用
取消

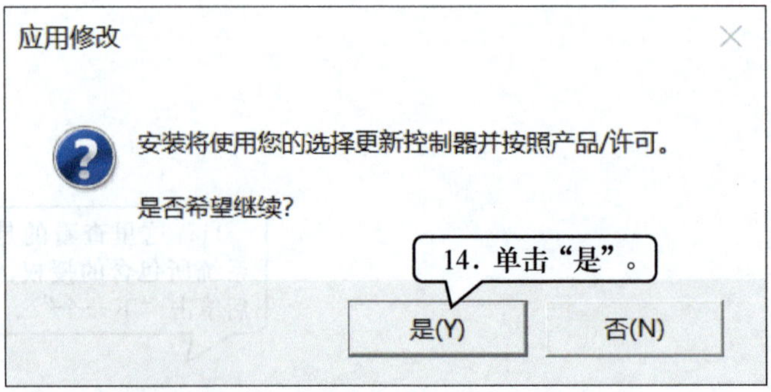
应用修改
安装将使用您的选择更新控制器并按照产品/许可。
是否希望继续?
14．单击“是”。
是(Y)
否(N)

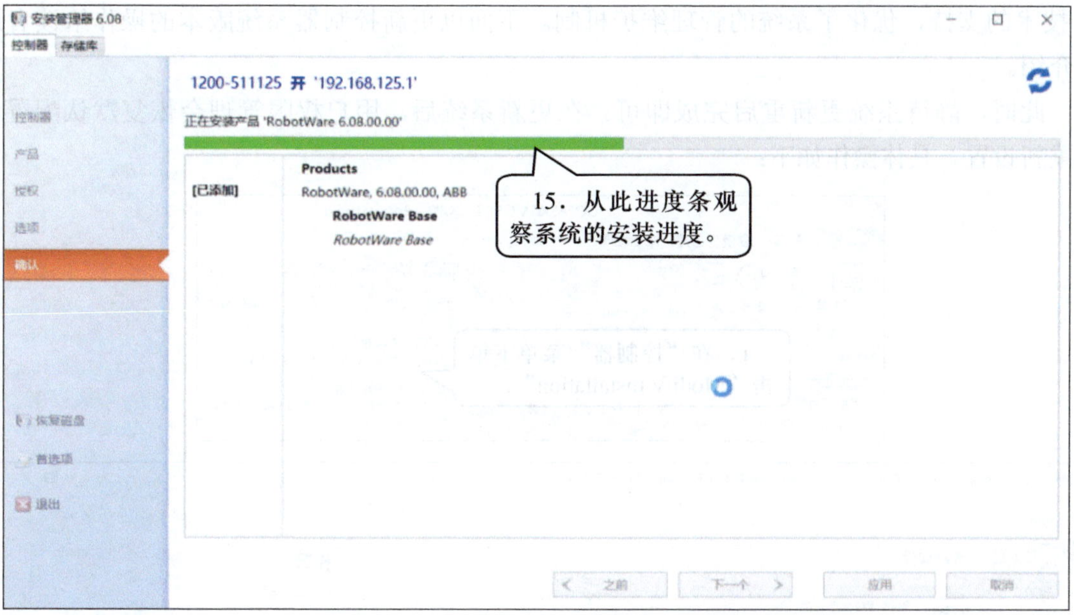

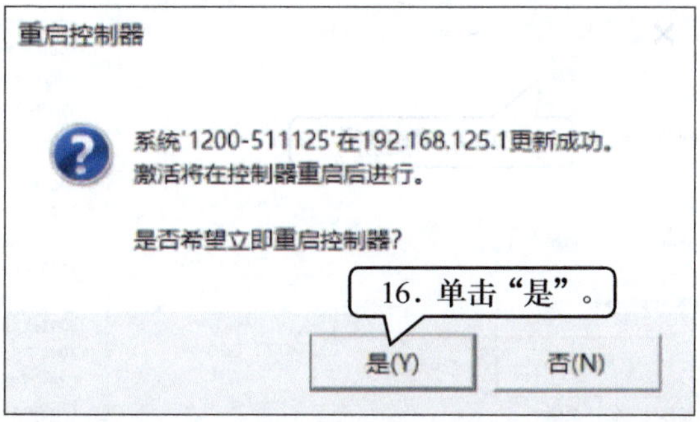

接下来就耐心等待系统的重启，观察示教器的进度即可，如图 9-5 所示。

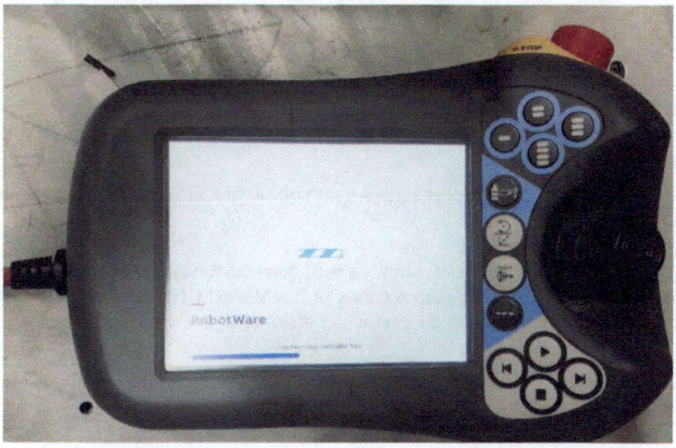

图 9-5　耐心等待系统的重启，观察示教器的进度

二、为 OmniCore 控制器维护工业机器人系统

ABB 工业机器人的 OmniCore 控制器对工业机器人系统做了全面的革新，如对新工业

IT 技术的支持，优化了系统的管理维护机制。下面以更新控制器系统版本的操作给读者进行介绍。

此时，静待系统更新重启完成即可。在更新系统后，用户权限管理会恢复默认配置，需重新设置。具体操作如下：

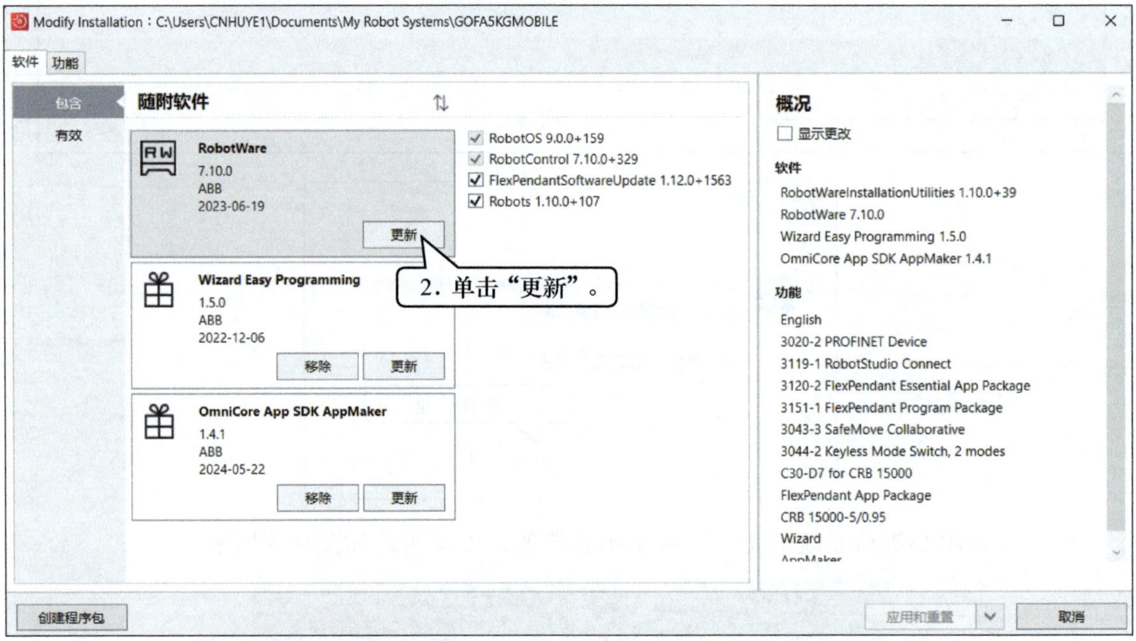

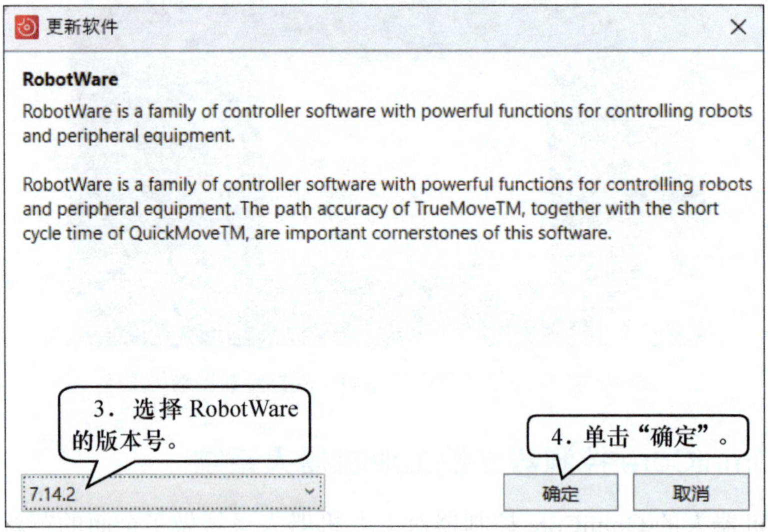

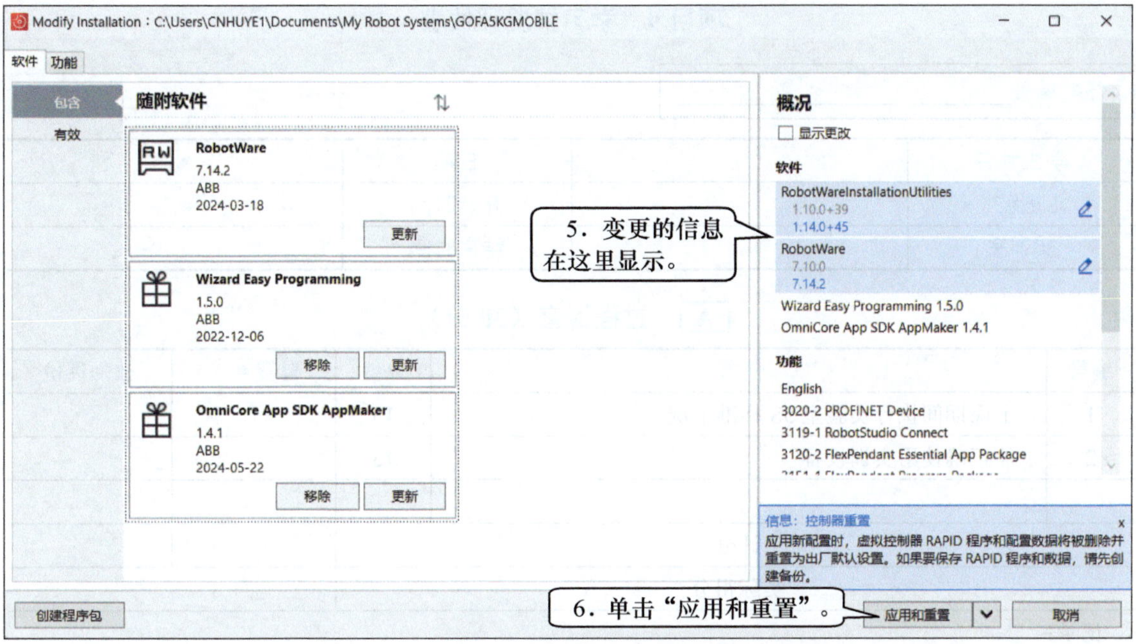
Modify Installation：C:\Users\CNHUYE1\Documents\My Robot Systems\GOFA5KGMOBILE
软件
功能
包含
有效
随附软件
RobotWare
7.14.2
ABB
2024-03-18
更新
Wizard Easy Programming
1.5.0
ABB
2022-12-06
移除
更新
OmniCore App SDK AppMaker
1.4.1
ABB
2024-05-22
移除
更新
5. 变更的信息在这里显示。
概况
显示更改
软件
RobotWareInstallationUtilities
1.10.0+39
1.14.0+45
RobotWare
7.10.0
7.14.2
Wizard Easy Programming 1.5.0
OmniCore App SDK AppMaker 1.4.1
功能
English
3020-2 PROFINET Device
3119-1 RobotStudio Connect
3120-2 FlexPendant Essential App Package
信息：控制器重置
应用新配置时，虚拟控制器 RAPID 程序和配置数据将被删除并重置为出厂默认设置。如果要保存 RAPID 程序和数据，请先创建备份。
创建程序包
6. 单击“应用和重置”。
应用和重置
取消

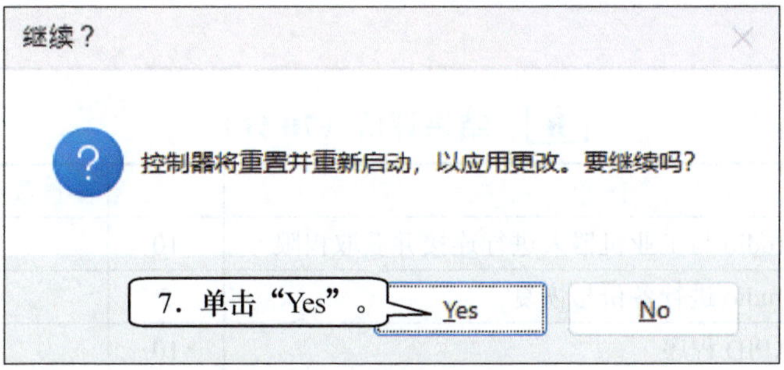
继续？
控制器将重置并重新启动，以应用更改。要继续吗？
7. 单击“Yes”。
Yes
No

如果要为控制器系统添加一个新的选项，操作如下：

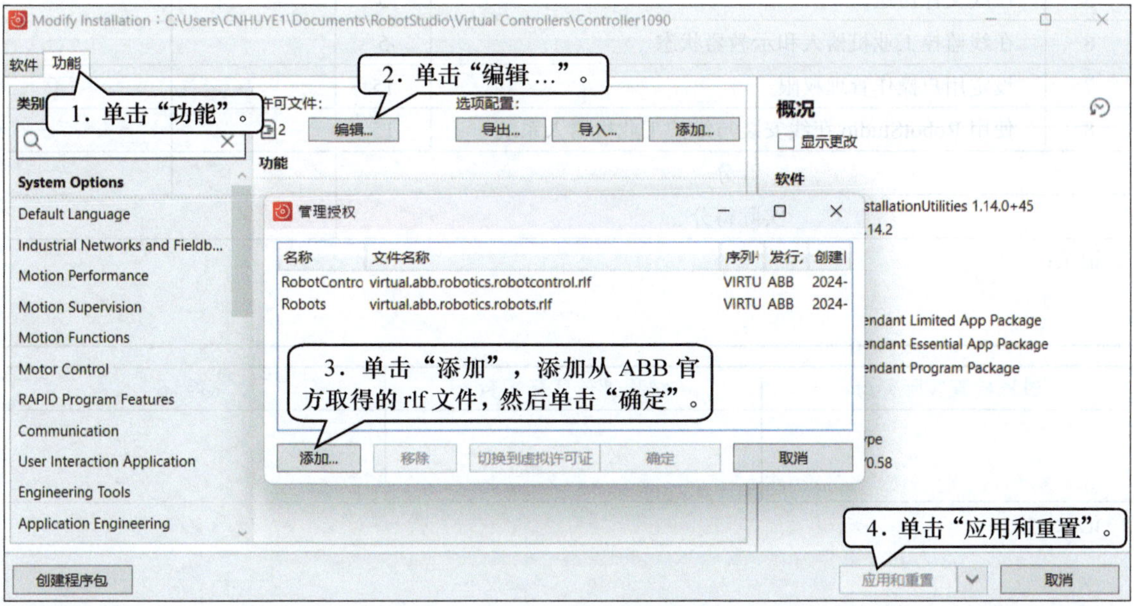
Modify Installation：C:\Users\CNHUYE1\Documents\RobotStudio\Virtual Controllers\Controller1090
软件
功能
1. 单击“功能”。
2. 单击“编辑...”。
许可文件:
编辑...
选项配置:
导出...
导入...
添加...
功能
System Options
Default Language
Industrial Networks and Fieldb...
Motion Performance
Motion Supervision
Motion Functions
Motor Control
RAPID Program Features
Communication
User Interaction Application
Engineering Tools
Application Engineering
管理授权
名称
文件名称
RobotContro
virtual.abb.robotics.robotcontrol.rlf
Robots
virtual.abb.robotics.robots.rlf
3. 单击“添加”，添加从 ABB 官方取得的 rlf 文件，然后单击“确定”。
添加...
移除
切换到虚拟许可证
确定
取消
概况
显示更改
软件
4. 单击“应用和重置”。
创建程序包
应用和重置
取消

项目9 学习情况评估表

任务编号____________________

学生姓名		日期	
班级		开始时间	
实训室		结束时间	

A 过程检查（30分）

编号	任务	分值	自我评价	教师评价
1	上课期间执行实验室5S标准情况	15		
2	能正确使用实训设备	15		
计分				
实际得分				

记录：

B 结果评价（70分）

编号	任务	分值	自我评价	教师评价
1	使用RobotStudio与工业机器人进行连接并获取权限	10		
2	使用RobotStudio进行备份与恢复	5		
3	在线编辑RAPID程序	10		
4	在线编辑I/O信号	5		
5	在线文件传送	5		
6	在线监控工业机器人和示教器状态	5		
7	设定用户操作管理权限	15		
8	使用RobotStudio在线安装与维护工业机器人系统	15		
计分				
实际得分				

记录：

过程检查实际得分	结果评价实际得分	总得分

记录：

项目 10 工业机器人工作站数字孪生应用

项目目标

- 掌握工业机器人真实与数字仿真联动的离线设定。
- 掌握数字孪生工作站中工业机器人与 PLC 的联合仿真。

项目描述

数字孪生技术可以在虚拟环境中对工业机器人工作站进行模拟测试，工程师可以在不影响实际生产的情况下，对工业机器人的运动轨迹、速度、加速度等参数进行调试和优化。相比于传统的现场调试，数字孪生可以快速发现潜在问题并进行调整，从而大大缩短调试时间。

在虚拟环境中进行调试，可以避免因调试不当导致的设备损坏和生产延误。在传统的调试过程中，如果工业机器人运动轨迹设计得不合理或参数设置不当，可能会导致工业机器人碰撞、损坏工件或设备，而数字孪生技术可以在虚拟环境中提前发现这些问题，减少了试错成本。

使用 RobotStudio 中的离线设定功能可实现对真实工业机器人系统在 RobotStudio 中 100% 的数字孪生，从而实现在不影响真实工业机器人运行的情况下，对工业机器人进行程序优化，并在确认无误后，同步到真实工业机器人中运行。

在工业机器人工作站中，工业机器人与 PLC 的程序通常会分别开发和调试。在 RobotStudio 中，可以使用基于 OPC UA 的通信协议与各个品牌的 PLC 进行通信，实现一站式的程序联合调试。

任务 10-1 创建数字孪生的虚拟工业机器人工作站

工作任务

- 创建与真实一致的虚拟工业机器人工作站。

扫一扫，看视频

- 创建与真实传输的同步关系。
- 将数字孪生工业机器人工作站的程序更新到真实工业机器人工作站。

一、创建与真实一致的虚拟工业机器人工作站

首先将 RobotStudio 与真实工业机器人控制器连接起来。

在本任务中打开两个 RobotStudio，充当真实工业机器人工作站的 RobotStudio 叫作 RA_REAL，充当数字孪生的 RobotStudio 叫作 RA_TWINS，如图 10-1 所示。

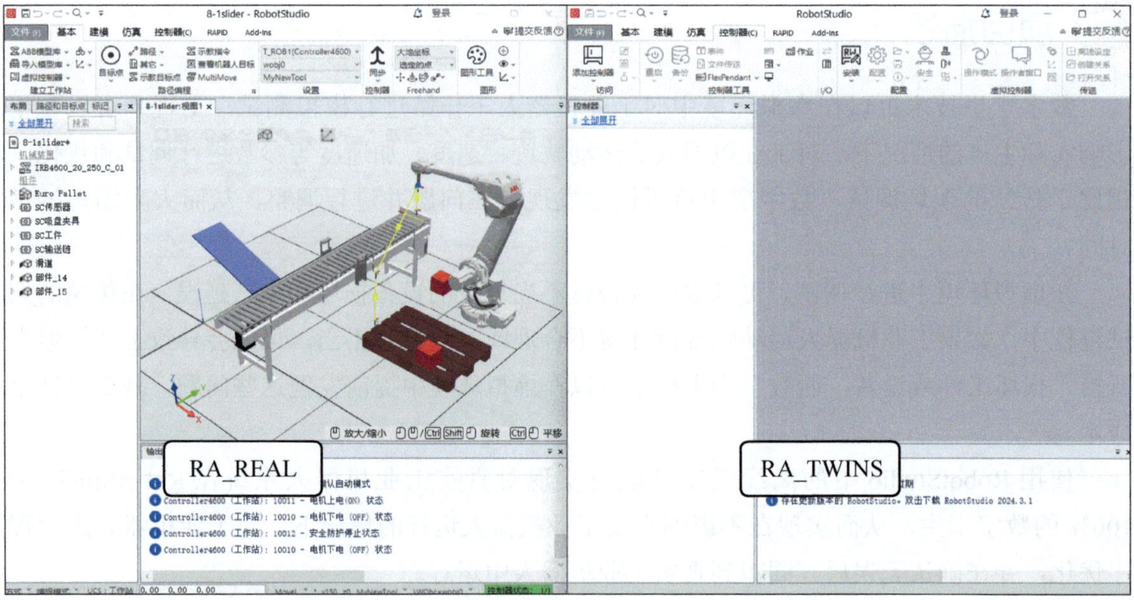

图 10-1 RA_REAL 和 RA_TWINS

在 RA_REAL 中运行的是项目 8 完成后的工作站，当作真实工业机器人工作站，数字孪生到 RS_TWINS 中去。具体操作如下：

在数字孪生的工业机器人工作站里，控制器的所有设置与程序都会与真实的工业机器人系统一致。在数字孪生工业机器人工作站里，离线后进行修改与优化 RAPID 程序，完成后同步回真实工业机器人系统是最为常用的操作。

1. 在“控制器”菜单下单击“添加控制器”，连接 RA_REAL 中的控制器。
2. 单击“离线设定”。
3. 将数字孪生的“系统名称”设为 Controller4600TWINS，以方便识别。
4. 单击“确定”。
5. Controller4600 是 RA_REAL 中的真实工业机器人系统。
6. Controller4600TWINS 是数字孪生的工业机器人系统。
7. 这里可导入周边模型，使得有更好的视觉效果。也可不加模型，以实际需要来定。
RA_REAL
RA_TWINS
离线设定
创建以下对象的虚拟副本：
Controller4600（本地）
只选择信任的来源
系统名称：
Controller4600TWINS
系统位置：
RobotWare（原始：7.14.2）
7.14.2
将系统添加 到工作站
创建与原始系统的传输关系
确定
取消

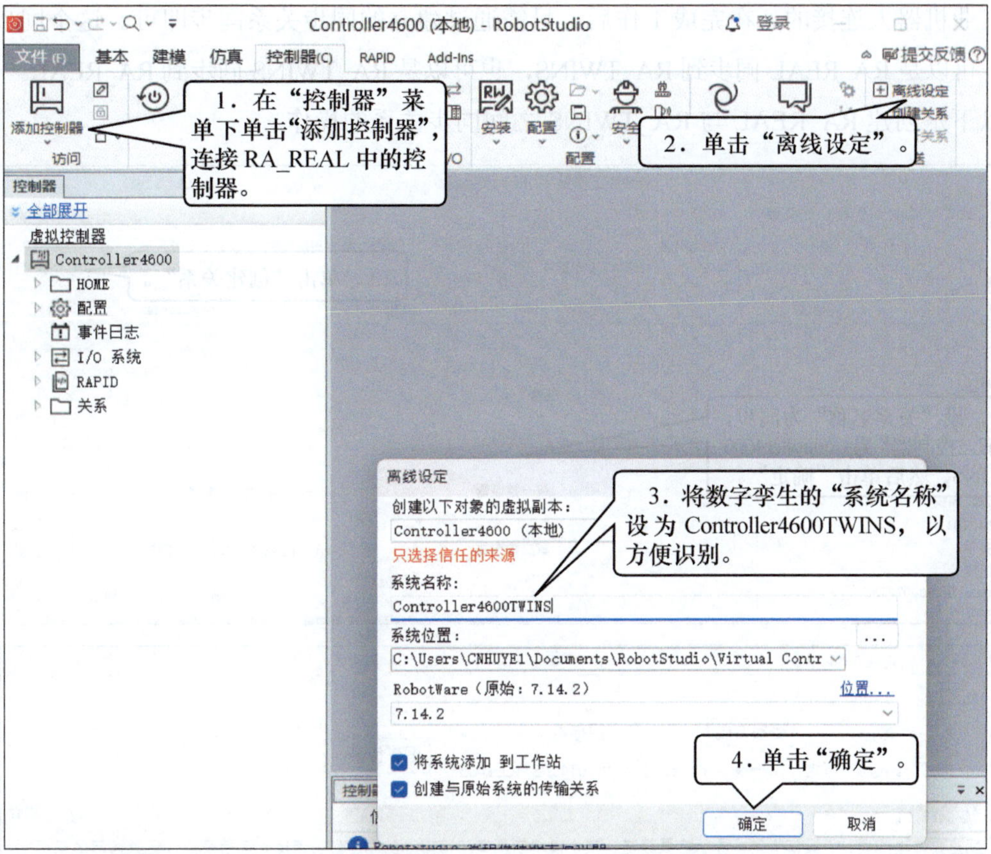

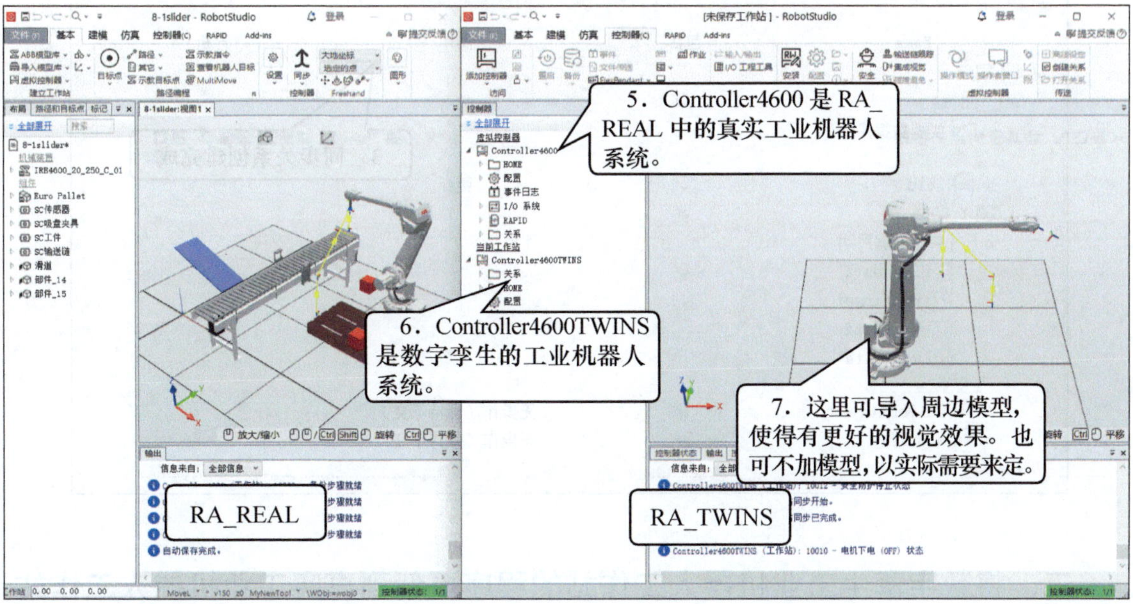

二、创建与真实传输的同步关系

在数字化孪生工业机器人工作站中进行离线的 RAPID 程序修改与优化，是不需要一直与真实工业机器人连接的。在完成工作后，只需通过建立的同步关系同步即可。这个同步是双向的，可以是 RA_REAL 同步到 RA_TWINS，也可以是 RA_TWINS 同步到 RA_REAL。

以下是创建 RA_REAL 与 RA_TWINS 之间同步关系的操作。

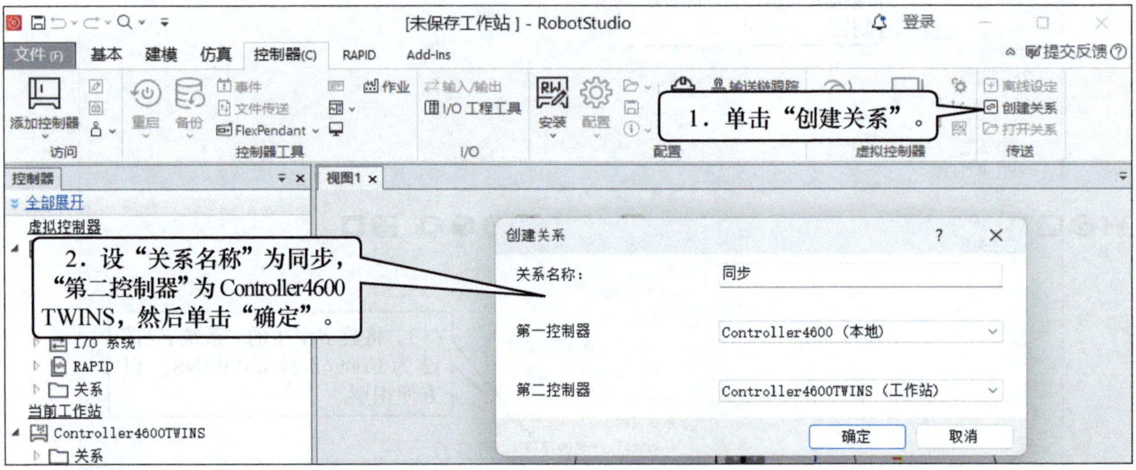

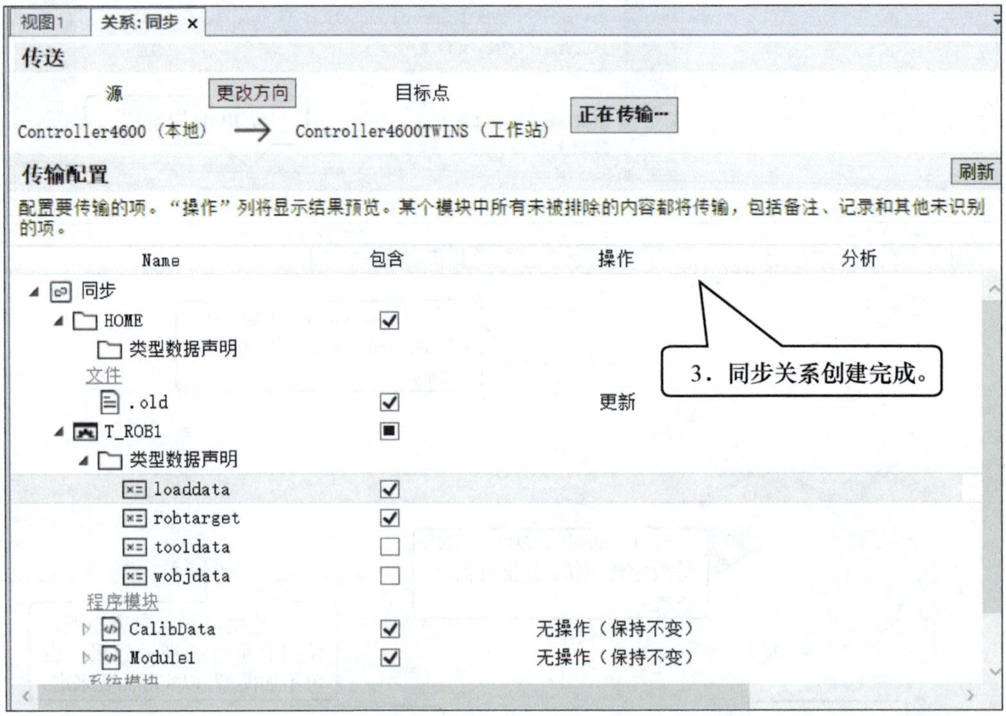

三、将数字孪生工业机器人工作站的程序更新到真实工业机器人工作站

在数字孪生工业机器人工作站的主程序 Main 中增加一个等待 2s 的指令和一个中文备注（Omnicore 控制器可支持中文备注，能更好地对程序进行说明解释），然后同步到真实工业机器人工作站中。

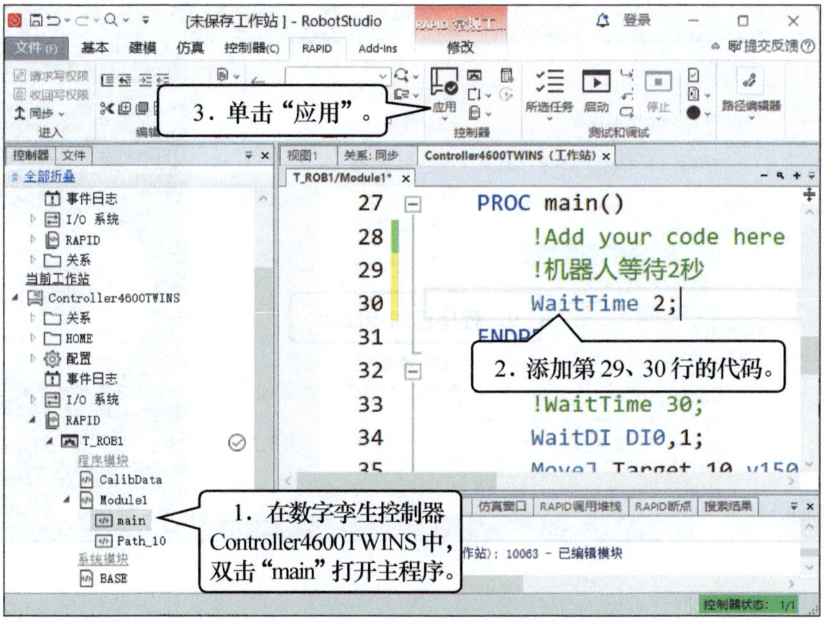
[未保存工作站] - RobotStudio
3. 单击“应用”。
PROC main()
!Add your code here
!机器人等待2秒
WaitTime 2;
2. 添加第 29、30 行的代码。
!WaitTime 30;
WaitDI DI0,1;
1. 在数字孪生控制器 Controller4600TWINS 中，双击“main”打开主程序。

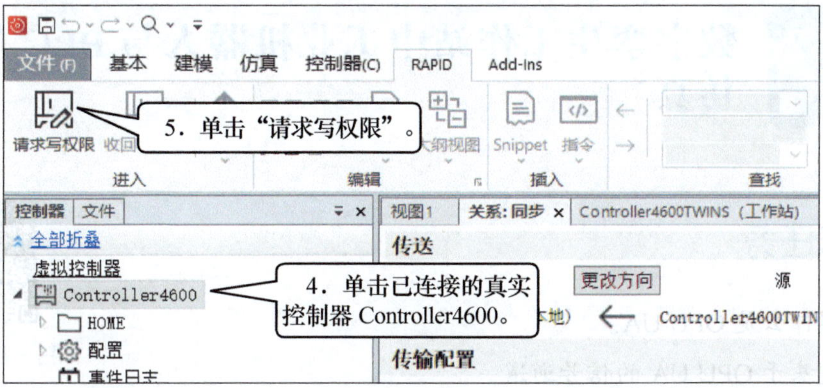
5. 单击“请求写权限”。
4. 单击已连接的真实控制器 Controller4600。
传送
更改方向
传输配置

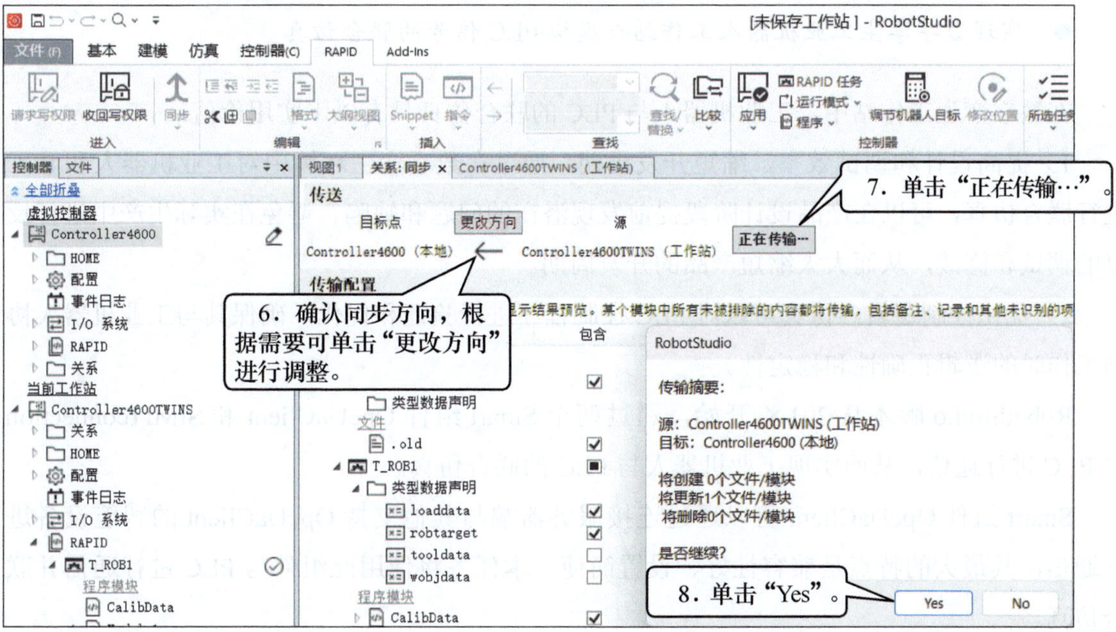
[未保存工作站] - RobotStudio
7. 单击“正在传输…”。
6. 确认同步方向，根据需要可单击“更改方向”进行调整。
Controller4600（本地）
Controller4600TWINS（工作站）
传输摘要：
源：Controller4600TWINS (工作站)
目标：Controller4600 (本地)
将创建 0个文件/模块
将更新1个文件/模块
将删除0个文件/模块
是否继续?
8. 单击“Yes”。
Yes
No

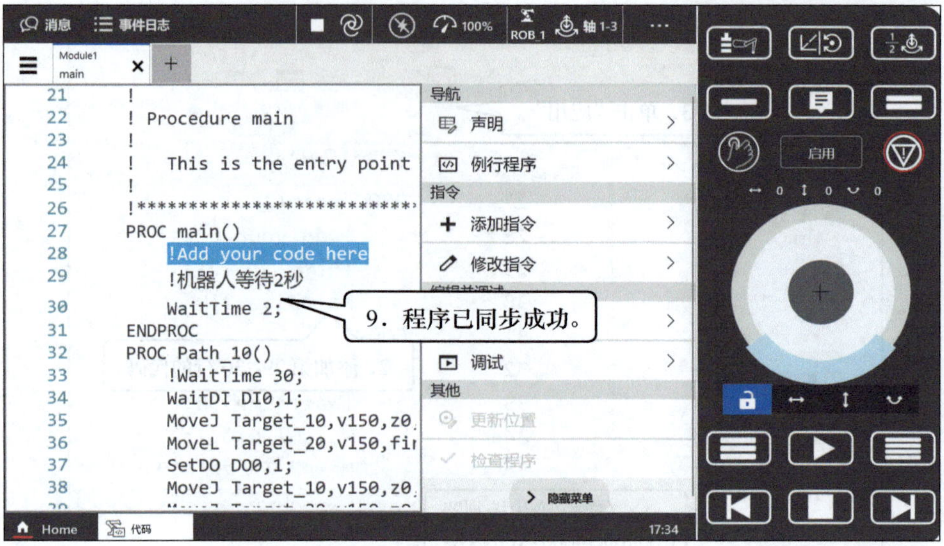
消息
事件日志
100%
ROB_1
轴 1-3
Module1
main
!
! Procedure main
!
! This is the entry point
!
!**************************
PROC main()
!Add your code here
!机器人等待2秒
WaitTime 2;
ENDPROC
PROC Path_10()
!WaitTime 30;
WaitDI DI0,1;
MoveJ Target_10,v150,z0
MoveL Target_20,v150,fi
SetDO DO0,1;
MoveJ Target_10,v150,z0
导航
声明
例行程序
指令
添加指令
修改指令
9．程序已同步成功。
调试
其他
更新位置
检查程序
隐藏菜单
启用
Home
代码
17:34

任务 10-2　数字孪生工作站中工业机器人与 PLC 的联合仿真

工作任务

- 了解什么是 OPU UA。
- 创建基于 OPU UA 的信号通道。
- 实现数字孪生工业机器人工作站与虚拟 PLC 信号的联合仿真。

扫一扫，看视频

在数字孪生工作站中，工业机器人与 PLC 的联合仿真具有以下实用价值：

1）提高设计和调试效率，缩短开发周期。通过在数字孪生环境中对工业机器人和 PLC 进行联合仿真，可以在产品设计阶段提前发现潜在的问题和缺陷，避免在实际生产中进行反复的调试和修改，从而大大缩短产品的开发周期。

2）优化控制逻辑。仿真可以对 PLC 控制程序进行验证和优化，确保其与工业机器人协同工作时的逻辑正确性和稳定性。

RobotStudio 版本从 201× 开始，通过两个 Smart 组件 OpcUaClient 和 SIMITconnection 与 PLC 进行通信，从而实现工业机器人与 PLC 的联合仿真。

Smart 组件 OpcUaClient 可以通过连接服务器端与其他支持 OpcUaClient 的智能设备进行通信，其最大的特点是兼容性好、设置简便。本任务将使用此组件与 PLC 进行通信并联合仿真。

Smart 组件 SIMITconnection 专门用于与西门子 SIMIT 进行通信。

更多的设定说明可以查看 ABB 工业机器人 RobotStudio 的官方手册，或在软件 RobotStudio 中单击 <F1> 键，在帮助中查找相关的内容。

一、什么是 OPU UA

OPC UA（Open Platform Communications Unified Architecture，开放平台通信统一架构）是一种用于工业自动化的通信协议标准。它是 OPC（OLE for Process Control，用于过程控制的 OLE）的升级版，旨在解决传统 OPC 协议在跨平台性、数据安全性等方面的不足。

1. 主要特点

1）跨平台性：OPC UA 不依赖于特定的操作系统，可以在 Windows、Linux、Mac 等多种平台上运行。

2）统一的数据和服务模型：它定义了统一的地址空间和信息模型，使得不同设备和系统之间的数据交换更加高效和一致。

3）安全性：OPC UA 提供了强大的安全功能，包括身份验证、加密和数字签名等，确保数据传输的安全。

4）灵活性和可扩展性：支持多种通信协议（如 TCP、HTTP、HTTPS 等），并且可以适应不同的网络环境。

2. 应用领域

OPC UA 广泛应用于工业自动化、智能制造、工业物联网等领域。它能够实现从传感器、执行器等现场设备到 SCADA、MES、ERP 等系统的无缝通信。此外，OPC UA 还支持构建分布式的互联网和云计算系统，使得远程设备和 I/O 能够与核心服务器和数据库进行有效连接。如图 10-2 所示。

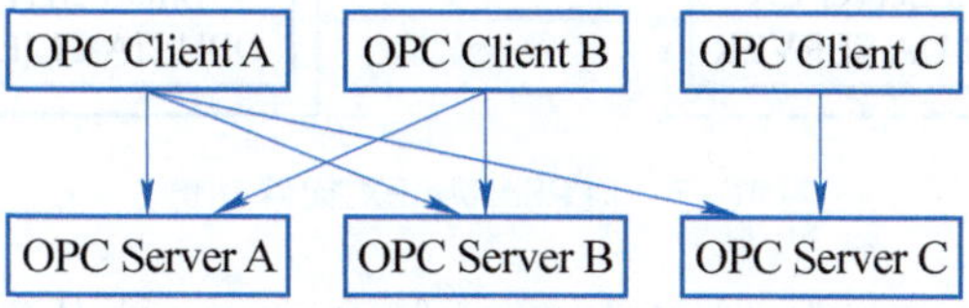

图 10-2　OPC UA 服务器端与部端的连接示范

二、创建基于 OPU UA 的信号通道

RobotStudio 中的数字孪生工业机器人工作站可以与真实或虚拟的 PLC 之间进行信号通信。下面以西门子为例，进行举例说明。

1）真实 PLC 与 RobotStudio 中的数字孪生工业机器人工作站连接（支持 OPC UA 的西门子 PLC 型号可查询西门子官网），如图 10-3 所示。

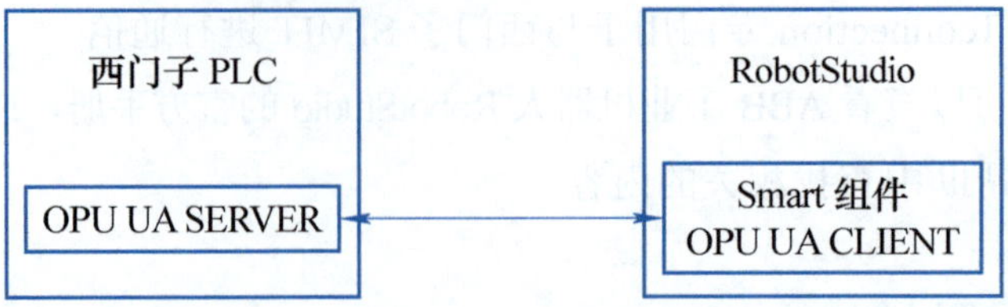

图 10-3 真实 PLC 与 RobotStudio 中的数字孪生工业机器人工作站连接

2）博图 TIA Protal 与 RobotStudio 中的数字孪生工业机器人工作站连接，如图 10-4 所示。

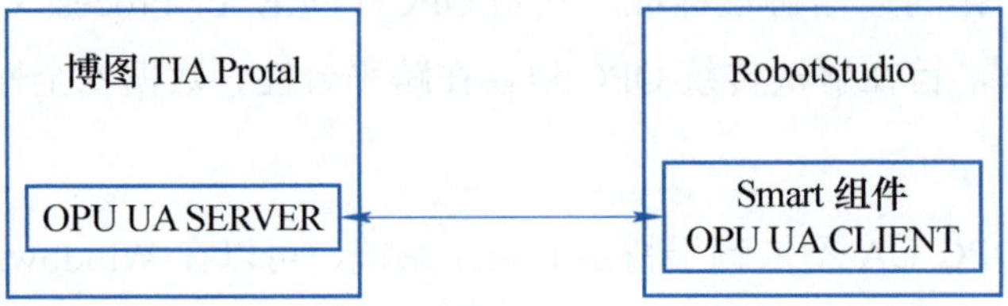

图 10-4 博图 TIA Protal 与 RobotStudio 中的数字孪生工业机器人工作站连接

也可以使用第三方的 OPC UA 工业软件来兼容更多智能设备进行信号通信。在这里我们使用 KEPServer EX 软件来实现。

KEPServer EX 软件的主要功能是支持工业控制系统的数据传输。它可以连接多种设备，采集设备数据，并将这些数据转换为 OPC 标准格式，使得不同的应用程序可以访问这些数据。

本任务中，KEPServer EX 软件将运行一个 OPC UA 服务器来仿真一个具备 OPC UA 服务器功能的 PLC 信号与 RobotStudio 的 Smart 组件 OPU UA CLIENT 进行通信，如图 10-5 所示。具体操作如下：

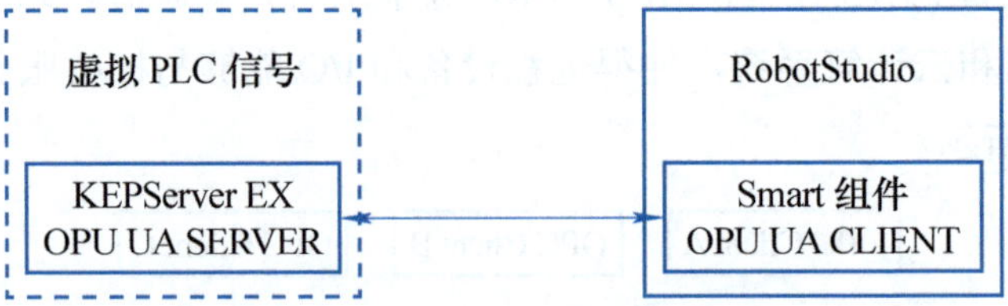

图 10-5 KEPServer EX 软件功能

1．从 https://www.ptc.com/cn/products/kepware/kepserverex 或从微信公众号“叶晖 yehui”下载本任务中演示版本的 KEPServer EX。

2．安装软件，尽量不要更改安装路径。软件将会安装到 C:\Program Files (x86)\Kepware\KEPServerEX 6，打开这个文件夹。

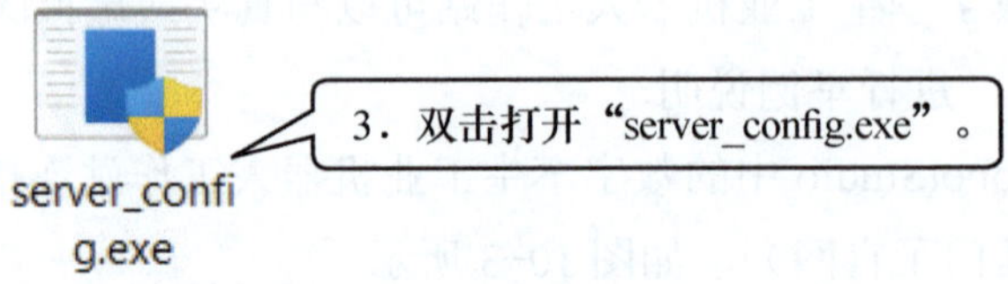

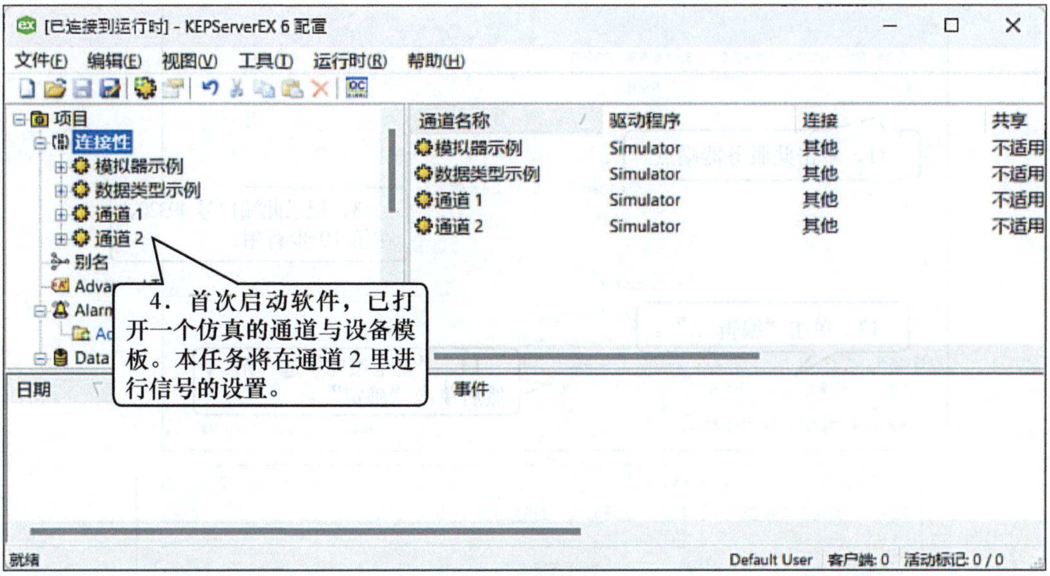

如需学习 KEPServer EX 从零开始创建通道与设备，请查看微信公众号“叶晖 yehui”中的教学视频。

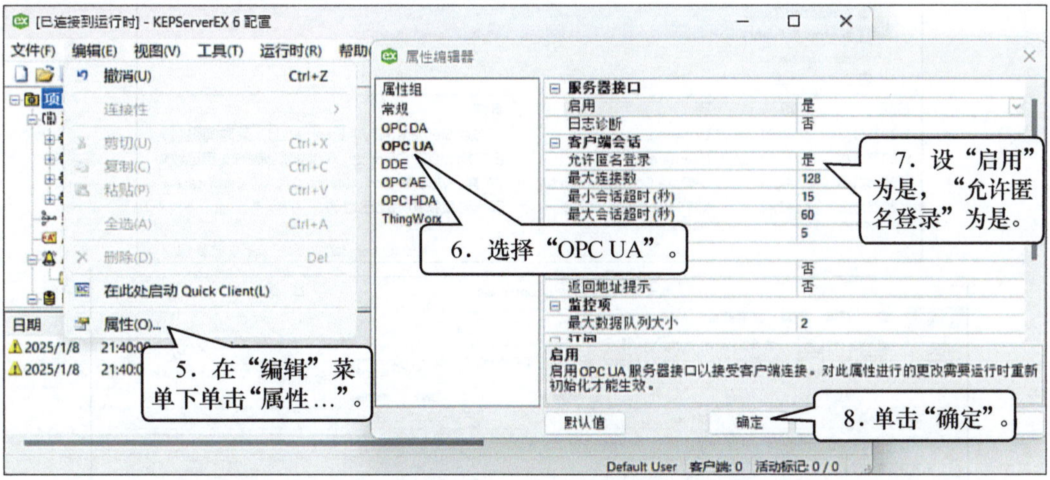

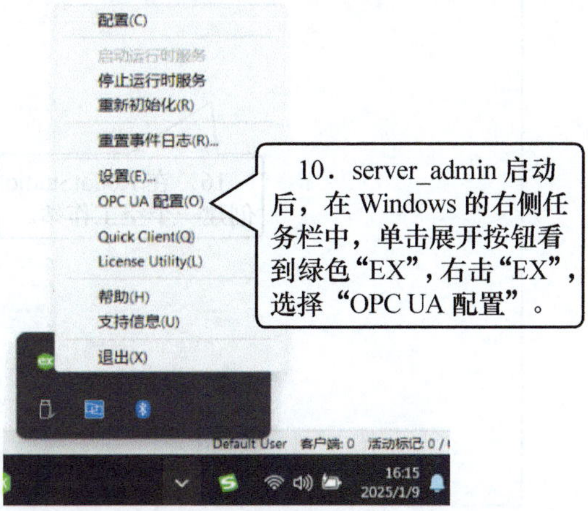

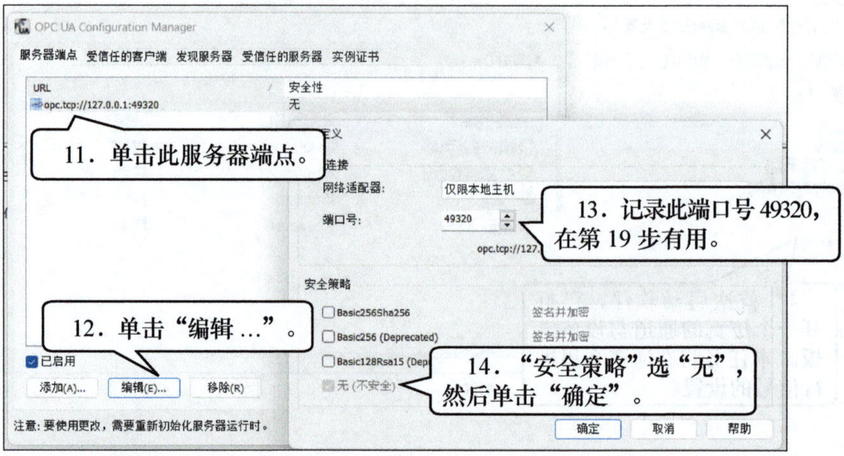

11. 单击此服务器端点。

12. 单击"编辑 …"。

13. 记录此端口号 49320，在第 19 步有用。

14. "安全策略"选"无"，然后单击"确定"。

15. 在 server_config 的"运行时"菜单下选择"重新初始化"。

16. 在 RobotStudio 创建一个空工作站。

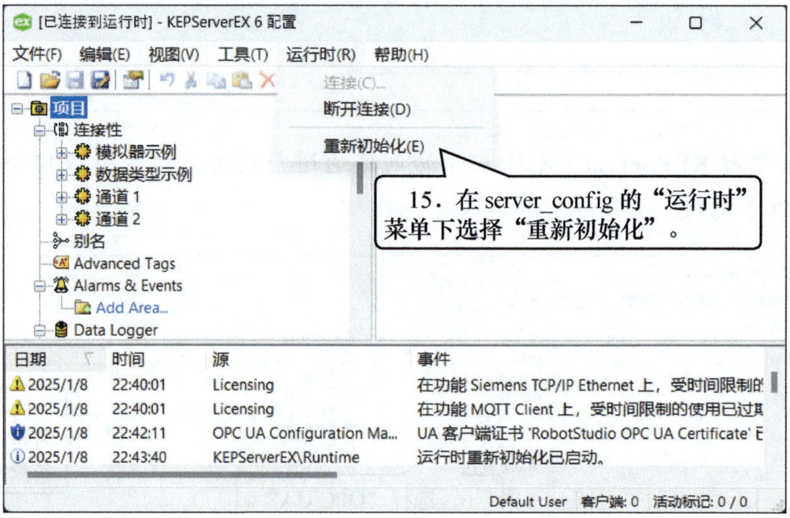

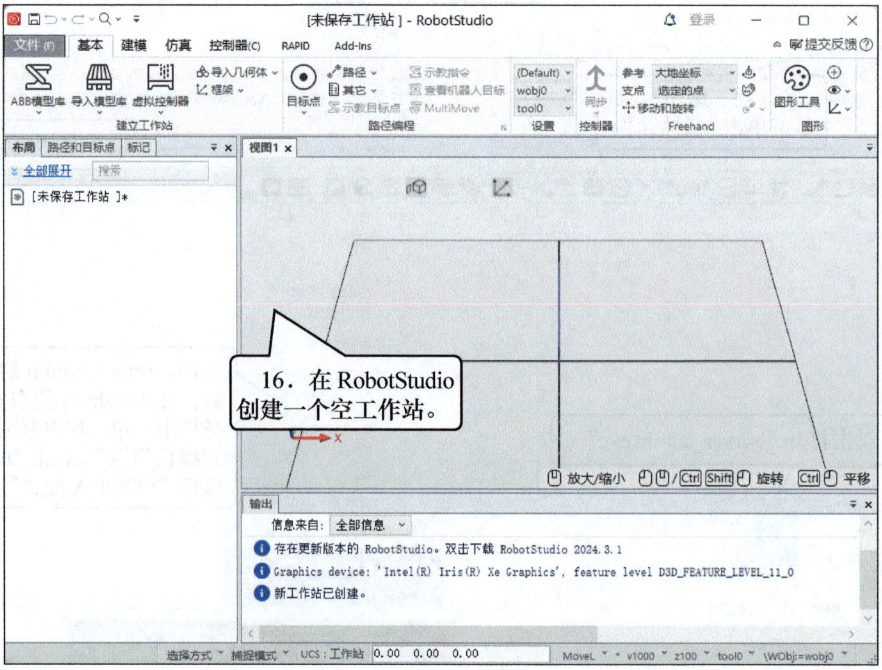

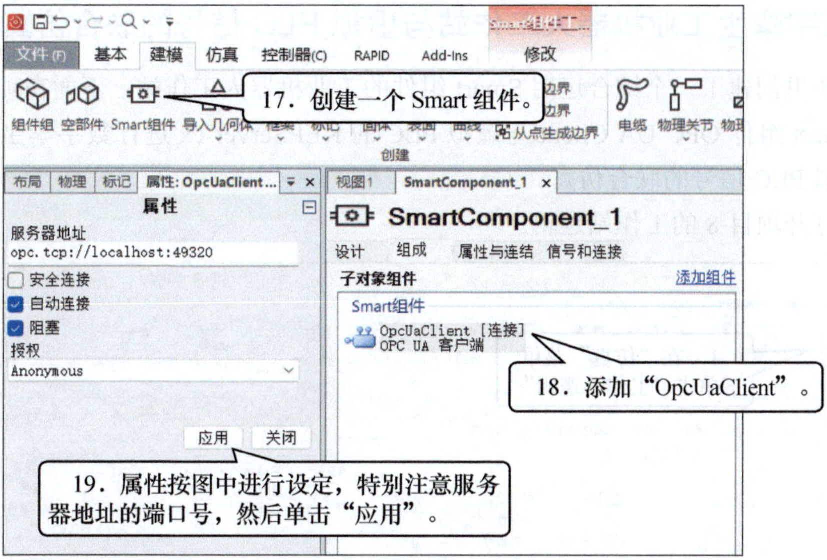
17. 创建一个 Smart 组件。
18. 添加“OpcUaClient”。
19. 属性按图中进行设定，特别注意服务器地址的端口号，然后单击“应用”。
SmartComponent_1
属性: OpcUaClient
服务器地址
opc.tcp://localhost:49320
安全连接
自动连接
阻塞
授权
Anonymous
应用
关闭
OpcUaClient [连接]
OPC UA 客户端

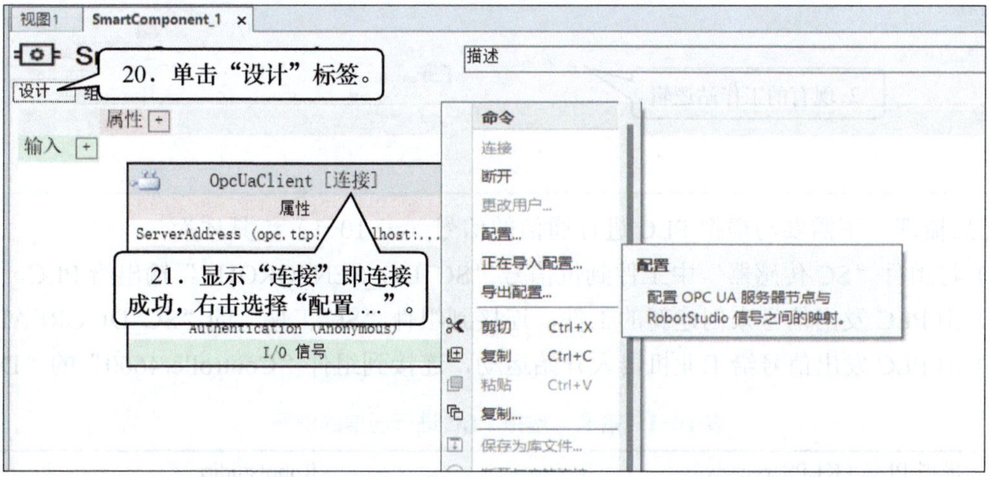
20. 单击“设计”标签。
21. 显示“连接”即连接成功，右击选择“配置…”。
设计
OpcUaClient [连接]
命令
连接
断开
更改用户...
配置...
正在导入配置...
导出配置...
剪切 Ctrl+X
复制 Ctrl+C
粘贴 Ctrl+V
配置
配置 OPC UA 服务器节点与 RobotStudio 信号之间的映射。

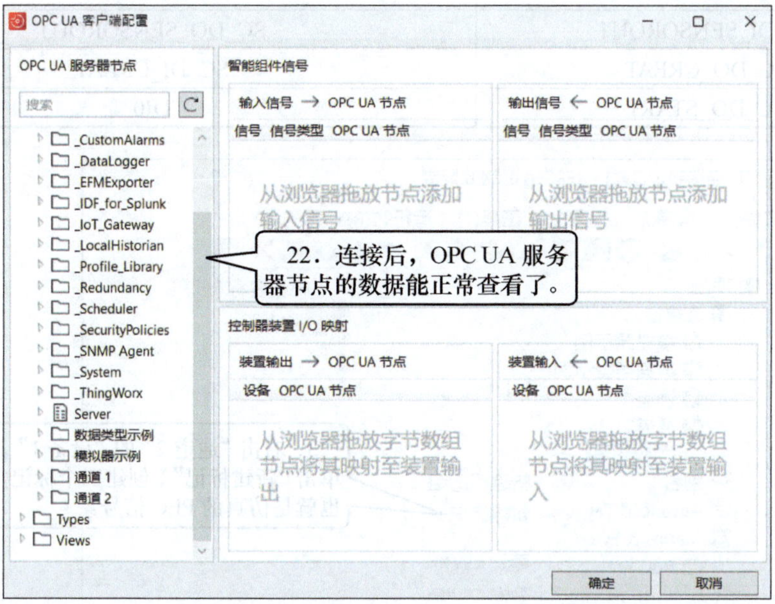
22. 连接后，OPC UA 服务器节点的数据能正常查看了。
OPC UA 客户端配置
OPC UA 服务器节点
智能组件信号
输入信号 → OPC UA 节点
输出信号 ← OPC UA 节点
从浏览器拖放节点添加输入信号
从浏览器拖放节点添加输出信号
控制器装置 I/O 映射
装置输出 → OPC UA 节点
装置输入 ← OPC UA 节点
_CustomAlarms
_DataLogger
_EFMExporter
_IDF_for_Splunk
_IoT_Gateway
_LocalHistorian
_Profile_Library
_Redundancy
_Scheduler
_SecurityPolicies
_SNMP Agent
_System
_ThingWorx
Server
数据类型示例
模拟器示例
通道 1
通道 2
Types
Views
确定
取消

三、数字孪生工业机器人工作站与虚拟 PLC 信号的联合仿真

在项目 8 里创建了一个综合运用 Smart 组件的工业机器人工作站，下面在项目 8 的基础上，通过 Smart 组件 OPC UA Client 与虚拟 PLC 的 KEPServer ex 进行数字孪生工业机器人工作站与虚拟 PLC 信号的联合仿真。

首先，打开项目 8 的工作站逻辑。

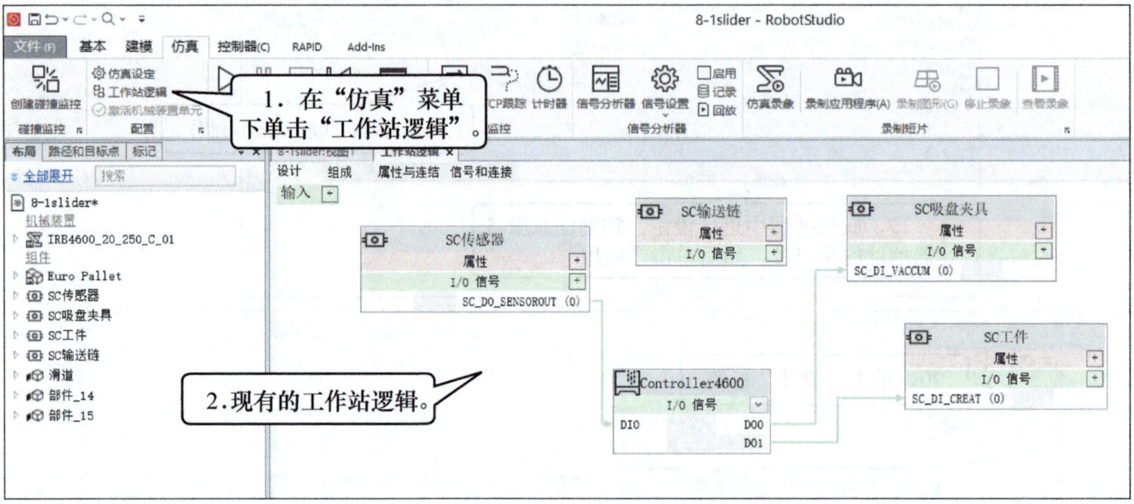

然后梳理一下需要与虚拟 PLC 进行通信的信号（表 10-1），具体为

1）将组件“SC 传感器”中工件到位信号“SC_DO_SENSOROUT”输出给 PLC。

2）由 PLC 发出信号来创建新的工件，连接到组件“SC 工件”的“SC_DI_CREAT”。

3）由 PLC 发出信号给工业机器人开始运动，连接到组件“Controller4600”的“DI0”。

表 10-1 需要与虚拟 PLC 进行通信的信号

虚拟 PLC（KEPServer ex）	Robotstudio
PLC_DI_SENSOROUT	SC_DO_SENSOROUT
PLC_DO_CREAT	SC_DI_CREAT
PLC_DO_START	DI0

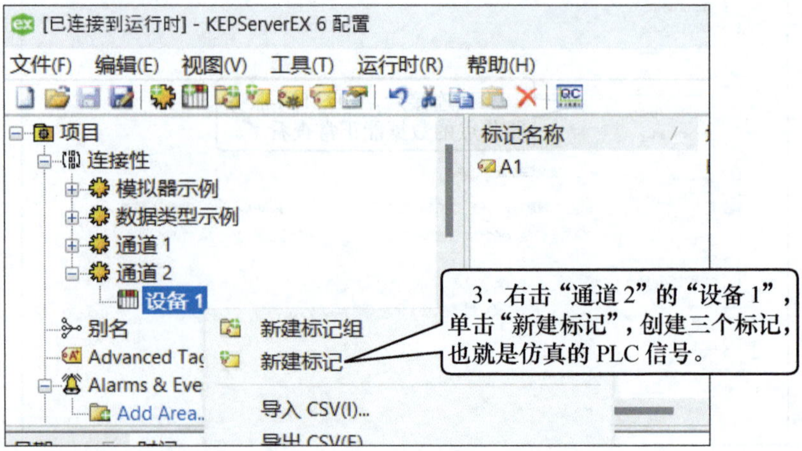

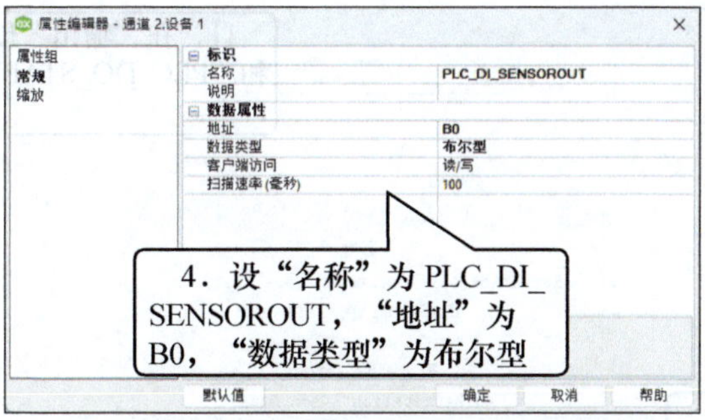

4．设"名称"为 PLC_DI_SENSOROUT，"地址"为 B0，"数据类型"为布尔型

5．设"名称"为 PLC_DO_CREAT，"地址"为 B0001，"数据类型"为布尔型

6．设"名称"为 PLC_DO_START，"地址"为 B0002，"数据类型"为布尔型

7．在 RobotStudio 中新建一个 Smart 组件 OpcUaClient，并设置参数。

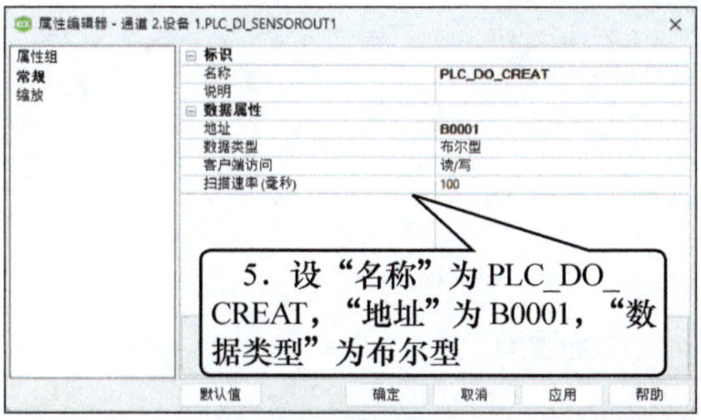

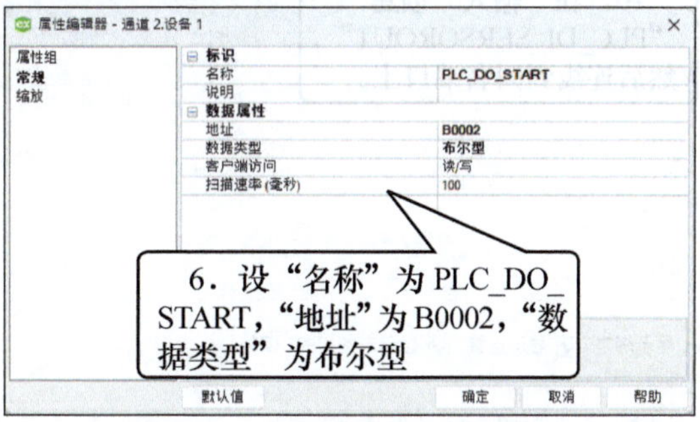

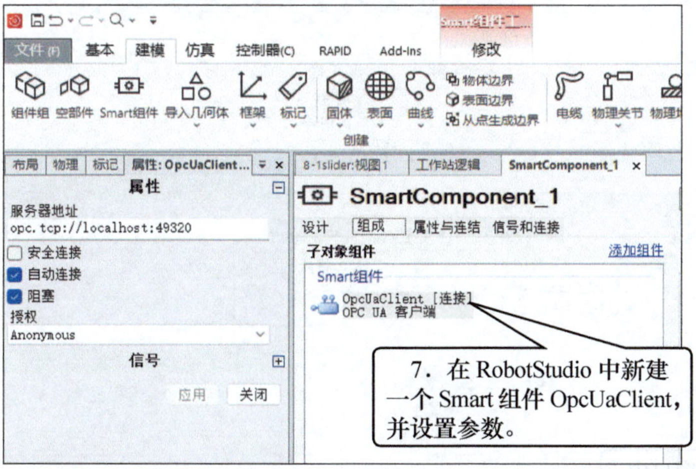

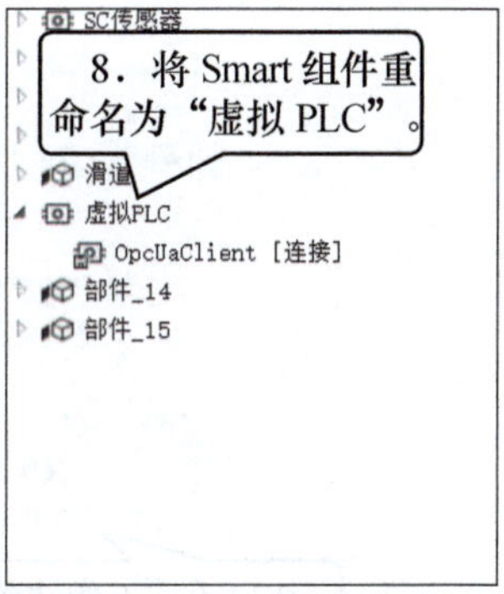

8．将 Smart 组件重命名为"虚拟 PLC"。

9．将三个虚拟 PLC 信号在左侧拖放到图中对应的位置。

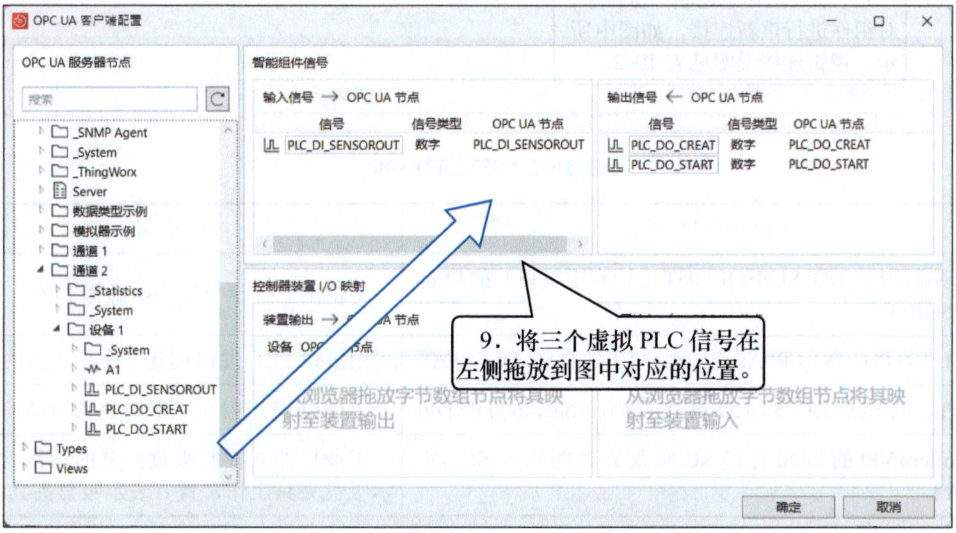

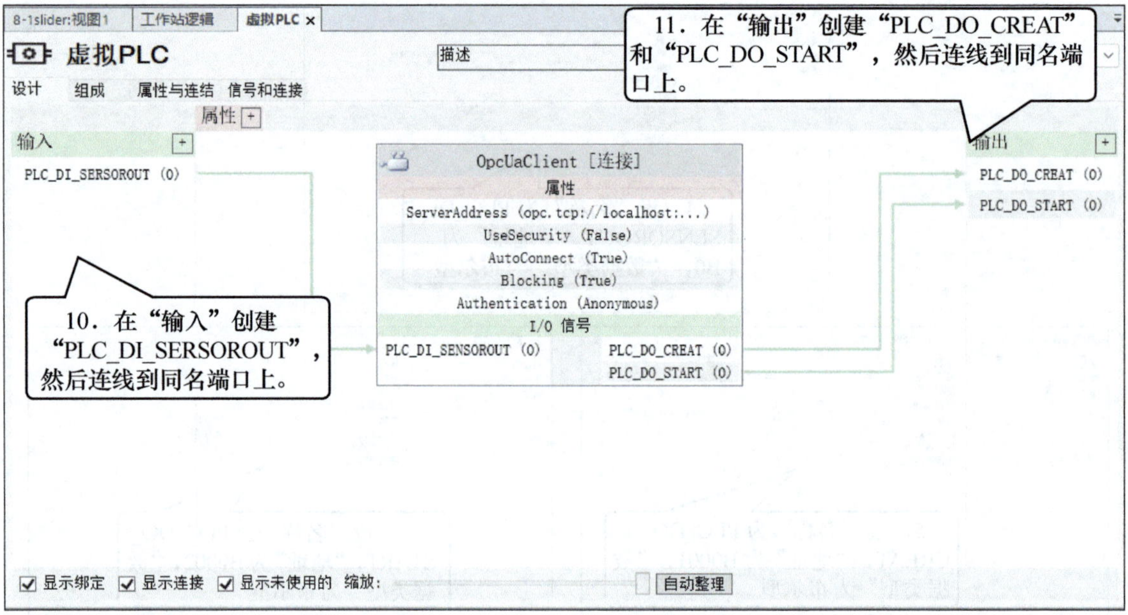

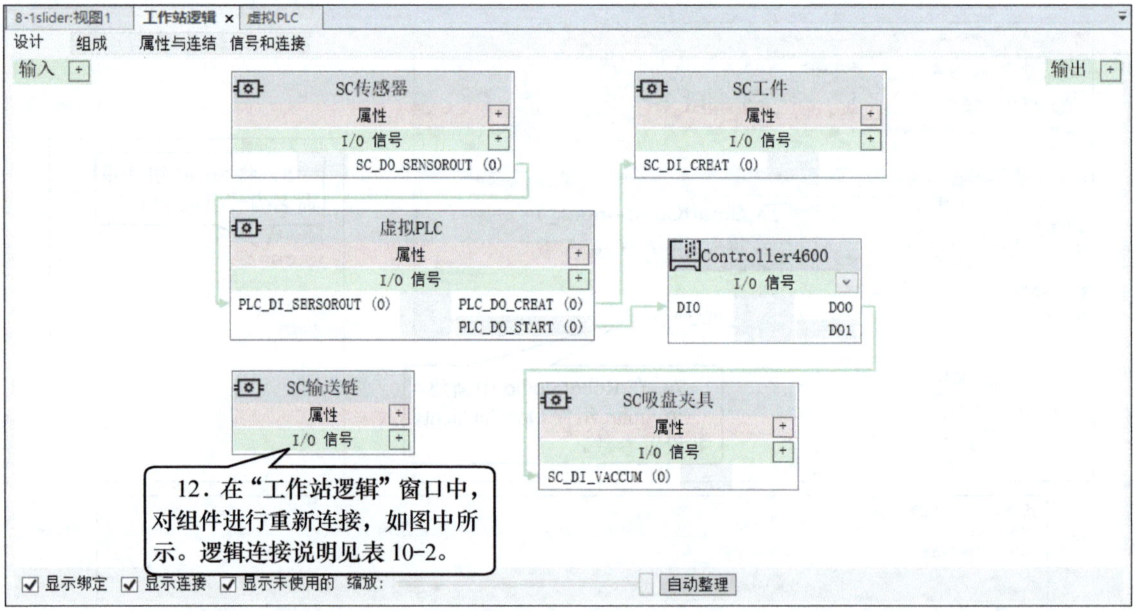

表 10-2 逻辑连接说明

逻辑连接	说明
SC 传感器的 SC_DO_SENSOROUT 连接到虚拟 PLC 的 PLC_DI_SENSOROUT	将检出工件信号发送给虚拟 PLC
虚拟 PLC 的 PLC_DO_CREAT 连接到 SC 工件的 SC_DI_CREAT	由虚拟 PLC 发出创建一个新工件的请求
虚拟 PLC 的 PLC_DO_START 连接到 Controller4600 的 DI0	由虚拟 PLC 发出工业机器人启动信号
Controller4600 的 DO0 连接 SC 吸盘夹具的输入 SC_DI_VACCUM	工业机器人控制吸盘夹具的动作。置 1 表示吸盘夹具工作，置 0 表示吸盘夹具关闭

四、测试运行

测试运行操作如下：

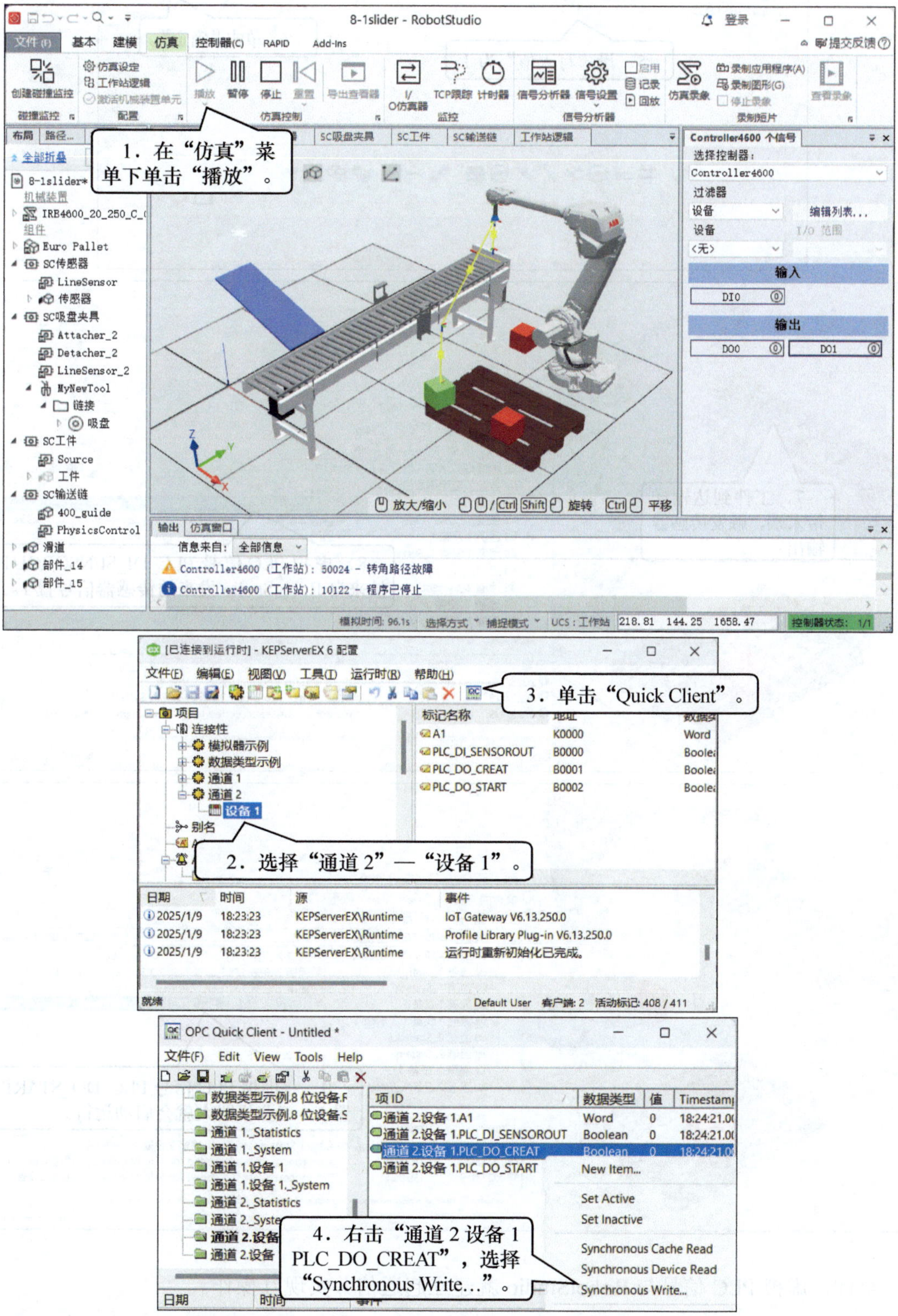
8-1slider - RobotStudio
1．在“仿真”菜单下单击“播放”。
[已连接到运行时] - KEPServerEX 6 配置
3．单击“Quick Client”。
2．选择“通道 2”—“设备 1”。
OPC Quick Client - Untitled *
4．右击“通道 2 设备 1 PLC_DO_CREAT”，选择“Synchronous Write…”。

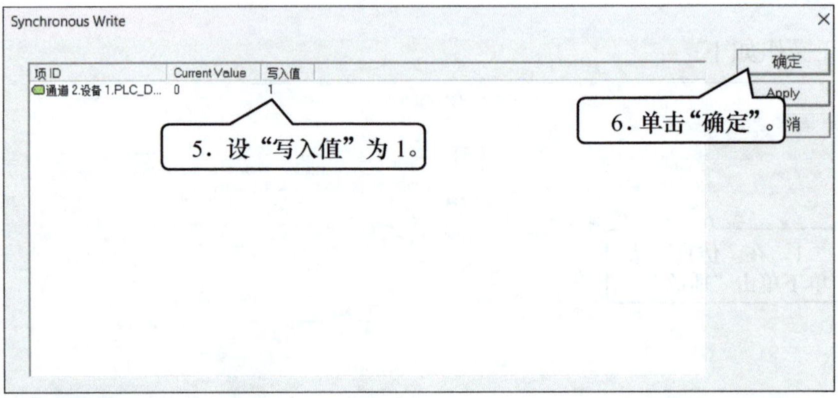

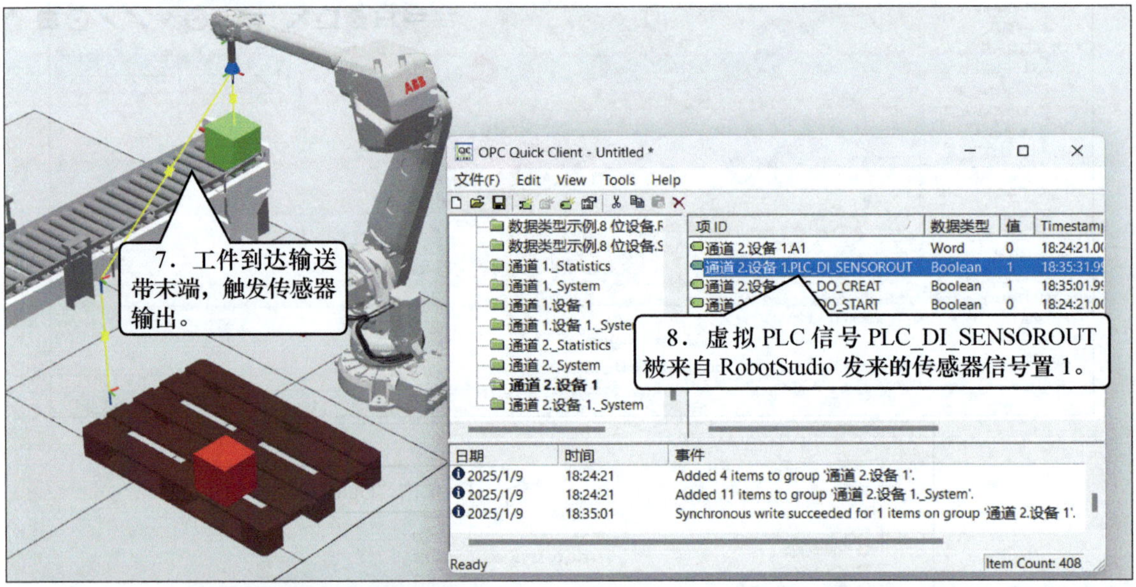

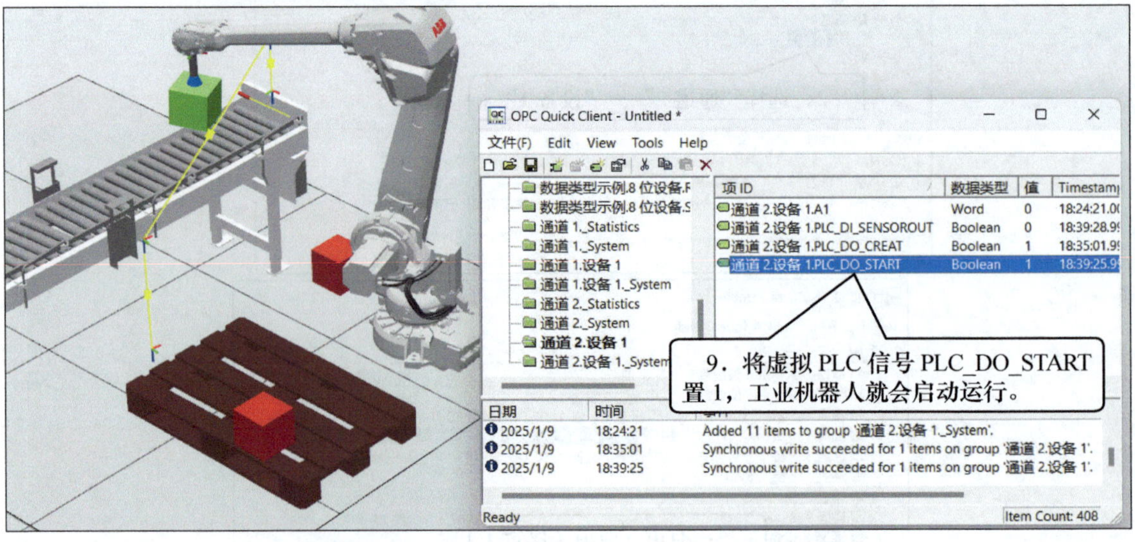

至此，虚拟 PLC 信号与 RobotStudio 就建立起通信并实现互操作。

项目 10　学习情况评估表

任务编号________________

学生姓名		日期	
班级		开始时间	
实训室		结束时间	

A　过程检查（30 分）

编号	任务	分值	自我评价	教师评价
1	上课期间执行实验室 5S 标准情况	15		
2	能正确使用实训设备	15		
计分				
实际得分				

记录：

B　结果评价（70 分）

编号	任务	分值	自我评价	教师评价
1	创建数字孪生的虚拟工业机器人工作站	35		
2	数字孪生工作站中工业机器人与 PLC 的联合仿真	35		
计分				
实际得分				

记录：

过程检查实际得分	结果评价实际得分	总得分

记录：

项目11　工业机器人小程序二次开发实战

项目目标

- 掌握工业机器人小程序开发工具：AppStudio 的操作。
- 掌握基于 PC SDK 开发的小程序 RobotMate 的操作。
- 掌握基于 RobotStudio SDK 开发的小程序：工业机器人数字化教训评一体软件的操作。

项目描述

数字化技术赋能 ABB 工业机器人具有重要意义，尤其在提升易用性和节约时间成本方面表现突出。

ABB 工业机器人提供了丰富的数字化技术工具与软件，方便用户能够敏捷地对 ABB 工业机器人进行二次开发，实现数字化技术赋能 ABB 工业机器人。

AppStudio 是一款直观的无代码软件工具，旨在使拥有不同经验水平的用户能够快速、轻松地创建定制化工业机器人用户界面小程序。凭借直观的功能和特性（包括支持用户共享应用程序模板的协作式云库），AppStudio 可将开发部署时间缩短高达 80%。

使用 PC 软件开发工具包 PC SDK 来开发自定义应用程序。PC SDK 允许系统集成商、第三方或最终用户为 ABB 工业机器人控制器添加他们自己的定制操作界面。这些自定义应用程序可以实现为独立的 PC 应用程序，通过网络与工业机器人控制器进行通信。

RobotStudio SDK（软件开发工具包）使开发人员能够开发各种类型的自定义应用程序或插件（Add-Ins），这些插件可以轻松作为新功能添加到 RobotStudio 中；可以创建智能组件（Smart Components），不仅使仿真更有趣，而且可以创建自己的插件。

任务 11-1　从 AppStudio 安装 CheckE10 的电气模块检查小程序

扫一扫，看视频

工作任务

- 下载并安装 AppStudio 软件。

- 部署小程序 CheckE10。
- 测试运行小程序 CheckE10。

一、下载并安装 AppStudio 软件

大家可以从 ABB 官方链接中下载最新版的 AppStudio 软件：https://new.abb.com/products/robotics/software-and-digital/appstudio。若 ABB 官方提供的软件链接下载服务器速度不如人意，可以关注公众号“叶晖 yehui”，然后搜索关键字“AppStudio”，就可以查找想要的 AppStudio 版本。叶老师会保持与 ABB 官方的更新同步，提供国内的云服务下载链接，方便读者下载。

安装 AppStudio 软件的步骤如下：

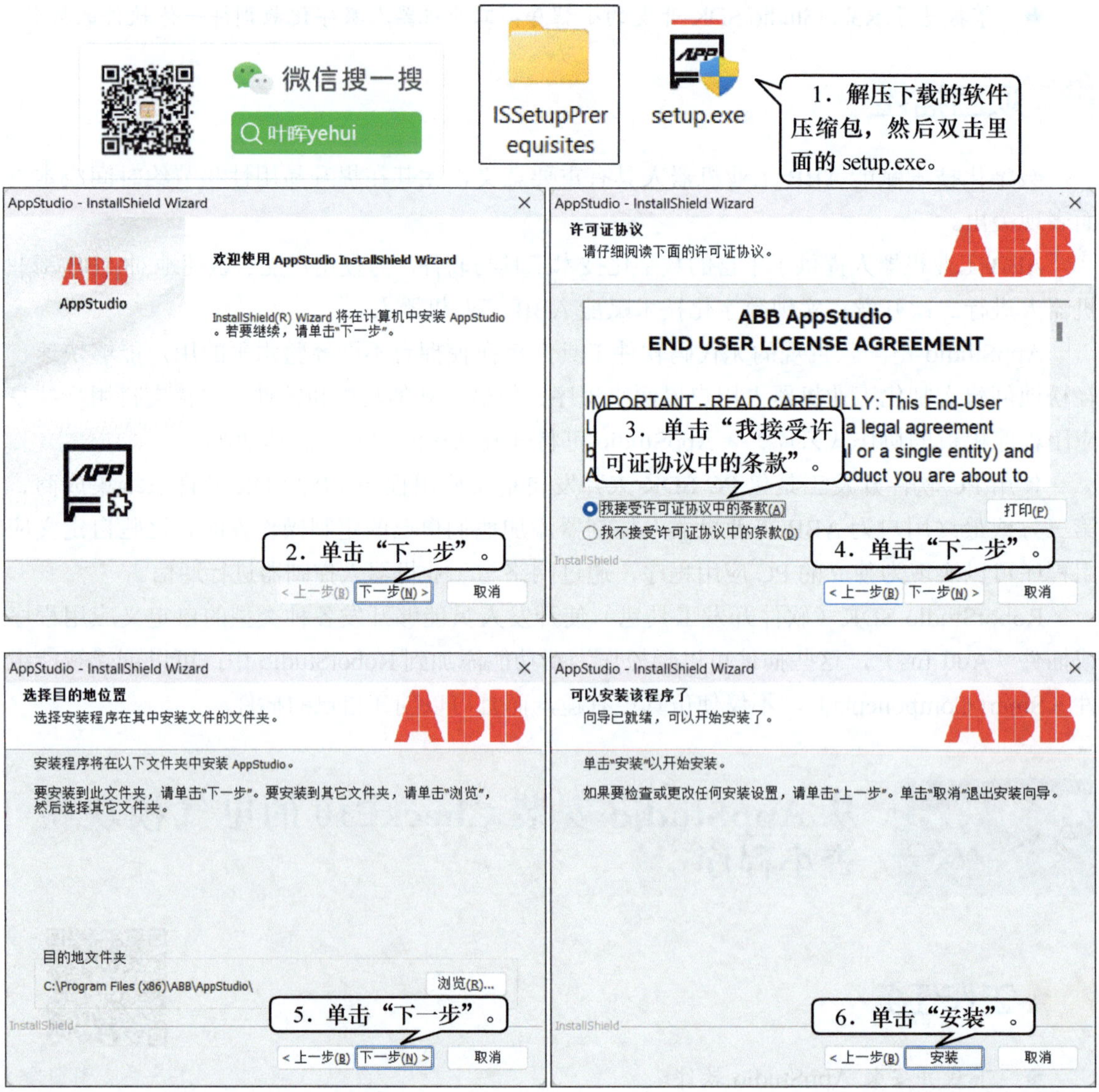

微信搜一搜
叶晖yehui
ISSetupPrerequisites
setup.exe
1．解压下载的软件压缩包，然后双击里面的 setup.exe。
AppStudio - InstallShield Wizard
ABB
AppStudio
欢迎使用 AppStudio InstallShield Wizard
InstallShield(R) Wizard 将在计算机中安装 AppStudio 。若要继续，请单击“下一步”。
2．单击“下一步”。
< 上一步(B)　下一步(N) >　取消
AppStudio - InstallShield Wizard
许可证协议
请仔细阅读下面的许可证协议。
ABB AppStudio
END USER LICENSE AGREEMENT
IMPORTANT - READ CAREFULLY: This End-User
3．单击“我接受许可证协议中的条款”。
我接受许可证协议中的条款(A)
我不接受许可证协议中的条款(D)
打印(P)
4．单击“下一步”。
< 上一步(B)　下一步(N) >　取消
AppStudio - InstallShield Wizard
选择目的地位置
选择安装程序将在其中安装文件的文件夹。
安装程序将在以下文件夹中安装 AppStudio。
要安装到此文件夹，请单击“下一步”。要安装到其它文件夹，请单击“浏览”，然后选择其它文件夹。
目的地文件夹
C:\Program Files (x86)\ABB\AppStudio\
浏览(R)...
5．单击“下一步”。
< 上一步(B)　下一步(N) >　取消
AppStudio - InstallShield Wizard
可以安装该程序了
向导已就绪，可以开始安装了。
单击“安装”以开始安装。
如果要检查或更改任何安装设置，请单击“上一步”。单击“取消”退出安装向导。
6．单击“安装”。
< 上一步(B)　安装　取消

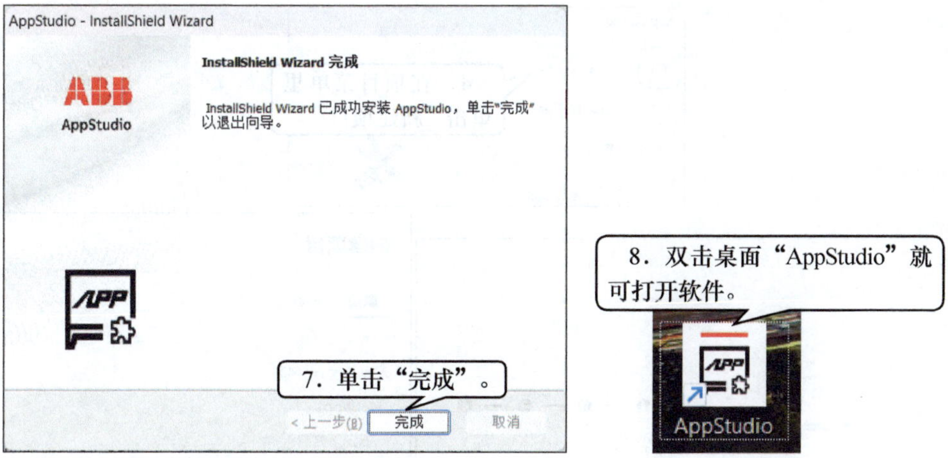

二、部署小程序 CheckE10

CheckE10 是一个专门用于 ABB 小型工业机器人 OmniCoreE10 控制器硬件模块检修辅助用的小程序，它可以从 AppStudio 的云库中进行下载。具体操作如下：

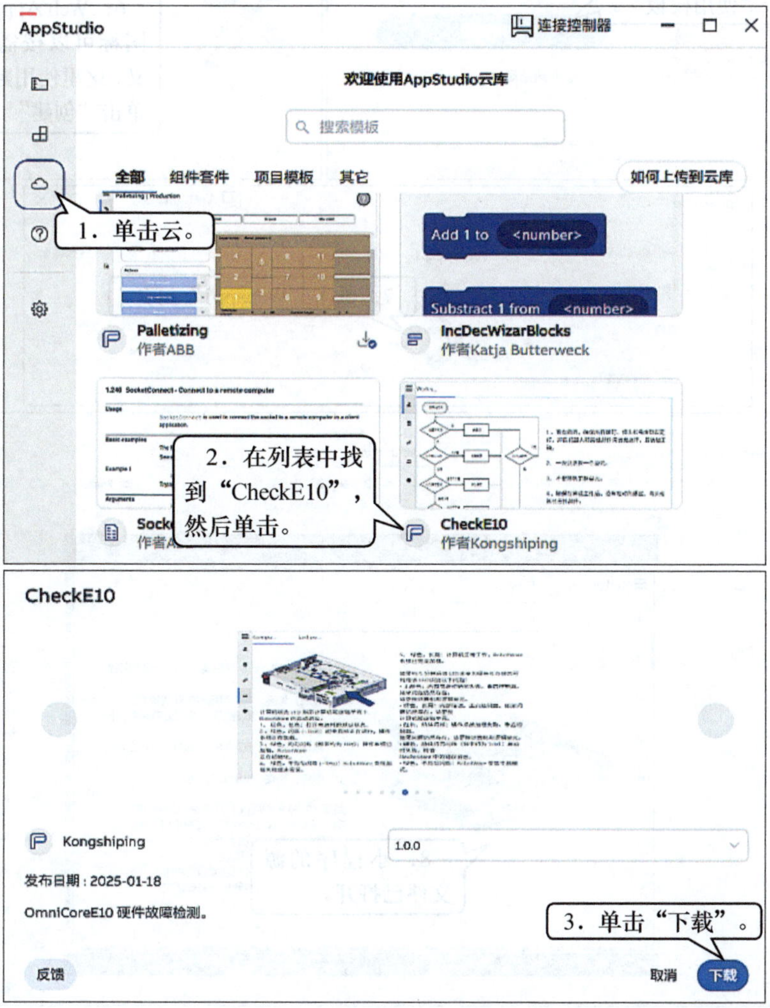

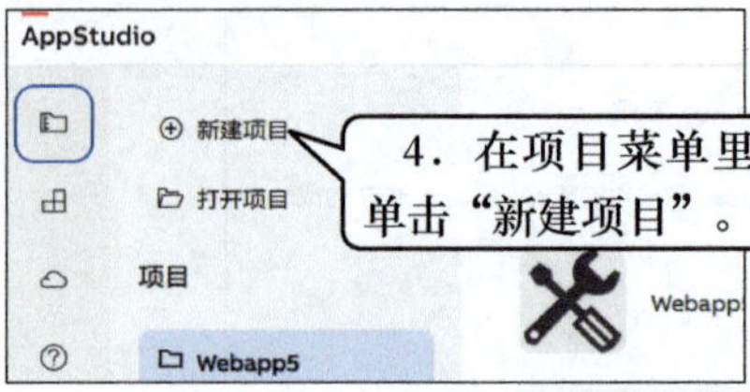

4. 在项目菜单里单击"新建项目"。

5. 在"CheckE10"中单击"使用模板"。

6. Web App 名称和图标可以按需要自定义,这里使用默认值,单击"创建"。

7. 单击"Webapp1"打开。

8. 小程序的源文件已打开。

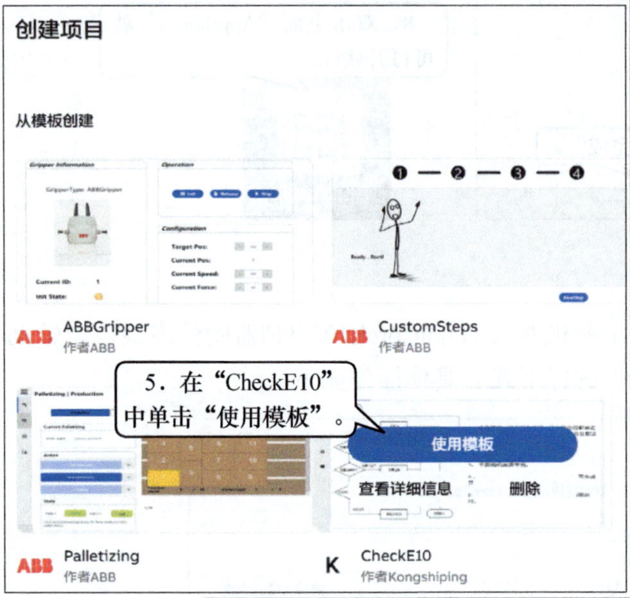

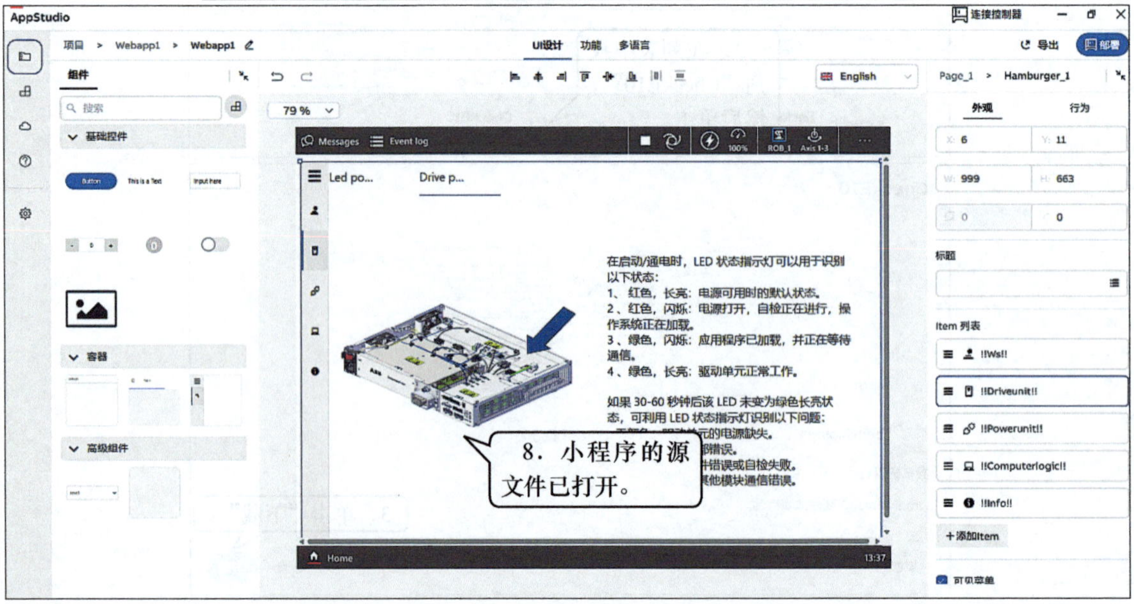

我们可以将此小程序加载到真实的控制器中进行使用。本任务是将小程序 CheckE10 加载到本书项目 3 的工作站中进行测试使用。因为项目 3 工作站中的 IRB 1300 工业机器人使用的就是 E10 型控制器，所以加载这个小程序 CheckE10 是适配的。

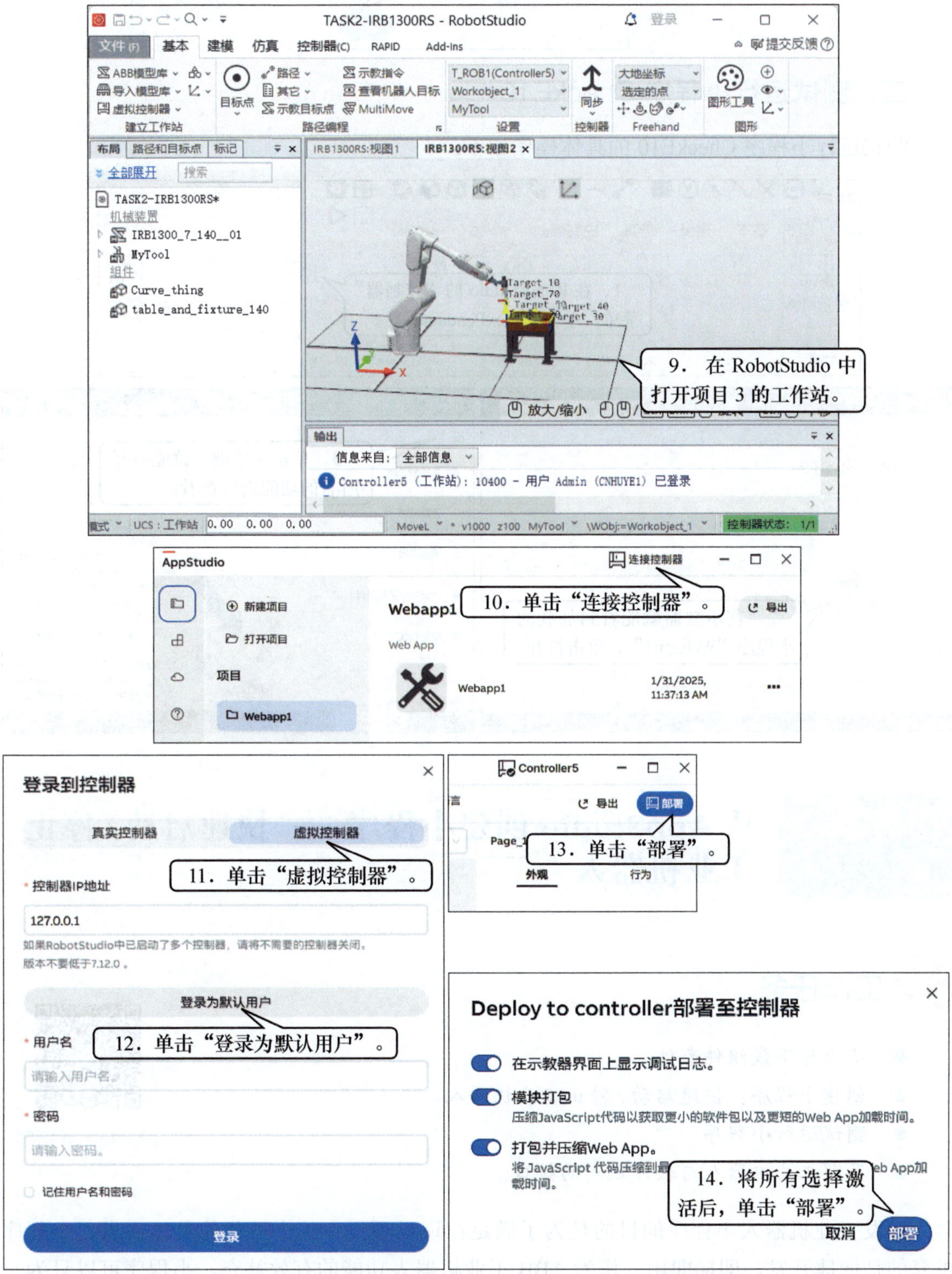

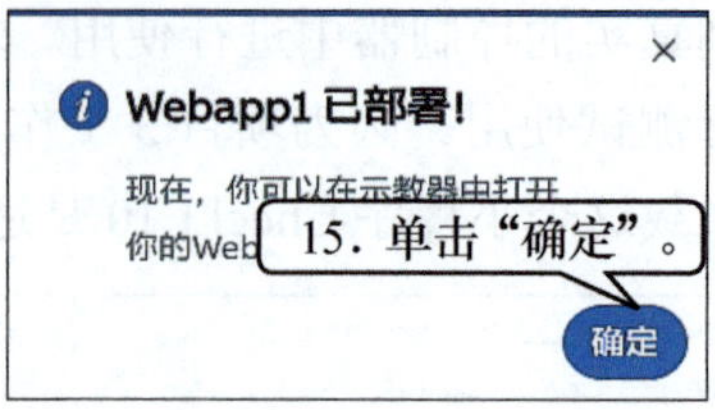

三、测试运行小程序 CheckE10

测试运行小程序 CheckE10 的具体操作如下：

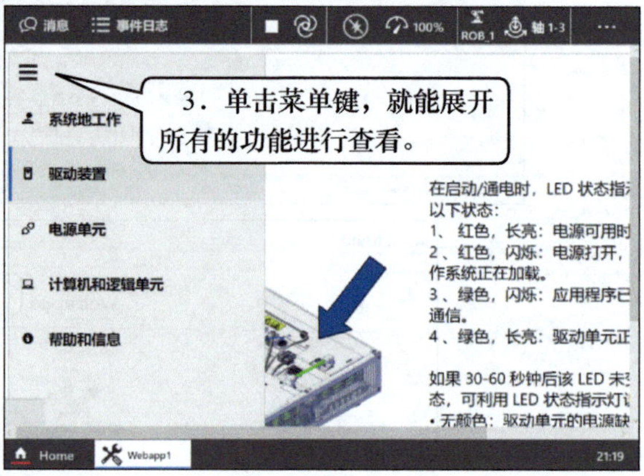

任务 11-2 从 AppStudio 创建小程序——快速启动/停止工业机器人

工作任务

- 从云库下载组件套件。
- 创建小程序：快速启动/停止工业机器人。
- 测试运行小程序。
- 了解工业机器人与软件之间的接口。

扫一扫，看视频

开发工业机器人小程序的目的是为了满足在现场项目中的个性化的具体需求。小程序讲究的是便捷开发，即插即用，作为 ABB 工业机器人功能的有效补充。小程序可以只为一个小要求而开发（比如对夹具的开关控制），能够快速融入工业机器人系统中运行。

一、从云库下载组件套件

对于有程序开发经验的读者，一般会通过借鉴别人已做过的组件套件（也叫作控件）来减少重复编程，提升开发效率。AppStudio 提供了一个常用的工业机器人控制组件套件 ControllerKit，我们可以直接下载使用。读者也可以根据自己的需求，开发更多的组件套件上传到云库进行分享。从云库下载组件套件的具体操作如下：

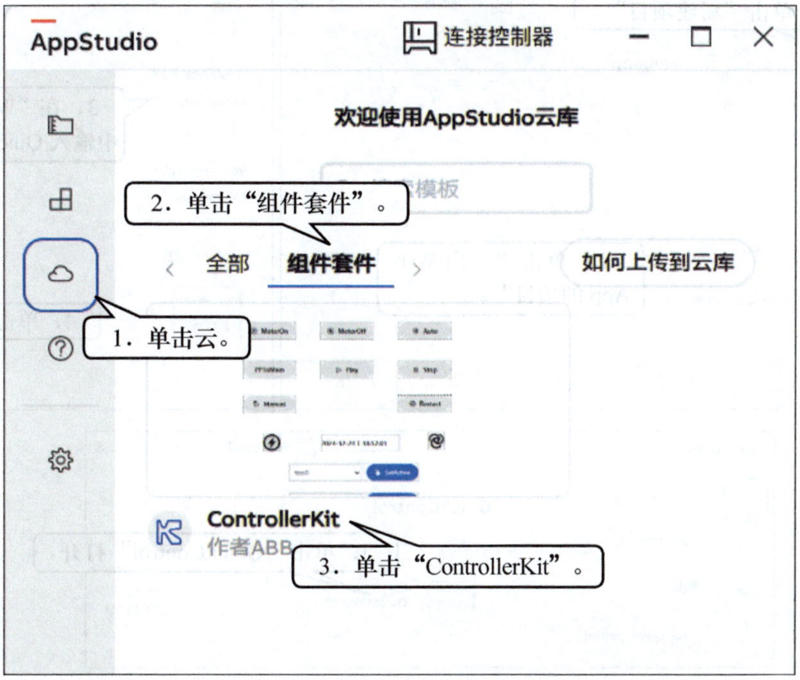

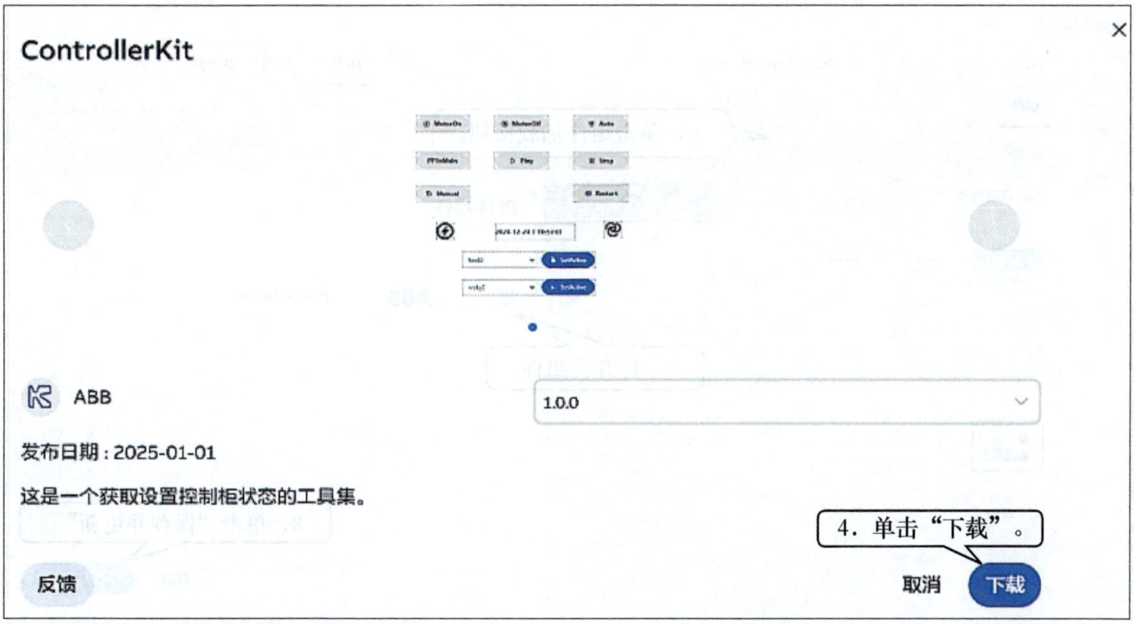

二、创建小程序：快速启动 / 停止工业机器人

给创建的小程序起个名字，叫 QuickControl（目前只支持英文的程序名）。小程序的功能包含电动机状态显示、启动程序和停止程序三个功能组件。创建快速启动 / 停止工业机器人小程序的具体步骤如下：

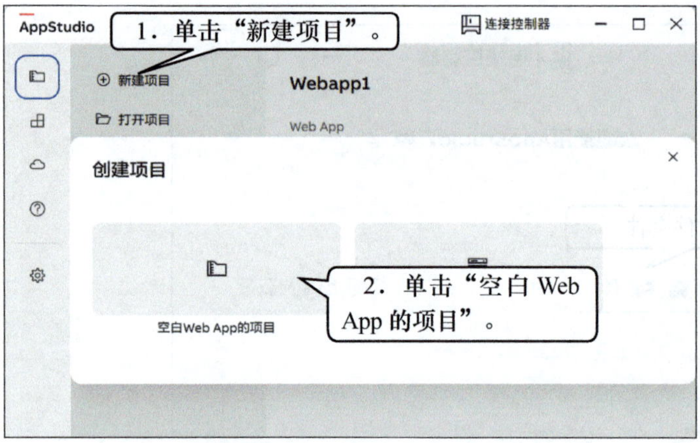
1．单击“新建项目”。
2．单击“空白 Web App 的项目”。

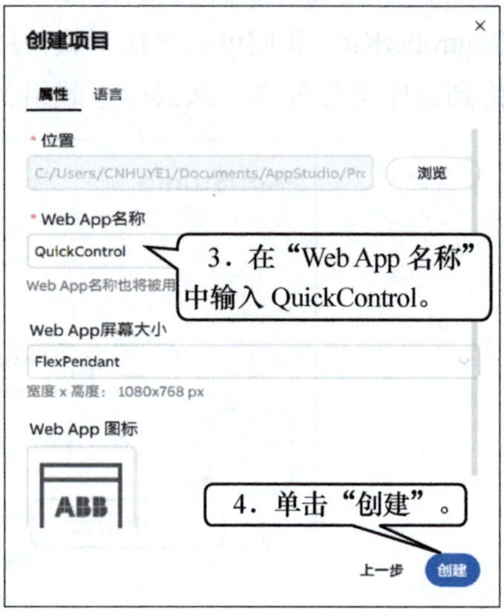
3．在“Web App 名称”中输入 QuickControl。
4．单击“创建”。

5．单击“QuickControl”打开。

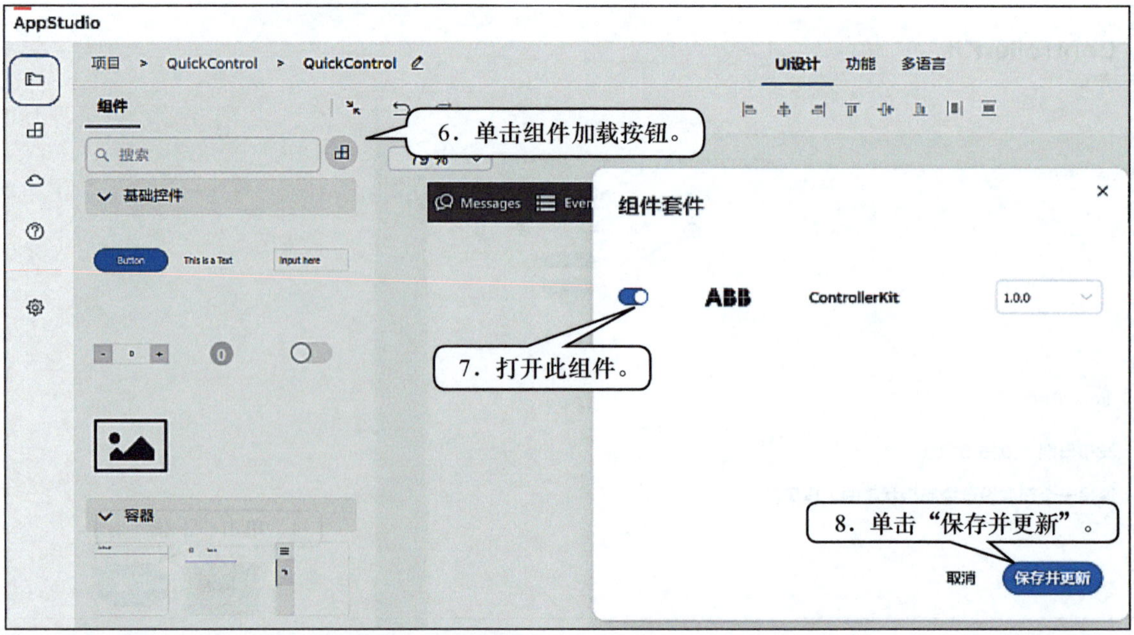
6．单击组件加载按钮。
7．打开此组件。
8．单击“保存并更新”。

9．加载的ControllerKit已出现在组件列表中。

在小程序里添加一段说明文字，使用时能快速上手。

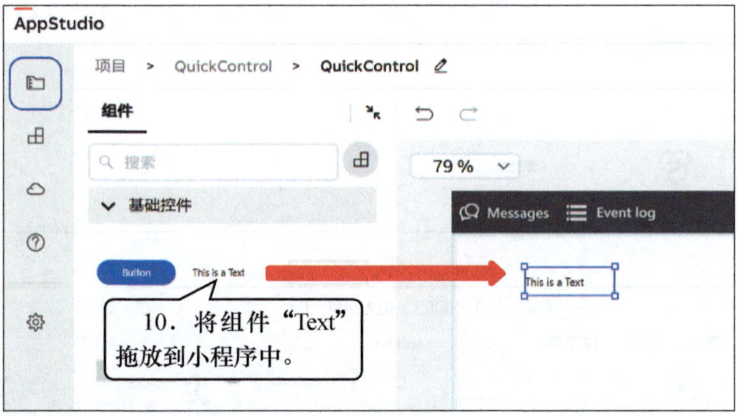
10．将组件“Text”拖放到小程序中。

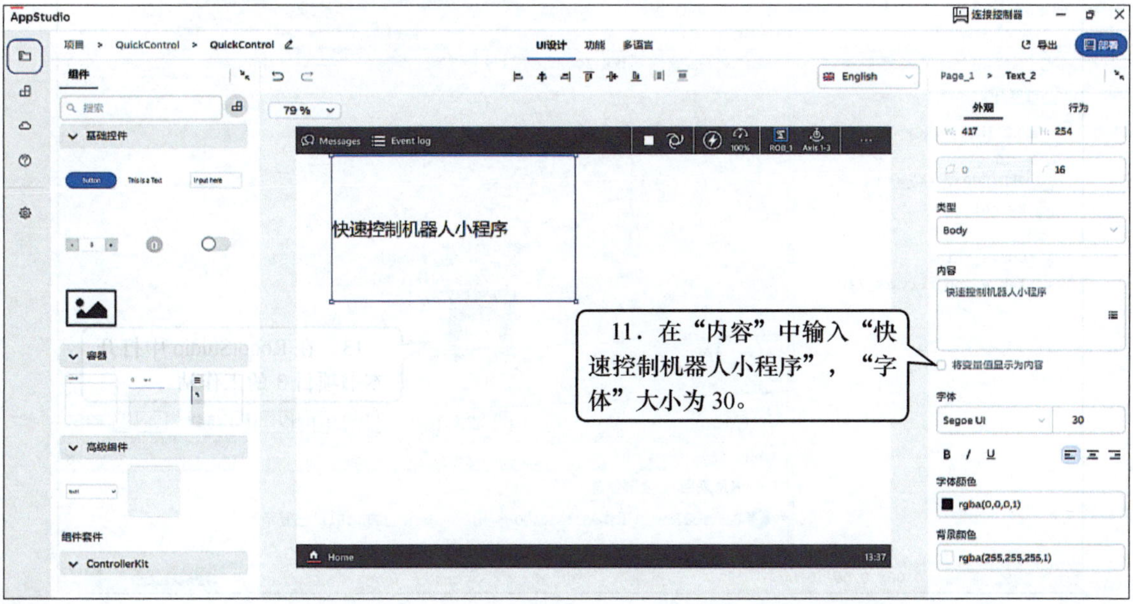
11．在“内容”中输入“快速控制机器人小程序”，“字体”大小为 30。

12．将组件电动机状态、运行控制、停止控制拖放到小程序中，并对齐摆放。

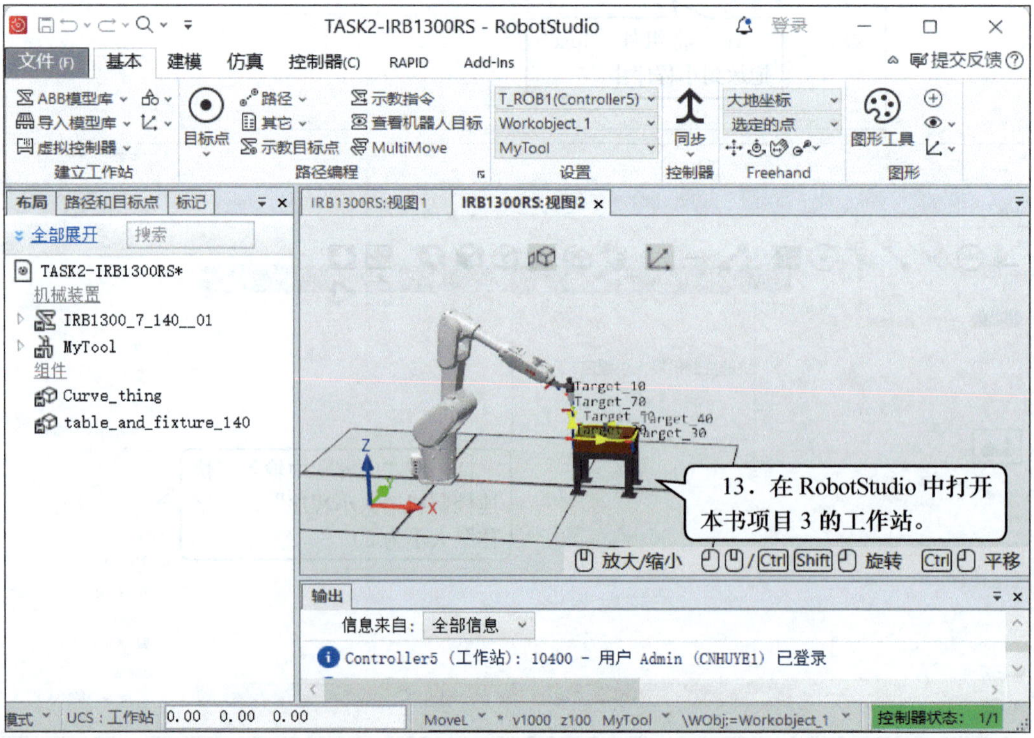

13．在 RobotStudio 中打开本书项目 3 的工作站。

AppStudio

14．单击“连接控制器”。

连接控制器

项目 > QuickControl >

QuickControl

UI设计

导出 部署

组件

English

Page_1

搜索

基础控件

行为

登录到控制器

15．单击“虚拟控制器”。

真实控制器 虚拟控制器

* 控制器IP地址

127.0.0.1

如果RobotStudio中已启动了多个控制器，请将不需要的控制器关闭，

版本不要低于7.12.0。

16．单击“登录为默认用户”。

登录为默认用户

Deploy to controller部署至控制器

在示教器界面上显示调试日志。

模块打包

压缩JavaScript代码以获取更小的软件包以及更短的Web App加载时间。

打包并压缩Web App。

将 JavaScript 代码压缩到最大，以获得最小的软件包和最短的Web App加载时间。

Controller5

导出 部署

17．单击“部署”。

Page_1

外观 行为

18．将所有选择激活后，单击“部署”。

部署

QuickControl 已部署！

19．单击“确定”。

确定

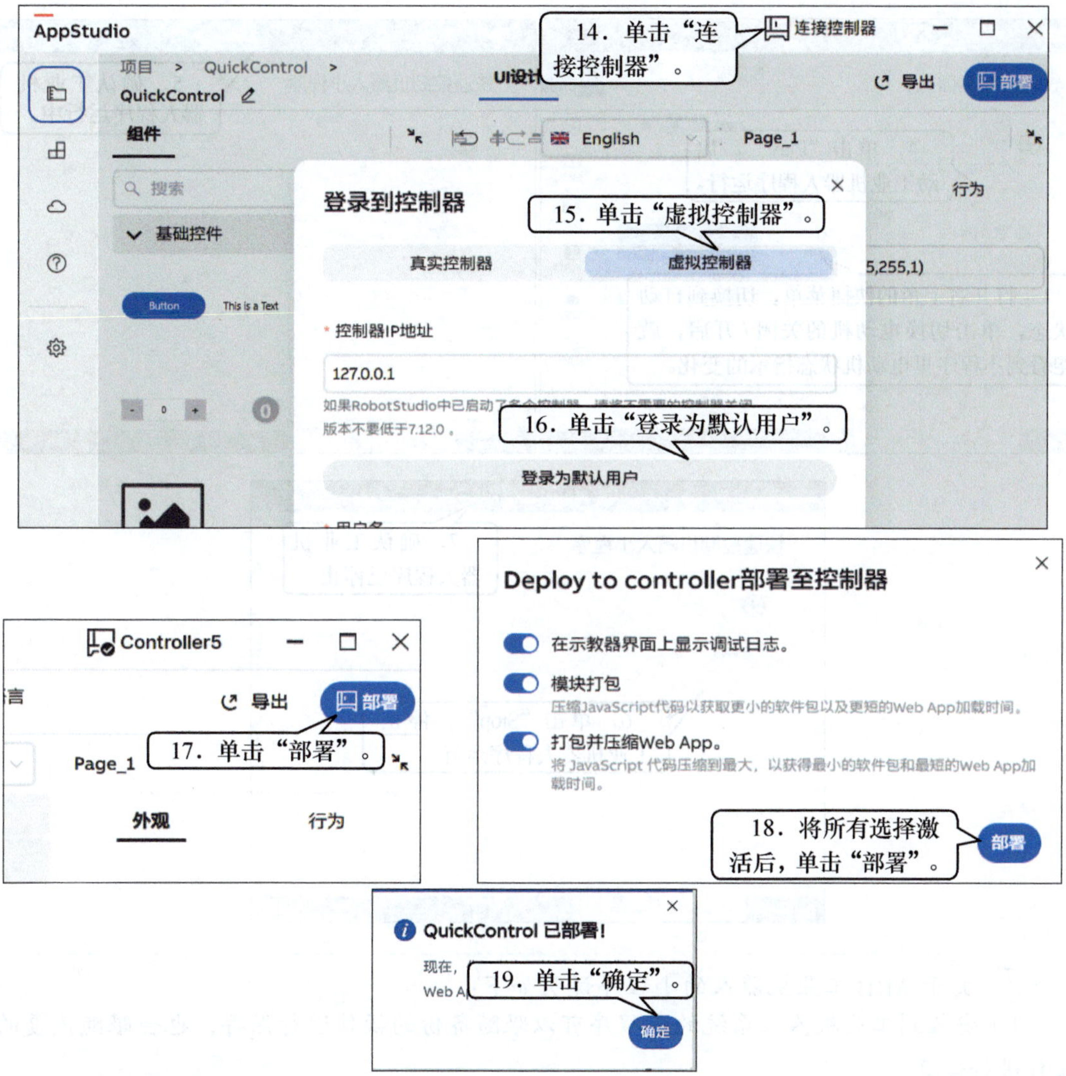

三、测试运行小程序

测试运行小程序步骤如下：

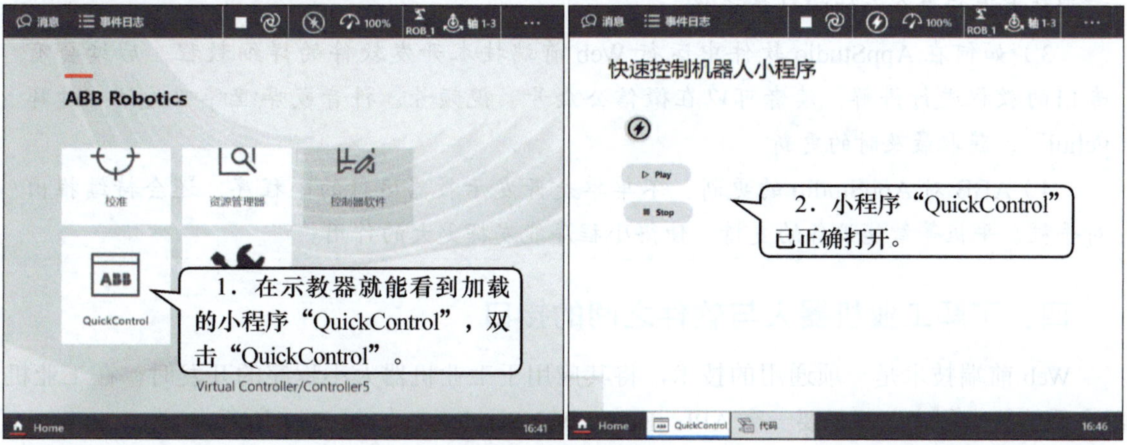

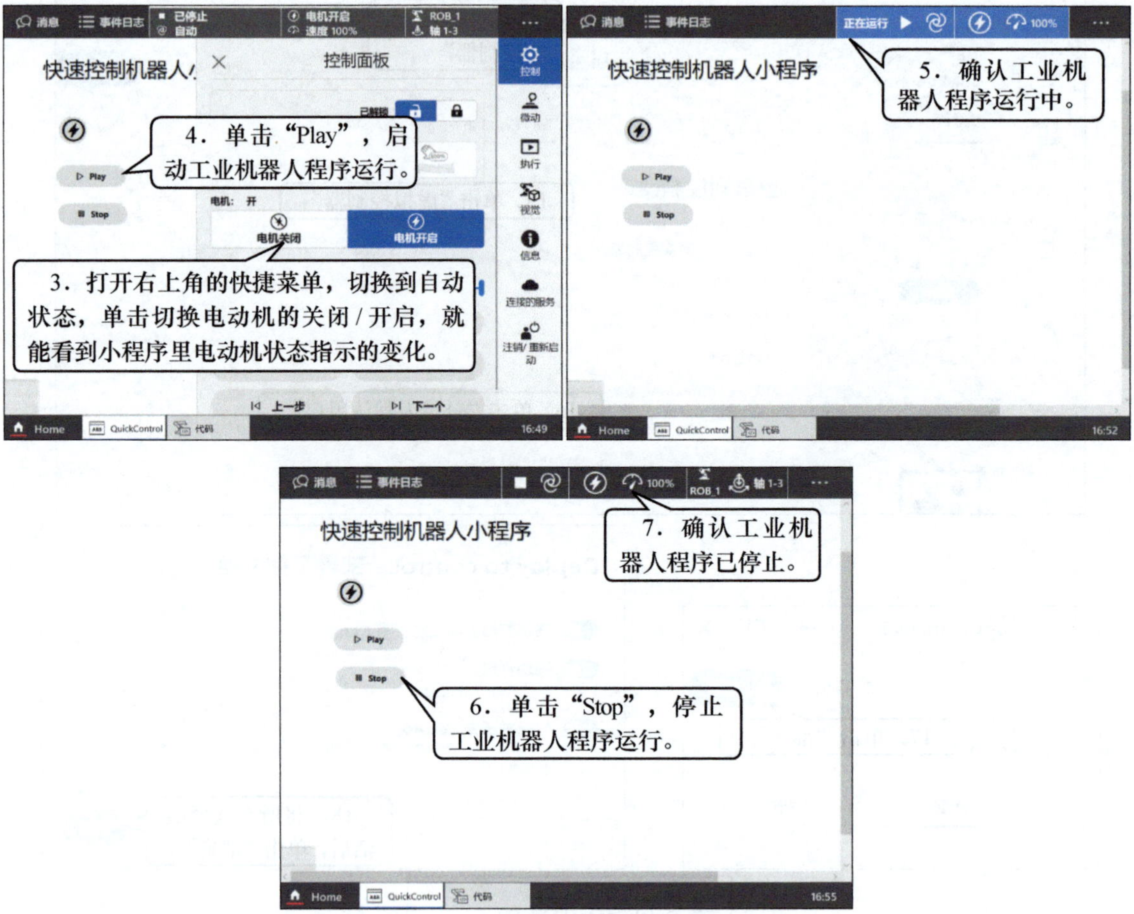
快速控制机器人小程序
控制面板
4．单击“Play”，启动工业机器人程序运行。
3．打开右上角的快捷菜单，切换到自动状态，单击切换电动机的关闭/开启，就能看到小程序里电动机状态指示的变化。
电机关闭
电机开启
上一步
下一个
5．确认工业机器人程序运行中。
7．确认工业机器人程序已停止。
6．单击“Stop”，停止工业机器人程序运行。
Play
Stop
Home
QuickControl

关于ABB工业机器人的小程序说明如下：

1）安装到工业机器人系统的小程序可以跟随备份的操作进行保存，也会跟随恢复的操作进行恢复。

2）小程序是使用通用的Web前端技术开发的，包含了HTML、CSS、JS的三种计算机语言。如果要开发功能更复杂的小程序，已有的组件是不够用的，需要读者对Web前端技术进行更全面的学习与了解。

3）如何在AppStudio软件中运行Web前端技术开发软件的详细教程，后续会有专门的教程进行讲解，读者可以在微信公众号、视频号、抖音或哔哩哔哩关注“叶晖yehui”，获取最及时的更新。

4）ABB对AppStudio的更新，不单单是开发示教器运行的小程序，还会持续推出对手机，平板等智能设备的支持，使得小程序能发挥更大的作用。

四、了解工业机器人与软件之间的接口

Web前端技术是一项通用的技术，将其应用于工业机器人小程序的开发时，在工业机器人系统与小程序之间需要一个API：Robot Web Services，如图11-1所示。

工业机器人系统 RobotWare
Robot Web Services
工业机器人小程序

图 11-1　工业机器人系统与小程序之间的接口 API：Robot Web Services

当要开发功能强大的工业机器人小程序，就需要对 Robot Web Services 有一个全面的了解。以下是查阅 Robot Web Services 相关资源的操作方法。

ABB-Developer Center
developercenter.robotstudio.com/webservice
1．输入网址：https://developercenter.robotstudio.com/webservice。
ABB
Search..
Robot Web Services
Create your own custom application that interacts with the robot controller with your favorite programming language and device. Robot Web Services is a set of RESTful APIs that leverages the HTTP protocol and the messages are composed of XHTML and JSON. Robot Web Services 2.0 is OpenAPI compliant and you can use Swagger tooling to generate client code. Robot Web Services 2.0 is available in RobotWare 7 which ships with our new OmniCore controller generation. For older RobotWare versions you can use Robot Web Services 1.0. It is deprecated in RobotWare 7.
2．单击查看支持 OmniCore 的接口介绍。
3．单击查看支持 IRC5 的接口介绍。
Robot Web Services 2.0 API Reference
Robot Web Services 1.0 API Reference
© Copyright 2025 ABB | Provider information/Impressum | Privacy Policy |

任务 11-3　应用 PC SDK 开发一个控制工业机器人的工业软件

工作任务

扫一扫，看视频

- 下载 PC SDK。
- 查看 PC SDK 开发指南。
- 体验应用 PC SDK 开发的控制工业机器人工业软件 RobotMate。

ABB 工业机器人的 PC SDK（Software Development Kit）是一套强大的工具，用于开发与 ABB 工业机器人控制器（如 IRC5 或 OmniCore）交互的应用程序。PC SDK 的主要

功能有：

1. 定制化操作界面

PC SDK 允许开发者为 ABB 工业机器人控制器创建自定义的操作界面。这些界面可以集成到 RobotStudio 插件中，也可以直接与工业机器人控制器交互。

2. 任务控制与程序管理

1）任务控制：通过 PC SDK，开发者可以启动、停止、暂停和重启工业机器人任务。

2）程序管理：支持上传和下载工业机器人程序，方便开发者对工业机器人进行编程和调试。

3. 数据通信与监控

1）实时通信：PC SDK 支持实时数据交换，包括输入 / 输出信号状态、位置数据等。

2）状态监控：开发者可以实时获取工业机器人的状态信息，如当前任务、位置、速度、故障代码等，便于监控和故障排除。

4. 高级功能扩展

1）路径规划：支持复杂的路径规划功能，确保工业机器人在操作过程中进行平滑和高效的运动。

2）视觉系统集成：可以与视觉系统集成，实现物体识别和抓取策略。

3）力控制：支持力控制功能，适用于装配、打磨等需要精确力控制的应用。

5. 多工业机器人协同作业

PC SDK 支持多工业机器人系统的任务规划和调度，开发者可以设计复杂的协同任务，确保多工业机器人高效协作。

6. 机器学习集成

PC SDK 支持与机器学习框架集成，允许开发者将训练好的模型部署到工业机器人控制系统中，实现自适应控制和行为预测。

7. 开发语言支持

PC SDK 支持多种编程语言，包括 C++、C# 和 Python 等，为不同背景的开发者提供了灵活的解决方案。

8. 兼容性

PC SDK 与 ABB 的 OmniCore 控制器平台兼容，支持从 IRC5 控制器到 OmniCore 平台的无缝迁移。

通过这些功能，PC SDK 为开发者提供了强大的工具，用于创建复杂的工业机器人应用程序，优化操作流程，提高生产率。

一、下载 PC SDK

下载 PC SDK 的具体操作如下：

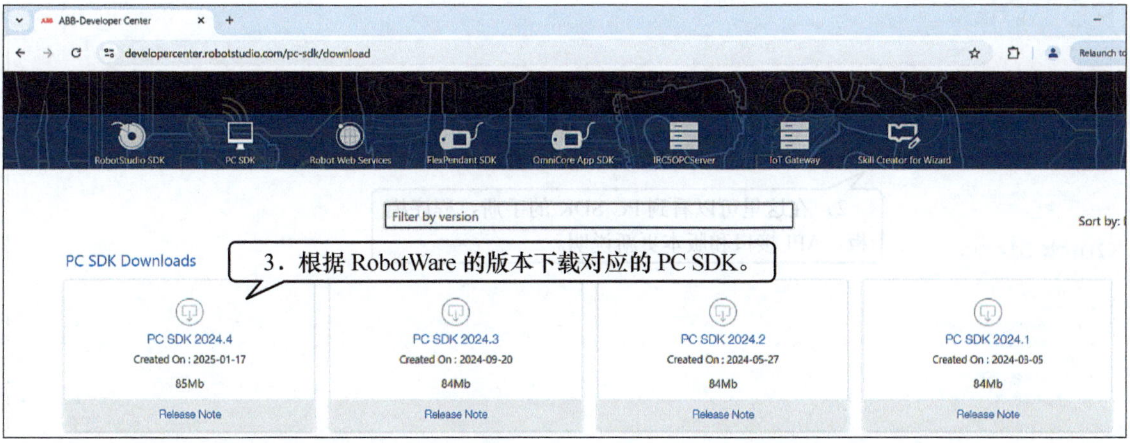

理论上，最新版本的 PC SDK 是向下兼容 RobotWare 版本的。为了开发的程序更稳定可靠，建议 PC SDK 的版本与 RobotWare 的版本一一对应。

二、查看 PC SDK 开发指南

查看 PC SDK 开发指南的具体操作如下：

ABB-Developer Center
developercenter.robotstudio.com/pc-sdk
Developer Kit
RobotStudio SDK
PC SDK
Robot Web Services
FlexPendant SDK
OmniCore App SDK
IRC5OPCServer
IoT Gateway
Skill Creator for Wizard
PC SDK
Programmers use PC SDK (Software Development Kit) to develop custom applications. PC SDK allows system integrators, third parties or end-users to add their own customized operator interfaces to the ABB robot controller. Such custom applications can be realized as independent PC applications, which communicate with the robot controller over a network.
API Reference
1．单击“API Reference”。

ABB-Developer Center
PC SDK
developercenter.robotstudio.com/api/pcsdk/
ABB
Introduction
Manual
Samples
API Reference
Releases
PC SDK
PC SDK allows system integrators, third parties or end-users to add their own customized operator interfaces for an ABB robot controller. It can also be used to develop RobotStudio add-ins that interacts with the controller. With PC SDK it is possible to create an application that connects to one or several IRC5 or OmniCore controllers, real as well as virtual.
Release Information
Release Notes
Quick Steps
Getting Started
Samples
Accessing Controller Data
PC SDK Manual
API Reference
ABB.Robotics
ABB.Robotics.Controllers
2．在这里可以看到PC SDK的手册、程序模板、API接口和版本更新说明。

读者还可以参考由机械工业出版社出版的《图解C#语言智能制造与工业机器人工业软件开发入门教程》（ISNB 978-7-111-73137-5），此书以项目式的方式展开，适合读者从零开始学习如何使用C#语言与PC SDK开发一个完整的工业机器人工业软件。

三、体验应用PC SDK开发的控制工业机器人工业软件RobotMate

工业软件RobotMate是为了用户能更好地体验应用PC SDK开发控制工业机器人工业软件的强大功能而开发的。它基本包含了工业机器人控制的常用功能，读者可以下载体验，为充分使用 PC SDK 的功能打好基础。安装 RobotMate 的步骤如下：

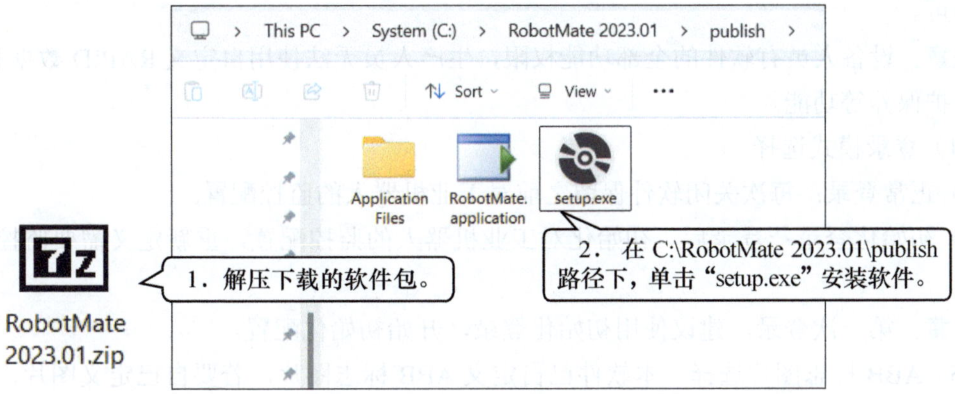

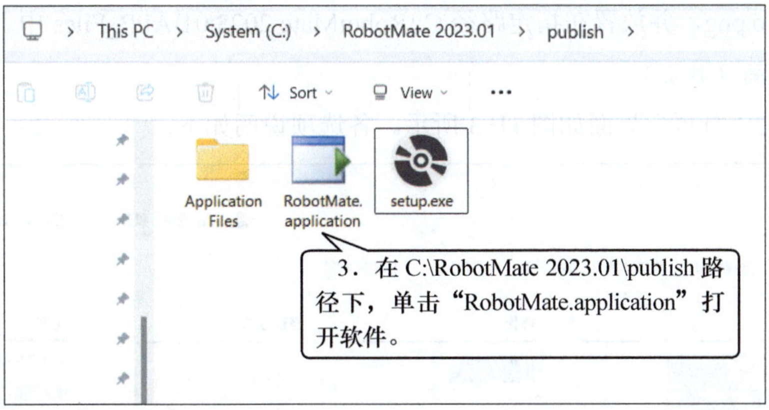

使用说明如下：

（1）注意　本软件仅作为 PC SDK 二次开发教学使用，不作为商业用途。

（2）登录界面　如图 11-2 所示。

图 11-2　登录界面

（3）岗位选择

1）选择“生产人员”：无须密码，无须选择登录模式，阅读相关条约及规定后单击“登录”即可。

2）选择“设备人员”：密码为1234，选择登录模式，阅读相关条约及规定后，单击“登录”即可。

注意：设备人员有软件的全部功能权限，生产人员无法使用自定义 RAPID 数据和 I/O、确认维护保养等功能。

（4）登录模式选择

1）正常登录：每次关闭软件保留之前对工业机器人的监控配置。

2）初始化登录：登录后，初始化对工业机器人的监控配置，重新定义需要监控的对象数据。

注意：第一次登录，建议使用初始化登录，开始初始化配置。

（5）ABB 标志图片选择　本软件已自定义 ABB 标志图片，若要自己定义图片，可将图片命名为 mylogo.png，并放置在指定路径 C:\RobotMate 2023.01\APP_Files 中。

1．操作界面（首页）

操作界面的“首页”界面如图 11-3 所示。各选项说明如下：

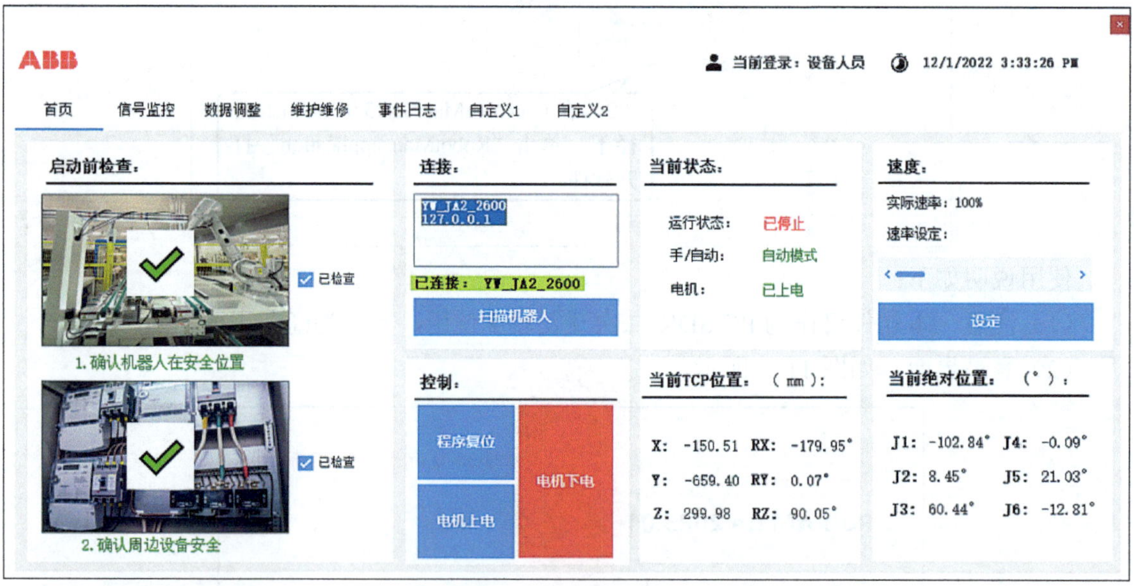

图 11-3　操作界面的“首页”界面

1）启动前检查：在连接控制器之前，需要进行启动前检查。本软件已自定义图片，若要自己定义图片，可将图片分别命名为 P1.png 和 P2.png，并放置在指定路径 C:\RobotMate 2023.01\APP_Files 中。

2）连接：扫描工业机器人，并单击扫描出来的网络中的工业机器人进行连接。

3）当前状态：显示工业机器人当前电动机状态、手 / 自动状态和运行状态。

4）控制：可进行工业机器人程序复位，电动机上电、下电等功能。

5）速度：可实时显示并调节当前工业机器人的速度。

6）当前 TCP 位置：可实时显示当前工业机器人 TCP 的位置。

7）当前绝对位置：可实时显示当前工业机器人各关节的绝对位置。

2. 操作界面（信号监控）

操作界面的“信号监控”界面如图 11-4 所示。

图 11-4　操作界面的“信号监控”界面

1）在左侧输入需要监控的信号以及信号标签文字说明（需正确输入信号名称，并注意大小写），完成后单击“锁定”（锁定后为监控模式，不能修改），右侧会生成 I/O 列表，可进行监控与设置（设置时需为输出信号，信号等级需要为 ALL）。

2）若要重新对信号进行增删改，单击“解锁”（解锁后为编辑模式，可以修改），重新编辑后再锁定即可。

3. 操作界面（数据调整）

操作界面的“数据调整”界面如图 11-5 所示。

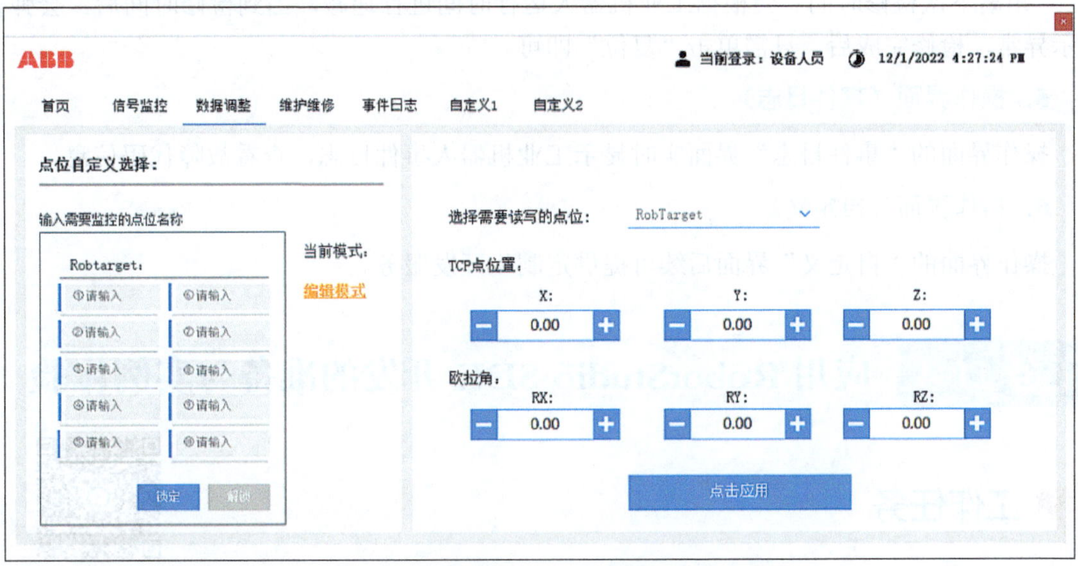

图 11-5　操作界面的“数据调整”界面

1）在左侧输入需要监控的工业机器人点位 RobTarget（需正确输入点位名称，将工业机器人点位数据统一放置在 T_ROB1 任务中的 Data 模块中，并注意大小写），完成后单击“锁定”（锁定后为监控模式，不能修改）；右侧下拉选择需要读写的“RobTarget”，可进行读取与设置（可直接输入或单击加减号增量输入）。

2）若要重新对点位进行增删改，单击“解锁”（解锁后为编辑模式，可以修改），重新编辑后再锁定即可。

4. 操作界面（维护维修）

操作界面的“维护维修”界面如图 11-6 所示。

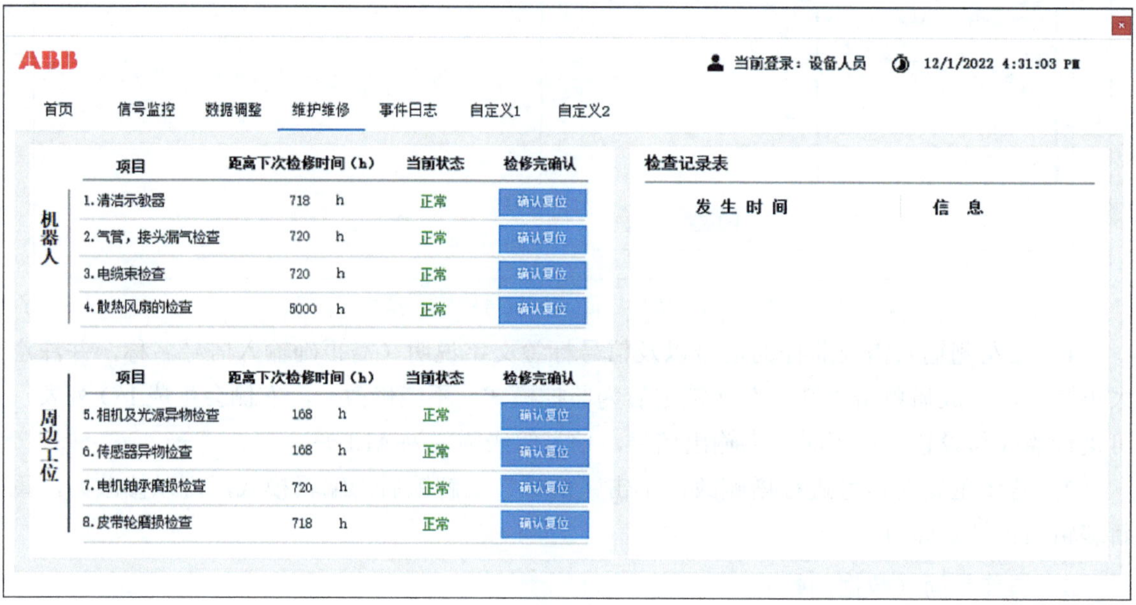

图 11-6 操作界面（维护维修）

“距离下次检修时间”会根据工业机器人运行时间进行递减，当到检修时间后，会弹窗提示异常，检修完成后，只需单击“复位”即可。

5. 操作界面（事件日志）

操作界面的“事件日志”界面实时显示工业机器人事件日志，查看故障代码信息。

6. 操作界面（自定义）

操作界面的“自定义”界面后续可提供定制化开发服务。

任务 11-4 应用 RobotStudio SDK 开发的准备与实例体验

工作任务

扫一扫，看视频

- 了解 RobotStudio 软件“Add-Ins”菜单中的插件。

- 了解 RobotStudio SDK 开发插件所需资源。
- 体验应用 RobotStudio SDK 开发的教训评一体插件。

一、了解 RobotStudio 软件“Add-Ins”菜单中的插件

RobotStudio 软件中“Add-Ins”菜单的主要作用是管理和使用各种扩展插件（Add-Ins）。这些插件可以扩展 RobotStudio 的功能，提供额外的工具、功能或定制化选项，以满足用户的不同需求。

下面介绍如何加载使用 ABB 工业机器人官方的插件 RobotLoad。具体操作如下：

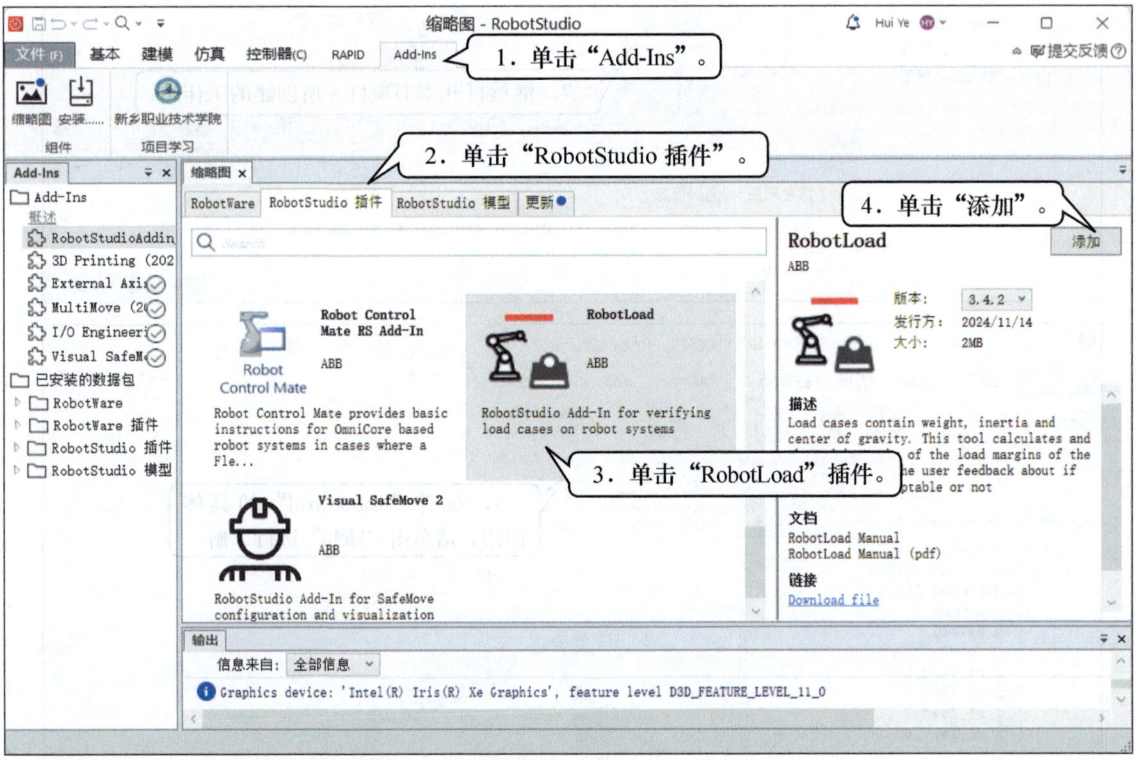

缩略图 - RobotStudio
1. 单击“Add-Ins”。
2. 单击“RobotStudio 插件”。
3. 单击“RobotLoad”插件。
4. 单击“添加”。
RobotLoad
添加

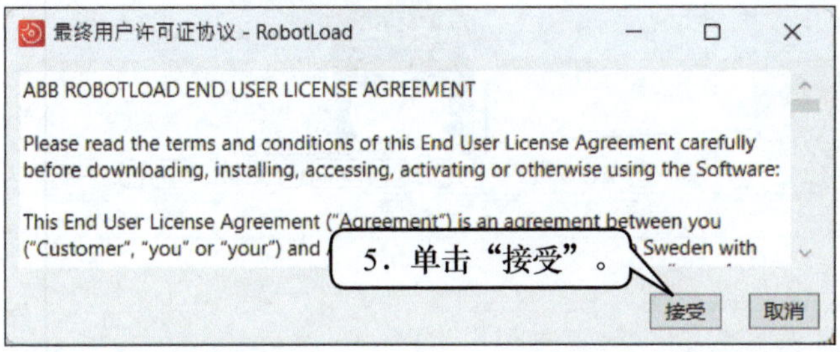

最终用户许可证协议 - RobotLoad
ABB ROBOTLOAD END USER LICENSE AGREEMENT
Please read the terms and conditions of this End User License Agreement carefully before downloading, installing, accessing, activating or otherwise using the Software:
5. 单击“接受”。
接受
取消

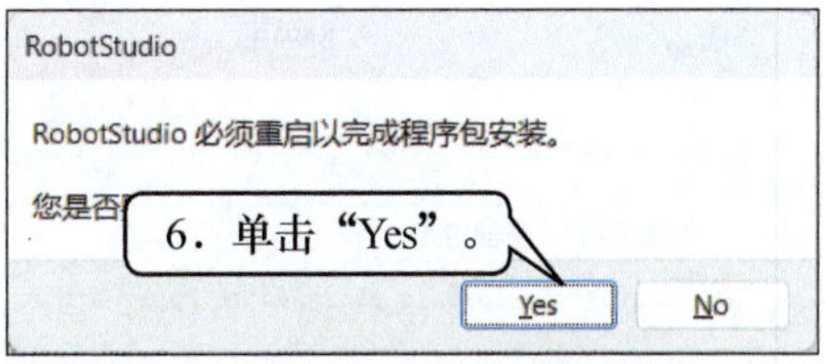

RobotStudio
RobotStudio 必须重启以完成程序包安装。
6. 单击“Yes”。
Yes
No

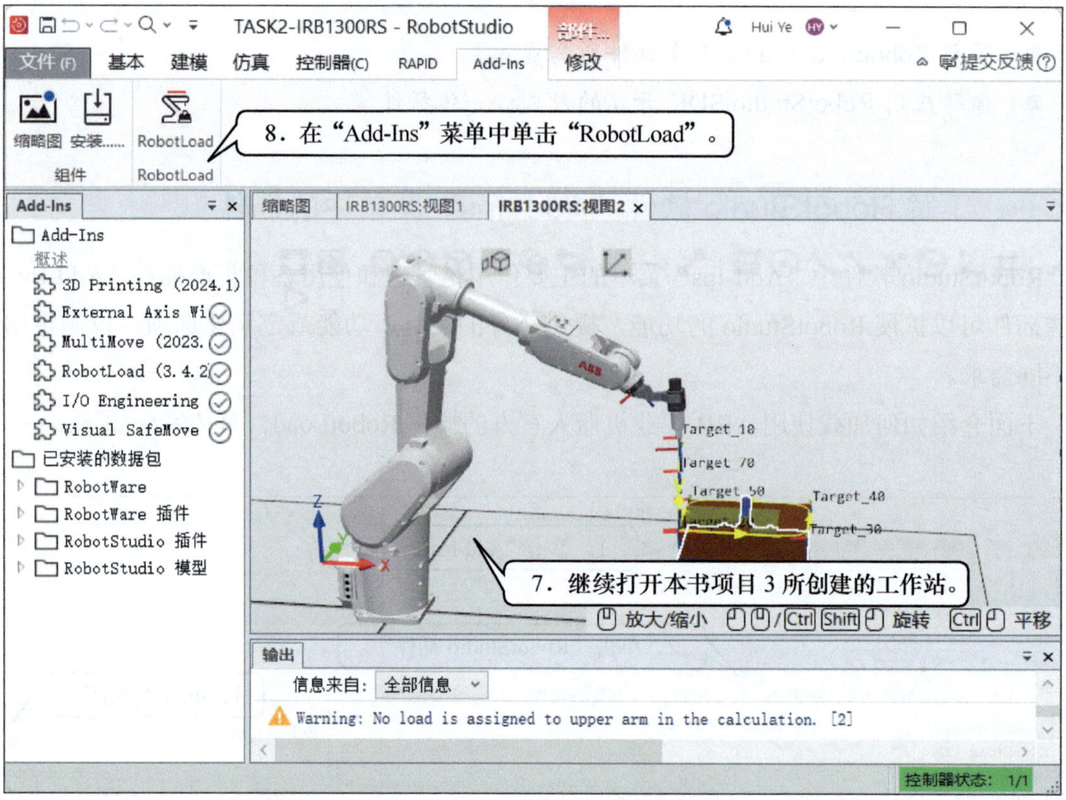

8. 在"Add-Ins"菜单中单击"RobotLoad"。

7. 继续打开本书项目 3 所创建的工作站。

9. 插件"RobotLoad"的具体使用，请单击"Help"进行了解。

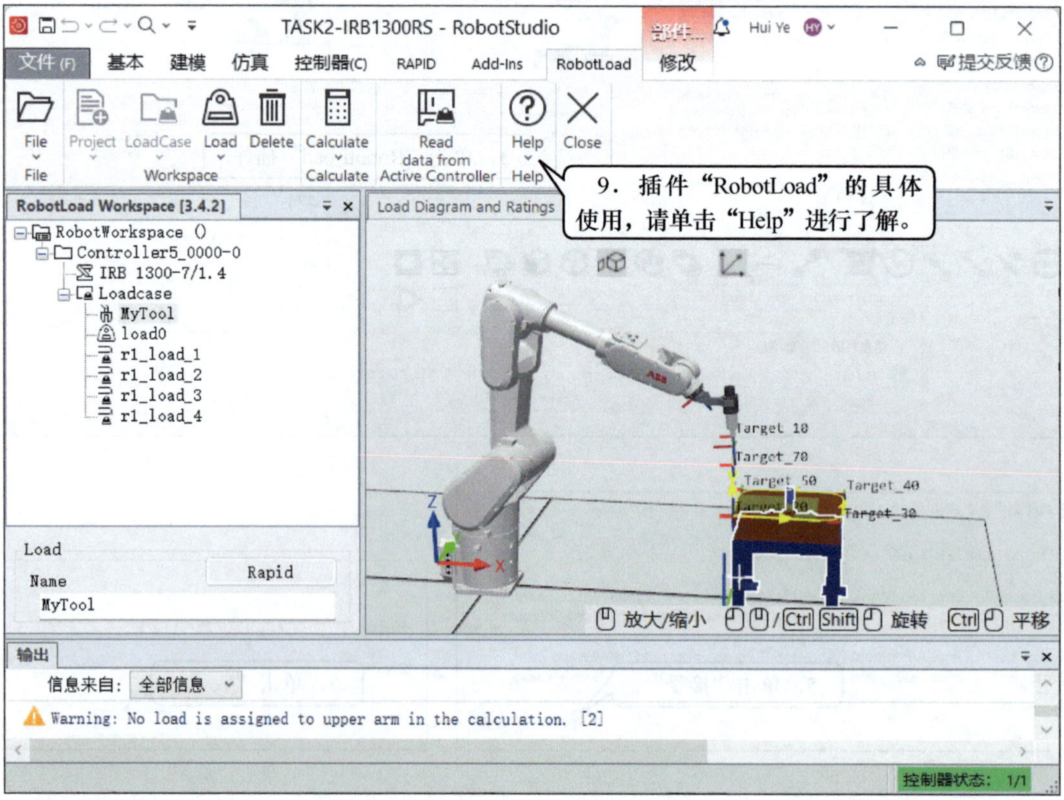

二、了解 RobotStudio SDK 开发插件所需资源

如果想根据工业机器人应用的需要开发自己的 RobotStudio SDK 插件，所需资源可以通过下面的操作实现。

ABB-Developer Center
developercenter.robotstudio.com/robotstudio-sdk
Relaunch to update
1．输入网址：https://developercenter.robotstudio.com/robotstudio-sdk。
ABB
Search..
RobotStudio SDK
ABB's simulation and offline programming software, RobotStudio, allows robot programming to be done on a PC in the office without shutting down production. RobotStudio SDK (Software Development Kit) enables the developers to develop different kind of custom applications or Add-Ins which can be easily added as a new features in RobotStudio. You can create Smart Components that bring more interesting aspects to your simulations as well you can create your own Add-Ins.
2．查看相关的开发说明，单击“API Reference”。
API Reference
Downloads
3．下载开发资源，单击“Downloads”。
© Copyright 2025 ABB
Provider information/Impressum
Privacy Policy

三、体验应用 RobotStudio SDK 开发的教训评一体插件

在信息技术飞速发展的今天，教学的数字化转型已成为提升学习效率和教学质量的关键。传统的教学实训模式存在诸多局限性，如教学规模受限、灵活性不足、学生学习兴趣和参与度不高等。而数字化转型能够突破这些限制，通过构建虚拟仿真实训环境、开发丰富的数字化教学资源、实现智能化教学评价等方式，为学生提供更加灵活、高效、个性化的学习体验。特别是在工业自动化与智能制造领域，技能人才的培养对实践操作能力的要求极高。传统的教学实训模式无法满足这一需求，学生从理论学习到实际操作的过渡期较长。因此，加快教学数字化转型，开发数字化赋能的教学实训评价一体辅助软件，已成为提升技能人才培养质量的迫切需求。

ABB 工业机器人与新乡职业技术学院通过校企合作，联合开发了应用 RobotStudio SDK 开发的教训评一体插件。插件的安装包可在本书前言中下载，或关注微信公众号“叶晖 yehui”下载。请根据以下的步骤进行安装体验。

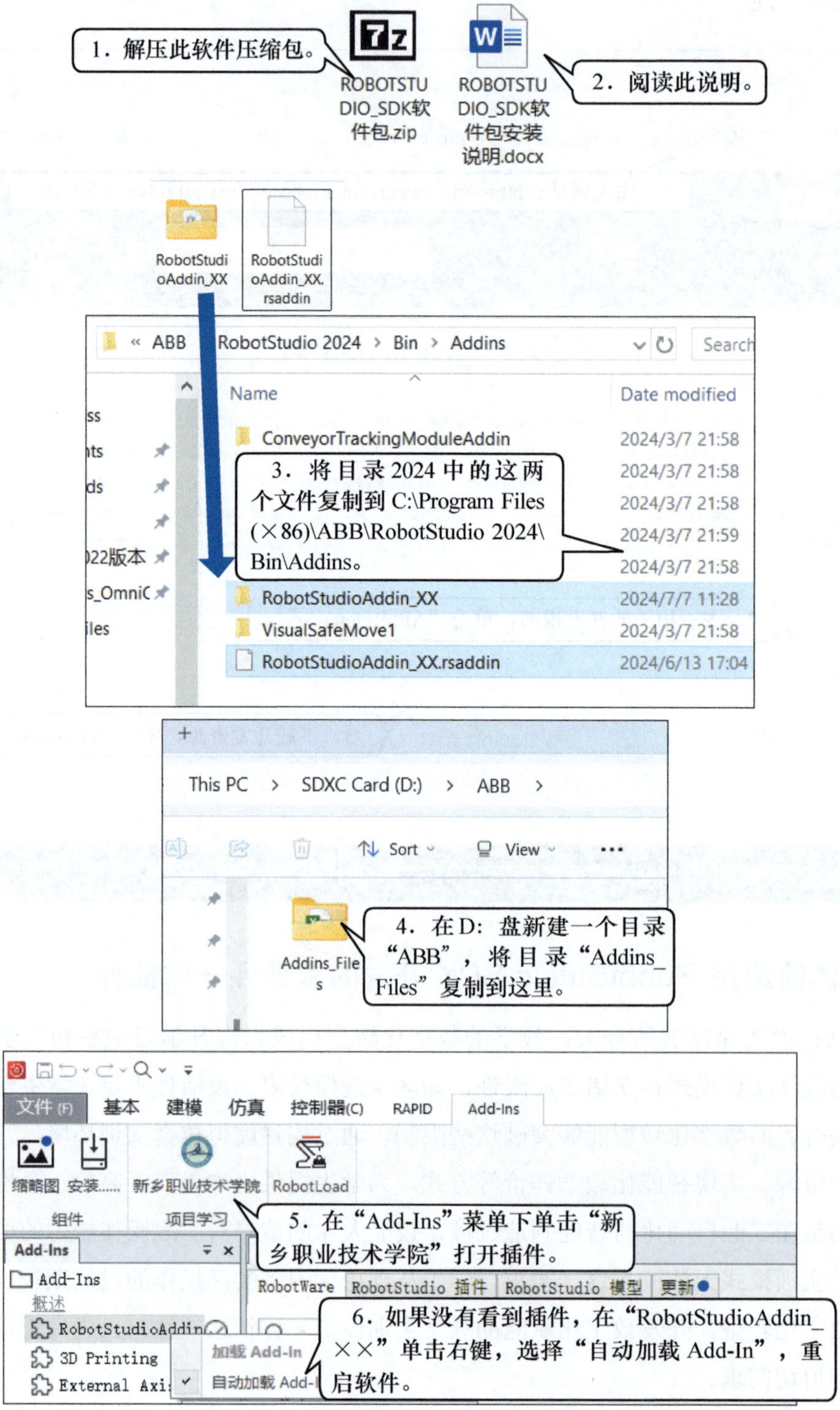
1．解压此软件压缩包。
ROBOTSTUDIO_SDK软件包.zip
ROBOTSTUDIO_SDK软件包安装说明.docx
2．阅读此说明。
RobotStudioAddin_XX
RobotStudioAddin_XX.rsaddin
« ABB › RobotStudio 2024 › Bin › Addins
Search
Name
Date modified
ConveyorTrackingModuleAddin
3．将目录 2024 中的这两个文件复制到 C:\Program Files (×86)\ABB\RobotStudio 2024\Bin\Addins。
RobotStudioAddin_XX
VisualSafeMove1
RobotStudioAddin_XX.rsaddin
2024/3/7 21:58
2024/3/7 21:58
2024/3/7 21:58
2024/3/7 21:59
2024/3/7 21:58
2024/7/7 11:28
2024/3/7 21:58
2024/6/13 17:04
This PC › SDXC Card (D:) › ABB ›
Sort
View
Addins_Files
4．在 D：盘新建一个目录“ABB”，将目录“Addins_Files”复制到这里。
文件
基本
建模
仿真
控制器(C)
RAPID
Add-Ins
缩略图
安装......
新乡职业技术学院
RobotLoad
组件
项目学习
5．在“Add-Ins”菜单下单击“新乡职业技术学院”打开插件。
Add-Ins
概述
RobotStudioAddin
3D Printing
External Axi
RobotWare
RobotStudio 插件
RobotStudio 模型
更新
加载 Add-In
自动加载 Add-
6．如果没有看到插件，在“RobotStudioAddin_××”单击右键，选择“自动加载 Add-In”，重启软件。

缩略图 - Robo
文件 (F)
基本
建模
仿真
控制器(C)
RAPID
Add-Ins
课程学评
登录
项目一
项目二
项目三
热处理齿条
项目四
码垛齿轮
项目五
装配汽车离合器
隐藏
7. 单击“登录”。
登录
为了显示的最佳效果，电脑可以参考此设定
齿轮码垛项目数字化教训评一体软件（V1.0）
姓名：
ABB
学号：
001
登录
8. 单击“登录”。

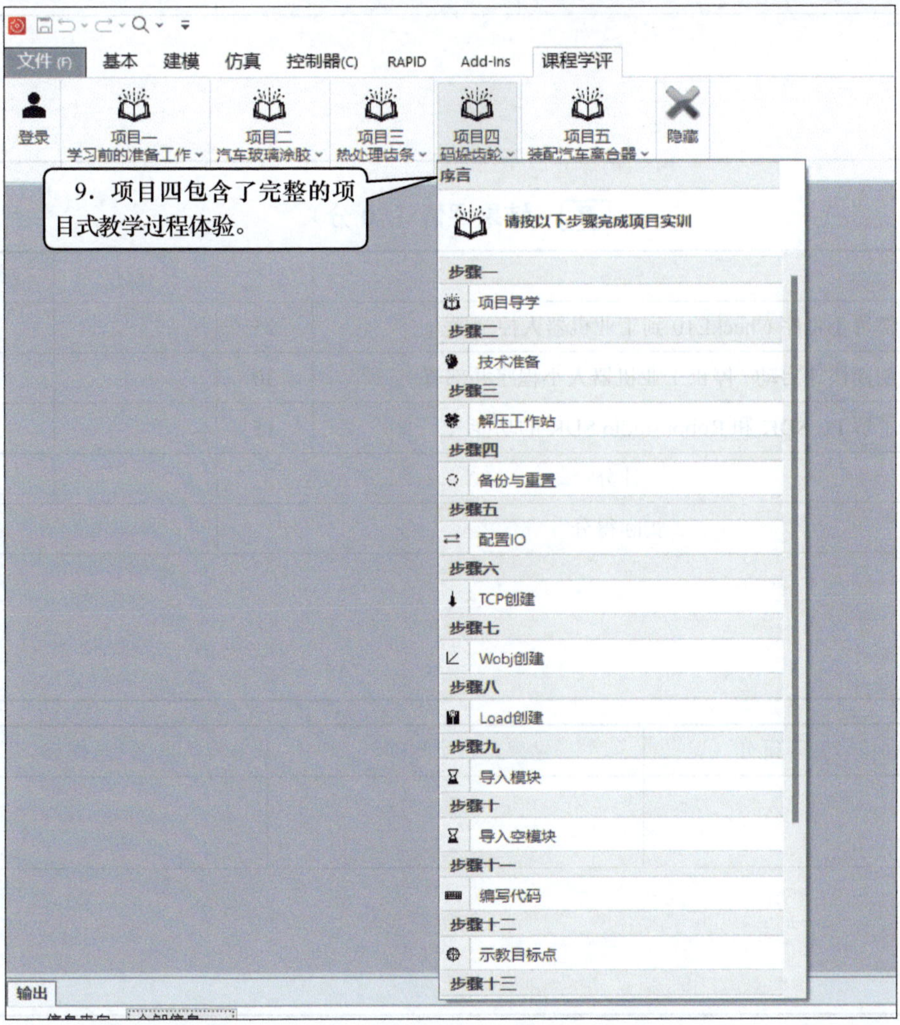
文件 (F)
基本
建模
仿真
控制器(C)
RAPID
Add-Ins
课程学评
登录
项目一
学习前的准备工作
项目二
汽车玻璃涂胶
项目三
热处理齿条
项目四
码垛齿轮
项目五
装配汽车离合器
隐藏
9. 项目四包含了完整的项目式教学过程体验。
序言
请按以下步骤完成项目实训
步骤一
项目导学
步骤二
技术准备
步骤三
解压工作站
步骤四
备份与重置
步骤五
配置IO
步骤六
TCP创建
步骤七
Wobj创建
步骤八
Load创建
步骤九
导入模块
步骤十
导入空模块
步骤十一
编写代码
步骤十二
示教目标点
步骤十三
输出

项目 11　学习情况评估表

任务编号________________________

学生姓名		日期	
班级		开始时间	
实训室		结束时间	

A　过程检查（30 分）

编号	任务	分值	自我评价	教师评价
1	上课期间执行实验室 5S 标准情况	15		
2	能正确使用实训设备	15		
	计分			
	实际得分			

记录：

B　结果评价（70 分）

编号	任务	分值	自我评价	教师评价
1	部署小程序 CheckE10 到工业机器人控制器	25		
2	创建快速启动 / 停止工业机器人小程序并部署	30		
3	了解 PC SDK 和 RobotStudio SDK 的功能	15		
	计分			
	实际得分			

记录：

过程检查实际得分	结果评价实际得分	总得分

记录：